高等学校物理实验教学示范中心系列教材

大学物理实验

主　编　朱　纯　叶恩钾

参　编　聂延光　谢广喜　杨太群

许星然　吴晶晶　胡　炼

马超群　高　辉　史海峰

范红玉

苏州大学出版社

图书在版编目(CIP)数据

大学物理实验 / 朱纯, 叶恩钾主编. --苏州: 苏州大学出版社,2025. 1. --ISBN 978-7-5672-5046-8

Ⅰ. 04-33

中国国家版本馆 CIP 数据核字第 2024ED5899 号

内 容 提 要

本教材根据教育部高等学校大学物理课程教学指导委员会编制的《理工科类大学物理实验课程教学基本要求》(2023 年版),结合江南大学物理实验中心开设的大学物理实验课程的建设,立足多年来的教学实践和改革经验,依托江苏省实验教学示范中心建设,在使用多年的物理实验教材基础上加以整理编写而成.本书结合"互联网+"技术,增加了预习题微课、实验操作演示视频、课程思政元素及专业应用拓展,旨在提升学生的学习热情,满足学生的专业需求,从而建立了模块化、多层次的大学物理实验课程.

本教材共分为六章,首先介绍了误差理论与实验数据处理,然后按照基础实验、综合实验、设计实验、虚拟仿真实验和研究实验的层次分类,实验项目内容涵盖了力学、热学、电磁学、光学和近代物理等 31 个实验.

本教材可作为高校理科非物理类专业和工科各专业的大学物理实验课程的教材,也可供实验教师和实验技术人员参考.

DAXUE WULI SHIYAN

书　　名: 大学物理实验

主　　编: 朱　纯　叶恩钾

责任编辑: 周建兰

装帧设计: 吴　钰

出版发行: 苏州大学出版社(Soochow University Press)

社　　址: 苏州市十梓街 1 号　邮编:215006

印　　刷: 常熟市华顺印刷有限公司

邮购热线: 0512-67480030

销售热线: 0512-67481020

开　　本: 787 mm×1 092 mm　1/16　印张: 22　字数: 521 千

版　　次: 2025 年 1 月第 1 版

印　　次: 2025 年 1 月第 1 次印刷

书　　号: ISBN 978-7-5672-5046-8

定　　价: 49.80 元

前 言

大学物理实验是全国高等学校理工科学生的公共基础课程，它的任务是使学生掌握基本的理论方法、训练学生的实验技能、增强学生的创新意识.本书前身为实验讲义，自2006年编写出版以来，这是第六次修订再版.

本教材根据教育部高等学校大学物理课程教学指导委员会编制的《理工科类大学物理实验课程教学基本要求》(2023年版)，结合江南大学物理实验中心开设的大学物理实验课程的建设，立足多年来的教学实践和改革经验，依托江苏省实验教学示范中心建设，在使用多年的物理实验教材基础上加以整理编写而成.

本教材共分六章.第1章主要介绍了误差理论与实验数据处理的基本方法，为学生打下理论基础；第2章为基础实验，这些实验是学生必做实验，旨在培养学生的基本实验技能；第3章为综合实验，通过实验可以培养学生发现问题、分析问题、解决问题的综合能力；第4章为设计实验，教材给出基本的实验内容，学生在完成这些实验之后，可以充分利用实验仪器，确定研究目标，自己设计实验；第5章为虚拟仿真实验，这是结合当今实验改革的新趋势而增加的内容，涉及少量力学、电学、光学方面的实验，为后续虚拟仿真实验的全面推广奠定基础；第6章为研究实验，主要针对大学生创新项目及有考研需求的学生.

本教材相较于前一版，在内容上有了新的变化，在大纲规定的必做实验中，结合“互联网+”技术，补充了预习题微课，增加了实验操作演示视频；课后拓展更贴近学生的专业并融入课程思政元素；在形式上也有了新的变化，我们将实验报告以活页的形式放入教材，既方便学生完成实验报告，又方便教师批阅装订.这些变化都是针对往届学生问卷调查中的热点问题拟定的解决方案，旨在系统化、个性化地升级，提升学生的学习热情，满足学生的专业需求，让大学物理实验课程实现模块化.

本教材的编写充分体现了“多维度分层次”教学的理念.教材针对学生的基础性差异、需求性差异、评估性差异和契合度差异，兼顾课前、课中、课后三个维度，实现对学生的因材施教.实验内容上，学生可以根据自己的物理实验基础选择，也可以根据自己的专业需求选择，从而激发学生的学习热情，提升学习参与度.

参加本教材编写的人员都是来自江南大学物理实验中心教学一线的老师.具体分工如下：江南大学物理实验中心简介由朱纯老师和叶恩钾老师编写；绪论，实验5、13、19、31，附录2由朱纯老师编写；第1章、附录1由谢广喜老师编写；实验1、23、30由高辉老师编写；实验2、9由吴晶晶老师编写；实验3、10、20由马超群老师编写；实验4、21、26、29由聂延光老师编写；实验6、15、16由胡炼老师编写；实验7、12、14、22、28由叶恩钾老师编写；实验8、18由杨太群老师编写；实验11、17由许星然老师编写；实验24、25、27由史海峰老师编写.部分拓展资料由谢广喜老师帮助收集编写，部分视频资料由范红玉老师帮助拍摄.全书由朱纯、叶恩钾老师修改、补充、完善和审校.

本教材的编写参阅了我校历年编写的实验教材、讲义和许多兄弟院校的教材及网络相关资料，得到了江南大学理学院领导和物理实验中心全体人员的大力支持，在此一并表示衷心的感谢！感谢历年来所有参与教材编写的编者，也特别感谢苏州大学出版社的大力支持和帮助，没有你们的配合，就没有教材的更新.由于编者水平有限，书中难免会有错误及不完善之处，恳请读者给予批评指正，编者将不胜感激.

编　者

2024年10月于江南大学

目 录

江南大学物理实验中心简介

江南大学物理实验中心是江苏省实验教学示范中心、江苏省科普教育基地.近年来,实验中心成立了大学生创新实验室,指导学生撰写并申请专利逾百项,承担了“全国大学生物理实验竞赛(创新)”、“全国大学生创新体验竞赛”和“江苏省高校大学生物理与实验科技作品创新竞赛”三项赛事的校内组织工作,取得了优异的成绩.

一、江苏省实验教学示范中心

物理实验中心面向全校28个专业开设大学物理实验课程,平均每学期参加实验的学生人数为2 500多,年实验人时数达13.66万.实验中心开出66个实验,包含力学、热学、电磁学、光学、近代物理等基础实验和综合实验、设计实验.

实验中心分必做实验和选做实验两个层次进行实验教学,部分实验全天候开放.必做实验要求学生在指定时间内完成指定内容,设计选做实验要求学生在指定时间内完成自选设计实验,而开放选做实验则由学生根据自己兴趣爱好、专业特点在学校系统上预约实验时间、实验内容,到实验室完成实验.必做实验仪器按35套配置,确保绝大多数实验中每个学生人手一套仪器.大学物理实验按教学大纲要求的实验项目开出率为100%.

二、江苏省科普教育基地

基地总面积为400多平方米,配套仪器设备80余台,以“物理与现代科技”为主题,面向各级各类学校的学生开设科学素质拓展课程,并可针对不同层次的学生提供不同深度的课程科目.基地目前能够开展演示实验30余项,并配有3D放映厅和专用教材,面向全校所有学生开放.演示实验从自然界精微的现象入手,在让学生领略物理现象的美妙与和谐的同时,使学生所学的物理理论得以巩固、视野得以开阔、理论联系实际的科学习惯得以培养、探索精神得以增强、科学素质得以提高.

此外,基地还服务于青少年人群,以中小学生为主,同时向无锡市大中专院校学生和教师开放.截止到目前,每年约有1万名初高中生和小学生来基地进行科学素质拓展训练;对部分学校的教师进行了集中提高培训,以便更好地服务于青少年科普教育;对职业院校,包括无锡职业技术学院和无锡立信高等职业技术学校等院校的学生,也安排了参观学习.一系列开放活动激发了学生们对科学技术和科学研究的兴趣,也得到了无锡市教育部门、教师和学生家长的热烈赞扬.

三、大学生创新实验室

1. 专利申请

物理实验中心设有创新工作室，鼓励和指导学生结合大学课程的学习，开展创新研究与实践并申请相关专利.

无论是针对实验仪器的改进设计，还是为解决生活中遇到的问题而提出的发明构想等，如果学生有任何好的发明创意，都可以将自己的构思写成较为详细的说明书后提交给创新工作室有关人员.说明书一般要求包含以下几方面的内容：

(1) 发明名称：简明、准确地阐述发明主题.

(2) 技术领域：指出本发明方案所属的技术领域.

(3) 背景技术：说明现有技术或解决方法，指出背景技术中存在的问题和缺点.

(4) 发明内容：包括要解决什么问题、采用什么技术方案、产生什么有益效果三部分内容.

其中，技术方案应当清楚、完整地描述发明构成和构造特征，说明方案是如何解决问题的.机械产品应描述必要零部件及其整体结构关系；涉及电路的产品，应描述电路的连接关系；机电结合的产品还应写明电路与机械部分的结合关系；涉及方法的发明，要说明方法的具体实施步骤.

(5) 说明书附图：配图说明发明构想，图中用数字标注各部分及零部件，可将附图中标号所示零部件名称列出.

(6) 具体实施方案：发明的具体实施方案，应当对照附图对发明的形状、构造等进行说明，必要时说明其动作过程或者操作步骤.

新颖性、实用性、创造性是申请专利的必要条件.对具有专利授权前景的发明设想，创新工作室将安排教师进行一对一指导，帮助学生修改、完善，资助申请专利，并推荐参加各级各类大学生创新竞赛.

邮箱：61132264@ qq.com

2. 全国大学生物理实验竞赛(创新)

竞赛由国家级实验教学示范中心联席会物理学科组、教育部大学物理课程教学指导委员会大学物理实验专项委员会、全国高等学校实验物理教学研究会、中国物理学会物理教学委员会、全国大学生物理实验竞赛组织委员会主办，全国各知名高校每年轮流承办，《物理实验》杂志协办.

比赛涵盖三个类别.① 命题类创新作品：参赛学生从竞赛组委会公布的命题类项目中选题，按要求提交作品.② 自选课题类创新作品：参赛学生从竞赛组委会公布的自选类项目中选题，按要求提交作品.③ 大学生物理实验讲课比赛：参赛学生根据竞赛组委会公布的讲课比赛形式及要求，自选讲课内容，按要求提交讲课视频.参赛资格和要求：① 参赛对象为全国各类高等学校在籍本(专)科学生.② 参赛者以学校为单位选择各类别项目参赛.各校参赛名额限定如下：① 每所学校最多可报 5 支队伍，其中命题类和自选类每类最多 3 支队伍，讲课类最多 2 支队伍.② 每支队伍参赛指导教师不得多于 2 人，学生最多 5 人，其中讲课类学生最多 3 人.③ 所有竞赛类别，本年度以前获得过全国大学生物理实验竞赛(创新)三等奖(含)以上的学生、国家级竞赛三等奖(含)以上作品不再参加本竞赛.对于上一年度获得过讲课比赛一等奖的作品,所在学校在随后的2年内不得再报相同的实验题目参赛.

该赛事被《江南大学大学生学科竞赛目录》标为A类,每年1月份组委会预先公开竞赛题目,选手组队在本校进行准备并参加选拔;5月份通过网络填报预赛报名表;9月份向组委会提交正式报名、上传参赛资料、完成缴费;10月份评审专家对各个项目进行网络初评并在下旬公开发布初评结果;12月份左右,进入决赛的作品采取现场答辩的形式进行评比、展示并公布获奖名单.

邮箱: 389345237@qq.com

3. 全国大学生创新体验竞赛

全国大学生创新体验竞赛,是面向全体大学生的群众性创新活动,其目的在于激发创新灵感,培养创新思维习惯,提高创新实践能力,孕育创新成果雏形,推进学生课外研学活动的开展.

全国大学生创新体验竞赛,由经中国科学技术协会、科技部、民政部批准、发证的中国创造学会主办,东南大学、安徽工业大学承办.竞赛共分三个主题.主题一:创意设想——日积月累培养习惯,要求参赛选手在一个月(连续30天)时间内,每日记录一个自己的创意设想,需要图文并茂.主题二:创新制作——身体力行创造价值,要求参赛选手用易拉罐、废塑料、废纸、废木材等废弃物为主要材料(超过60%),或使用新技术、新材料、新工艺,经过创造性的设计和动手制作,形成有价值的作品(机械装置、电子产品、艺术品等).主题三:创业计划——业勤行思擘画未来,要求在规定时间内,扎根祖国大地,了解国情、民情,提交一份"创业计划书".

全国大学生创新体验竞赛采用校赛、区域赛和全国赛三级赛制.

该项赛事被《江南大学大学生学科竞赛目录》标为B类,每年11月到次年3月为校内选拔阶段,次年4月为网络展示及评审阶段,次年5月底、6月初为现场决赛阶段.

江南大学参赛团队获奖率屡次远超全国平均获奖率,有兴趣的同学可通过比赛培养自己的创新意识,提升自己的创新能力!

邮箱: 61132264@qq.com

4. 江苏省高校大学生物理与实验科技作品创新竞赛

江苏省高校大学生物理与实验科技作品创新竞赛由江苏省物理学会和江苏省高校大学生物理与实验科技作品创新竞赛组织委员会主办,江苏省各高校每年轮流承办.竞赛组委会秘书处设在承办高校.竞赛组委会聘请相关专家组成竞赛评审委员会,负责竞赛评审.

参赛作品分为物理论文类、自选实验作品类和命题实验作品类三类:物理论文类是指学生以第一作者在校期间完成的具有物理思想且有一定特色或有一定创意的理论或实验研究论文;自选实验作品类是指学生在校期间完成的具有一定特色或创意的物理实验科技作品,包括物理实验仪器制作与改进、具有物理内涵的实验科技作品、现代测量技术在物理实验中的应用、物理实验数据处理与优化等,与企业合作且包含物理内涵的科技作品也可参赛;命题实验作品类比赛的题目为当年全国大学生物理实验竞赛(创新)命题类题目,参赛学生从中任选 1 题,按照要求提交作品.

该项赛事被《江南大学大学生学科竞赛目录》标为 B 类,每年 1—6 月为校内预赛,7—9 月报送复赛项目回执及相关材料,10 月确定决赛项目,11 月由承办高校举行决赛.

江南大学参赛团队多次获得优秀组织奖,指导老师和同学屡获佳绩.如果同学们想锻炼自己的科研能力,如果同学们想锻炼自己的动手能力,如果同学们想锻炼自己的创新能力,那么就来参加江苏省高校大学生物理与实验科技作品创新竞赛吧!

邮箱:389345237@ qq.com

“笃学尚行、止于至善”,江南大学物理实验中心将以培养高素质创新人才为宗旨,在课程建设和实验教学改革的研究与实践中不断与时俱进、开拓创新,将中心建设成为名副其实的高校基础课程实验教学示范中心,为培养社会需要的高素质人才而不断努力.

绪 论

一、物理实验课程的任务

物理实验课程是高等学校理工科专业对学生进行科学实验基本训练的必修基础课程，是本科生接受系统实验方法和实验技能训练的开端.物理实验是科学实验的先驱，体现了大多数科学实验的共性，是各学科科学实验的基础.

物理实验课程覆盖面广，具有丰富的实验思想、方法、手段，同时能提供综合性很强的基本实验技能训练，是培养学生科学实验能力、提高科学素质的重要基础.它在培养学生严谨的治学态度、活跃的创新意识、理论联系实际和适应科技发展的综合应用能力等方面，具有其他实践类课程无法替代的作用.

本课程的具体任务是：

(1) 培养学生科学实验技能、科学思维和创新意识，提高学生科学实验素质，使学生初步掌握科学实验的思想和方法，提高发现问题、分析问题和解决问题的能力.

(2) 提高学生科学素养，培养学生理论联系实际和实事求是的科学作风，认真严谨的科学态度，积极主动的探索精神，遵守纪律、团结协作、爱护公共财产的优良品质.

二、物理实验教学的基本要求

物理实验课程教学的基本要求如下：

(一) 掌握测量误差的基本知识，具有正确处理实验数据的基本能力

1. 掌握测量误差与不确定度的基本概念，逐步学会用不确定度对直接测量和间接测量的结果进行评估.

2. 掌握处理实验数据的一些常用方法，包括列表法、作图法、逐差法和最小二乘法等，学习使用计算机通用软件处理实验数据.

(二) 掌握基本物理量的测量方法，了解数字化测量技术在物理实验中的应用

掌握长度、质量、时间、温度、压强、压力、电流、电压、电阻、磁感应强度、发光强度、折射率、电子电荷、普朗克常量等常用物理量的测量方法.

(三) 了解常用的物理实验方法，并逐步学会使用这些方法

常用的物理实验方法有比较法、转换法、放大法、模拟法、补偿法、平衡法、干涉法、衍射法，以及在近代科学研究和工程技术中广泛应用的其他方法.要逐步学会使用这些方法.

(四) 了解实验室常用仪器的性能，并能够正确使用这些仪器

实验室常用仪器有长度测量仪器、计时仪器、测温仪器、变阻器、电表、交/直流电桥、

通用示波器、低频信号发生器、分光仪、光谱仪、常用电源和光源等仪器，了解它们的性能，并学会正确使用.

（五）掌握常用的实验操作技术

常用的实验操作技术有零位调整、水平/竖直调整、光路的共轴调整、消视差调整、逐次逼近调整、根据给定的电路图正确接线、简单的电路故障检查与排除等，要掌握这些实验操作技术.

（六）了解物理实验史在现代科学技术中的应用知识

物理实验史在人类探索自然奥秘的征途中有着举足轻重的地位.了解物理实验史，不仅是对过往科学成就的回顾，也是对未来科学探究的启迪.

三、能力培养的基本要求

通过物理实验课程的学习，重点培养学生以下几方面的能力：

（一）独立实验的能力

能够通过阅读实验教材、查询有关资料和思考问题，掌握实验原理与方法，理解实验思想与设计思路，正确使用仪器设备，独立完成实验内容，科学观测实验现象，正确记录和处理实验数据，科学表达实验结果，撰写合格的实验报告，逐步形成基本的自主实验的能力.

（二）分析与研究的能力

能够融合实验原理、设计思想、实验方法及相关的理论知识，对实验结果进行分析、判断、归纳与综合.掌握通过实验对物理现象和物理规律进行研究的基本方法，培养基本的实验分析与研究能力.

（三）理论联系实际的能力

能够在实验中发现问题、分析问题并学习解决问题，逐步提高综合运用所学知识和技能解决实际问题的能力.

（四）实验创新能力

能够完成符合规范要求的设计实验、综合实验，进行初步的实验研究与设计，增强学习的主动性和创新意识，逐步培养实验创新能力.

四、物理实验课程的具体要求

物理实验课程要求学生在教师指导下独立完成实验任务，具体要求做好以下几方面的工作：

（一）课前预习

提前做好预习工作，仔细阅读实验教材，明确实验目的，理解实验原理，了解实验内容和步骤，了解实验仪器的使用方法，明确实验要测量哪些物理量、如何测量，设计实验数据表格，在预习的基础上撰写实验预习报告.

每次实验前指导老师检查学生预习情况（学习通 App），合格后方可进行实验.对未认真预习的学生可做适当处理，直至取消其实验资格.

（二）课堂实验

按课表规定或预约的时间进行实验，不得无故缺席或迟到、早退.严格遵守实验操作规程和注意事项，以科学的态度独立完成实验.

上实验课应携带文具、计算器、草稿纸等必要的实验用具.实验过程中保持良好的实验环境，不大声讲话，注意环境卫生.爱护仪器设备，注意实验安全，不得擅自搬弄、拆卸仪器.如有违规操作造成人为损坏的，照章赔偿.

实验前，合理安排好仪器的位置，需要经常调整和操作的仪器一般置于近处，以方便操作和读数.

实验时，首先对仪器进行必要的调整，如水平调节、垂直调节、零位调节、量程选择等.实验过程中遇到问题或故障，应自己动脑分析，力求自我排除.对经努力不能自行解决的问题，可报告指导老师协助解决.

测量时，仔细观察实验现象，将数据整洁记录在数据表格中，特别要注意有效数字的选取.

测量结束后，请指导老师检查实验数据.如有错误或遗漏，须重做或补做.原始数据需经指导老师审查签字.实验结束后请整理好仪器设备，并将桌面和凳子收拾整齐后方可离开实验室.

（三）撰写实验报告

按照一定的格式和要求表达实验过程和结果的文字材料称为实验报告.它是实验工作的全面总结和系统概括，是实验工作中不可缺少的一个环节.写实验报告的过程，是对所测量的数据加以处理，对所观察的现象加以分析并从中找出客观规律和内在联系的过程.因此，书写实验报告，对于理工科大学生来讲，是一种必不可少的基础训练，同时也是培养学生将来从事科学研究和工程技术开发工作时书写论文的基础，同学们应认真对待.书写实验报告要使用统一规格的实验报告纸，要求字迹端正、文字通顺、内容简明扼要、数据记录整洁、图表规范、结果正确、讨论认真.

一份完整的实验报告通常包括下述内容：实验名称、实验目的、实验原理、实验仪器设备、实验内容及步骤、数据记录及处理、小结或讨论.

（1）实验名称.

实验报告的名称，又称标题，列在报告的最前面.实验名称应简洁、鲜明、准确.字数要尽量少，一目了然，能恰当反映实验的内容.

（2）实验目的.

实验目的，通常教材都给予明确阐述，但在具体实验过程中，有些内容并不涉及，或实验内容做了改变.因此，不能完全照搬书本，应按课堂要求并结合自己的体会来写，简明扼要地说明为什么要进行实验，实验要解决什么问题.

（3）实验原理.

在理解的基础上，用简短的文字准确地阐述实验原理，切忌整篇照抄，力求做到图文并茂.具体要求如下：

① 画出必要的电路图、光路图或实验装置示意图，若图不止一张，应依次编号.

② 必须用自己的语言进行归纳阐述，文字务必清晰、通顺、简明扼要.

③ 写明实验所用的公式及简要的推导过程，说明式中各物理量的意义、单位以及公式的适用条件.

(4) 实验仪器设备.

每一个实验中用到的仪器设备是根据实验内容的要求来配置的，在书写这部分内容时应根据实验的实际情况如实记录仪器设备的名称、型号、规格和数量，不要照抄教材.电磁学实验中普通的连接导线不必记录，写上导线若干即可，但特殊的连接电缆必须注明.

(5) 实验内容及步骤.

简要地写出实验的主要内容，根据实际操作程序，按时间的先后划分为几个步骤，并在前面标上 1,2,3,…，使实验内容条理清晰.

(6) 数据记录及处理.

数据记录是将实验过程中记录在原始数据记录表格中或从测量仪表所读取的实验数据重新整理，填入画好的数据表格中.

数据处理是将测量所得的原始数据根据不确定度的估算、测量结果的表示方法以及数据处理的基本方法来进行处理.例如，采用作图法、图解法时，根据作图法的要求，画出相关的曲线后再求解.

(7) 小结或讨论.

这部分内容不限，可以从理论上对实验结果进行客观的评价，对实验中出现的异常现象进行讨论，分析误差的大小和产生的原因以及如何提高测量精度，指出实验中存在的问题，总结实验的收获或心得体会，回答问题，等等.

附：实验报告范例

一、实验名称

衍射光栅常量和谱线波长的测定.

二、实验目的

1. 进一步掌握分光计的调节和使用方法.
2. 观察光栅衍射现象，测定光栅常量和汞原子光谱的部分谱线的波长.

三、实验原理

如绪论图 1 所示，根据夫琅禾费的衍射理论，当一束平行单色光垂直入射到光栅面上时，光通过每个狭缝都发生衍射，所有狭缝的衍射光又彼此产生干涉.相邻两狭缝对应点射出的光线到达 P 点的光程差为 $\Delta = d\sin\varphi_k$，当此光程差等于入射光波长 λ 的整数倍时，多光束干涉使光振动加强，产生一明条纹.光栅衍射产生明条纹的条件为

$$d\sin\varphi_k = k\lambda, k = 0, \pm1, \pm2, \cdots$$

上式称为光栅衍射方程.若已知某一条光谱线的波长为 λ，测出该光谱线第 k 级明条纹对应的衍射角为 φ_k，便可计算出所使用光栅的光栅常量 d.反过来也可以用此式计算波长 λ.

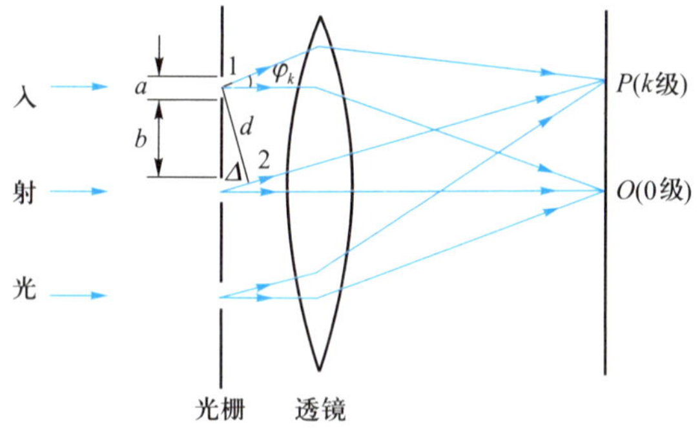

绪论图 1　实验原理

四、实验仪器设备

JJY-1 型分光计、复制光栅、汞灯、望远镜各 1 件.

五、实验内容及步骤

1. 按绪论图 1,将光栅放置在分光计平台中央,使平台调平螺丝 B_1、B_2 的连线与光栅面垂直,以光栅面作为反射面,用自准直法和各半调节法使望远镜只能接受平行光,望远镜光轴与分光计主轴垂直.

2. 开启汞灯,使之照亮平行光管的狭缝,将望远镜转至对准平行光管狭缝处,以望远镜为基准,使狭缝像位于望远镜的中央,松开狭缝装置锁紧螺丝,前后伸缩狭缝装置,使狭缝像边缘清晰;旋转狭缝装置,使狭缝像竖直;调节狭缝宽度螺丝,使狭缝像尽量细狭,但中间不要出现断痕.

3. 为了使平行光管发出的平行光垂直入射到光栅平面上,可使望远镜对准平行光管,转动望远镜,使零级明条纹与望远镜中分划板上竖直叉丝重合,调节平行光管下倾斜螺丝,使零级明条纹被望远镜中分划板上水平叉丝平分,这时平行光管发出的平行光垂直照射光栅;然后转动平台,使反射十字像落在望远镜分划板叉丝的上方交点处,此时望远镜光轴垂直于光栅平面.

4. 转动望远镜,观察汞灯发出的衍射光谱的分布情况,在中央零级明条纹的两边,对称地排列±1 级和±2 级光谱线组,如左右谱线有高低,则是因为光栅上的刻痕与转轴不平行,可调节平台调平螺丝 B_3,使全部谱线高低一致.

5. 依次测出−1 级和+1 级的紫、绿、黄$_1$、黄$_2$ 谱线的各方位角 θ_{+1} 和 θ_{-1}.

六、数据记录及处理

1. 数据记录.

实验数据记录如绪论表 1 所示.

绪论表 1　　实验数据表

谱线	读数	θ_{+1}	θ_{-1}	$\lvert\varphi_1\rvert$	$\lvert\bar{\varphi}_1\rvert$
汞紫谱线	左窗读数	286°20′	256°16′	15°02′	15°02′
	右窗读数	106°21′	76°18′	15°02′	

续表

谱线	读数	θ_{+1}	θ_{-1}	$\lvert\varphi_1\rvert$	$\lvert\bar{\varphi}_1\rvert$
汞绿谱线	左窗读数	290°22′	252°19′	19°02′	19°02′
	右窗读数	110°23′	72°20′	19°02′	
汞黄$_1$谱线	左窗读数	291°28′	251°10′	20°09′	20°09′
	右窗读数	111°29′	71°11′	20°09′	
汞黄$_2$谱线	左窗读数	291°29′	251°9′	20°10′	20°10′
	右窗读数	111°30′	71°10′	20°10′	

2. 数据处理.

(1) 计算光栅常量 d.

已知汞绿谱线的波长 $\lambda=546.1$ nm，则光栅常量

$$d=\frac{\lambda}{\sin\bar{\varphi}_{1绿}}=\frac{546.1}{\sin 19°02'}\ \text{nm}\approx 1\ 674\ \text{nm}$$

(2) 计算汞紫谱线、汞黄$_1$谱线、汞黄$_2$谱线的波长，并计算测量值和标准值之间的百分误差 E.

①
$$\lambda_{紫测}=d\sin\bar{\varphi}_{1紫}=1\ 674\times\sin 15°02'\ \text{nm}\approx 434.2\ \text{nm}$$

已知 $\lambda_{紫标}=435.1$ nm，则

$$E_{紫}=\frac{\lvert\lambda_{紫测}-\lambda_{紫标}\rvert}{\lambda_{紫标}}\times 100\%=\frac{\lvert 434.2-435.1\rvert}{435.1}\times 100\%\approx 0.21\%$$

②
$$\lambda_{黄_1测}=d\sin\bar{\varphi}_{1黄_1}=1\ 674\times\sin 20°09'\ \text{nm}\approx 576.6\ \text{nm}$$

已知 $\lambda_{黄_1标}=577.0$ nm，则

$$E_{黄1}=\frac{\lvert\lambda_{黄_1测}-\lambda_{黄_1标}\rvert}{\lambda_{黄_1标}}\times 100\%=\frac{\lvert 576.6-577.0\rvert}{577.0}\times 100\%=0.069\%$$

③
$$\lambda_{黄_2测}=d\sin\bar{\varphi}_{1黄_2}=1\ 674\times\sin 20°10'\ \text{nm}=577.1\ \text{nm}$$

已知 $\lambda_{黄_2标}=579.0$ nm，则

$$E_{黄_2}=\frac{\lvert\lambda_{黄_2测}-\lambda_{黄_2标}\rvert}{\lambda_{黄_2标}}\times 100\%=\frac{\lvert 577.1-579.0\rvert}{579.0}\times 100\%=0.33\%$$

七、小结或讨论

略.

第1章

误差理论与实验数据处理

在学习大学物理实验课程过程中，要求学生不仅能够定性地观察实验过程中重要的物理现象，更要能够定量地测量相关物理量，记录相应的实验数据，进而通过对实验数据的具体分析和处理，得出确切的实验结论.因此，误差理论与实验数据的处理技术是进行物理实验工作的必备基础，也是一般实验工作者(不限于物理学科)必须掌握的基本知识和开展有关科学实验的前提.

本章重点介绍误差理论与实验数据处理的基本知识，包括测量与误差、测量结果的不确定度评定、有效数字和运算规则以及实验数据处理的基本方法.

第1节　测量与误差

测量及其分类

一、测量

所谓测量，是指用一定的计量工具或仪器，通过实验的方法，直接或间接地与被测对象进行比较，从而获得测量结果的过程.测量是物理实验的重要内容和基本手段，是获得实验数据的必要途径.一个物理量的完整测量结果包括该物理量的数值、单位以及结果的可信赖程度(用不确定度表示).

二、测量的分类

(一) 直接测量与间接测量

按测量手段的不同，可将测量分为直接测量与间接测量.

直接测量是指用测量仪器直接获得测量结果的过程.例如，用米尺测身高，用天平测物体的质量，用秒表测单摆的周期，用电压表测量某个闭合电路中两点间的电压，等等.直接测量是物理实验中最基本、最常见的一种测量方式.

间接测量是指借助待测量与其他物理量之间确定的函数关系，由一些直接测量的物理量，结合具体问题中一些已知的实验参量，通过确定的函数关系的计算，从而间接获得测量结果的过程.例如，在用伏安法测电阻实验中，测出电阻两端的电压 U 和流过电阻的

电流 I,依据欧姆定律 $R=\frac{U}{I}$求出待测电阻 R.这里的电压 U、电流 I 是直接测量量,而电阻 R 是间接测量量.

必须指出,有些物理量既可以直接测量,也可以间接测量,这主要取决于测量条件(理论基础及实验室是否有相关的仪器设备)、测量要求、测量方法等.例如,通常情况下,我们既可以用伏安法间接测量电阻,也可以用多用表(旧称万用表)的电阻挡直接测量电阻(如果手边没有多用表,只有电流表和电压表,只能间接测量).直接测量是一切测量的基础,间接测量则是物理实验工作的核心.随着科学技术的发展和新的测量仪器的开发,很多之前只能间接测量的物理量,现在也能直接测量了.在条件允许的情况下,适当地变间接测量为直接测量,有利于简化测量过程,这也是设计或开发新的测量仪器的一个思维出发点.

(二) 单次测量与多次测量

按测量次数的不同,可将测量分为单次测量和多次测量.

单次测量是指由于条件限制等原因,只能对待测量进行一次测量.例如,百米赛跑的时间测量,公路上的车速监测(后者在时间轴上看可以多次测量,但不是我们后面强调的多次重复测量),等等.

多次测量是指对待测量进行多次重复的测量.从减少测量失误、提高测量准确程度来看,多次测量的好处是显而易见的.因此,在条件允许的情况下,应对待测量进行多次测量.

多次测量要比单次测量花费更多的时间,有时还要投入更多的经济成本.因此,对待测量到底是采取单次测量还是采取多次测量,应在确保获得有效测量结果的前提下具体情况具体分析,合理采用单次测量或多次测量采集实验数据.

(三) 等精度测量与非等精度测量

按测量条件的不同,可将测量分为等精度测量与非等精度测量.

等精度测量是指在同等实验条件下对某一物理量进行的多次重复测量.例如,同一个实验者,用同一台仪器、采用同一种方法、在同样环境下对同一物理量进行的多次重复测量,由于没有任何依据来判断某次测量一定比另一次测量更精确,因此可认为这一系列的测量是等精度的.

非等精度测量是指在不同实验条件下对某一物理量进行的多次重复测量.例如,对某一物理量用不同仪器进行的测量,用不同方法进行的测量,等等.由于测量条件发生了改变(如温度、气压、速度等与实验中待测量密切相关的物理量发生变化),因而测量可认为是不等精度的.

在本课程的物理实验中,凡是要求对某物理量进行多次重复测量的均指等精度测量.本课程中有关误差理论和实验数据的讨论都是以等精度测量为前提的.

误差及其分类

一、真值与误差

任何一个物理量都有它的客观大小,这个客观存在的值称为该物理量的真值(true

value).测量的目的就是希望能够获得该真值.但由于受测量方法、测量仪器、测量条件以及观测者水平等多种因素的限制,任何测量值都不可能绝对精确地与真值完全一致,测量值与真值之间往往存在一定的偏差,这种偏差称为测量误差,简称误差(error).

设某物理量的测量值为 x,相应的真值为 x_0,则测量误差 Δx 为

$$\Delta x = x - x_0 \tag{0-1}$$

Δx 反映了测量值偏离真值的大小和方向,因此又称为绝对误差(absolute error).由于 x 可能大于 x_0,也可能小于 x_0,因此绝对误差 Δx 可正可负.绝对误差是一个有量纲的量.

绝对误差与真值的大小之比称为相对误差(relative error),记为

$$E(x) = \left|\frac{\Delta x}{x_0}\right| \times 100\% = \left|\frac{x - x_0}{x_0}\right| \times 100\% \tag{0-2}$$

相对误差是一个无量纲的量,通常又称为百分误差(percentage error).

由于物理量的真值虽然客观存在,但无法确切知道,因而误差也就无法精确求出.在一些具体问题中,可以用理论值、公认值或约定真值代替真值来估算误差.后续将改用不确定度来评定测量结果.

二、误差的分类

根据误差产生的原因,可将误差分为系统误差与随机误差两大类.

(一) 系统误差(systematic error)

系统误差是由于测量系统不完善而产生的误差.测量系统具有广义性,包括测量仪器、测量方法、测量环境和测量者等.系统误差的来源主要有以下几个方面:

1. 仪器误差

由于仪器本身的缺陷或没有按规定条件使用仪器所引起的误差.例如,仪器刻度不准、精度不够、安装调整不当等引起的误差.

2. 理论误差

由于实验所依据的理论公式的近似性或实验方法本身不完善所引起的误差.例如,用单摆测重力加速度实验中所用的公式 $g = 4\pi^2 \dfrac{1}{T^2}$ 本身就是近似公式,再如,在实验中忽略摩擦、散热、接触电阻等引起的误差.

3. 环境误差

由于测量环境不满足要求或环境不稳定所引起的误差.例如,测量过程中环境温度、湿度、气压变化,材料发生热胀冷缩等引起的误差.

4. 操作误差

由于观测者个人感官和运动器官的反应不同或不良观测习惯所引起的误差.例如,观测方位不当,操作动作总是超前或滞后等引起的误差.

系统误差的特征是具有确定性,即在同一条件下对同一物理量进行多次测量时,系统误差的大小恒定,方向一致(测量值要么总是偏大,要么总是偏小);或当测量条件改变时,误差按某一确定的规律变化(如线性变化、周期性变化等).

在具体实验中,如能确切掌握系统误差的大小和变化规律,则可在测量过程中采取

措施予以消除,或对测量结果进行系统误差的修正.例如,用游标卡尺或螺旋测微器测量工件尺寸时,若零点不对,应记下零点读数,对测量值进行零点修正,以消除系统误差.如果系统误差的大小和变化规律不能确切掌握,则一般难以做出修正,只能估计出它的极限范围.

(二) 随机误差(random error)

随机误差是由实验中的各种随机因素引起的误差.引起随机误差的因素有很多.例如,电源电压的波动,空间电磁波的干扰,气流的变化,估计某次读数时可能偏大或偏小,等等.

随机误差的特点是具有随机性,即在同一条件下对同一物理量进行多次重复测量时,随机误差时大时小,时正时负,因而难以控制.对物理量进行多次测量可以减小随机误差,并可用数理统计方法估算出随机误差的大小.

假设系统误差已经修正,当测量次数足够多时,随机误差的分布具有明显的统计规律性.大多数情况下,随机误差服从正态分布(又称高斯分布),其函数表达式为

$$f(x)=\frac{1}{\sqrt{2\pi}\sigma}e^{\frac{-(x-x_0)^2}{2\sigma^2}} \tag{0-3}$$

式中,$x-x_0$ 为测量值 x 的随机误差;$f(x)$ 是 x 的概率密度函数;σ 是该函数的一个参数,称为正态分布的标准差,它是将每一次测量的误差的平方取平均值后再开方,故又称"方根差",即

$$\sigma=\sqrt{\frac{\sum_{i=1}^{n}(x_i-x_0)^2}{n}} \quad (n\to\infty \text{ 时}) \tag{0-4}$$

正态分布曲线如图 0-1 所示,它是一条中间高两边低的钟形曲线.图中横坐标 x 表示测量值,纵坐标 $f(x)$ 表示 x 的概率密度.图中概率密度最大值对应的横坐标 x_0 就是测量量的真值;横坐标上任一点 x_i 到 x_0 的距离 $\Delta x_i=x_i-x_0$ 就是第 i 个测量值的随机误差;$x_0-\sigma$ 和 $x_0+\sigma$ 为曲线拐点的横坐标.

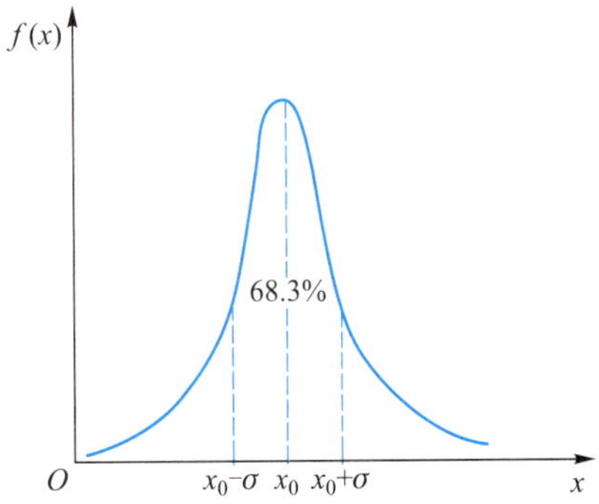

图 0-1　正态分布曲线

图中曲线与 x 轴之间的面积表示测量值 x 在某一范围内的概率,用 P 表示.概率密度函数满足归一化条件,即

$$\int_{-\infty}^{+\infty}f(x)\,dx=1 \tag{0-5}$$

上式表明图中曲线下方的总面积为 1,即在$(-\infty,+\infty)$范围内,$P=1$.给定区间不同,则测量值出现的概率也不同.这个给定的区间称为置信区间,相应的概率称为置信概率.

由下列定积分计算,可得测量值 x 落在置信区间$(x_0-\sigma,x_0+\sigma)$或误差落在$(-\sigma,\sigma)$内的置信概率为

$$\int_{x_0-\sigma}^{x_0+\sigma}f(x)\,dx=0.683=68.3\% \tag{0-6}$$

同理,可得误差落在$(-2\sigma,2\sigma)$内的置信概率为 95.4%,落在$(-3\sigma,3\sigma)$内的置信概率为 99.7%.由于测量值误差超过$\pm3\sigma$ 范围的情况几乎不会出现,所以把 3σ 称为极限误差.

由图 0-1 可知,服从正态分布的随机误差具有以下特点:

(1) 单峰性.

正态分布曲线只在 $x=x_0$ 处有一极大值,形成曲线的单峰,x 取临近 x_0 的值的概率大,取远离 x_0 的值的概率小,说明随机误差绝对值小的出现的概率大,随机误差绝对值大的出现的概率小.

(2) 对称性.

曲线关于直线 $x=x_0$ 对称,在 $x=x_0$ 的两侧,绝对值相等的正负误差出现的概率相同.

(3) 有界性.

绝对值很大的随机误差出现的概率趋于零,即误差的绝对值不超过一定的界限,3σ 为极限误差.

(4) 抵偿性.

随机误差的算术平均值随着测量次数的增加而趋于零,即

$$\lim_{n\to\infty}\frac{\sum_{i=1}^{n}(x_i-x_0)}{n}=0$$

所以有

$$\lim_{n\to\infty}\frac{\sum_{i=1}^{n}x_i}{n}=x_0$$

上式表明,若排除系统误差,在测量次数 $n\to\infty$ 时,各测量值的算术平均值即为真值.因此,增加测量次数可以减小随机误差,使算术平均值趋于真值.

实际上测量次数总是有限的.在等精度多次测量的情况下,如果测量次数 n 不太小,仍可用测量值的算术平均值

$$\bar{x}=\frac{1}{n}\sum_{i=1}^{n}x_i \tag{0-7}$$

作为真值的最佳近似值.根据误差理论,算术平均值的标准差为

$$\sigma=\sqrt{\frac{\sum_{i=1}^{n}(x_i-\bar{x})^2}{n(n-1)}} \tag{0-8}$$

可以证明,x 落在置信区间$(\bar{x}-\sigma,\bar{x}+\sigma)$内的概率为 68.3%.

由正态分布曲线和上述讨论可见,σ 大,则随机误差分布的离散程度大;σ 小,则随机误差分布的离散程度小.

以上讨论的误差不包括由于测量者在操作、计数、记录和运算等过程中出现失误而使测量值明显偏离真值所造成的过失误差(又称粗大误差).在实验过程中应尽量避免过失误差的出现,并按一定原则分析、判断和剔除这类误差.

测量的精密度、正确度和精确度

常用精密度、正确度和精确度来评估实验测量结果的优劣.

一、精密度(precision of measurement)

精密度是指对同一物理量进行多次重复测量时,各测量值之间的彼此接近程度.精密度反映随机误差的大小:精密度越高,说明各测量值越接近,随机误差越小;精密度越低,说明各测量值越离散,随机误差越大.

二、正确度(correctness of measurement)

正确度是指测量值与真值的接近程度.正确度反映系统误差的大小:正确度越高,说明测量值越接近真值,系统误差越小;正确度越低,说明测量值越偏离真值,系统误差越大.

三、精确度(accuracy of measurement)

精确度是指测量结果的重复性与接近真值的综合好坏程度,又称准确度.精确度全面反映了随机误差和系统误差的大小程度,精确度高,说明精密度和正确度都高.

精密度、正确度和精确度的意义及相互关系,可以用打靶时子弹着靶点的位置及分布来形象地理解,参见图 0-2,图中靶心代表被测量的真值,黑点代表各测量值.

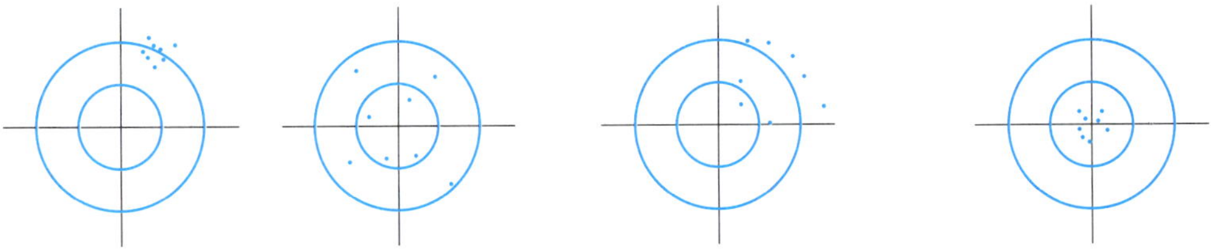

图 0-2　精密度、正确度和精确度的相互关系

通常所说的测量精度或计量器具的精度,一般指精确度(准确度).

第 2 节　测量结果的不确定度评定

不确定度的概念及分类

一、不确定度的概念

由于测量误差不可避免,使得真值无法确定.为合理评定测量结果的可靠程度,1993

年国际计量局(Bureau Internationale des Poids et Measures,简称 BIPM)、国际标准化组织(International Organization for Standardization,简称 ISO)、国际电工委员会(International Electrotechnical Commission,简称 IEC)、国际理论与应用物理联合会(International Union of Pure and Applied Physics,简称 IUPAP)、国际临床化学和检验医学联合会(International Federation of Clinical Chemistry and Laboratory Medicine,简称 IFCC)、国际理论与应用化学联合会(International Union of Pure and Applied Chemistry,简称 IUPAC)和国际法制计量组织(Organisation Internationale de Métrologie Légale,简称 OIML)七个国际组织联合发布了"测量不确定度表示指南"(Guide to the Expression of Uncertainty in Measurement,简称 GUM),为计量标准的国际对比和测量结果评定方法的统一奠定了基础.我国国家计量技术规范中,也明确提出采用不确定度来评定测量结果的可靠程度.

测量结果的不确定度(uncertainty)表示由于测量误差的存在而使测量值偏离真值的不确定程度.不确定度是表征测量结果可靠程度的一个参量,它给出了一个取值范围,被测量的真值以一定的概率(如 $P=68.3\%$)包含在该范围内.

目前,不确定度在物理实验的结果评定中已得到广泛应用.但由于与不确定度相关的各种法规文件不只是针对物理实验制定的,因而在结合物理实验具体应用时,不确定度的评定与表示方法不尽统一.本教材介绍对物理实验较为适用的、通用性和可操作性较强的不确定度评定与表示方法,其中进行了一定程度的简化.

二、不确定度的分类

测量量 x 的不确定度用 $u(x)$ 表示,它由 A 类不确定度 $u_A(x)$ 和 B 类不确定度 $u_B(x)$ 这两个分量组成,其中 A 类不确定度 $u_A(x)$ 是采用统计方法评定的不确定度,B 类不确定度 $u_B(x)$ 是采用非统计方法评定的不确定度.

总不确定度 $u(x)$ 由 A 类不确定度 $u_A(x)$ 和 B 类不确定度 $u_B(x)$ 这两个分量按一定规则合成得到,故又称合成不确定度.物理实验中用合成不确定度综合评价测量结果.

直接测量的不确定度评定

一、多次直接测量的不确定度评定

(一) A 类不确定度

在相同条件下对测量量 x 进行多次重复测量,设测量次数为 n,则用测量值 x_1, x_2,…,x_n 的算术平均值

$$\bar{x}=\frac{1}{n}\sum_{i=1}^{n}x_i \tag{0-9}$$

作为测量结果的最佳近似值,简称最佳值,它的 A 类不确定度用平均值的标准差乘以 t_P 表征:

$$u_A(x)=t_P\sqrt{\frac{\sum_{i=1}^{n}(x_i-\bar{x})^2}{n(n-1)}} \tag{0-10}$$

式中，t_P 称为"t 因子"，它与测量次数 n 和置信概率 P 有关，参见表 0-1.

表 0-1　不同测量次数 n 下 t 因子的数值

n	3	4	5	6	7	8	9	10	∞
$t_{0.683}$	1.32	1.20	1.14	1.11	1.09	1.08	1.07	1.06	1.00
$t_{0.95}$	4.30	3.18	2.78	2.57	2.45	2.36	2.31	2.26	1.96

在物理实验中，如果无特殊说明，置信概率 P 一般取 0.683. 当测量次数较多(5 次以上)时，为简便起见，一般取 $t_{0.683}=1$，故 A 类不确定度由下式计算：

$$u_A(x)=\sqrt{\frac{\sum_{i=1}^{n}(x_i-\bar{x})^2}{n(n-1)}}\quad (n>5) \tag{0-11}$$

上式表明真值落在置信区间($\bar{x}-u_A,\bar{x}+u_A$)内的置信概率为 68.3%. 以下如无特别说明，则实验中 A 类不确定度 $u_A(x)$ 均用式(0-11)计算.

(二) B 类不确定度

引起 B 类不确定度的因素很多且复杂，物理实验中一般只考虑仪器因素造成的不确定度.

在使用仪器进行各种测量并记录数据时，由于仪器自身的原理、结构、制造工艺上的不完善和测量环境的影响，测量过程中仪器产生的误差客观存在. 一般情况下，仪器误差不会超过一定的限值，即存在仪器误差限. 仪器误差限是指在规定条件下仪器所允许的误差范围，用 $\Delta_{仪}$ 表示，其确定方法如下：

(1) 查仪器说明书或使用手册，获得该仪器的允许误差限或示值误差，即 $\Delta_{仪}$.

(2) 当无资料可查时，$\Delta_{仪}$ 一般可取仪器的最小分度值.

表 0-2 给出部分仪器的误差限 $\Delta_{仪}$.

表 0-2　物理实验中常用仪器的误差限 $\Delta_{仪}$

仪器名称	误差限 $\Delta_{仪}$	备注(参数或等级)
游标卡尺	0.1 mm	分度值 0.1 mm
	0.05 mm	分度值 0.05 mm
	0.02 mm	分度值 0.02 mm
螺旋测微器	0.004 mm	一级，0~25 mm
秒表(机械/电子)	0.2 s	—
水银温度计	最小分度值	—
指针式电流表/电压表	$A_m \cdot a\%$	A_m 为量程，a 为准确度等级

B 类不确定度的计算公式为

$$u_B(x)=\frac{\Delta_{仪}}{C} \tag{0-12}$$

式中，$\Delta_{仪}$ 为仪器误差限；C 为置信系数，它与置信概率和仪器误差的分布特性有关. 通常仪器不确定度的概率分布有正态分布、均匀分布和三角分布，对应的置信系数 C 分别取 3、$\sqrt{3}$ 和 $\sqrt{6}$. 物理实验中，如无特殊说明，一般可认为仪器误差在误差限内是均匀分布的，即误差在区间$(-\Delta_{仪},\Delta_{仪})$以外出现的概率为零，在区间$(-\Delta_{仪},\Delta_{仪})$以内出现的概率相同，故取 $C=\sqrt{3}$，于是，B 类不确定度可按下式估算：

$$u_B(x)=\frac{\Delta_{仪}}{\sqrt{3}} \tag{0-13}$$

以下如无特别说明，则实验中 B 类不确定度 $u_B(x)$ 均用式(0-13)计算.

(三)合成不确定度

通过上述方法得到的 A 类和 B 类不确定度，采用"方-和-根"的方式合成，可得测量量的合成不确定度 $u(x)$：

$$u(x)=\sqrt{u_A^2(x)+u_B^2(x)} \tag{0-14}$$

由于合成不确定度中的 A 类不确定度是用标准差表示的，所以又称标准不确定度. 标准不确定度的置信概率为 68.3%. 若无特殊说明，本书提到的不确定度均指标准不确定度. 在某些情况下，需要用高置信概率的扩展不确定度来评定实验结果，此处不做介绍.

二、单次直接测量的不确定度评定

若对某物理量 x 只进行单次测量，并以单次测量值作为测量结果，则无法用统计的方法求 A 类不确定度，此时只有 B 类不确定度. 单次测量的 B 类不确定度一般取仪器的误差限，即

$$u(x)=u_B(x)=\Delta_{仪} \tag{0-15}$$

三、直接测量的结果表示

对多次直接测量：

$$\begin{cases} x=\bar{x}\pm u(x) \quad (单位) \\ E_x=\dfrac{u(x)}{|\bar{x}|}\times 100\% \end{cases} \tag{0-16}$$

对单次直接测量（x_1 为单次测量值）：

$$\begin{cases} x=x_1\pm\Delta_{仪} \quad (单位) \\ E_x=\dfrac{\Delta_{仪}}{|x_1|}\times 100\% \end{cases} \tag{0-17}$$

上两式中，E_x 为相对不确定度.

间接测量的不确定度评定

在物理实验中，许多物理量不是直接测得的，而是由直接测量的物理量经过计算间接获得的. 由于直接测量量不确定度的存在，由直接测量量经过运算得到的间接测量量也

必然存在不确定度,这一过程称为不确定度的传递.

设间接测量量 y 与直接测量量 $x_1,x_2,\cdots,x_n$ 的函数关系为

$$y=f(x_1,x_2,\cdots,x_n)$$

每个直接测量量 $x_1,x_2,\cdots,x_n$ 的测量结果分别为

$$x_i=\bar{x}_i\pm u(x_i),\quad i=1,2,\cdots,n$$

一、间接测量量的最佳值

将直接测量量 $x_1,x_2,\cdots,x_n$ 的最佳值 $\bar{x}_1,\bar{x}_2,\cdots,\bar{x}_n$ 代入函数 $y=f(x_1,x_2,\cdots,x_n)$,可得间接测量量 y 的最佳值为

$$\bar{y}=f(\bar{x}_1,\bar{x}_2,\cdots,\bar{x}_n)$$

二、间接测量量的不确定度

由于不确定度是微小的量,相当于数学中的“增量”,所以间接测量结果的不确定度评定方法可参照数学中的全微分公式,其中用不确定度代替微分元并按“方-和-根”的方式合成,可得间接测量量 y 的不确定度 $u(y)$ 为

$$\begin{aligned}u(y)&=\sqrt{\left(\frac{\partial f}{\partial x_1}\right)^2u^2(x_1)+\left(\frac{\partial f}{\partial x_2}\right)^2u^2(x_2)+\cdots+\left(\frac{\partial f}{\partial x_n}\right)^2u^2(x_n)}\\&=\sqrt{\sum_{i=1}^{n}\left(\frac{\partial f}{\partial x_i}\right)^2u^2(x_i)}\end{aligned}\qquad(0-18)$$

式中,间接测量量 y 对直接测量量 $x_1,x_2,\cdots,x_n$ 的偏导数 $\frac{\partial f}{\partial x_1},\frac{\partial f}{\partial x_2},\cdots,\frac{\partial f}{\partial x_n}$ 称为不确定度的传递系数.

y 的相对不确定度为

$$\begin{aligned}E_y=\frac{u(y)}{y}&=\sqrt{\left(\frac{\partial \ln f}{\partial x_1}\right)^2u^2(x_1)+\left(\frac{\partial \ln f}{\partial x_2}\right)^2u^2(x_2)+\cdots+\left(\frac{\partial \ln f}{\partial x_n}\right)^2u^2(x_n)}\\&=\sqrt{\sum_{i=1}^{n}\left(\frac{\partial \ln f}{\partial x_i}\right)^2u^2(x_i)}\end{aligned}\qquad(0-19)$$

利用上述不确定度传递公式,不仅可以计算间接测量量的不确定度,而且能分析各直接测量量的不确定度对最后测量结果不确定度的影响大小,从而为改进实验设计方案指明方向.在设计物理实验时,利用不确定度传递公式能为合理选择测量方法和测量仪器等提供重要依据.

注意:

(1) 当函数 $y=f(x_1,x_2,\cdots,x_n)$ 为简单的加减关系时,可先求函数的不确定度 $u(y)$,然后计算相对不确定度 E_y.

(2) 当函数 $y=f(x_1,x_2,\cdots,x_n)$ 为乘除关系时,可先求函数的相对不确定度 $E_y=\frac{u(y)}{|\bar{y}|}$,再由

$$u(y)=E_y\cdot|\bar{y}|$$

求出不确定度 $u(y)$.

三、间接测量量的结果表示

$$\begin{cases} y=\bar{y}\pm u(y) \quad (\text{单位}) \\ E_y=\dfrac{u(y)}{|\bar{y}|}\times 100\% \end{cases} \tag{0-20}$$

物理实验中常用函数的不确定度传递公式,参见表 0-3. 测量结果的不确定度的评定步骤参见表 0-4 和表 0-5.

表 0-3 常用函数的不确定度传递公式

函数表达式	不确定度传递公式
$y=x_1+x_2$	$u(y)=\sqrt{u^2(x_1)+u^2(x_2)}$
$y=x_1-x_2$	$u(y)=\sqrt{u^2(x_1)+u^2(x_2)}$
$y=x_1\cdot x_2$	$\dfrac{u(y)}{\lvert\bar{y}\rvert}=\sqrt{\left[\dfrac{u(x_1)}{x_1}\right]^2+\left[\dfrac{u(x_2)}{x_2}\right]^2}$
$y=\dfrac{x_1}{x_2}$	$\dfrac{u(y)}{\lvert\bar{y}\rvert}=\sqrt{\left[\dfrac{u(x_1)}{x_1}\right]^2+\left[\dfrac{u(x_2)}{x_2}\right]^2}$
$y=kx$	$u(y)=\lvert k\rvert u(x)$
$y=\sqrt[k]{x}$	$\dfrac{u(y)}{\lvert\bar{y}\rvert}=\dfrac{1}{\lvert k\rvert}\cdot\dfrac{u(x)}{\lvert x\rvert}$
$y=\dfrac{x_1^l x_2^m}{x_3^n}$	$\dfrac{u(y)}{\lvert\bar{y}\rvert}=\sqrt{l^2\left[\dfrac{u(x_1)}{x_1}\right]^2+m^2\left[\dfrac{u(x_2)}{x_2}\right]^2+n^2\left[\dfrac{u(x_3)}{x_3}\right]^2}$
$y=\sin x$	$u(y)=\lvert\cos x\rvert\cdot u(x)$
$y=\cos x$	$u(y)=\lvert\sin x\rvert\cdot u(x)$
$y=\ln x$	$u(y)=\dfrac{u(x)}{x}$

表 0-4 直接测量结果的不确定度评定步骤

(a) 多次直接测量时

1. 列表记录实验数据	$x_1,x_2,\cdots,x_n$(n 为去除粗大误差后的有效数据个数)
2. 求最佳值 $\bar{x}$	$\bar{x}=\dfrac{1}{n}\sum_{i=1}^{n}x_i$
3. 计算 A 类不确定度	$u_A(x)=\sqrt{\dfrac{\sum_{i=1}^{n}(x_i-\bar{x})^2}{n(n-1)}}$ $(n>5)$

续表

4. 计算 B 类不确定度	$u_B(x)=\dfrac{\Delta_{仪}}{\sqrt{3}}$
5. 计算总不确定度 $u(x)$	$u(x)=\sqrt{u_A^2(x)+u_B^2(x)}$
6. 计算相对不确定度	$E_x=\dfrac{u(x)}{\lvert\bar{x}\rvert}\times100\%$
7. 表示测量结果	$x=\bar{x}\pm u(x)$（单位） $E_x=\dfrac{u(x)}{\lvert\bar{x}\rvert}\times100\%$

（b）单次直接测量时

1. 列出单次直接测量量	$x=x_1$
2. 计算不确定度	$u(x)=\Delta_{仪}$
3. 表示测量结果	$x=x_1\pm u(x)$（单位） $E_x=\dfrac{u(x)}{\lvert x_1\rvert}\times100\%$

表 0-5　间接测量结果的不确定度评定步骤

1. 按表 0-4 的方法表示各直接测量量	$x_1=\bar{x}_1\pm u(x_1),x_2=\bar{x}_2\pm u(x_2),\cdots,x_n=\bar{x}_n\pm u(x_n)$
2. 求最佳值	$\bar{y}=f(\bar{x}_1,\bar{x}_2,\cdots,\bar{x}_n)$
3. 计算不确定度 $u(y)$	$u(y)=\sqrt{\sum_{i=1}^{n}\left(\dfrac{\partial f}{\partial x_i}\right)^2u^2(x_i)}$
4. 计算相对不确定度	$E_y=\sqrt{\sum_{i=1}^{n}\left(\dfrac{\partial \ln f}{\partial x_i}\right)^2u^2(x_i)}$
5. 表示测量结果	$y=\bar{y}\pm u(y)$（单位） $E_y=\dfrac{u(y)}{\lvert\bar{y}\rvert}\times100\%$

关于不确定度评定和测量结果中的有效数字规定参见本章第 3 节.

第 3 节　有效数字及运算规则

测量值的有效数字

一、有效数字

在使用仪器对物理量进行测量读数时，能准确读到仪器的最小分度值，这部分数字称为可靠数字（或准确数字）. 在最小分度值以下，一般还可以再估读一位，由于估读位带有一定的人为因素，必然不准确，因而称为可疑数字（或存疑数字）.

如图 0-3 所示，用刻度尺测量一物体的长度，读数分别为 5.14 cm、5.15 cm 和 5.16 cm，这些读数的前两位数 5.1 是根据刻度尺刻度直接读出来的，因而是可靠数字，而最后一位数是估读出来的，因而是可疑数字. 尽管估读结果因人而异或因测量次数而异，但它们都是有效的.

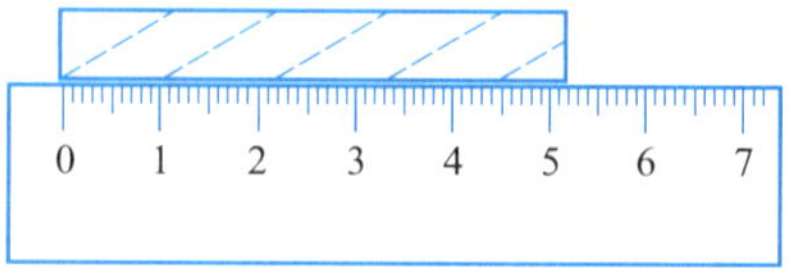

图 0-3　用刻度尺测量物体的长度

为了尽可能正确而有效地表示测量结果，我们引入有效数字的概念. 有效数字由若干位可靠数字加上一位可疑数字组成. 有效数字的位数从第一位不为零的数字开始数起. 例如，正确记录的数据 5.14 cm 有三位有效数字，0.024 00 kg 有四位有效数字，1 小时 30 分有三位有效数字.

测量物理量时，其有效数字位数的多少与被测量本身的大小、所用仪器的精度和测量方法等有关. 例如，在长度测量实验中，先后用米尺、游标卡尺、螺旋测微器去测量同一长度，其结果分别是 1.36 cm、1.362 cm、1.362 1 cm. 可见，仪器精度越高，测量值的有效数字位数就越多. 测量结果有效数字的最后一位表示可疑数字所在位.

二、有效数字的记录

（一）确保记录的数据为有效数字

在记录数据时，应确保有效数字由可靠数字加上一位可疑数字组成. 不允许有效数字没有可疑数字，也不允许有多位可疑数字.

（二）单位换算或小数点移动时，不改变有效数字的位数

例如，1.80 mm = 0.180 cm = 0.001 80 m 都是三位有效数字.

对有效数字中的“0”要特别注意，第一位非零数字前的“0”不是有效数字，第一位非零数字后的“0”均为有效数字. 因此，数据最后的“0”不能随便加上，也不能随便弃去.

（三）科学计数法

为表示方便，对大于等于 100 或小于 0.1 的数据，常采用科学计数法表示. 科学计数法将小数点放在第一位非零数后面，然后乘以 10 的幂指数来表示数据. 用科学计数法还

可确保在单位换算等情况下准确表达测量数据的有效数字.例如：

$$342\ \text{m}=3.42\times10^{4}\ \text{cm}=3.42\times10^{5}\ \text{mm}$$

$$(0.006\ 78\pm0.000\ 05)\ \text{A}=(6.78\pm0.05)\times10^{-3}\ \text{A}$$

有效数字的运算

一、有效数字的一般运算规则

有效数字的运算，除遵循数学运算法则外，还必须遵循以下规则：

可靠数字与可靠数字的运算结果，为可靠数字；可靠数字与可疑数字的运算结果，为可疑数字；可疑数字与可疑数字的运算结果，为可疑数字.

二、尾数截留原则

有效数字的运算结果也必须是有效数字，即最终结果只保留一位可疑数字，其后的数字按照“四舍六入五凑偶”的尾数截留原则处理，具体如下：

当尾数小于或等于 4 时，直接舍弃；当尾数大于或等于 6 时，直接进位；当尾数等于 5 时，把尾数的前一位（有效数字的末位）凑成偶数.

例如，将 1.354 6 保留四位有效数字为 1.355（“六入”），1.354 6 保留三位有效数字为 1.35（“四舍”），1.354 6 保留两位有效数字为 1.4（“五凑偶”）.

三、有效数字的常见数学运算

（1）几个有效数字做加减运算时，其结果有效数字的存疑数字与参加运算的各数中最先出现的存疑数字对齐.例如：

例 1　$130.\underline{4}+56.7\underline{8}+10.32\underline{6}=?$（例题中数字下加下划线的是存疑数字）

解　观察一下具体的运算过程：

$$\begin{array}{r} 130.\underline{4} \\ 56.7\underline{8} \\ +\quad 10.32\underline{6} \\ \hline 197.\underline{5}\underline{0}\underline{6} \end{array}$$

一个数字与一个存疑数字相加或相减后必然是存疑数字，结果有效数字的存疑数字在小数点后第一位，根据有效数字是由若干个准确数字和一位存疑数字组成的，计算结果只要保留一位存疑数字，其后的尾数按照尾数截留原则去掉，所以 $130.\underline{4}+56.7\underline{8}+10.32\underline{6}=197.5$，这与上面叙述的加减运算法则一致，本例各数中最先出现存疑数字的位置在小数点后第一位（130.4 的 4 上）.

（2）几个有效数字做乘除运算时，其结果有效数字的位数与参加运算的各数中有效数字位数最少的一个相同.例如：

例 2　$1.21\underline{4}\times 1.3\underline{5}=?$

解　观察一下具体的运算过程：

$$\begin{array}{r}
1.21\underline{4} \\
\times \quad 1.3\underline{5} \\
\hline
\underline{6070} \\
364\underline{2} \\
121\underline{4} \\
\hline
1.6\underline{3890}
\end{array}$$

一个数字与一个存疑数字相乘或相除后必然是存疑数字，从上面的运算过程可见，结果小数点后面第二位的“3”及其以后的数字都是存疑数字，根据有效数字是由若干个准确数字和一位存疑数字组成的，计算结果只要保留一位存疑数字，其后的尾数按照尾数截留原则去掉，所以 $1.21\underline{4}\times 1.3\underline{5}=1.64$，这与上面叙述的乘除运算法则一致，本例中四位有效数字与三位有效数字相乘，计算结果为三位有效数字.

（3）乘方或开方的有效数字位数与底数相同.例如：

$$4.25^2=18.1,\ \sqrt{86.25}=9.287$$

（4）对数函数运算结果的有效数字中，小数部分的位数与真数的位数相同.例如：

$$\lg 5.186=0.714\ 8,\ \ln 10.4=2.342$$

（5）指数函数运算结果的有效数字中，小数点前保留一位非零数，小数点后保留的位数与指数小数点后的位数相同，包括紧接着小数点后的“0”.例如：

$$10^{0.003\ 5}=1.008\ 1,\ e^{8.24}=3.79\times 10^3$$

（6）三角函数运算结果的有效数字位数，与角度的有效数字位数相同.用仪器读角度时，如能读到 $1'$，一般取四位有效数字.例如：

$$\sin 30°00'=0.500\ 0$$

（7）常数 π、e、$\sqrt{2}$ 等参与运算时，可认为它们的有效数字位数是无限的，故在实际运算中不必考虑它们的位数.通常比其他参与运算的有效数字位数最少的数多取一位有效数字.

注意：

物理实验的测量值必须是有效数字，实验结果也必须用有效数字表达.在计算数据和表达结果时应注意以下几点：

（1）不确定度一般只取一位有效数字，并且“只进不舍”，以确保真值落在置信区间的概率.

（2）相对不确定度一般取两位有效数字.

（3）为避免误差累积，运算过程的中间结果可视具体情况多保留一位有效数字.

（4）测量结果最佳值的有效数字末位必须与不确定度的有效数字末位对齐.

例 3 利用游标卡尺和物理天平测量一钢质圆柱体的密度并计算其不确定度.用游标卡尺测量圆柱体的直径 d、高度 h,测量数据如表 0-6 所示.

表 0-6 圆柱体直径与高度的测量

测量次数 n	1	2	3	4	5	6
直径 d/mm	14.96	14.92	14.98	14.94	14.96	14.92
高度 h/mm	39.96	40.00	40.02	39.92	39.98	39.94

游标卡尺的量程为 0~125 mm,分度值为 0.02 mm,误差限为 0.02 mm.

用物理天平测得圆柱体的质量 $m=55.24$ g,天平分度值为 0.02 g,误差限为 0.02 g.

解 (1) 圆柱体直径的测量结果表示.

圆柱体直径的最佳值为

$$\bar{d}=\frac{1}{6}\sum_{i=1}^{6}d_i=14.95\ \text{mm}$$

直径 d 的不确定度评定:

$$u_A(d)=\sqrt{\frac{\sum_{i=1}^{n}(d_i-\bar{d})^2}{n(n-1)}}\quad(n=6)$$

$$=\sqrt{\frac{0.01^2+0.03^2+0.03^2+0.01^2+0.01^2+0.03^2}{6\times5}}\ \text{mm}=0.010\ \text{mm}$$

$$u_B(d)=\frac{\Delta_d}{\sqrt{3}}=\frac{0.02}{\sqrt{3}}\ \text{mm}=0.012\ \text{mm}$$

$$u(d)=\sqrt{u_A^2(d)+u_B^2(d)}=\sqrt{0.010^2+0.012^2}\ \text{mm}=0.02\ \text{mm}$$

故圆柱体直径的测量结果为

$$d=\bar{d}\pm u(d)=(14.95\pm0.02)\ \text{mm}$$

(2) 圆柱体高度的测量结果表示.

高度的最佳值为

$$\bar{h}=\frac{1}{6}\sum_{i=1}^{6}h_i=39.97\ \text{mm}$$

高度 h 的不确定度评定:

$$u_A(h)=\sqrt{\frac{\sum_{i=1}^{n}(h_i-\bar{h})^2}{n(n-1)}}$$

$$=\sqrt{\frac{0.01^2+0.03^2+0.05^2+0.05^2+0.01^2+0.03^2}{6\times5}}\ \text{mm}=0.016\ \text{mm}$$

$$u_B(h)=\frac{\Delta_h}{\sqrt{3}}=\frac{0.02}{\sqrt{3}}\ \text{mm}=0.012\ \text{mm}$$

$$u(h)=\sqrt{u_A^2(h)+u_B^2(h)}=\sqrt{0.016^2+0.012^2}\ \text{mm}=0.02\ \text{mm}$$

故圆柱体高度的测量结果为

$$h=\bar{h}\pm u(h)=(39.97\pm0.02)\ \text{mm}$$

(3) 圆柱体质量的测量结果表示.

圆柱体质量 m 的不确定度按单次测量的 B 类不确定度评定,取仪器的误差限,即

$$u(m)=\Delta_m=0.02\ \text{g}$$

故圆柱体质量的测量结果为

$$m=(55.24\pm0.02)\ \text{g}$$

(4) 圆柱体密度的测量结果表示.

圆柱体密度的最佳值为

$$\bar{\rho}=\frac{m}{\frac{1}{4}\pi\bar{d}^2\bar{h}}=\frac{4m}{\pi\bar{d}^2\bar{h}}=\frac{4\times55.24}{\pi\times14.95^2\times39.97}\ \text{g/mm}^3=7.873\times10^{-3}\ \text{g/mm}^3$$

圆柱体密度的不确定度评定:评定圆柱体密度的不确定度时,由于密度的函数关系是乘除关系,故可先计算相对不确定度:

$$E_\rho=\frac{u(\rho)}{\rho}=\sqrt{\left[\frac{2u(d)}{\bar{d}}\right]^2+\left[\frac{u(h)}{\bar{h}}\right]^2+\left[\frac{u(m)}{\bar{m}}\right]^2}=\sqrt{\left[\frac{2\times0.02}{14.95}\right]^2+\left[\frac{0.02}{39.97}\right]^2+\left[\frac{0.02}{55.24}\right]^2}$$

$$=0.002\ 7=0.27\%$$

密度的不确定度为

$$u(\rho)=E_\rho\cdot\bar{\rho}=7.873\times10^{-3}\times0.27\%\ \text{g/mm}^3=0.02\times10^{-3}\ \text{g/mm}^3$$

故圆柱体的密度为

$$\rho=\bar{\rho}\pm u(\rho)=(7.87\pm0.02)\times10^{-3}\ \text{g/mm}^3=(7.87\pm0.02)\times10^3\ \text{kg/m}^3$$

$$E_\rho=0.27\%$$

注意:

计算的中间过程可多取一位,以保证结果的精确度.各测量结果的表达式中,最终不确定度只取一位有效数字,且只进不舍.测量结果的有效数字末位必须与不确定度的有效数字位对齐.密度的单位应采用国际单位制.

第4节　实验数据处理的基本方法

数据处理是物理实验的一项基本任务.物理实验中通过测量获得的各种原始数据必须经过正确的分析处理,才能得出有用的实验结论.实验数据处理包括数据的记录、整理、计算、作图、分析、归纳等工作.物理实验数据处理的基本方法有列表法、作图法、逐差法、最小二乘法等.

列表法

列表法就是以列表的方式记录和处理实验数据的方法.物理实验中,常把实验的测量数据按照一定的形式和次序排列成表格来表示.列表法既能简单明确地表示出物理量之间的对应关系,又便于分析和发现数据之间的联系和规律.

列表法的基本要求如下:

(一) 确定表格名称

表格的名称要完整清晰,与实验内容相一致.一个实验报告中有多张表格时,还应按先后顺序给表格编号.

(二) 根据实验内容合理设计表格形式

首先要明确测量和计算哪些物理量,然后根据测量的先后次序、测量次数以及测量量之间的关系,合理设置表格的行与列,力求简洁明了,便于体现物理量之间的对应关系.

表格中除原始数据外,还应设计填写有关计算结果的栏目,如平均值、间接测量结果、不确定度等.

同一物理量尽量在同一行(或列)记录.

标明各栏目物理量的名称、符号、单位、数量级等.

(三) 填入数据并处理

将测量和计算的数据按栏目依次填入表格中.表中所填的各种数据应为有效数字.

(四) 提供必要的说明

必要时,提供与表中内容有关的说明,列于表格上部标题下方或表格的下部.如实验时的温度、湿度、大气压、物理量的初值、仪器误差限、单次测量的数据、计算过程中用到的物理常量和其他无法或没有必要列入表格的数据等.

作图法

作图法就是在坐标纸上通过描点、连线等方式,将一系列实验数据之间的关系或其变化情况用图线直观表示出来的方法.作图法不仅能形象清晰地呈现物理量之间的变化关系,表达一些用简单函数无法表达的数据关系和实验现象,还能从图线上分析实验数据之间的规律,求出实验需要的某些结果.

一、作图法的步骤和基本要求

作图法的步骤和基本要求如下：

(一) 选择合适的坐标纸

根据物理量之间的函数关系选用合适的坐标纸.常用的坐标纸有直角坐标纸、对数坐标纸、半对数坐标纸、极坐标纸等.物理实验中主要使用直角坐标纸(毫米方格纸). 坐标纸的大小应根据数据的取值范围和有效数字位数等确定.

(二) 确定坐标轴

通常以自变量作为横坐标(x 轴),因变量作为纵坐标(y 轴),画出坐标轴的方向,在轴的末端注明该轴表示的物理量的名称或符号,在其后的括号内注明单位.

(三) 标注坐标分度

坐标轴分度值的选取应以不损失实验测量数据的有效位数为依据,即数据中的准确数字在图上也是准确的,所以坐标轴上的最小分格代表的量应与数据中准确数字的最后一位对应的量相当.

在坐标轴上均匀地标出分度值,标记所用有效数字位数与实验测量数据位数相同,坐标的分度以不用计算就能直接确定图线上的每一点的坐标为原则,通常只用 1、2、5 而不选用 3、7、9 来表示分度.纵横坐标的标注分度可不同,并且坐标分度值也可以不从零开始,以便充分利用图纸.

如果数据特别大或特别小,可以提出乘积因子,如"$\times10^n$"(n 为正负整数),写在坐标轴上标注的物理量单位的前面.

(四) 标出实验测量数据点

用削尖的铅笔以"+"符号在坐标纸上标出实验测量数据点,要使各实验测量数据点对应的坐标准确地落在"+"符号的交点上.若要在一张图上画多条曲线时,每条曲线应采用不同的符号,如"×""⊕"等以示区别.

(五) 描绘图线

连线时要用直尺或曲线板等作图工具,根据不同情况,把数据点连成直线或光滑曲线.曲线不一定要通过所有测量点,但必须尽可能紧靠所有测量点,让测量点尽量均匀分布在曲线两侧,对那些严重偏离曲线或直线的个别测量点,应舍去或重新测量核对.对于仪器的校正曲线,绘图时应将相邻的两点连成直线,整条校正曲线呈折线形状.

(六) 注解和说明

应在图上明显的位置写明图线的名称、作图者的姓名以及作图日期.

二、作图法的应用(图解法)

作图完成后,应对图线做必要的分析,有时可利用图线研究物理量之间的函数关系.

(一) 图线为直线时,求出斜率、截距和直线方程

如果所作图线为一条直线,则可用两点法求斜率,用外推法求截距,求出直线方程,从而得到物理量之间的线性关系.

设直线方程为 $y=kx+b$,在直线上取相距较远的两点 $P_1(x_1,y_1)$ 和 $P_2(x_2,y_2)$(P_1 和

P_2 应在图中标出，一般不取原来测量的数据点），则直线的斜率为

$$k=\frac{y_2-y_1}{x_2-x_1} \tag{0-21}$$

截距 b 为 $x=0$ 时的 y 值，若横坐标起点为 0，则可将直线延长到与纵坐标轴相交，便可求得截距.若横坐标起点不为 0，可由下式：

$$b=\frac{x_2y_1-x_1y_2}{x_2-x_1} \tag{0-22}$$

求得截距 b.

（二）把曲线关系用直线表示（曲线改直）

直线作图容易，而且可以方便地求得斜率和截距，但在实际问题中线性关系并不多.当物理量之间的函数关系为曲线时，在某些情况下，可对变量进行变换，将曲线改为直线，这种方法称为曲线改直.曲线改直可使分析工作变得简单明了.

例如，两个物理量之间的函数关系为 $y=ax^2+b$，可令 $z=x^2$，则有 $y=az+b$，于是 y 与 z 呈线性关系.

常用曲线改直的数学变换方法见表 0-7，表中 C、a、b 均为常量.

表 0-7　常用的曲线改直变换方法

原非线性关系	变换方法	曲线改直后的关系	线性关系量	斜率	截距
$xy=C$	$z=\frac{1}{x}$	$y=Cz$	$y\sim\frac{1}{x}$	C	0
$x=C\sqrt{y}$	$z=x^2$	$y=\frac{1}{C^2}z$	$y\sim x^2$	$\frac{1}{C^2}$	0
$y=ax^b$	两边取对数	$\lg y=\lg a+b\lg x$	$\lg y\sim\lg x$	b	$\lg a$
$y=a\mathrm{e}^{bx}$	两边取自然对数	$\ln y=\ln a+bx$	$\ln y\sim x$	b	$\ln a$
$y=ab^x$	两边取对数	$\lg y=\lg a+x\lg b$	$\lg y\sim x$	$\lg b$	$\lg a$
$\frac{1}{y}=\frac{a}{x}+b$	$y'=\frac{1}{y}, x'=\frac{1}{x}$	$y'=ax'+b$	$\frac{1}{y}\sim\frac{1}{x}$	a	b

例 4　各种材料的电阻都与温度有关，当温度变化范围不太大时，可近似表示为 $R=R_0(1+\alpha t)$（R_0 是材料在 0 ℃时的电阻值）.由实验测得某铜丝在不同温度下的电阻值，数据如表 0-8 所示，试用作图法画出铜丝电阻 $R(\Omega)$ 与温度 t(℃)的关系曲线，用图解法求出温度在 0 ℃时该铜丝的电阻 R_0 和电阻的温度系数 α.

表 0-8　某铜丝在不同温度下的电阻值

t/℃	9.3	19.5	29.4	39.7	49.2	60.0	69.4	79.8
R/Ω	1.966	2.055	2.120	2.208	2.271	2.368	2.433	2.521

解　(1) 画铜丝电阻 $R(\Omega)$ 与温度 $t(℃)$ 的关系曲线.

根据作图法的步骤和要求：

① 本例中铜丝电阻 $R(\Omega)$ 与温度 $t(℃)$ 的曲线呈线性关系,所以选用直角坐标纸.

② 温度 t 为 x 轴,单位为摄氏度(℃);电阻 R 为 y 轴,单位为欧姆(Ω).

③ $t(℃)$数据的个位是准确数字,故在 x 轴上可取一小格代表 1 ℃, $R(\Omega)$ 数据的百分位是准确数字,在 y 轴上可取一小格代表 0.01 Ω.x 轴从 0.0 开始标注分度,间隔取为 10 ℃;y 轴从 1.80 Ω 开始标注分度,间隔取为 0.1 Ω.

④ 用铅笔以"×"符号在坐标纸上标出实验测量数据,并连成直线.

⑤ 本例为铜丝电阻与温度的关系曲线,可简单标注为 R-t 图,并在图上写明作者姓名、作图日期.

铜丝电阻 $R(\Omega)$ 与温度 $t(℃)$ 的关系曲线如图 0-4 所示.

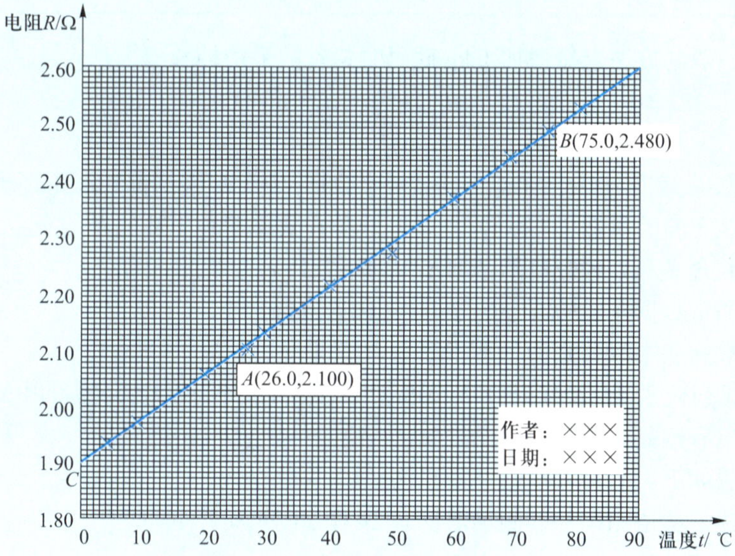

图 0-4　铜丝电阻与温度的关系曲线

(2) 用图解法求出 0 ℃时铜丝的电阻 R_0 和电阻的温度系数 α.

① 在已作出的 R-t 图上延长直线的实线部分,使其与 y 轴相交于 C 点,C 点的纵坐标便是截距 R_0,从图中可直接读出 $R_0 = 1.897\ \Omega$.

② 在 R-t 图上直线的实线部分,取相距较远的两点 $A(26.0, 2.100)$、$B(75.0, 2.480)$,直线的斜率为

$$k = \frac{2.480 - 2.100}{75.0 - 26.0}\ \Omega/℃ = 0.007\ 76\ \Omega/℃$$

由于

$$k = R_0 \alpha$$

则

$$\alpha = \frac{k}{R_0} = \frac{0.007\ 76}{1.897}\ ℃^{-1} = 4.09 \times 10^{-3}\ ℃^{-1}$$

逐差法

当两物理量呈线性关系（$y=kx+b$）且自变量 x 等间距变化时，可使用逐差法处理数据，计算当自变量 x 等间距变化时因变量 y 相应变化的平均值.

例如，在用静态拉伸法测钢丝杨氏弹性模量实验中，就可用逐差法处理数据，求出每增加 1 kg 砝码时钢丝的伸长量. 该实验要求测量钢丝在外力每增加 1 kg 时的平均伸长量. 实验中，钢丝上端固定，下端位置随施加砝码质量的变化而变化，其位置坐标可由标尺读出，用 n 表示. 砝码质量用 m 表示. n_0 为未加砝码时标尺的读数. 实验中每次增加 1 kg 砝码，共增加 7 次，数据如表 0-9 所示.

表 0-9　固定不同砝码时的标尺读数

m/kg	0	1	2	3	4	5	6	7
n/mm	n_0	n_1	n_2	n_3	n_4	n_5	n_6	n_7

如果用一般的方法求每增加 1 kg 砝码时钢丝的平均伸长量，有

$$\overline{\Delta n}=\frac{(n_1-n_0)+(n_2-n_1)+\cdots+(n_6-n_5)+(n_7-n_6)}{7}=\frac{n_7-n_0}{7}$$

上述计算中，实际上只用了 n_0 和 n_7 两个数据，中间的数据都相互抵消了. 显然，用这种方法处理该实验的数据不够科学. 用逐差法能有效地避免上述问题的发生.

逐差法的含义和处理数据的基本步骤如下：

（1）将测量数据按 x 的大小顺序排列，数据取偶数个.

（2）将数列从中间分割为个数相等的两组.

（3）按排列顺序将两组数据的对应项依次逐项相减（此为逐差法名称的由来），得逐差值.

（4）求所有逐差值的平均值.

具体方法如下：

设满足逐差法适用条件的测量数据有 $2n$ 个，依次为

$$(x_1,y_1),(x_2,y_2),\cdots,(x_n,y_n),(x_{n+1},y_{n+1}),\cdots,(x_{2n},y_{2n})$$

其中，自变量 x_i 等间距变化，即 $x_{i+1}-x_i=\Delta$（Δ 为自变量 x 任意相邻两组间距）.

将数据分成两组：

前组：$(x_1,y_1),(x_2,y_2),\cdots,(x_n,y_n)$

后组：$(x_{n+1},y_{n+1}),(x_{n+2},y_{n+2}),\cdots,(x_{2n},y_{2n})$

对应项逐差：

$$\Delta y_1=y_{n+1}-y_1$$
$$\Delta y_2=y_{n+2}-y_2$$
$$\cdots\cdots$$
$$\Delta y_n=y_{2n}-y_n$$
$$\Delta x=x_{n+1}-x_1=x_{n+2}-x_2=\cdots=x_{2n}-x_n=n\Delta$$

求 Δy 的平均值：

$$\overline{\Delta y}=\frac{\Delta y_1+\Delta y_2+\cdots+\Delta y_n}{n}$$

则斜率为

$$k=\frac{\overline{\Delta y}}{\Delta x}$$

逐差法相当于利用等间距的数据点连了 n 条直线并分别求出其斜率.直线斜率的最终结果是 n 个斜率的平均值.实验采集到的所有数据在逐差法中都能得到充分利用,用这种方法处理数据较为精确合理.值得指出,逐差法也可适用于线性函数的截距未知情形下求斜率(如声速的测定等实验).

以上介绍的为一次逐差法.经过一次逐差后,如果所得各差值为常数,则表明因变量和自变量为线性关系.如果经过两次逐差后所得各差值为常数,则表明因变量和自变量的平方呈线性关系.关于两次(或多次)逐差法,此处不做详细介绍.

例 5　已知热电偶的温差电动势 E 与温度差 t 的关系为 $E=\alpha t$,E 和 t 的测量值如表 0-10 所示.试用逐差法求热电偶温差电系数 α(不必计算误差).

表 0-10　实验数据

t/℃	20.0	40.0	60.0	80.0	100.0	120.0	140.0	160.0
E/mV	0.90	1.71	2.55	3.36	4.20	5.08	5.90	6.71

解

$\Delta E_1=4.20\text{ mV}-0.90\text{ mV}=3.30\text{ mV}$,$\Delta t_1=100.0\text{ ℃}-20.0\text{ ℃}=80.0\text{ ℃}$

$\Delta E_2=5.08\text{ mV}-1.71\text{ mV}=3.37\text{ mV}$,$\Delta t_2=120.0\text{ ℃}-40.0\text{ ℃}=80.0\text{ ℃}$

$\Delta E_3=5.90\text{ mV}-2.55\text{ mV}=3.35\text{ mV}$,$\Delta t_3=140.0\text{ ℃}-60.0\text{ ℃}=80.0\text{ ℃}$

$\Delta E_4=6.71\text{ mV}-3.36\text{ mV}=3.35\text{ mV}$,$\Delta t_4=160.0\text{ ℃}-80.0\text{ ℃}=80.0\text{ ℃}$

故

$$\overline{\Delta t}=80.0\text{ ℃}$$

而

$$\overline{\Delta E}=\frac{1}{4}(3.30+3.37+3.35+3.35)\text{ mV}=3.342\text{ mV}$$

则

$$\alpha=\frac{\overline{\Delta E}}{\overline{\Delta t}}=\frac{3.342}{80.0}\text{ mV/℃}=0.041\ 8\text{ mV/℃}$$

最小二乘法(一元线性回归)

将实验结果画成图线可以形象地表示出物理规律,但图线的表示往往不如用函数表示那样明确和定量化.另外,用图解法处理数据,由于绘制图线有一定的主观随意性,同一组数据用图解法可能得出不同的结果.下面介绍一种利用最小二乘法来确定一条最佳直线的方法,这种方法能准确地求出两个测量量之间的线性函数关系(即经验方程).由实验数据求经验方程,称为方程的回归.

若自变量 x 与函数 y 之间具有线性关系，则可把函数的形式写成

$$y=A+Bx \tag{0-23}$$

其中，A、B 是待定常量.由于自变量只有 x，故称为一元线性回归模型，这是线性回归问题中最简单和最基本的问题.

回归法可以认为是用实验数据来确定线性方程中的待定常量.在一元线性回归中确定常量 A 和 B，相当于在作图法中求直线的截距和斜率.

我们讨论最简单的情况，即每个测量值都是等精度的，且假定 x 和 y 中只有 y 有明显的测量随机误差.如果 x 和 y 均有误差，只要把相对来说误差较小的变量作为 x 即可.

设实验测得的一组数据为 (x_1,y_1)，(x_2,y_2)，…，(x_n,y_n).设在 A、B 确定以后，如果实验没有误差，则把数据 (x_1,y_1)，(x_2,y_2)，…，(x_n,y_n) 分别代入方程（0-23）时，方程的左右两边应该相等.但实际上测量总伴随着测量误差，我们把这些误差归结为 y 的测量偏差，并记作 $\varepsilon_1,\varepsilon_2,\cdots,\varepsilon_n$.这样，把数据 (x_1,y_1)，(x_2,y_2)，…，(x_n,y_n) 代入方程（0-23）后，得

$$\left.\begin{array}{l} y_1-(A+Bx_1)=\varepsilon_1 \\ y_2-(A+Bx_2)=\varepsilon_2 \\ \cdots \\ y_n-(A+Bx_n)=\varepsilon_n \end{array}\right\} \tag{0-24}$$

现在要利用方程组（0-24）来确定系数 A 和 B.显然，比较合理的 A 和 B 是使 $\varepsilon_1,\varepsilon_2,\cdots,\varepsilon_n$ 数值上都比较小.从图 0-5 来看，ε_i 是数据点 (x_i,y_i) 与直线在 x_i 处纵坐标的偏差.由于 $\varepsilon_1,\varepsilon_2,\cdots,\varepsilon_n$ 大小不一，而且符号也不尽相同，因此只能要求总的偏差最小，即 $\sum_{i=1}^{n}\varepsilon_i^2$ 最小.

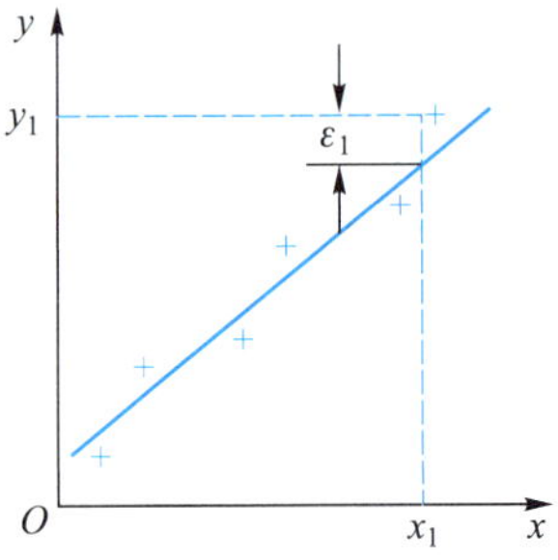

图 0-5　y_i 的测量偏差

由于处理数据的方法要满足偏差的平方和最小，故称 最小二乘法.

令 ε_i 的平方和为 S，视 S 为参量 A、B 的函数，即

$$S(A,B)=\sum_{i=1}^{n}\varepsilon_i^2=\sum_{i=1}^{n}[y_i-(A+Bx_i)]^2 \tag{0-25}$$

使 S 最小必须满足的条件是

$$\frac{\partial S}{\partial A}=0,\ \frac{\partial S}{\partial B}=0,\ \frac{\partial^2 S}{\partial A^2}>0,\ \frac{\partial^2 S}{\partial B^2}>0$$

把式（0-25）分别对 A 和 B 求偏微分并令其为 0，得

$$\begin{array}{l} \dfrac{\partial S}{\partial A}=-2\sum_{i=1}^{n}(y_i-A-Bx_i)=0 \\ \dfrac{\partial S}{\partial B}=-2\sum_{i=1}^{n}(y_i-A-Bx_i)x_i=0 \end{array} \tag{0-26}$$

令 $\bar{x}$ 表示 x 的平均值，即 $\bar{x}=\dfrac{1}{n}\sum_{i=1}^{n}x_i$；$\bar{y}$ 表示 y 的平均值，即 $\bar{y}=\dfrac{1}{n}\sum_{i=1}^{n}y_i$；$\overline{x^2}$ 表示 x^2 的平

均值,即$\overline{x^2}=\frac{1}{n}\sum_{i=1}^{n}x_i^2$;$\overline{y^2}$表示$y^2$的平均值,即$\overline{y^2}=\frac{1}{n}\sum_{i=1}^{n}y_i^2$;$\overline{xy}$表示$xy$的平均值,即$\overline{xy}=\frac{1}{n}\sum_{i=1}^{n}x_iy_i$.

解方程(0-26),得

$$\begin{cases}A=\bar{y}-B\bar{x}\\ B=\dfrac{\bar{x}\cdot\bar{y}-\overline{xy}}{\bar{x}^2-\overline{x^2}}\end{cases}\tag{0-27}$$

由上式计算出的A、B,就是线性回归方程$y=A+Bx$中的待定参量A和B的最佳估计值.

在待定参量A和B确定后,为了判断所得的结果是否合理,通常用相关系数r来检验. 对于一元线性回归,r定义为

$$r=\frac{\overline{xy}-\bar{x}\cdot\bar{y}}{\sqrt{(\overline{x^2}-\bar{x}^2)(\overline{y^2}-\bar{y}^2)}}\tag{0-28}$$

可以证明,r的值在-1和1之间,即r的绝对值在0和1之间. $|r|$越接近1,说明实验数据点越密集地分布在所求得的直线的附近,用线性函数进行回归是合适的,如图0-6(a)所示. 相反,如果$|r|$远小于1而接近于0,说明数据点很分散地分布在直线附近,用线性回归不妥,必须改用其他曲线或函数进行拟合,如图0-6(b)所示.一般地,当$|r|\geqslant 0.9$时可认为两个物理量之间存在较密切的线性关系,此时用最小二乘法直线拟合才有实际意义.

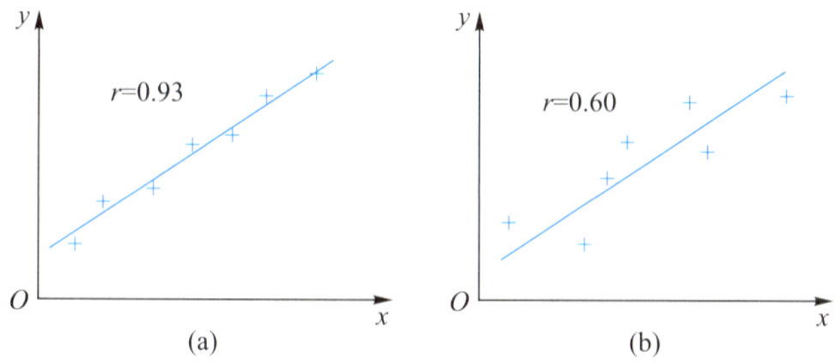

图 0-6 相关系数 r 与线性关系

方程的线性回归,用手工计算较为麻烦.但不少袖珍型函数计算器上均有线性回归的计算键,计算起来极为方便.此外,在计算机上用 Excel 等软件,也能方便地得到回归方程和图线.

知识拓展

练 习 题

1. 纠正下列不正确的测量结果表示：

(1) $m=(7.358\pm0.15)$ g；

(2) $I=(3.745\times10^{-2}\pm5.67\times10^{-4})$ A；

(3) $L=(8.05\pm0.008)$ m；

(4) $R=(52\ 375\pm500)\ \Omega$.

2. 按有效数字运算规则，计算下列各式：

(1) $78.375\ 4-2.3$；

(2) 85.26×9.3；

(3) $2.5\times10^{3}-27$；

(4) $\dfrac{\pi}{4}\times(1.95)^{2}$（常数 π 取 3.14）；

(5) $\dfrac{1.36^{2}\times8.750+2.3}{23.5-14.78}-93.25\times0.835-17$；

(6) $\lg 135+\sqrt{27.04}$；

(7) $2.267\times10^{-6}\times\sin 19°2'$.

3. 米尺的示值误差为 0.5 mm，今单次测得一长方形木板长 a 为 98.32 cm，宽 b 为 26.47 cm.求该木板的面积 S，估算不确定度，并将测量结果用$[S\pm u(S),E_S]$的形式表示出来.

4. 用示值误差及分度值均为 0.02 mm 的游标卡尺和感量及示值误差均为 0.01 g 的天平对一铝质小球进行测量，测得数据如下：

次数	1	2	3	4	5	6
直径 d/mm	19.06	19.00	19.10	19.02	18.98	19.08
质量 m/g	9.76	9.79	9.77	9.75	9.80	9.73

试求铝球的密度 ρ，估算不确定度，并将测量结果用$[\bar{\rho}\pm u(\rho),E_\rho]$的形式表示出来.

第 2 章

基础实验

实验 1　长度测量

预习题

1. 游标卡尺的设计方法有几种?
2. 螺旋测微器的测量原理是什么?
3. 螺旋测微器的零点读数是怎么读的?
4. 利用游标卡尺和螺旋测微器测量长度,需注意什么?
5. 除了书上的方法外,长度测量还有哪些方法?

实验目的

1. 理解游标卡尺、螺旋测微器的测量原理.
2. 掌握游标卡尺、螺旋测微器的使用方法.
3. 巩固误差基础知识和有效数字的概念.

实验仪器

游标卡尺,螺旋测微器,铜杯、钢球各一件.

实验原理

一、游标的测量原理

(一) 直游标

用 a 表示主尺上最小分度的长度,用 b 表示游标上一个分度的长度,用 n 表示游标的分度数.设计游标卡尺的方法之一是使游标上的 n 个分度的长度与主尺上的 $(n-1)$ 个最小分度的长度相等,即

$$nb=(n-1)a \tag{1-1}$$

主尺最小分度与游标分度的长度差,称为游标卡尺的分度值,有

$$\delta=a-b=\frac{a}{n} \tag{1-2}$$

常用的游标卡尺有10分度游标、20分度游标和50分度游标三种.10分度游标和50分度游标是按以上方法设计的.

10分度游标 $n=10$,主尺最小分度的长度是1 mm,游标上10个分度的总长等于9 mm,游标上一个分度的长度是0.9 mm.10分度游标卡尺的分度值 $\delta=(1-0.9)$ mm $=1/10$ mm $=0.1$ mm.当两测量爪合拢时,游标上的“0”刻度线和主尺上的“0”刻度线重合,如图1-1所示.这时,游标上第一条刻度线在主尺第一条刻度线的左边0.1 mm处,游标上第二条刻度线在主尺第二条刻度线的左边0.2 mm处……如果两测量爪间放一张厚度为0.1 mm的纸片,游标的第一条刻度线就与主尺的第一条刻度线重合,而游标上所有其他各条刻度线都不与主尺上任一条刻度线重合;如果纸厚0.2 mm,游标向右移动0.2 mm,游标的第二条刻度线就与主尺的第二条刻度线重合……反过来讲,如果游标上第二条刻度线与主尺的第二条刻度线重合,那么纸片的厚度 $l=0.2$ mm;如果游标上第 n 条刻度线与主尺的第 n 条刻度线重合,那么纸片的厚度 $l=n\delta$,如图1-2所示.

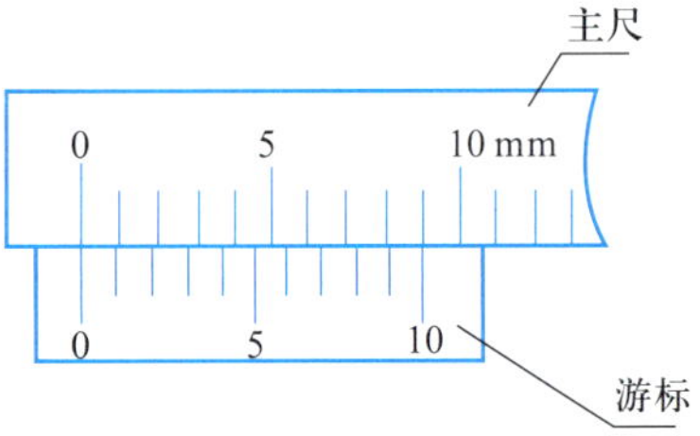

图1-1 “0”刻度线对齐

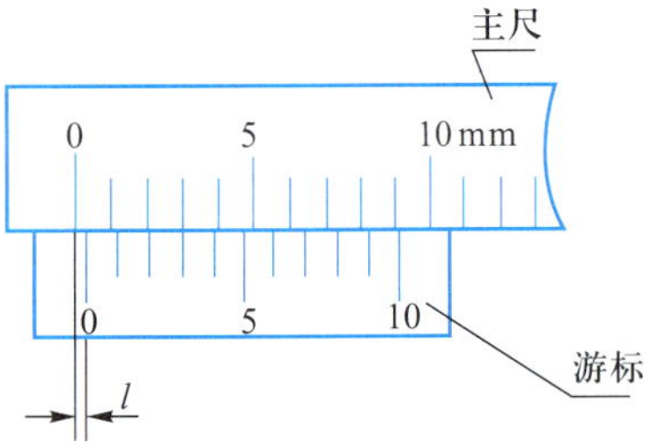

图1-2 “0”刻度线不对齐

50分度游标 $n=50$,即游标上50个分度的总长等于49 mm,这样游标上一个分度的长度是0.98 mm,如图1-3所示.50分度游标卡尺的分度值 $\delta=(1-0.98)$ mm $=1/50$ mm $=0.02$ mm.为了便于读数,在游标的第5、第10、第15、第20、第25、第30、第35、第40、第45条刻度线上刻有1、2、3、4、5、6、7、8、9字样,表示游标的这些刻度线与主尺的某刻度线对齐时,读数的小数部分分别为0.10 mm、0.20 mm、0.30 mm……0.90 mm.

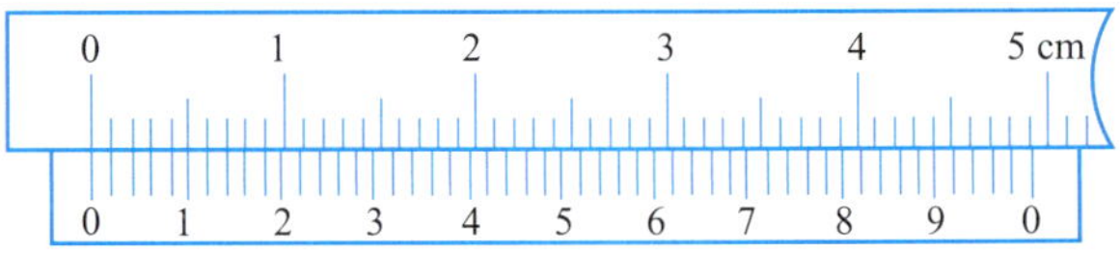

图1-3 50分度游标刻度

设计游标卡尺的方法之二是使游标上的 n 个分度的长度与主尺上的 $(2n-1)$ 个最小分度的长 度相等,即

$$nb=(2n-1)a \tag{1-3}$$

游标卡尺的分度值为

$$\delta = 2a - b = \frac{a}{n} \tag{1-4}$$

此处游标上一格和主尺最小分度的两格相当.20 分度游标就是按照以上方法设计的.

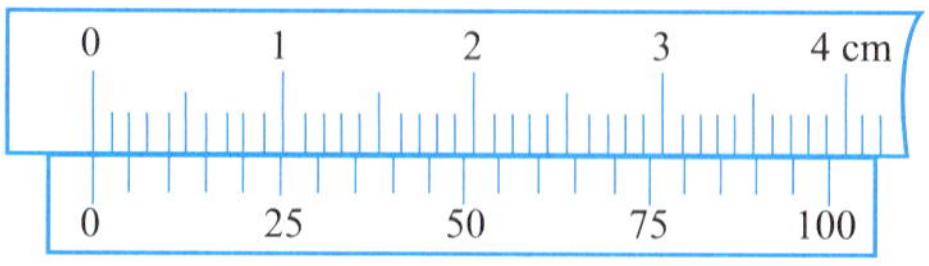

图 1-4　20 分度游标刻度

20 分度游标 $n=20$,主尺最小分度的长度是 1 mm,游标上 20 个分度的总长等于 39 mm(图 1-4),游标上一个分度的长度是 1.95 mm,20 分度游标卡尺的分度值 $\delta=(2\times1-1.95)\text{mm}=0.05\ \text{mm}$.为方便读数,20 分度游标上标有 0、25、50、75、100 等字样.如游标上第 5 根线(标 25)与主尺对齐,则读数的小数部分为 $5\times0.05=0.25\ \text{mm}$,即可直接读出.

设计游标卡尺还有其他方法,如使游标 n 个分度的长度与主尺的$(4n-1)$个最小分度的长度相等,这里不再讨论.

值得一提的是,游标只给出毫米以下的读数,毫米以上的读数要从主尺上读出.

综上所述,用游标卡尺测量物体的长度 L 时,读数方法如下:

(1) 先读毫米以上的整数:读游标"0"刻度线左边主尺上刻度线的数值 m.

(2) 读毫米以下的小数:若游标上第 n 条刻度线与主尺的某刻度线重合,则小数值为 $n\delta$.

(3) 两次读数相加就是待测物体的长度,即

$$L=m+n\delta \tag{1-5}$$

(二) 角游标

游标卡尺原理还可以用于角度的精确测量中,称为角游标.测量角度的仪器如分光计、经纬仪等采用的是角游标.角游标是一个沿着圆盘并与其同轴转动的小弧尺,如图 1-5 所示.主尺上最小分度值 a 为 0.5°(30′).游标上有 n(30)个分度,其总弧长与主尺上 $n-1$(29)个刻度的弧长相等,因此这种角游标的分度值 $\delta=\dfrac{a}{n}=\dfrac{0.5°}{30}=\dfrac{30'}{30}=1'$.读数方法与直游标相同,图中读数为 $165°30'+14'=165°44'$.

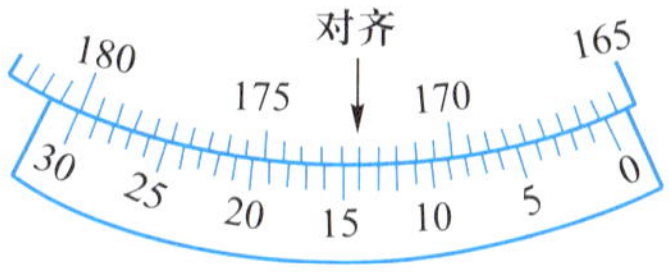

图 1-5　角游标刻度

二、螺旋测微器的测量原理

当旋转微分筒一圈,微分筒的切口在尺身上移动一格,这一格表示 0.5 mm.而微分筒上又被均匀地划分为 50 格,则每一小格为 $0.5/50\ \text{mm}=0.01\ \text{mm}$,这就是螺旋测微器的分度值.根据有效数字的读数规则,在微分筒的格子上还应估读一位,这样测量数据就应到毫米的千分位,这也是螺旋测微器的另一个名称千分尺的由来.

在测量之前,还必须检查螺旋测微器的零点.方法是旋转测力装置,使夹口合拢,并在听到"咔""咔""咔"三次响声后立即停止转动测力装置,记下零点读数.零点读数可正可负.当微分筒上的"0"刻度线在水平线下方时,零点读数取正值;反之,零点读数取负值.图 1-6 中零点读数大于 0 为+0.004 mm,图 1-7 中零点读数小于 0 为−0.016 mm.

零点读数会造成系统误差,因而必须修正:

$$测量值=测量读数-零点读数 \tag{1-6}$$

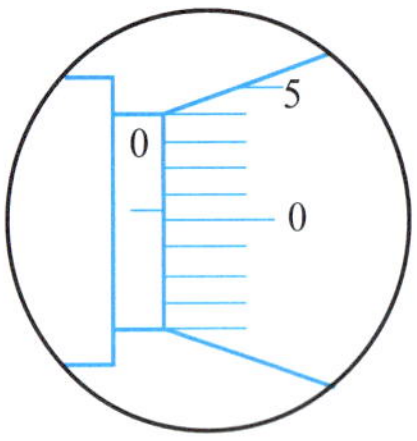

图 1-6 “0”刻度线在水平线下方

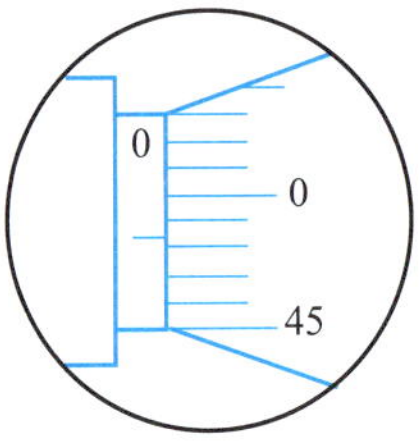

图 1-7 “0”刻度线在水平线上方

测量读数可先看微分筒切于主尺的读数,再将微分筒上的读数叠加在主尺的读数上就可以了,要注意的是主尺上有 0.5 mm 的刻度线,当切口超过该刻度线时不可将 0.5 mm 舍弃. 如图 1-8 所示,其读数为(4+0.323) mm = 4.323 mm;图 1-9 中读数应为(5.5+0.437) mm=5.937 mm.

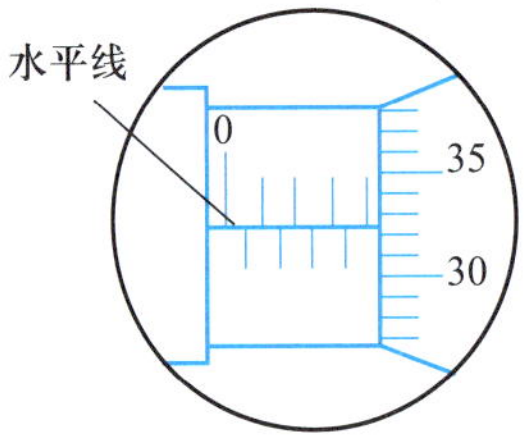

图 1-8 切口未超过 0.5 mm 刻度线

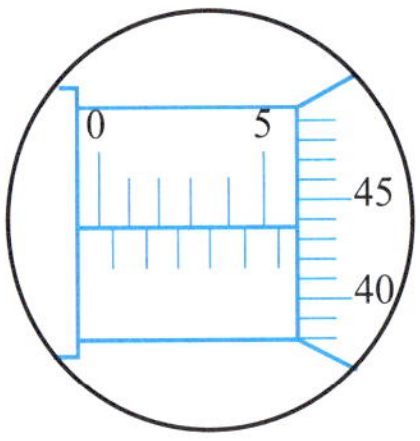

图 1-9 切口超过 0.5 mm 刻度线

实验内容

一、熟悉游标卡尺、螺旋测微器的结构和各部件的作用

(一) 游标卡尺

游标卡尺是利用游标原理读数的测长仪器,一般由尺身、尺框、外测量爪、内测量爪、尾尺和紧固螺钉等组成,如图 1-10 所示.尺身为钢制毫米分度尺,尺框上刻有游标.外测量爪用来测量物体的外部尺寸,内测量爪用来测量物体的内径,尾尺用来测量物体的深度.

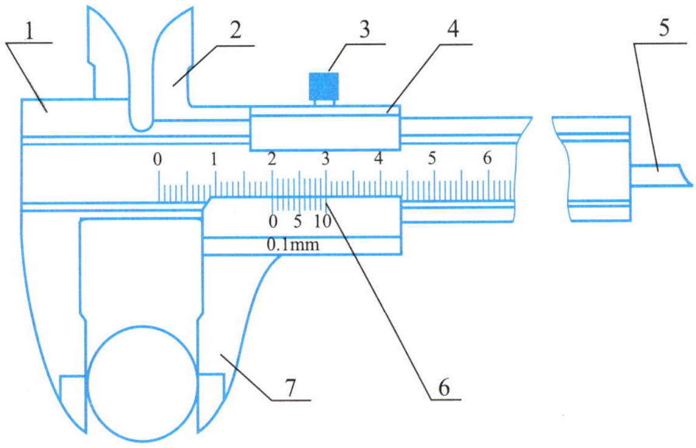

1—尺身; 2—内测量爪; 3—紧固螺钉; 4—尺框; 5—尾尺; 6—游标; 7—外测量爪.

图 1-10 游标卡尺

紧固螺钉用来固定尺框，以便读数.

游标卡尺的主要技术规格有分度值和测量范围.国家标准（GB/T 21389—2008）推荐的游标卡尺形式有四种，相应的分度值和测量范围见表 1-1.

表 1-1　游标卡尺的形式

形式	测量范围/mm	分度值/mm
Ⅰ	0～125、0～150	0.02、0.05、0.10
Ⅱ、Ⅲ	0～200、0～300	
Ⅳ	0～500、0～1 000	

表 1-1 中测量范围就是游标卡尺能够测量工件的最大长度.分度值是游标卡尺能分辨的最小量度.

刻度指示值与两测量面实际分隔的距离之差，称为示值误差.为了方便，现将常用游标卡尺的示值误差列入表 1-2 中.

表 1-2　常用游标卡尺的示值误差

测量长度/mm	分度值/mm		
	0.02	0.05	0.10
0～150	±0.02	±0.05	±0.10
150～200	±0.03	±0.05	
200～300	±0.04	±0.08	
300～500	±0.05	±0.08	
500～1 000	±0.07	±0.10	±0.15

使用游标卡尺时应注意以下几点：

（1）根据测量精度要求及待测工件尺寸估计值选择分度值和测量范围合适的游标卡尺.

（2）检查测量爪的测量面是否平直，尺框移动是否灵活，紧固螺钉是否起作用.

（3）检查游标卡尺零位.若零点不对，应记下零点读数，对测量值进行零点修正.

（4）测量时，掌握好测量爪与被测工件表面的接触压力，使测量面与工件正好接触，同时测量爪还可以沿工件表面自由滑动.

（5）测量时测量爪不应歪斜.

（二）螺旋测微器

螺旋测微器又称千分尺，是利用螺旋原理制成的，其结构如图 1-11 所示.螺旋测微器的主要部分是由一根螺距为 0.5 mm 的测微螺杆和固定套管组成的.测微螺杆、微分筒和测力装置连在一起.当微分筒相对于固定套管转过一周时，测微螺杆前进或后退0.5 mm.微分筒有 50 个分度，当它转过一个分度时，测微螺杆前进或后退 0.01 mm.在固定套管上刻有毫米刻度线和半毫米刻度线.

螺旋测微器的分度值为 0.01 mm,量程一般为 25 mm,其示值误差为±0.004 mm.

使用螺旋测微器时应注意以下几点:

(1) 检查零点读数,若零点不对,应记下零点读数.

(2) 当两测量面快要接触或测量面与工件快要接触时,应使用测力装置,听到“咔咔”声,表示已接触好.

(3) 螺旋测微器的测微螺杆中心线应与工件被测长度方向一致,不要歪斜.

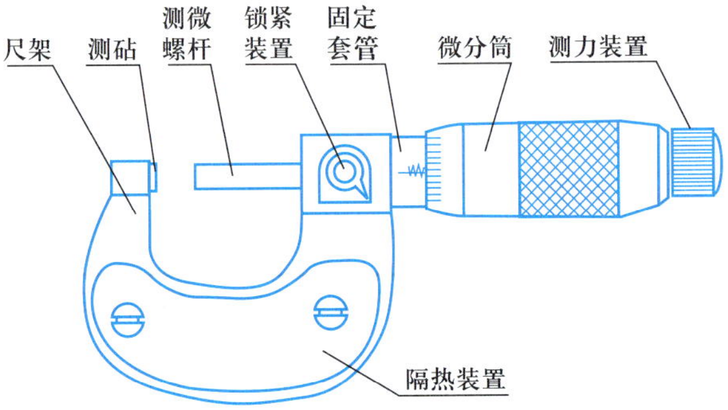

图 1-11 螺旋测微器

二、用游标卡尺测量铜杯的体积

按图 1-12、图 1-13、图 1-14、图 1-15 测量铜杯的外径、内径、高度和深度各 5 次,并将测量数据填入表 1-3 中.每一次测量均要将铜杯更换一下位置.

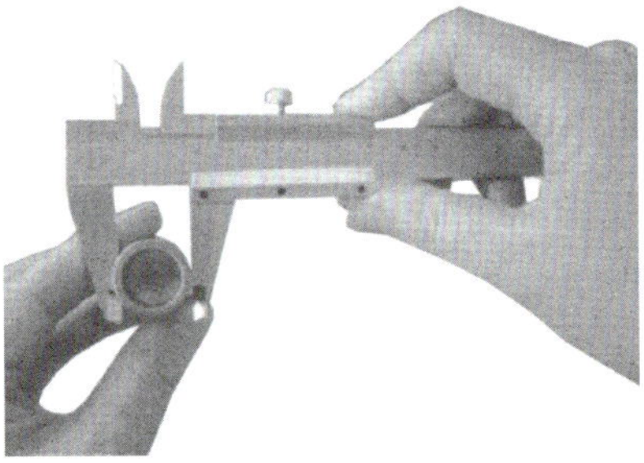

图 1-12 测铜杯的外径

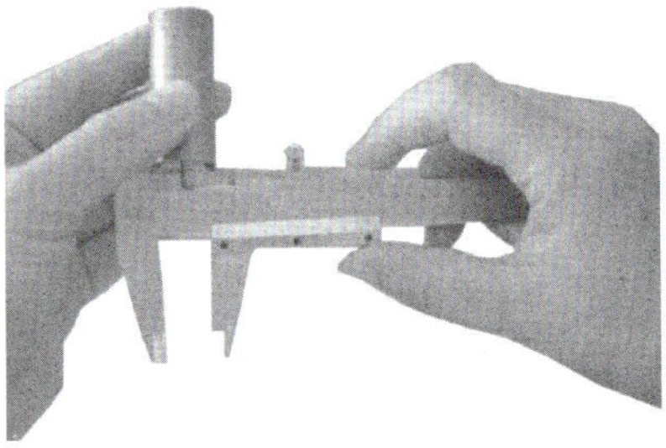

图 1-13 测铜杯的内径

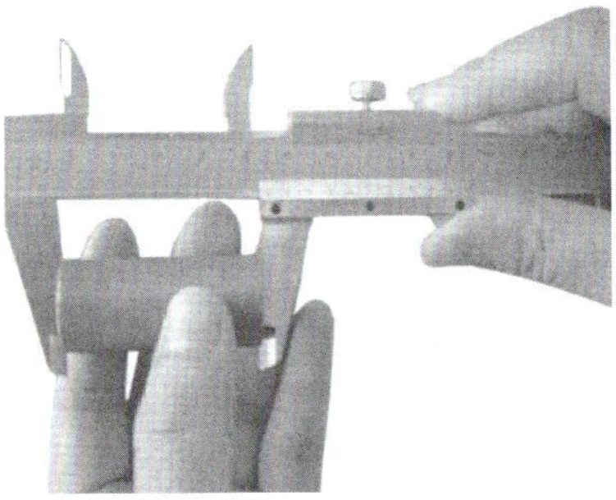

图 1-14 测铜杯的高度

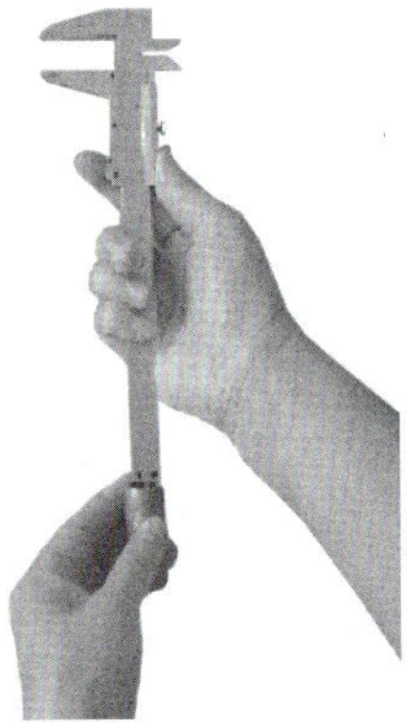

图 1-15 测铜杯的深度

三、用螺旋测微器测量钢球的体积

按图 1-16 测量钢球的直径 6 次，并将测量数据填入表 1-4 中，每次测量均要更换钢球的位置.

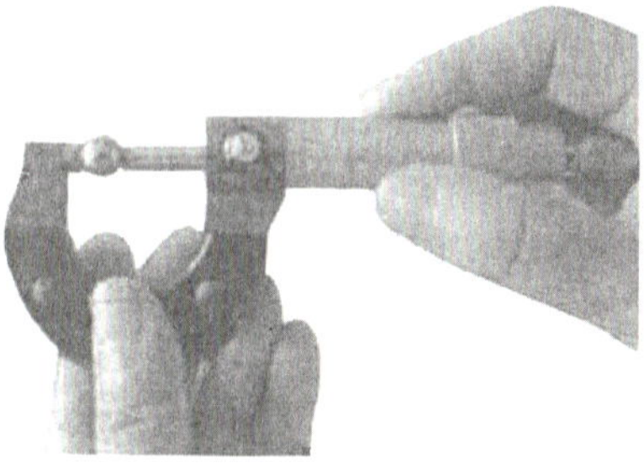

图 1-16 测钢球的直径

知识拓展

游标卡尺的由来

16 世纪的葡萄牙科学家佩德罗·努内斯（Pedro Nunes，1502—1578）的研究主要是为航海提供比较精密的使用设备，便于航海家们定位船舶位置，调整航向.他制作了一种星盘，该星盘包含了若干同心圆，最外层分为 90 个刻度，每往里一层减少一个刻度，以此类推.通过这些刻度的偏差，可以进行精确定位，这个带有不同刻度的同心圆星盘便是游标的雏形.

法国数学家约尼尔·比尔（Vernier Pierre，1580—1637）于 1631 年发表的数学专著《新四分圆的结构、利用及特性》中，描述了游标卡尺的结构和原理，他被认为是现代游标卡尺的最初设计者.

1851 年，美国 Brown & Sharpe 公司将 Nunes 及 Vernier 两人的构想结合，制造出了第一把游标卡尺.1854 年，荷、法、德、英都普遍用上了游标卡尺.1856 年，日本也普及了游标卡尺。游标卡尺的制造技术逐渐更新，其成为通用性的长度测量工具.

1992 年 5 月，在扬州市西北的邗江县甘泉乡（今邗江区甘泉街道）顺利清理了一座东汉早期的砖室墓，从墓中出土了一件铜卡尺（图 1-17），此铜卡尺由固定尺和活动尺等部件构成.固定尺通长 13.3 cm，固定卡爪长 5.2 cm、宽 0.9 cm、厚 0.5 cm，固定尺上端有鱼形柄，长 13 cm，中间开一导槽，槽内置一能旋转调节的导销，循着导槽左右移动，在活动尺和活动卡爪间接一环形拉手，便于系绳或抓握，两个爪相并时，固定尺与活动尺等长.使用时，左手握住鱼形柄，右手牵动环形拉手，左右拉动，以测工件.用此量具既可测器物的直径，又可测其深度以及长、宽、厚，均较直尺方便和精确.可惜因年代久远，其固定尺和活动尺上的计量刻度和纪年铭文已锈蚀，难以辨认.

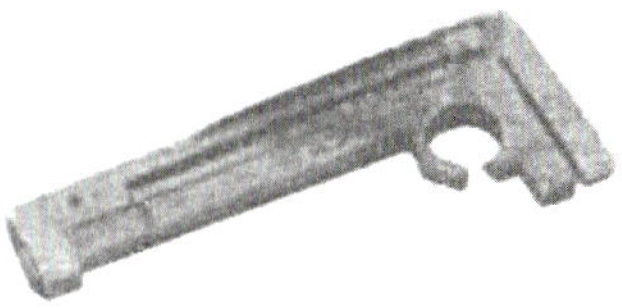

图 1-17 铜卡尺

实验 2　示波器的调节与使用

示波器是一种用途很广泛的电子测量仪器，主要用于观察和测量电信号，还可以配合各种传感器使用，用来观察各种非电学量的变化过程.

示波器具有多种类型和型号，它们的基本原理是相同的，示波器的具体电路比较复杂，要了解它，需具备一定的电子学知识，但这不是本实验讨论的范围.本实验仅限于学习示波器的基本使用方法.

预习题

1. 示波器主要由哪几部分组成？分别简述各部分的作用.
2. 示波器荧光屏上的信号波形是如何形成的？如果 x 轴没有锯齿波扫描信号，屏上显示出什么波形？
3. 如何使示波器荧光屏上显示稳定的、大小适当的信号波形？
4. 若示波器荧光屏上显示的波形总是沿横向左右移动，应怎样调节？
5. 观察李萨如图形时，能否用“电平”旋钮把图形稳定下来？为什么？
6. 实验中，示波器屏幕上仅显示一条水平扫描亮线，可能原因是什么？
7. 实验中，在示波器屏幕上看不到任何图形，可能由哪些原因引起？

实验目的

1. 了解示波器的主要组成部分以及示波器的波形显示原理.
2. 学习用示波器观察电信号和李萨如图形.
3. 了解示波器测量电信号的原理，掌握常用的测量方法.

实验仪器

DC4322B 型示波器、DG1022U 函数信号发生器.

实验原理

示波器一般都包含如图 2-1 所示的 6 个基本组成部分，即示波管（又称阴极射线管，cathode ray tube，CRT）、垂直放大器（y 轴放大）、水平放大器（x 轴放大）、扫描发生器、同步电路和直流电源.

一、示波管

示波管的基本结构如图 2-1 中的示波管部分所示，主要包括电子枪、偏转系统和荧光屏三部分,全都密封在玻璃外壳内,里面抽成高真空.

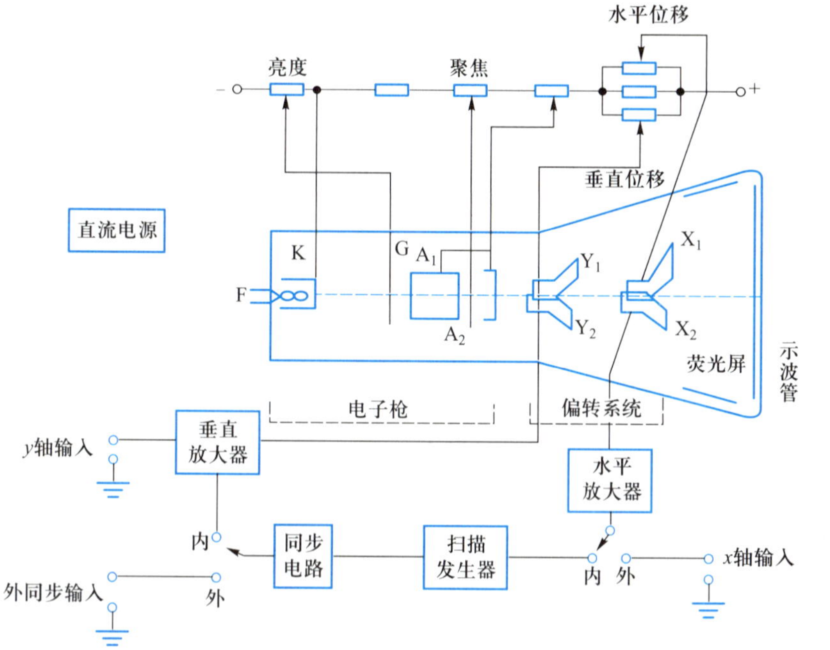

F—灯丝;K—阴极;G—控制栅极;A_1—第一阳极;A_2—第二阳极;Y_1、Y_2—竖直偏转板;X_1、X_2—水平偏转板.

图 2-1 示波器的结构

(一) 电子枪

电子枪由灯丝、阴极、控制栅极、第一阳极和第二阳极五部分组成.灯丝通电后加热阴极.阴极是一个表面涂有氧化物的金属圆筒,被加热后发射电子.控制栅极是一个顶端有小孔的圆筒,套在阴极外面.控制栅极的电位比阴极的电位低,对阴极发射出来的电子起控制作用,只有初速度较大的电子才能穿过栅极顶端的小孔,然后在阳极的加速下奔向荧光屏.示波器面板上的“亮度”调整就是通过调节栅极电位以控制射向荧光屏的电子流密度,从而改变屏上的光斑亮度.阳极电位比阴极电位高很多,电子被它们之间的电场加速,形成射线.当控制栅极、第一阳极与第二阳极三者的电位调节合适时,电子枪内的电场对电子射线有聚集作用,因此第一阳极也称聚焦阳极.第二阳极电位更高,又称加速阳极.面板上的“聚焦”调节,就是调节第一阳极电位,使荧光屏上的光斑成为明亮、清晰的小圆点.有的示波器还有“辅助聚焦”,用来调节第二阳极电位.

(二) 偏转系统

偏转系统由两对互相垂直的偏转板即一对竖直偏转板和一对水平偏转板组成.在偏转板上加上适当电压,当电子束通过时,其运动方向发生偏转,在荧光屏上产生的光斑位置也发生改变.

(三) 荧光屏

荧光屏上涂有荧光粉,电子打上去就会发光,形成光斑.不同材料的荧光粉发光的颜色不同,发光过程的延续时间(一般称为余辉时间)也不同.在性能好的示波管中,荧光屏玻璃内表面上直接刻有坐标刻度，供测定光点位置用.荧光粉紧贴坐标刻度以消除视差，这样光点位置可测得准确些.

二、示波器显示波形原理

若要观察一随时间变化的正弦电压信号，可将它加在示波器的竖直偏转板上（y 轴输入），这时电子束竖直偏转距离与信号的瞬时值成正比，在屏幕上只能看到一条竖直亮线（图 2-2）；如果仅在水平偏转板上加上随时间呈线性变化的锯齿波电压，电子束水平偏转距离与时间成正比，光点在屏幕上沿水平方向从左到右，再迅速从右到左返回起点，这个过程称为扫描.当锯齿波电压重复变化时，在屏幕上显示一条水平亮线（图 2-3），称为扫描线或时间基线. 所加锯齿波电压称为扫描电压.

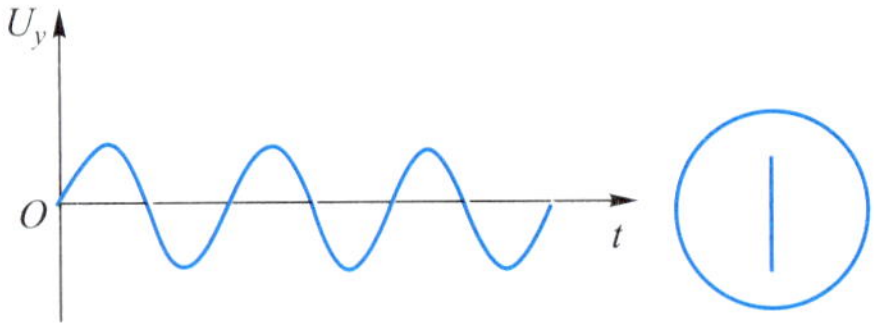

图 2-2　仅在竖直偏转板上加一正弦电压

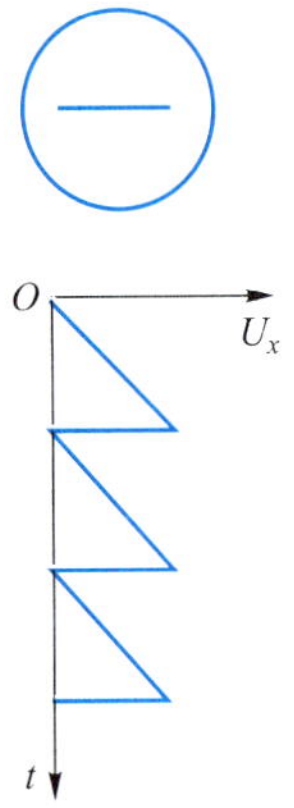

图 2-3　仅在水平偏转板上加一锯齿波电压

将被测信号加到竖直偏转板的同时，在水平偏转板上加上锯齿波电压，电子束同时受到竖直和水平两个偏转系统的作用，其合成作用使电子束的运动轨迹在荧光屏上显示出输入信号的时间波形图，如图 2-4 所示.

如果扫描电压的周期 T_x 严格等于输入信号的周期 T_y 的整数倍，即

$$T_x = nT_y,\quad n=1,2,3,\cdots \tag{2-1}$$

则可保证每次扫描的起点都对应信号电压的相同相位点上，在屏幕上可得到稳定的波形.式（2-1）称为波形稳定条件.

实现 $T_x = nT_y$ 的过程称为同步.实现同步的方法可以是利用被测信号去控制扫描发生器，使锯齿波电压的频率自动跟着被测信号的频率而变，这叫“内同步”.也可以是从示波器外部引入一个特殊电压来控制，这叫“外同步”.实际操作时，应根据被测信号的频率和显示完整波形

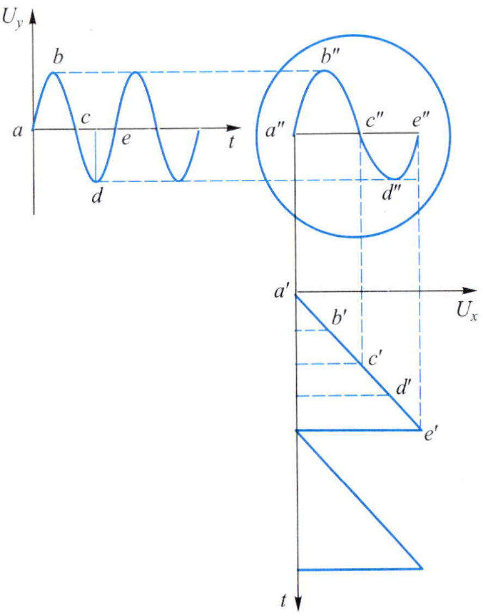

图 2-4　示波器显示正弦波形的时间波形图

的个数，利用式(2-1)估算出扫描频率.调节“扫描时间开关”和“扫描微调”两旋钮，使波形基本稳定，再调节“电平”旋钮，使波形稳定.

三、示波器的基本测量方法

（一）用直接测量法测量电压

直接测量法就是直接从示波器的荧光屏上量出被测电压波形的高度，然后换算成电压值.由于屏上波形的高度与加到示波器输入端被测电压的大小成正比，因此只要知道 y 轴输入灵敏度(屏上 y 轴每一大格所代表的输入电压的伏特数)，就可求得被测电压值：

$$U_{PP}=Kh$$

式中，U_{PP} 为被测电压峰值(V)，K 为伏/格选择开关(VOLTS/DIV)显示的数值，h 为波形高度(格数).

值得注意的是，只有伏/格选择开关微调旋钮顺时针旋到头，K 值才有效.

（二）用直接测量法测量时间

当扫描电压采用锯齿波电压时，荧光屏上的 x 轴坐标与时间相关.如果锯齿波的频率和 x 轴放大器的增益一定时，那么 x 轴每格对应的时间是一定的，可用扫描时间开关(TIME/DIV)显示的数值来表示.例如，扫描时间开关为 5 ms/DIV，就是说 x 轴每格相当于 5 ms.这样，就可从荧光屏上读出被测信号在 x 轴上所占的格数，然后换算成时间：

$$T=Lt$$

式中，T 为被测信号的时间(ms 或 μs)，t 为扫描时间开关(TIME/DIV)显示的数值，L 为被测信号在 x 轴上所占的格数(DIV).

应注意，只有 x 轴扫描微调旋钮顺时针旋到头，t 值才有效.

四、用李萨如图形测定信号的频率

如果在示波器的 x 轴和 y 轴同时输入正弦电压，则电子束在这两个电压作用下，就得到两个互相垂直的正弦振动的合成波形，荧光屏上显示的相应图形称为李萨如图形，如图 2-5 所示.为获得稳定的、可测量信号频率的李萨如图形，常让这两个信号的频率成简单整数比.

例如，当 u_x 的频率 f_x 为 u_y 的频率 f_y 的一半且相位差为零时，李萨如图形如图 2-6 所示.为了确定 u_x 和 u_y 的频率比，可在李萨如图形的 y 方向上作一直线与图形相切，数出切点数 n_y，同样，在 x 方向上作一直线与图形相切，数出切点数 n_x，则有

$$\frac{f_y}{f_x}=\frac{n_x}{n_y} \tag{2-2}$$

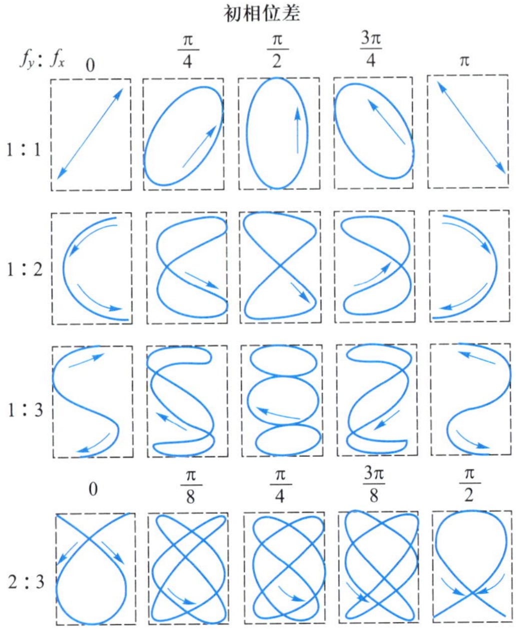

图 2-5　李萨如图形

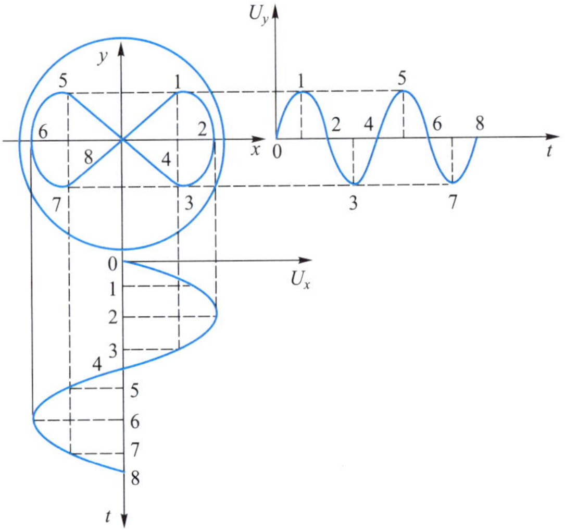

图 2-6　U_x、U_y 合成原理

例如,图 2-7 中,$\frac{f_y}{f_x}=\frac{2}{1}$.

若 f_x 和 f_y 中有一个已知,则可用式(2-2)求出未知信号的频率.

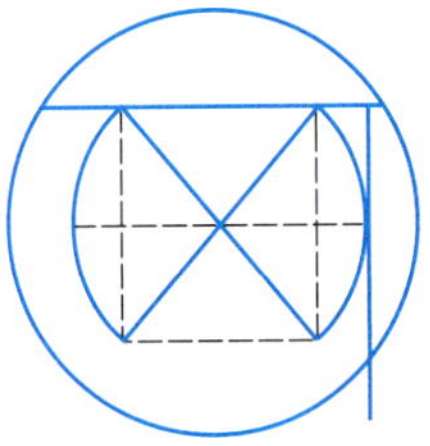

图 2-7　切点法测频率

实验内容

一、熟悉示波器和函数信号发生器各旋钮或开关的功能

(一) DC4322B 型示波器

DC4322B 型示波器为具有 0~20 MHz 频带宽度的通用双踪示波器,其面板各开关旋钮如图 2-8 所示(④、⑤、⑦、⑧、⑰、⑱、㉒、㉓、㉔、㉕、㉘、㉚、㊱等按键图中未标,本实验不采用).

① 为电源(POWER)开关,此开关按下,仪器接通电源.

② 为电源指示灯,电源开关按下,此灯亮.

③ 为聚焦控制(FOCUS),用于调节聚焦直至扫描线最细.

⑥ 为辉度控制(INTENSITY),顺时针旋转,辉度增加.

⑨ 为通道 1 输入端(Y_1INPUT),被测信号由此输入 Y_1 通道.当示波器工作在 X—Y 方式时,输入到此端的信号作为 x 轴信号.

⑩ 为通道 2 输入端(Y_2INPUT),被测信号由此输入到 Y_2 通道.当示波器工作在 X—Y 方式时,输入到此端的信号作为 y 轴信号.

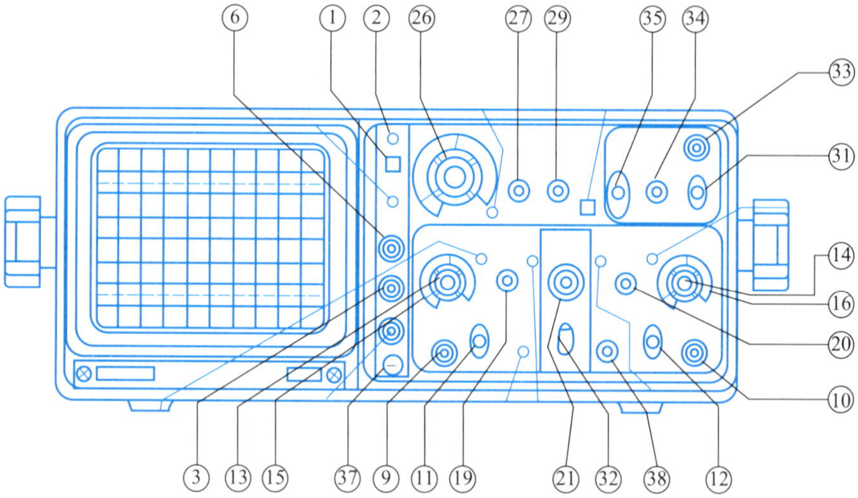

图 2-8 DC4322B 型示波器面板图

⑪、⑫ 为输入耦合开关(AC—GND—DC),用于选择被测信号反馈至 x 轴放大器输入的耦合方式.

交流耦合(AC):在此耦合方式下,耦合交流分量,隔离输入信号的直流分量,使屏幕上显示的信号波形位置不受直流电平的影响.

接地耦合(GND):在此位置时垂直放大器输入端接地.

直流耦合(DC):在此耦合方式下,输入信号直接加到垂直放大器输入端,耦合直流分量和交流分量.

⑬、⑭ 为"伏/格(VOLTS/DIV)"旋钮,用于选择垂直偏转因数,可以方便地观察到垂直放大器上各种幅度范围的波形.

⑮、⑯ 为"微调/拉—×5(VAR PULL×5 GAIN)"旋钮,当旋转微调旋钮时,可小范围地连续改变垂直偏转灵敏度.此旋钮逆时针旋到底,其变化范围大于 2.5 倍.

此旋钮用于比较波形或同时观察两个通道方波上升时间.通常将这个旋钮顺时针旋到底(校准位置).

当此旋钮被拉出时,垂直系统的增益扩展 5 倍,最高灵敏度达 1 mV/DIV.

⑲ 为"位移/直流偏置(POSITION/PULL DC OFFSET)"旋钮,微调旋钮用于调节屏幕上 Y_1 信号垂直方向的位移.

顺时针旋转扫描线上移,逆时针旋转扫描线下移.拉出此旋钮可测得显示波形各部分的幅值(通常这个旋钮是按进去的).

⑳ 为位移/拉—倒相(POSITION/PULL INVERT),微调旋钮用于调节屏幕上 Y_2 信号垂直方向的位移.拉出此旋钮,输入 Y_2 信号极性倒相.当仪器处于$(Y_1)+(Y_2)$方式时,利用该功能即可得到$(Y_1)-(Y_2)$的信号差.

㉑ 为工作方式开关(MODE),用于选择垂直偏转系统的工作方式.

Y_1:只有加到 Y_1 通道的信号能显示.

Y_2:只有加到 Y_2 通道的信号能显示.

交替(ALT):加到 Y_1 和 Y_2 通道的信号能交替显示在荧光屏上,这个工作方式通常用于观察加在两通道上信号频率较高的情况.

断续(CHOP):在这个工作方式下,加到 Y_1 和 Y_2 上的信号受到约 250 kHz 自激振荡电子开关的控制,同时显示在荧光屏上.这个方式用于观察两通道信号频率较低的情况.

相加(ADD):显示加到 Y_1 和 Y_2 上信号的代数和.

㉖ 为“扫描时间(TIME/DIV)”旋钮,用于选择扫描时间因数,从 0.2 μs/DIV ~ 0.2 s/DIV,共分 19 挡,旋钮置于“X—Y”位置时,示波器工作在 X—Y 状态(此时应关闭水平扩展开关).

㉗ 为“扫描微调(SWP VAR)”旋钮,此旋钮开关在校正位置时,扫描因数从 TIME/DIV 读出.当开关不在校正位置时,可连续微调扫描因数.逆时针旋到底时扫描因数扩大 2.5 倍以上.

㉙ 为“位移/扩展(POSITION/PULL×10 MAG)”按钮,未拉出时用于水平移动扫描线,拉出后将扫描扩展 10 倍,即“扫描时间 TIME/DIV”旋钮开关指出的是实际扫描时间的 10 倍.

㉛ 为触发源(SOURCE)选择开关,用于选择扫描触发信号源,分以下三种.

内(INT):取加到 Y_1 或 Y_2 上的信号作为触发信号源.

电源(LINE):取交流电源信号作为触发信号源.

外(EXT):取加到外触发输入端的外触发信号作为触发信号源,用于特殊信号的触发.

㉜ 为内触发(INT TRIG)选择开关,本开关用于选择不同的内触发信号源.

Y_1:取加到 Y_1 上的信号作触发信号源.

Y_2:取加到 Y_2 上的信号作触发信号源.

组合方式(VERT MODE):用于同时观察两个波形,同步触发信号源交替取自 Y_1 和 Y_2.

㉝ 为外触发输入插座(TRIG IN),用于外触发信号的输入.

㉞ 为“电平(LEVEL)”旋钮.

a. 通过调节触发电平可确定波形扫描的起始点.

b. 按进去为正极性触发(常用),拉出来为负极性触发.

㉟ 为触发方式(TRIG MODE)选择开关.

自动(AUTO):本状态下仪器在有触发信号时,同正常的触发扫描,波形可稳定显示.在无信号输入时,可显示扫描线.

常态(NORM):有触发信号时才产生扫描;在没有信号和非同步状态情况下,没有扫描线.当信号频率很低(25 Hz 以下)影响同步时,宜采用本触发方式.

电视场(TV—V):用于观察电视信号中的全场信号波形.

电视行(TV—H):用于观察电视信号中的行信号波形.

注:TV—V 和 TV—H 触发仅适用于负同步信号的电视信号.

㊲ 为校准方波输出(CAL 0.5 V),0.5 V、1 kHz 方波信号的输出端.

㊳ 为接地端(GND).

（二）DG1022U 函数信号发生器

DG1022U 函数信号发生器面板图如图 2-9 所示.

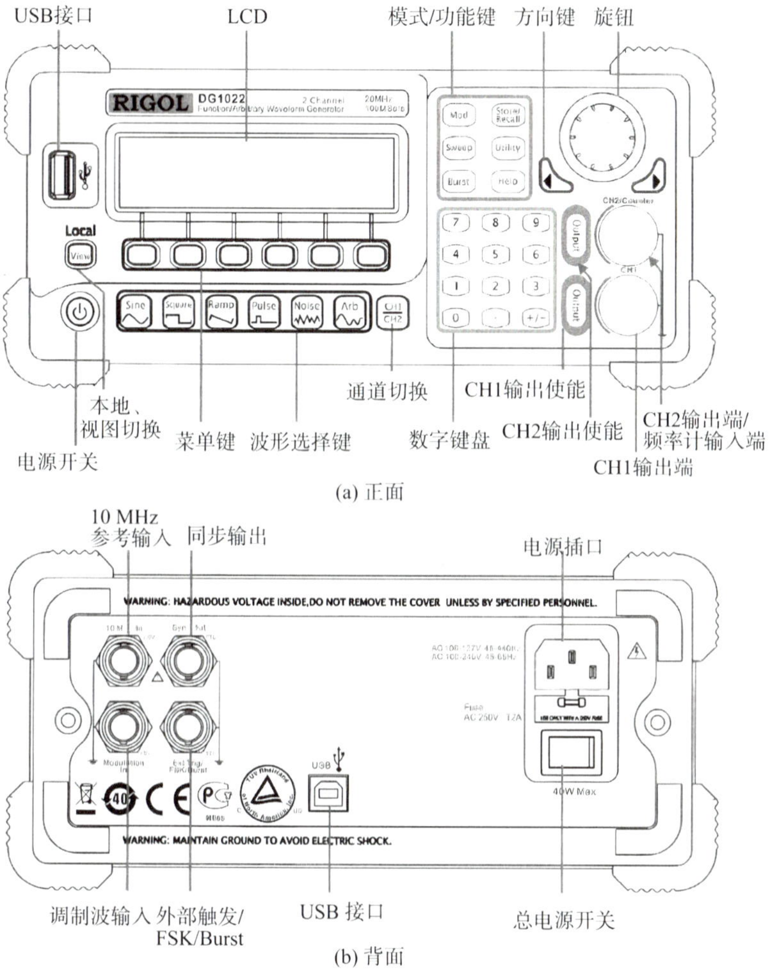

图 2-9 DG1022U 函数信号发生器面板图

（三）预先设置好大多数示波器的旋钮或开关

根据本实验要求，示波器的大多数旋钮或开关可以预先设置好，需要调节的旋钮或开关较少.

（1）可以预先设置好的示波器旋钮或开关如表 2-1 所示.

表 2-1 可以预先设置好的示波器旋钮或开关

代号	旋钮或开关的名称	位置设置
①	电源	接通
③	聚焦	居中
⑥	辉度	居中
⑪、⑫	耦合	AC 或 DC

续表

代号	旋钮或开关的名称	位置设置
⑮、⑯	微调	校准(顺时针旋到底)
⑲、⑳	位移	居中
㉑	工作方式	Y_1 或 Y_2
㉗	扫描微调	校准(顺时针旋到底)
㉙	位移/扩展	居中
㉛	触发源	内
㉜	内触发	组合
㉟	触发方式	自动

(2) 需要调节的旋钮或开关.

⑬、⑭"伏/格(VOLTS/DIV)"旋钮:Y_1 通道和 Y_2 通道都有这个旋钮,它的作用是控制输入信号的衰减倍率,从 5 mV/DIV~5 V/DIV 共分 10 挡,此旋钮的位置要根据输入信号的大小随时进行调整,以保证在示波器荧光屏上显示完整的输入信号波形(指垂直方向).例如,观察一正弦电压波形时,"伏/格(VOLTS/DIV)"旋钮放在 0.5 V/DIV 上,显示的波形如图 2-10 所示,波形太大,超出了屏幕范围,这时,将"伏/格(VOLTS/DIV)"旋钮放在1 V/DIV上(增加衰减倍率),输入信号的波形就能完整地显示出来了,如图 2-11 所示.

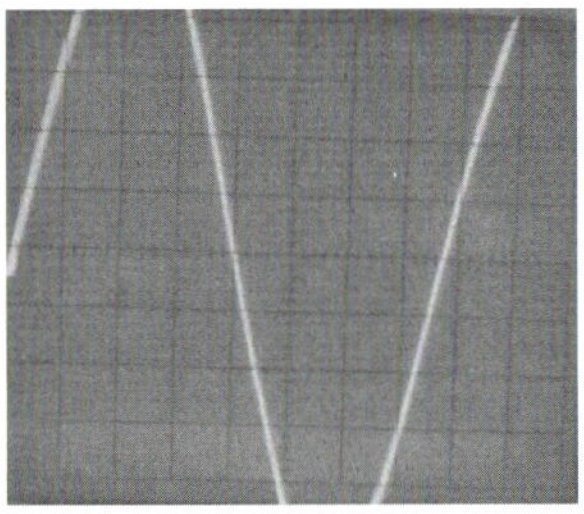

图 2-10 调节前波形图(一)

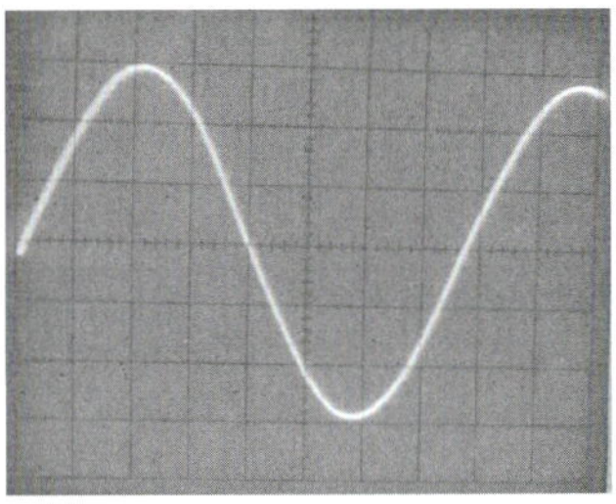

图 2-11 调节后波形图(一)

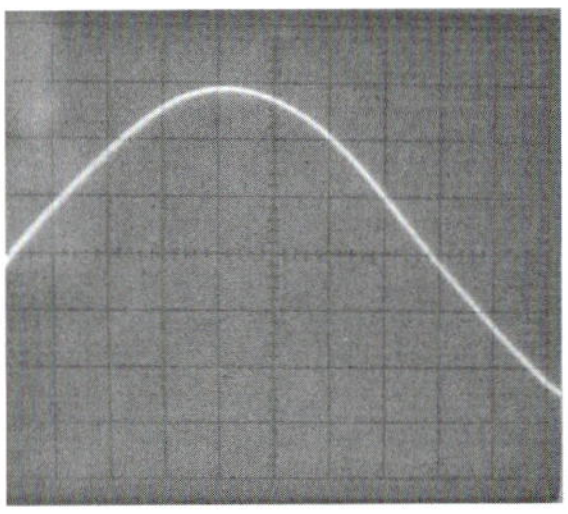

图 2-12 调节前波形图(二)

㉖"扫描时间(TIME/DIV)"旋钮:从 0.2 μs/DIV~2 s/DIV,共分 19 挡,此旋钮的位置要根据输入信号周期的大小随时进行调整,以保证在示波器荧光屏上至少显示一个完整的输入信号波形(指水平方向).例如,观察一正弦电压波形时,"扫描时间(TIME/DIV)"旋钮放在 10 ms/DIV 上,显示的波形如图 2-12 所示,只能显示大半个周期的波形,这时,将"扫描时间(TIME/DIV)"旋钮放在 20 ms/DIV 上,示波器荧光屏上能显示一个完整的输入信号波形,如图 2-13 所示.为了保证开机时能看到扫描线,此旋钮在没有观察波形时先放在2 ms/DIV上.此旋钮置于"X—Y"位置,这时输入 Y_1 输入端的信号作为 x 轴信号,输入 Y_2 输入端的信号作为 y 轴信号.

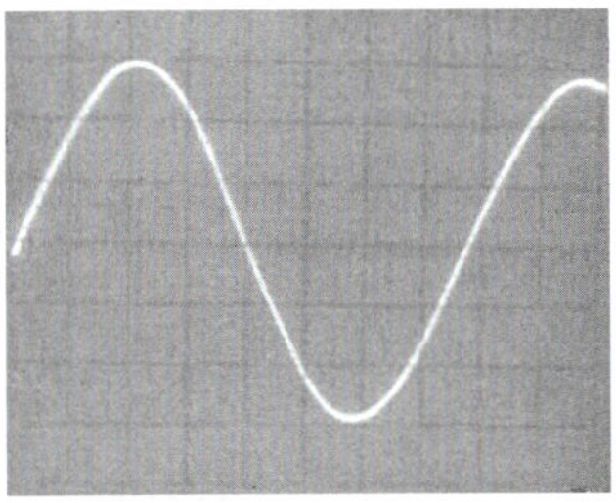

图 2-13 调节后波形图(二)

㉞“电平(LEVEL)”旋钮:如果其他旋钮或开关都放置正确,波形还在左右移动,调节此旋钮能使显示波形稳定下来,此旋钮不拉出时为正极性触发,拉出时为负极性触发(一般不常用),本实验此旋钮不需拉出.

二、观察 DG1022U 函数信号发生器输出的正弦信号波形

1. 如图 2-14 所示,用专用线将函数信号发生器“CH1 输出端”连接至示波器的 Y_1 输入端⑨,按下信号发生器的电源开关,将波形选择键中的“~”键按下,信号发生器输出正弦信号。利用函数信号发生器面板上的方向键、旋钮、数字键盘以及菜单键,将 LCD 显示屏显示的频率值调节为 50 Hz,按下“Output”键,“Output”键灯被点亮,输出频率为 50 Hz 的正弦波信号。

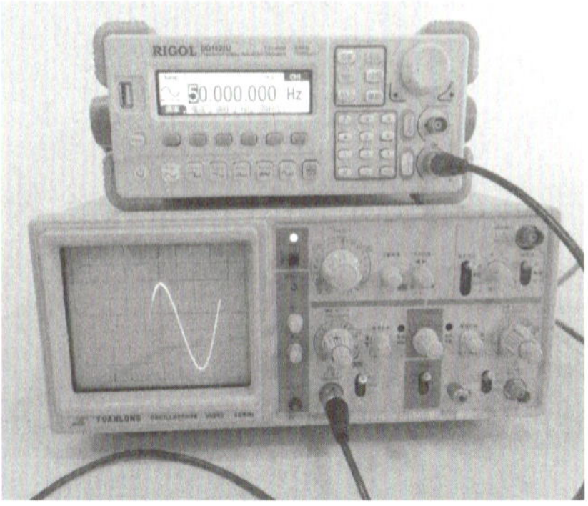

图 2-14　DG1022U 函数信号发生器的输出端连接示波器的输入端

2. 按下示波器的电源(POWER)开关①,把一些预先可以设置好的旋钮或开关按表 2-1 设置好,调节“伏/格(VOLTS/DIV)”旋钮⑬、⑭和“扫描时间(TIME/DIV)”旋钮㉖,使示波器显示的波形大小适中,调节“电平(LEVEL)”旋钮㉞,使波形稳定.

3. 利用方向键、旋钮、数字键盘以及菜单键,将 LCD 显示屏显示的频率值分别调节为 100 Hz、150 Hz、200 Hz,调节示波器的“伏/格(VOLTS/DIV)”旋钮⑬、⑭和“扫描时间(TIME/DIV)”旋钮㉖,使波形大小适中,调节示波器的“电平”旋钮㉞,使波形稳定,然后按要求将图形及数据填入表 2-2 中.

三、用李萨如图形测定未知频率

1. 将示波器的“扫描时间(TIME/DIV)”旋钮㉖置于“X—Y”位置,此时 Y_1 输入端输入的信号作为 x 轴信号,Y_2 输入端输入的信号作为 y 轴信号.如图 2-15 所示,用专用线将函数信号发生器的“CH1 输出端”接至示波器的 Y_1 输入端⑨.如图 2-16 所示,将示波器背面“CH1 OUTPUT”输出端(示波器背面竖直方向第一个插座)接至示波器的 Y_2 输入端

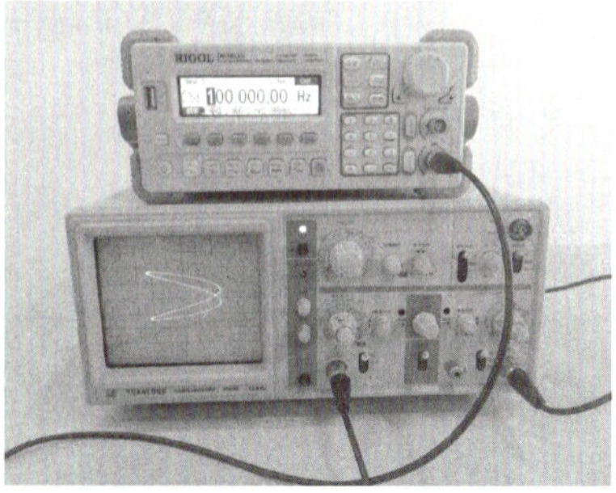

图 2-15　函数信号发生器输出端接示波器的 Y_1 输入端

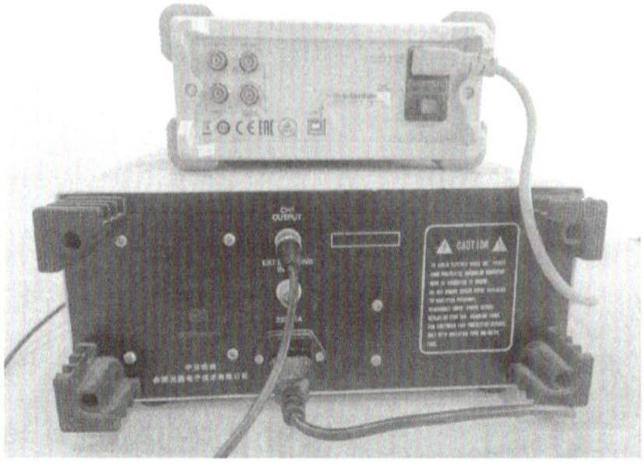

图 2-16　示波器背面输出端接示波器的 Y_2 输入端

⑩(示波器背面“CH1 OUTPUT”端输出 50 Hz 正弦波).

2. 调节函数信号发生器的旋钮,使函数信号发生器的频率显示 50 Hz,调节示波器 Y_1、Y_2 通道的“伏/格(VOLTS/DIV)”旋钮、“微调”旋钮和函数,得到大小合适的李萨如图形.调节函数信号发生器的旋钮,适当改变输出频率,使图形尽可能稳定.然后在李萨如图形的 x 方向和 y 方向分别作直线和图形相切,数出切点数 n_x 和 n_y,根据公式$\frac{f_y}{f_x}=\frac{n_x}{n_y}$,得到$f_x=f_y\frac{n_y}{n_x}$,如图 2-17 所示,$n_x=1$,$n_y=1$,$f_x=50\times\frac{1}{1}$ Hz=50 Hz.调节函数信号发生器的旋钮,即改变在 x 轴上的信号频率,使李萨如图形如图 2-18 所示,这时 $n_x=1$,$n_y=2$,$f_x=50\times\frac{2}{1}$ Hz=100 Hz.

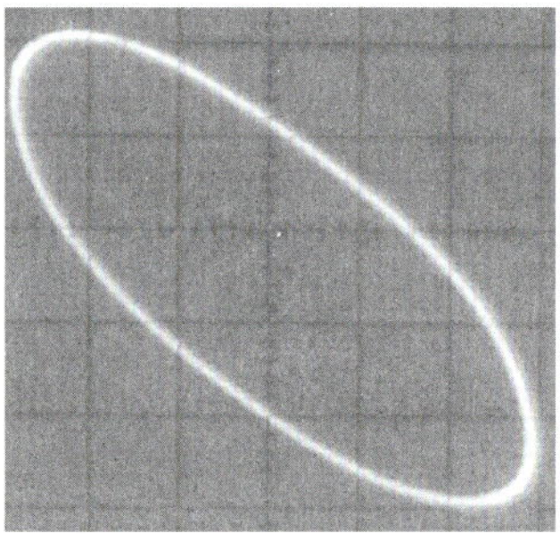

图 2-17　调节前李萨如图形

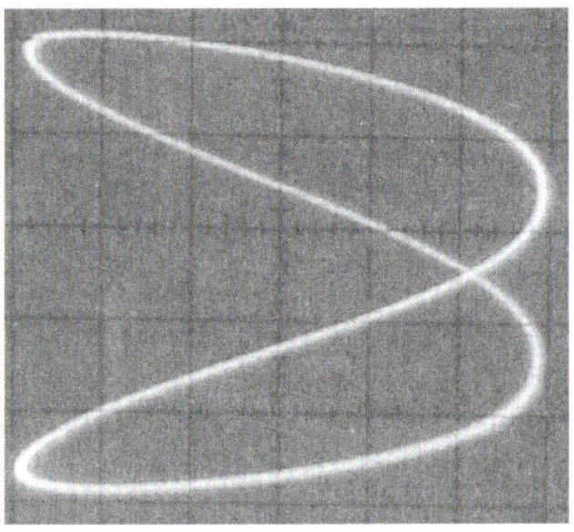

图 2-18　调节后李萨如图形

3. 调节函数信号发生器的旋钮,使其频率显示分别为 50 Hz、75 Hz、100 Hz、150 Hz,调节示波器的“伏/格(VOLTS/DIV)”旋钮和“扫描时间(TIME/DIV)”旋转,使李萨如图形大小适中,并按要求将图形及数据填入表 2-3 中。

知识拓展

布劳恩的故事

布劳恩(图 2-19),全名卡尔·费迪南德·布劳恩(Karl Ferdinand Braun,1850—1918),德国物理学家.1850 年 6 月 6 日,布劳恩出生在富尔达,他在此地接受了地方普通中学的教育.1868 年,他开始在德国马尔堡大学学习数学和自然科学;1869 年,转去柏林大学研究天线;1872 年,获得物理学博士学位.1873 年,他通过国家中学教师考试,在莱比锡的一家中学教数学和自然科学,在那里他同时对振荡电流进行科学研究.1874 年,他发现某些金属硫化物具有使电流单方向通过的特性,并利用这些金属硫化物的这个特性制成了无线通信技术中不可或缺的检波器,开创了人类研究半导体的先例.布劳恩先后在马尔堡大学(1876 年)、斯特拉斯堡大学(1880 年)和卡尔斯鲁厄大学(1883 年)任物理学副

图 2-19　布劳恩

教授和教授.1887年,又应蒂宾根大学的邀请负责建立物理学研究所.1895年,他回到斯特拉斯堡大学任物理研究所主任和教授,把主要精力用于进行电学研究.1909年,因为对无线电报的改进,布劳恩同发明无线电报的马可尼分享了诺贝尔物理学奖.1918年,第一次世界大战结束前,布劳恩逝世于家中.

布劳恩的主要贡献是制造了第一个阴极射线管示波器,CRT被广泛应用于电视机和计算机的显示器上,在德语国家,CRT仍被称为"布劳恩管".在发明阴极射线管的同时,布劳恩还开始了他在无线电报方面的研究.当时的电报技术存在一个致命的问题,就是缺少可靠的电报接收机.布劳恩改用晶体探测器,使接收机的灵敏度提高了很多.在发射机方面,布劳恩同样贡献很大,马可尼主要是凭借经验和试探发明了发报机,而布劳恩对马可尼的发报机做了根本性的改造,发明了磁耦合天线,这使得整个系统的发射功率大大增加,增大了通信距离,而且使得无线电接收机和发射机不需要直接与天线相连,减少了受到雷击的危险.如今,磁耦合天线仍应用在收音机、电视机、电台和雷达上.

示波器的应用

示波器是一种用途十分广泛的电子测量仪器,它能把肉眼看不见的电信号转换为看得见的图像,便于人们研究各种电信号的变化过程.20世纪40年代,随着电子工业,特别是雷达和电视机对性能良好的波形观察工具的需求,示波器开始兴起,泰克公司成功开发带宽达到10 MHz的同步示波器,这是近代示波器的基础.20世纪50年代,半导体和电子计算机的问世,促进电子示波器的带宽达到100 MHz.20世纪60年代,美国、日本、英国、法国在电子示波器开发方面各有不同的贡献,出现带宽6 GHz的取样示波器、1 GHz的存储示波器,便携式、插件式示波器成为系列产品.20世纪70到80年代,模拟电子示波器达到高峰,数字示波器异军突起.20世纪90年代,数字示波器在性能上全面超越模拟示波器,数字存储式示波器可以用于记录复杂的信号波并用于后期分析.[1]示波器广泛用于电子产品生产中的电路测量调试,使电子产品达到出厂标准.在电子产品维修中,通过电路波形分析寻找故障原因,方便故障排除.随着示波器各行业用户需求的不断提升及相应性能的不断完善,示波器在整个测试测量行业中的重要作用日益凸显,一些专用示波器应运而生,使故障的排除更加简便.如汽车专用示波器在汽车维修中具有重要应用,目前汽车电子技术在传感器技术、微处理机技术、软件新技术应用、多信道传输技术、汽车车载电子网络等领域取得了突破,导致汽车故障由机械故障为主向电子故障为主方向发展,汽车维修也由此转向电子控制故障为主.汽车专用示波器是检测汽车电子故障的主要工具之一.汽车专用示波器能实时采集汽车中各种电信号,如采集电控系统、点火、喷油等传感器信号以波形的形式呈现出来,通过对传感器的波形进行分析来准确诊断传感器的故障.点火系统的高压线、点火线圈、火花塞等各元器件故障可以通过汽车示波器对点火波形的分析诊断出来.[2]

参考文献

[1] 单祥茹.从泰克70年成长历程看示波器的创新发展史[J].中国电子商情(基础电子),2016(6):10-11.

[2] 敬素清.汽车专用示波器在汽车维修中的运用探讨[J].产业与科技论坛,2018,17(13):71-72.

实验 3　分光计的调节与使用

预习题

1. 分光计由哪几部分组成？各部分的作用是什么？

2. 调节望远镜光轴,使之垂直于分光计主轴时,如何确保在望远镜中看到由平面镜正反两面反射回来的十字像？

3. 当在目镜中看到反射回来的十字像与叉丝的上方交点相重合时,就说明望远镜光轴垂直于平面镜.试根据光路图分析,这是为什么？

4. 当转动载物台 180°反复调节,使望远镜光轴垂直于分光计主轴时,载物台是否也同时调整到垂直于分光计主轴了？

5. 为什么在游标盘上设置两个游标？

实验目的

1. 了解分光计的结构和各部件的作用.
2. 掌握分光计的调节方法和调节要求.
3. 学会用分光计测量角度.

实验仪器

JJY-D 型分光计、带直角支架的平面反射镜、三棱镜等.

实验原理

一、自准直法

如图 3-1 所示,将物 P 置于凸透镜 L 的焦平面上,该物发出的光经透镜折射后变成平行光.若用一垂直于主光轴的平面镜 M 将平行光反射回去,通过透镜后会聚于透镜的焦平面上,形成一个与物 P 大小相同、倒立的实像Q.

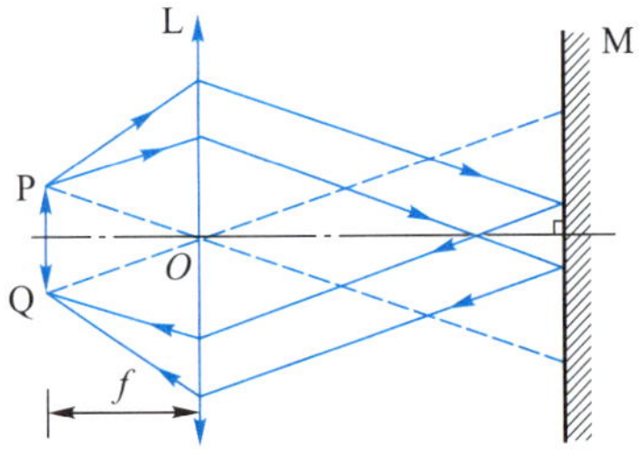

图 3-1　自准直法线路图

二、自准直望远镜

自准直望远镜的结构如图 3-2(a)所示,它与一般望远镜一样具有目镜、分划板及物镜三部分,望远镜可绕分光计中心轴转动,其水平倾斜度可用管下侧的螺丝调节,望远镜镜筒内有带三根叉丝的分划板，其一侧有一个照明小灯，光线通过绿色玻璃进入紧靠分划板的小棱镜(45°全反射棱镜)，经小棱镜全反射后照亮小棱镜侧面分划板上刻有十字纹的透光窗.将十字窗视为“物”，它发出的光线经物镜投射到载物平台上设置的反光面(如平面镜或三棱镜等)上，再反射回望远镜中，如图 3-2(b)所示.根据自准直测焦距原理，若调节分划板与物镜之间的距离，使分划板位于物镜焦平面上，从望远镜中能观察到经平台反射面反射回的光线，形成清晰的无视差的叉丝和亮十字纹像.若平面镜镜面与望远镜光轴垂直，此像将落在叉丝“ ⫨ ”上部的交叉点上.用调节好的望远镜去观察发自平行光管的平行光束，便可看到清晰的狭缝像.

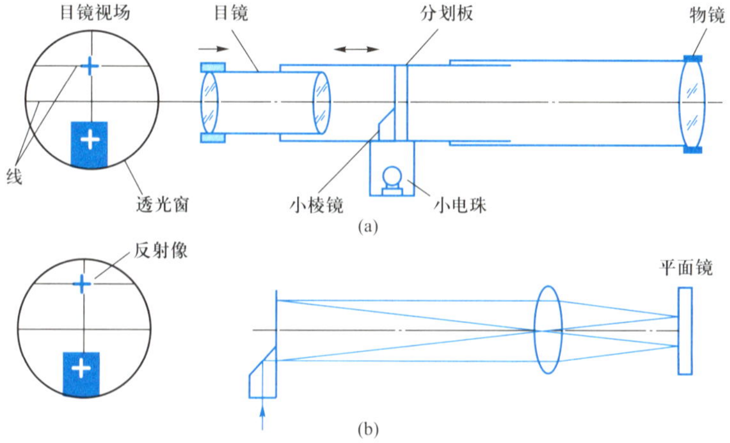

图 3-2 自准直望远镜

实验内容

一、熟悉分光计的结构和各部件的作用

(一) JJY-D 型分光计的结构

JJY-D 型分光计的结构如图 3-3 所示。

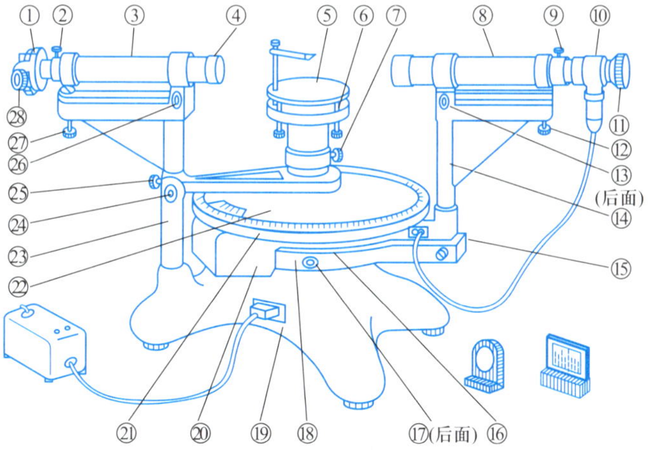

图 3-3 JJY-D 型分光计的结构

(二) JJY–D 型分光计各部件的名称和作用

JJY–D 型分光计各部件的名称和作用如表 3-1 所示.

表 3-1 JJY-D 型分光计各部件的名称和作用

序号	名称	作用
①	狭缝装置	
②	狭缝装置锁紧螺丝	用来固定狭缝装置,松开时可旋转或前后拉动狭缝装置,调好后锁紧
③	平行光管	产生平行光
④	游标盘制动架	
⑤	载物台	放置光学元件
⑥	载物台调平螺丝(3 只)	调节载物台台面水平
⑦	载物台锁紧螺丝	松开时,载物台可单独转动和升降;锁紧后,可使载物台与读数游标盘同步转动
⑧	望远镜	观测经光学元件作用后的光线
⑨	目镜筒锁紧螺丝	松开时,目镜装置可前后伸缩和转动;锁紧后,固定目镜筒
⑩	阿贝式自准直目镜	可前后伸缩和转动(望远镜调焦)
⑪	目镜调焦手轮	调节目镜焦距,使分划板、叉丝清晰
⑫	望远镜光轴仰角调节螺丝	调节望远镜的俯仰角度
⑬	望远镜光轴水平方位调节螺丝	调节该螺丝,可使望远镜在水平面内转动
⑭	望远镜支架	
⑮	望远镜方位微调螺丝	锁紧望远镜止动螺丝⑰后,调节该螺丝,使望远镜支架做小幅度转动
⑯	转座与刻度盘止动螺丝	锁紧时,望远镜和刻度盘一起转动;松开后,望远镜转动,刻度盘不动
⑰	望远镜止动螺丝	松开时,望远镜可自由转动;锁紧后,望远镜不能转动
⑱	望远镜制动架	
⑲	分光计底座	
⑳	转盘平衡块	
㉑	刻度盘	360°等分为 720 格,最小刻度为半度(30′),小于半度,则利用游标读数
㉒	游标盘	盘上对称设置两游标
㉓	平行光管支架	
㉔	游标盘微调螺丝	锁紧游标盘止动螺丝㉕后,调节该螺丝,可使游标盘做小幅度转动

续表

序号	名称	作用
㉕	游标盘止动螺丝	锁紧后,只能用游标盘微调螺丝㉔,使游标盘做小幅度转动
㉖	平行光管光轴水平方位调节螺丝	调节该螺丝,可使平行光管在水平面内转动
㉗	平行光管光轴仰角调节螺丝	调节平行光管的俯仰角度
㉘	狭缝宽度调节螺丝	调节狭缝宽度,改变入射光的宽度

(三) JJY-D 型分光计的主要部件

1. 平行光管.

平行光管用于产生平行光,平行光管固定在分光计底座上,一端是物镜,另一端是狭缝,狭缝管套在外管内可以旋转,又能在外管内前后移动,以改变狭缝到物镜的距离.当狭缝位于物镜焦平面上,被光源照亮的缝发出的光经过物镜成为平行光束,由平行光管发射出.狭缝宽度可由管侧面螺丝调节,光管水平倾斜度可用管下的螺丝调节.

2. 自准直望远镜.

自准直望远镜用于观察平行光束.具体见实验原理部分.

3. 载物台.

载物台用于放置被测量元件(如平面镜、三棱镜、光栅等),可绕分光计中心轴转动.载物台下面有 3 只呈正三角形分布的螺丝 B_1、B_2、B_3,可用来调节台面的水平倾斜度.

4. 读数装置.

读数装置由同心游标盘、刻度盘组成,用于测定望远镜的角坐标 θ,读数方法与游标卡尺类似.如图 3-4 所示,刻度盘等分为 720 格,分度值为 360°/720 格 = 0.5°/格 = 30′/格,小于 30′的读数由游标上读出,游标圆弧等分为 30 格,因此

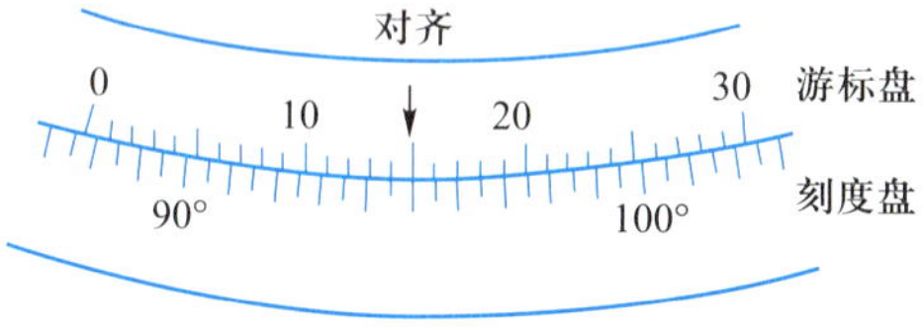

图 3-4　刻度盘

$$\text{游标盘的精密度}=\frac{\text{刻度盘分度值}}{\text{游标格数}}=\frac{30'}{30}=1'$$

由于仪器中心轴和刻度盘中心在制造及装配时不可能完全重合,且轴套之间也总存在间隙,故望远镜的实际转角与刻度盘读数窗上读得的角度不尽一致.为了消除刻度盘圆周中心与旋转中心的误差,分光计读数装置设计有左、右两个游标读数窗,两窗的读数差应为 180°(由于存在偏心差而略有不同).读数时应从左、右两游标读数,记下其角位置 $\theta_{左}$、$\theta_{右}$,当游标盘紧锁不动时,望远镜与刻度盘连动转过一个角度 φ,再从左、右两窗读数,记下其角位置 $\theta_{左}'$、$\theta_{右}'$.显然,角位移为

$$\varphi=\frac{1}{2}\left(\left|\theta_{左}'-\theta_{左}\right|+\left|\theta_{右}'-\theta_{右}\right|\right)$$

如果在移动过程中某游标窗经过刻度盘的"0"位置,该游标数则应加上或减去 360°后再参与计算.

二、调节分光计

(一) 粗调

调节望远镜光轴仰角调节螺丝⑫(图 3-5),使望远镜大致水平,再调节载物台下 3 只调平螺丝 B_1、B_2、B_3(图 3-6),使载物台水平.

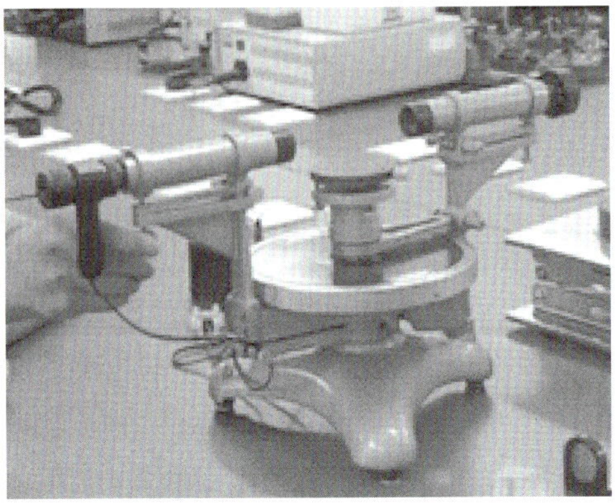

图 3-5　调节望远镜光轴仰角调节螺丝

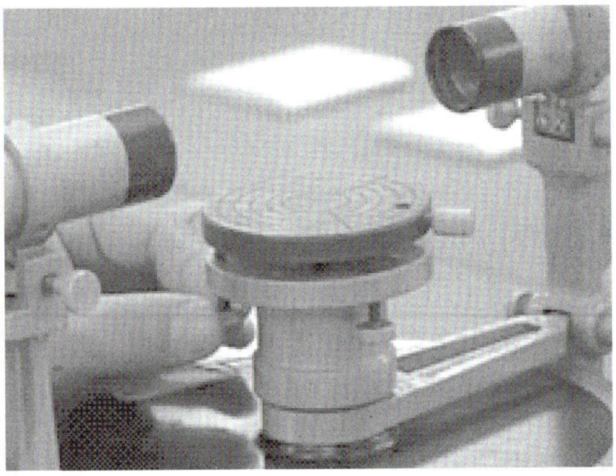

图 3-6　调节载物台调平螺丝

(二) 调节目镜

调节目镜调焦手轮⑪(图 3-7),直到能够清楚地看到分划板上的"丰"形叉丝为止,如图 3-8 所示.

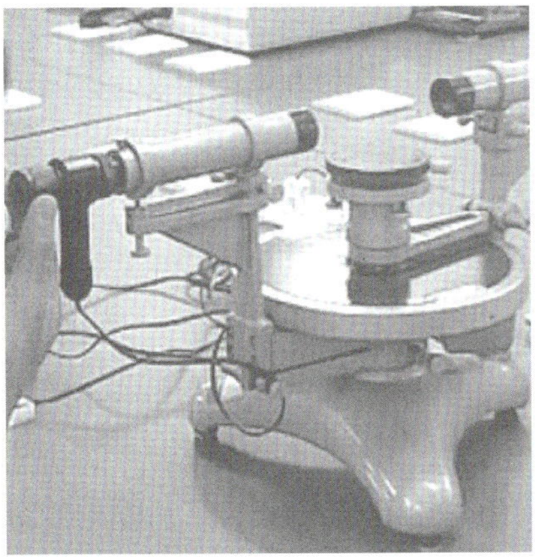

图 3-7　调节目镜调焦手轮

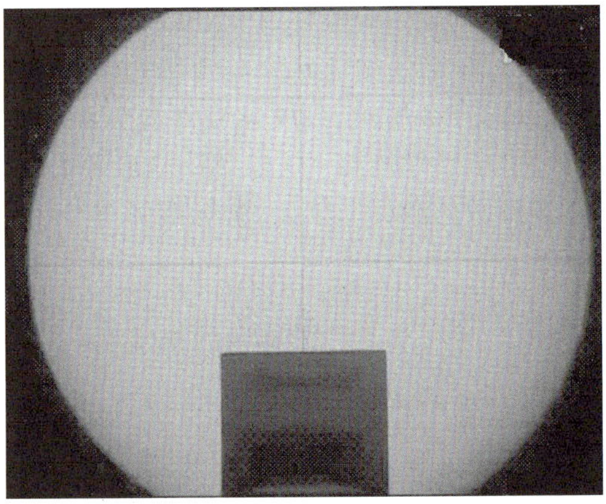

图 3-8　清晰地看到分划板上的"丰"形叉丝

(三) 调节望远镜使之适合观察平行光

点亮望远镜上的小灯(图 3-9),松开目镜筒锁紧螺丝⑨(图 3-10),使目镜筒伸出 5 mm左右(图 3-11),此时分划板大概位于望远镜物镜的焦平面上,将平面镜按图 3-12 所示放在载物台上,转动载物台,通过望远镜目镜观察有无一十字反射像,如果没有,继续调节望远镜光轴仰角调节螺丝⑫,使之水平,或调节载物台下 3 只调平螺丝 B_1、B_2、B_3(图 3-13),使平面镜竖直,直到望远镜正对着平面镜 A 和 B 两面都能看到十字反射像,再前后伸缩目镜筒,使望远镜中看到的十字反射像和叉丝无视差(或视差最小,图 3-14),这时分划板已位于望远镜物镜的焦平面上,即望远镜已适合观察平行光了.

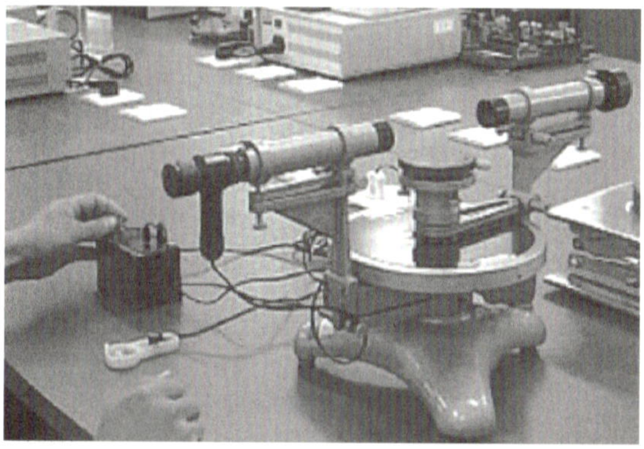

图 3-9 点亮望远镜上的小灯

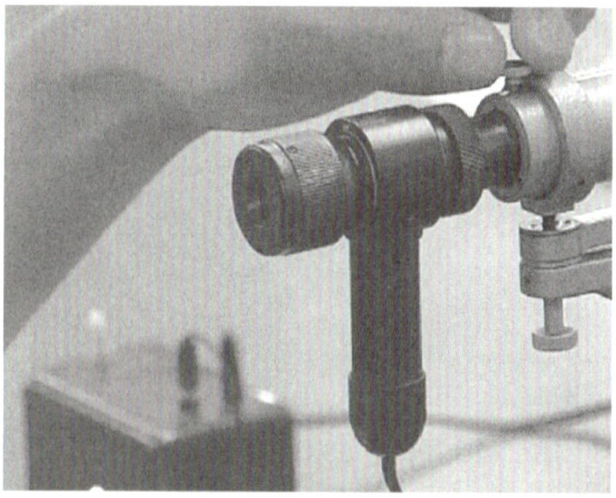

图 3-10 松开目镜筒锁紧螺丝

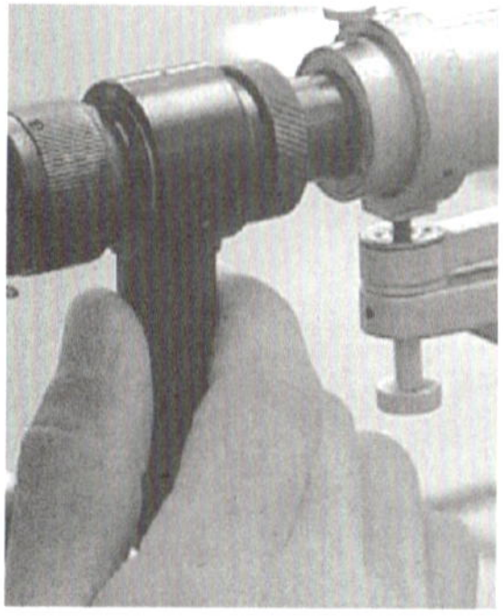

图 3-11 目镜筒伸出

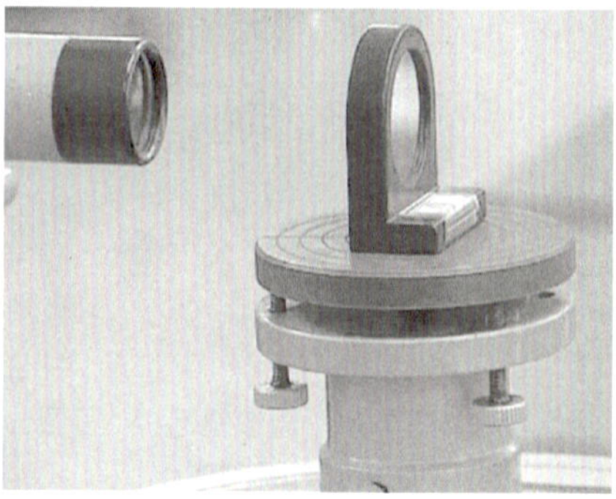

图 3-12 放置平面镜

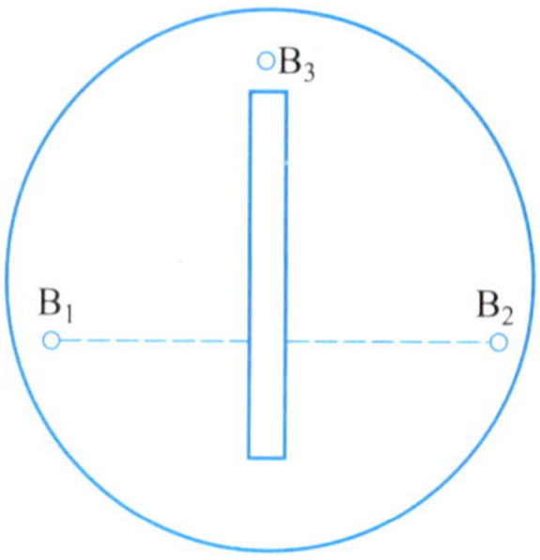

图 3-13 调节 3 只调平螺丝

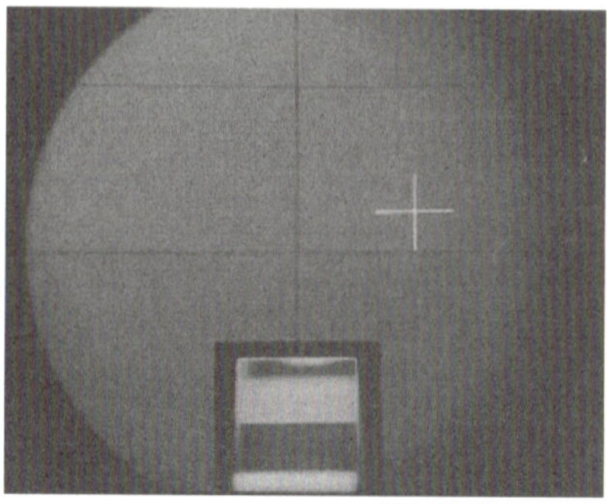

图 3-14 十字反射像

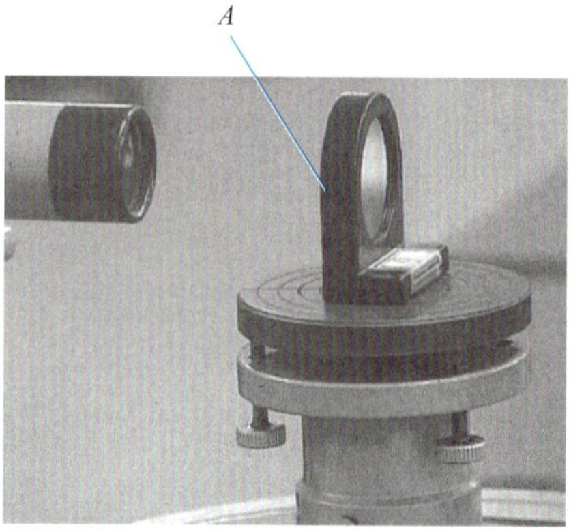

图 3-15 望远镜正对着平面镜的 A 面

(四)调节望远镜光轴使之垂直于分光计主轴

假设望远镜正对着平面镜的 A 面(图 3-15),十字反射像离分划板"⊥"形叉丝上面水平线的距离为 h(图 3-16),用各半调节法进行调节,调节载物台调平螺丝 B_1(图3-17)使十字反射像移到离"⊥"形叉丝上面水平线的距离为$\dfrac{h}{2}$处(图 3-18),再调节望远镜光轴仰角调节螺丝⑫(图 3-19),使十字反射像在分划板“丰”形叉丝上面水平线上(图 3-20).

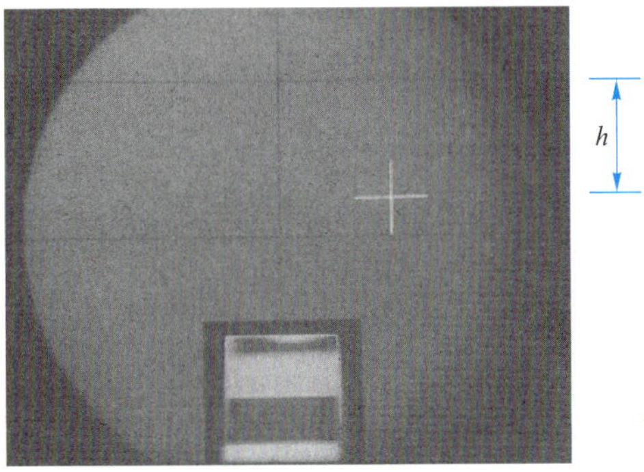

图 3-16　十字反射像离分划板“丰”形叉丝上面水平线的距离为 h

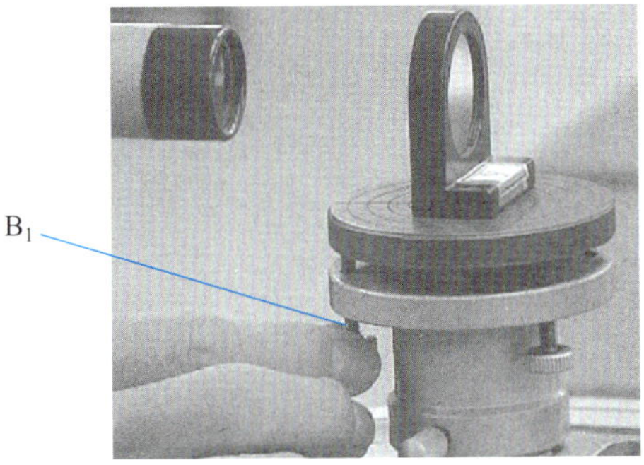

图 3-17　调节载物台调平螺丝 B_1

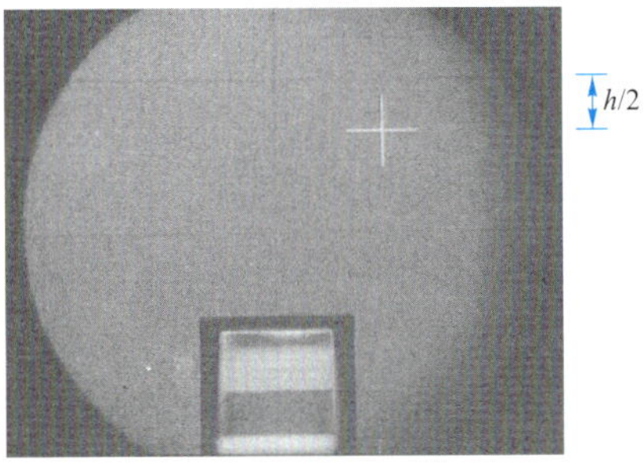

图 3-18　十字反射像移到离“丰”形叉丝上面水平线的距离为 $\frac{h}{2}$

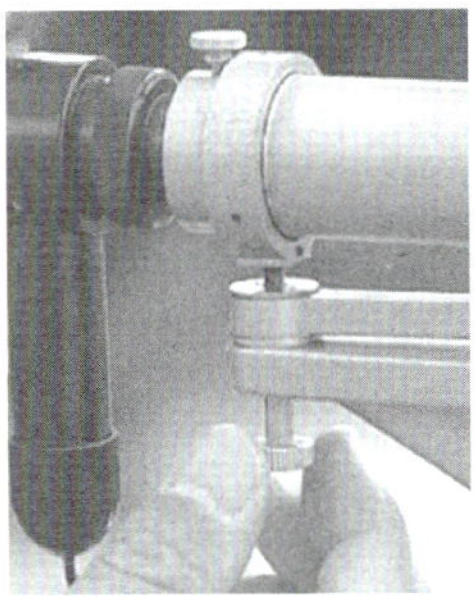

图 3-19　调节望远镜光轴仰角调节螺丝

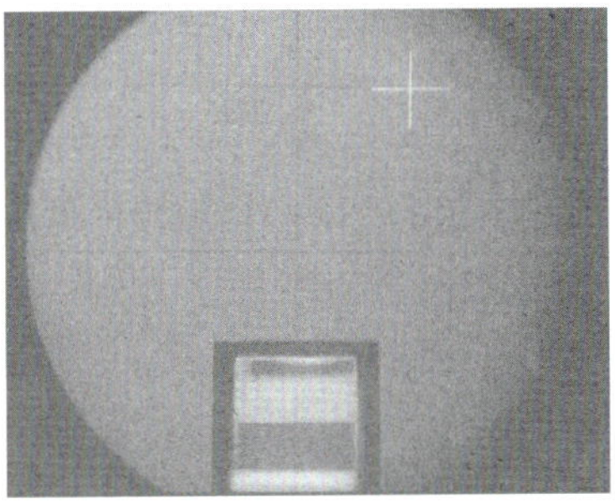

图 3-20　十字反射像在分划板“丰”形叉丝上面水平线上

转动平台 180°,假设望远镜正对着平面镜的 B 面(图 3-21),十字反射像离分划板“丰”形叉丝上面水平线的距离为 h_1(图 3-22),用各半调节法,调节载物台调平螺丝 B_2(图 3-23),使十字反射像移到离“丰”形叉丝上面水平线的距离为 $\frac{h_1}{2}$ 处(图 3-24),调节望

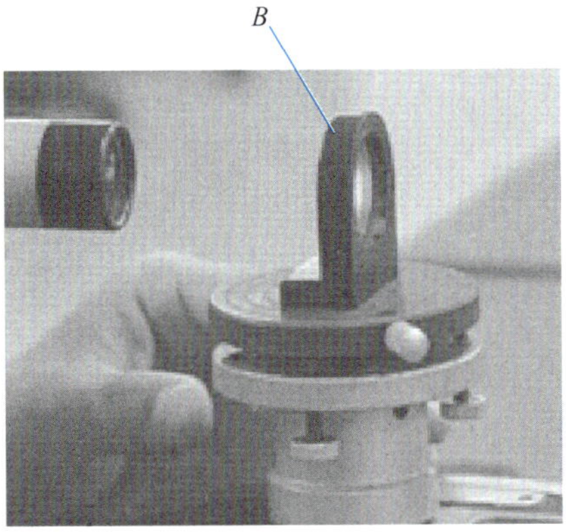

图 3-21　望远镜正对着平面镜的 B 面

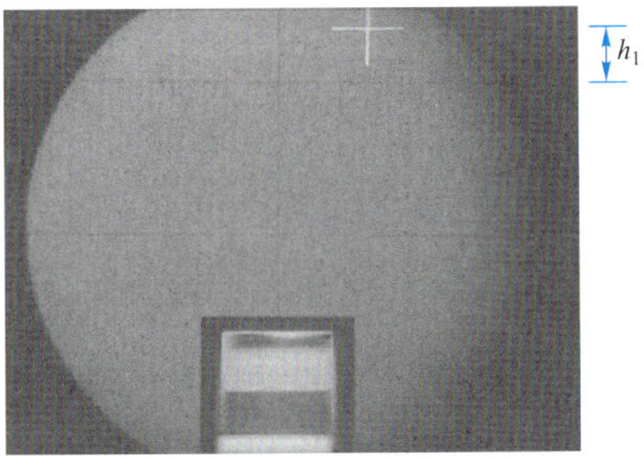

图 3-22　十字反射像离分划板“丰”形叉丝上面水平线的距离为 h_1

远镜光轴仰角调节螺丝⑫(图 3-25),使十字像在分划板“ǂ”形叉丝的上面水平线上(图 3-26).

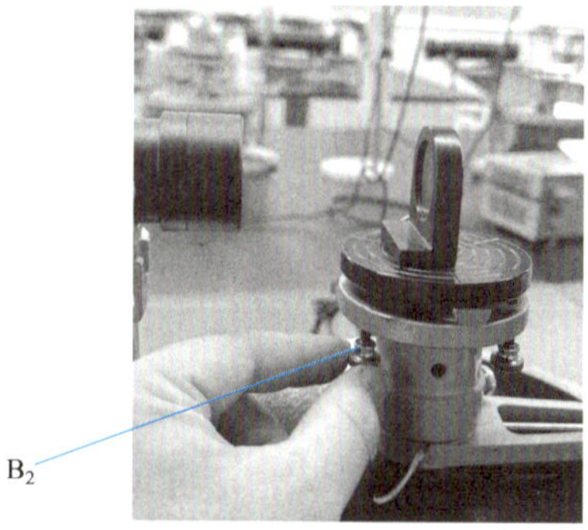

图 3-23　调节载物台调平螺丝 B_2

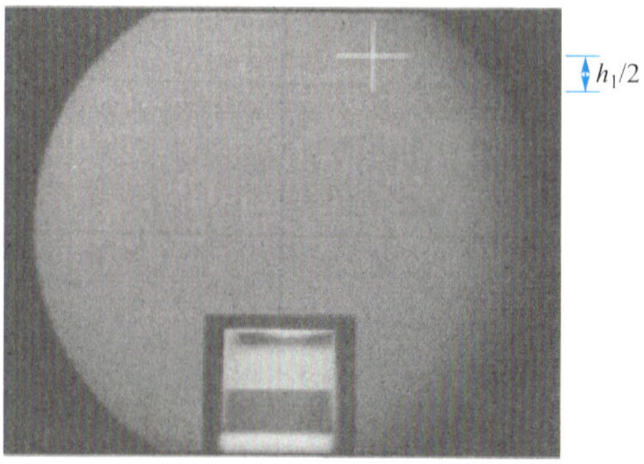

图 3-24　十字反射像移到离“ǂ”形叉丝上面水平线的距离为$\frac{h_1}{2}$

图 3-25　调节望远镜光轴仰角调节螺丝

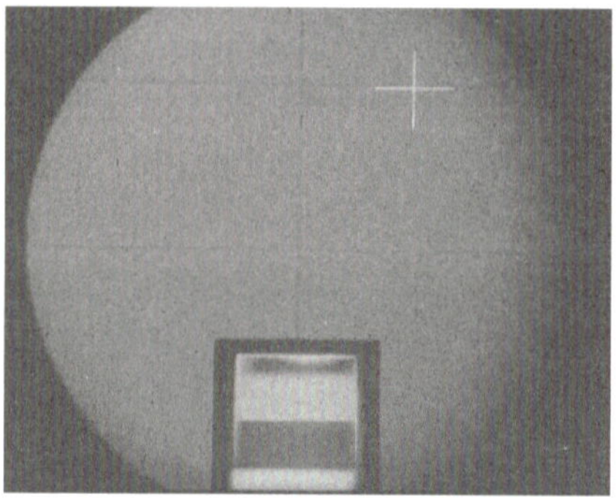

图 3-26　十字反射像在分划板“ǂ”形叉丝上面水平线上

再转动平台 180°进行同样调节,反复几次,直到望远镜正对着平面镜 A 和 B 两面的十字反射像都在“ǂ”形叉丝的上面水平线上,此时望远镜光轴就垂直于分光计主轴了.

(五) 调节载物台使之垂直于分光计主轴

完成上述调节步骤后,望远镜光轴已垂直于分光计主轴,但载物台法线还可能与分光计主轴未重合.将平面镜转动 90°,即使镜面与调平螺丝 B_1、B_2 的连线平行,如图 3-27 所示,使望远镜正对着平面镜的一面,调节载物台调平螺丝 B_3,使十字反射像与分划板“ǂ”形叉丝的上方交点重合,此时,载物台垂直于分光计主轴.注意,在后面使用时必须确保分光计上载物台调平螺丝 B_1、B_2、B_3 和望远镜光轴仰角调节螺丝⑫不能任意旋动,否则将破坏分光计的工作条件,须重新调节.

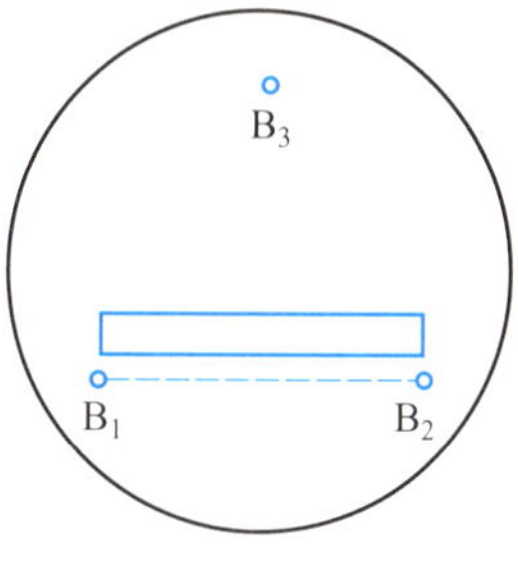

图 3-27　镜面与调平螺丝 B_1、B_2 的连线平行

三、用自准直法测三棱镜的顶角 A

(一) 调节三棱镜

三棱镜的两个光学面应与分光计的中心轴平行,根据自准直原理,用已调整好的望远镜来进行.为了便于调节,三棱镜应按图 3-28、图 3-29 所示的位置放置在载物台上,使载物台调平螺丝 B_1、B_2、B_3 两两连线与三棱镜的三条边垂直.

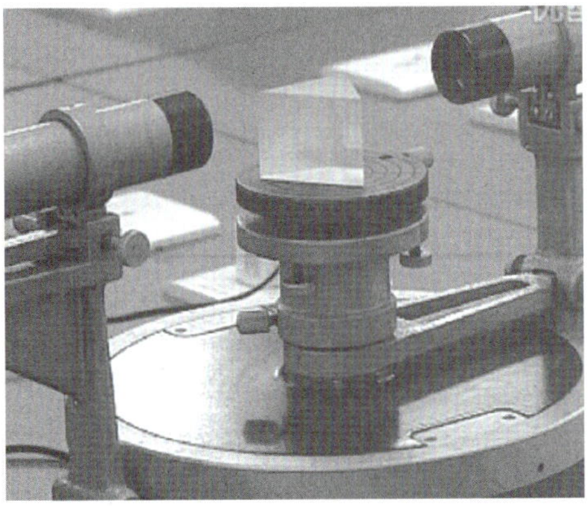

图 3-28 放置三棱镜(一)

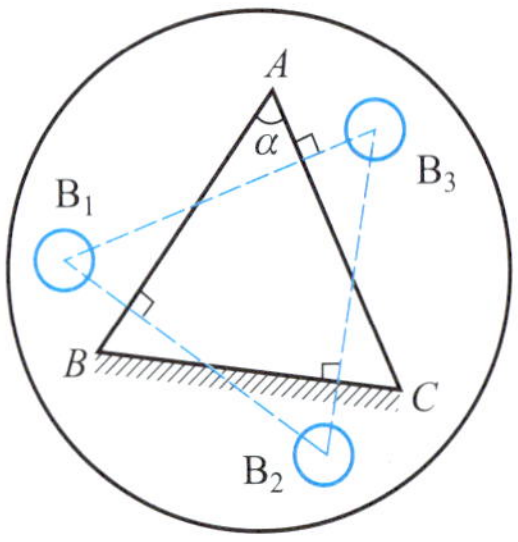

图 3-29 放置三棱镜(二)

转动载物台使 AB 面正对望远镜,先调节载物台调平螺丝 B_2(图 3-30),直至十字反射像与分划板叉丝的上方交点重合(图 3-31),此时 AB 面与望远镜的光轴垂直(不可调节望远镜光轴仰角调节螺丝).

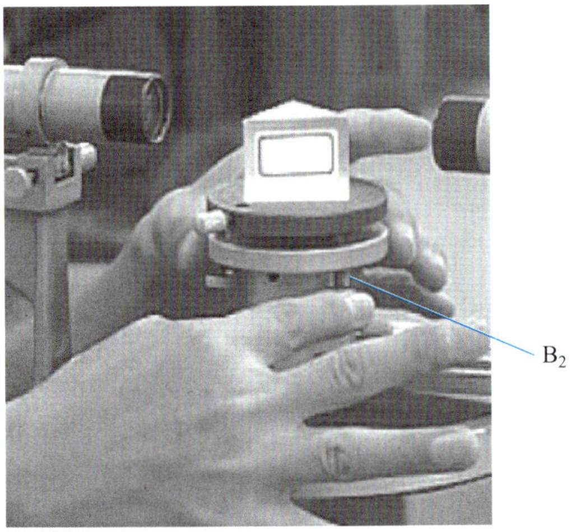

图 3-30 调节载物台调平螺丝 B_2

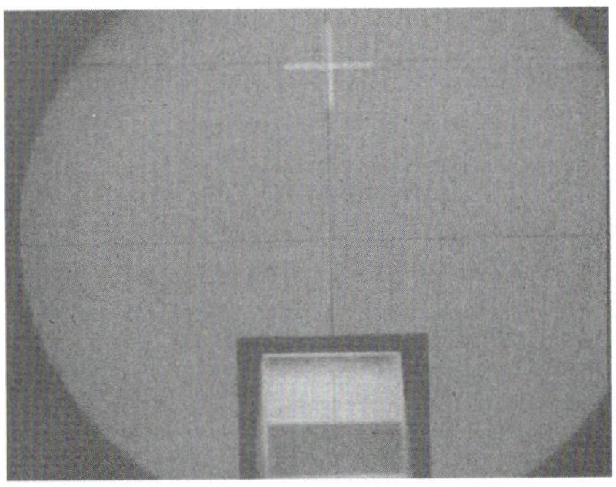

图 3-31 十字反射像与分划板叉丝的上方交点重合

然后使 AC 面正对望远镜,此时只能调节载物台调平螺丝 B_3(图 3-32),直至十字反射像与分划板叉丝的上方交点重合,此时 AC 面与望远镜的光轴垂直.

这样，三棱镜的两个光学面 AB 和 AC 都与分光计的中心轴平行了.

（二）用自准直法测三棱镜的顶角 A

保持三棱镜在载物台上的位置不变，调好游标盘的位置，使游标在测量过程中不被平行光管或望远镜挡住，锁紧游标盘止动螺丝㉕、转座与刻度盘止动螺丝⑯，以免造成测量的数据不准确，松开望远镜止动螺丝⑰，将望远镜对准 AC 面（位置Ⅰ，图 3-33），此时可使用望远镜光轴水平方位调节螺丝⑬，使反射十字像与分划板叉丝的上方交点重合，记下左右两窗读数 $\theta_{左}$、$\theta_{右}$，然后将数据填入表 3-2 中.

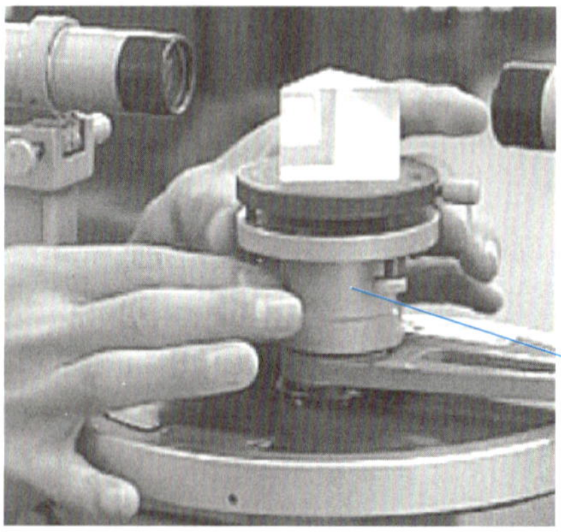

图 3-32　调节载物台调平螺丝 B_3

再转动望远镜对准 AB 面（位置Ⅱ，图 3-34），使反射十字像与分划板叉丝的上方交点重合，记下左、右两窗读数 $\theta_{左}'$、$\theta_{右}'$，然后将数据填入表 3-2 中.

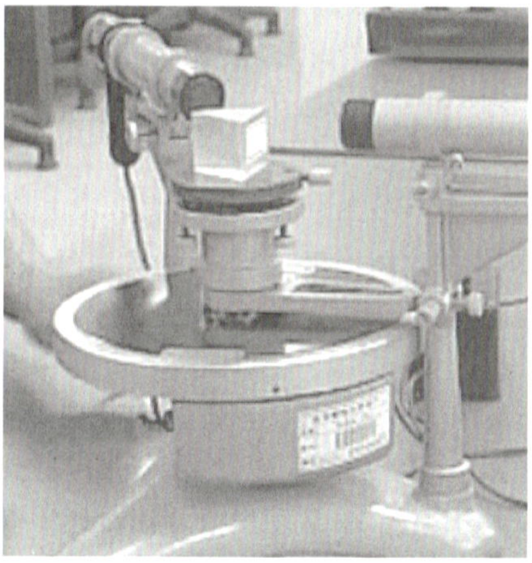

图 3-33　位置Ⅰ

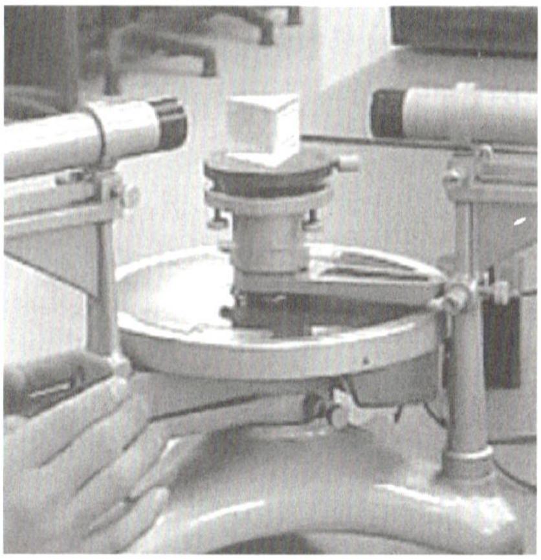

图 3-34　位置Ⅱ

则三棱镜顶角 A 的计算公式为

$$\varphi_1=|\theta_{左}-\theta_{左}'|,\varphi_2=|\theta_{右}-\theta_{右}'|$$

$$\overline{\varphi}=\frac{\varphi_1+\varphi_2}{2}$$

$$\angle A=180°-\overline{\varphi}$$

知识拓展

本生和基尔霍夫与第一台分光计

古斯塔夫·罗伯特·基尔霍夫（Gustav Robert Kirchhoff，1824—1887，图 3-35 左），德国物理学家，1824 年 3 月 12 日生于普鲁士的柯尼斯堡（今为俄罗斯加里宁格勒），1887

年10月17日卒于柏林，基尔霍夫曾在柯尼斯堡大学读物理，1847年毕业后去柏林大学任教，3年后去布雷斯劳大学担任临时教授.1854年他由罗伯特·威廉·本生(1811—1899，图3-35右)推荐任海德堡大学教授.1875年他因健康不佳不能做实验，到柏林大学担任理论物理教授，直到逝世.

图3-35　基尔霍夫(左)和本生(右)

罗伯特·威廉·本生(Robert William Bunsen, 1811—1899)出生于德国的哥廷根，于1828年进入哥廷根大学，1833年年底，游学回来的本生担任了哥廷根大学的讲师.1835年年底，本生代授刚刚去世的弗里德里希·斯特罗迈耶(Fridrich Stromeyer, 1776—1835)教授的课程.1836年1月，弗里德里希·维勒(Friedrich Wohler, 1800—1882)教授应聘接任斯特罗迈耶的职务后，本生转至卡赛尔技术工业学校接任维勒教授的职务.几经转折，本生于1852年到海德堡大学接任退休的利奥波德·格梅林(Leopold Gmelin, 1788—1853)教授的职务.在这里，他辛勤工作达37年之久，直到78岁高龄才退休.

1845年，基尔霍夫首先发表了计算恒定电路网络中电流、电压、电阻关系的两条电路定律，即基尔霍夫电路定律，后来又研究了电路中电的流动和分布，从而阐明了电路中两点间的电势差和静电学的电势这两个物理量在量纲和单位上的一致，使基尔霍夫电路定律具有更广泛的意义.在海德堡大学期间，他与本生合作创立了光谱分析方法.把各种元素放在本生灯上烧灼，发出一些波长一定的明线光谱，由此可以极灵敏地判断这种元素的存在.

1859年，基尔霍夫做了用灯焰烧灼食盐的实验.在对这一实验现象的研究过程中，得出了关于热辐射的定律，后被称为基尔霍夫定律：任何物体对电磁辐射的发射本领和吸收本领的比值与物体特性无关，是波长和温度的普适函数.并由此判断：太阳光谱的暗线是太阳大气中元素吸收的结果.这给太阳和恒星成分分析提供了一种重要的方法，天体物理由于应用光谱分析方法而进入了新阶段.1862年，他又进一步提出绝对黑体的概念.他提出的热辐射定律和绝对黑体的概念是开辟20世纪物理学新纪元的关键之一.1900年，普朗克的量子论就发轫于此.

基尔霍夫在光学理论方面的贡献是给出了惠更斯-菲涅耳原理的更严格的数学形式，对德国的理论物理学的发展有重大影响，并著有《数学物理学讲义》4卷、《理论物理学讲义》和《光谱化学分析》(与本生合著)等，太阳的光谱自17世纪起就开始不断地被科学家研究，但直到两个世纪之后本生和基尔霍夫才揭示出每束阳光是如何显露出太阳的化学组成的.如果说太阳彩虹中的特征线是象形文字，那么本生和基尔霍夫1860年的论文《由光谱观测进行化学分析》就可以称为是天文学家的罗塞塔石碑.

波动光学时期，基尔霍夫以其特有的才能和本生一道从纯经验的摸索和光谱数据的积累过渡到严格的理论描述和对被观察的事实的分析，基尔霍夫发现了光谱转换的现象，并且解释了吸收光谱的性质.之后他与本生用实验方法人工再现了夫琅禾费线，用光谱发现了新金属铯和铷.基尔霍夫对夫琅禾费线的解释不仅是划时代的,并且制造了分析光谱的强有力工具——分光计(图3-36),从而为光谱学的研究打下了坚实的基础.

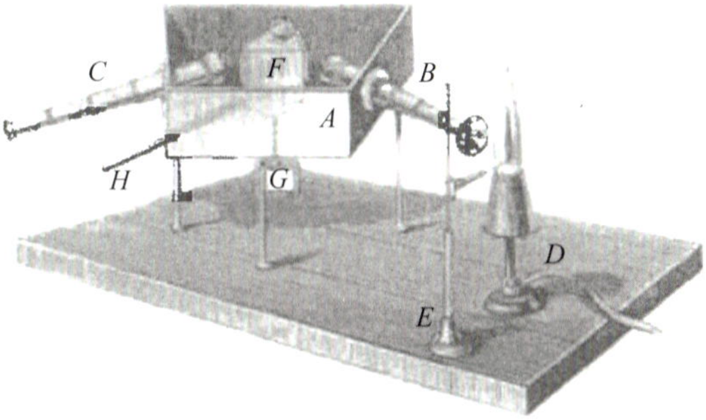

图3-36 本生和基尔霍夫的分光计

分光计消除偏心差的原理

分光计游标盘设置两个游标,消除刻度盘的中心和仪器转动轴中心之间的偏心差原理如下:

图3-37中外圆表示刻度盘,其中心在O;内圆表示游标盘,其中心在O'(即仪器转轴中心).

测量时,游标盘、载物台均与分光计整体固联,而望远镜与刻度盘固联并绕自身转轴O转动.当望远镜(刻度盘)绕O轴转过一个角度时,通过安装在游标盘对径上的两个游标分别测得转角为φ_A和φ_B,而相对于分光计转轴中心O'来说转角为φ.由于O轴跟O'不一定重合,一般情况下

$$\varphi \neq \varphi_A \neq \varphi_B$$

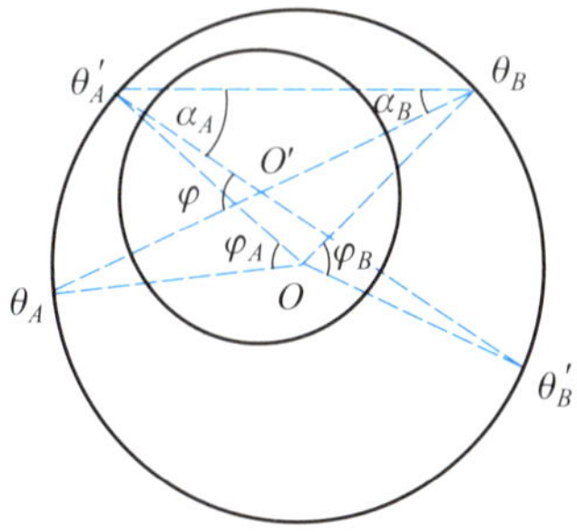

图3-37 消除偏心差原理图

由几何原理可知

$$\alpha_A = \frac{1}{2}\varphi_B,\ \alpha_B = \frac{1}{2}\varphi_A$$

而$\varphi = \alpha_A + \alpha_B$,故

$$\varphi = \frac{1}{2}(\varphi_A + \varphi_B) = \frac{1}{2}(|\theta_A' - \theta_A| + |\theta_B' - \theta_B|)$$

可见,两个游标所测转角的平均值即为望远镜(刻度盘)相对于仪器转轴中心实际转过的角度.因此,使用这种双游标读数装置可以消除偏心差.

分光计的应用

折射率是物质的一种物理性质,在食品工业、化工工业、纺织工业和医药工业中,折射率可以作为某些生产原料、最终产品的质量指标之一,也可以作为某些工艺过程的控制指标.例如,在一定条件下,通过研究不同浓度的蔗糖溶液经酸水解进程中折射率随时间的变化,可判定蔗糖水解反应的进程,为蔗糖水解进程提供了方便的检测手段.[1]利用一定条件下蔗糖溶液的折射率与浓度之间的关系,可以通过测量折射率获得蔗糖溶液的

浓度等.[2]测定折射率的方法有多种,利用分光计来测定液体的折射率被许多学者研究.有文献研究了用分光计测定透明液体折射率的方法[3],该方法制作一个空心的三棱镜,其盛放液体的空心三棱镜侧面由平面玻璃制成,里面盛放待测透明液体,测量方法和用分光计测棱镜玻璃折射率的方法一样,只要测出空心三棱镜的顶角 α、入射光线与经过空心三棱镜的出射光线之间的最小偏向角 δ_{min},根据公式 $n=\dfrac{\sin\dfrac{\alpha+\delta_{min}}{2}}{\sin\dfrac{\alpha}{2}}$,即可计算出待测透明液体的折射率.

参考文献

[1] 种晴,袁志峰,范婷.利用折射率衡量蔗糖水解反应的进程[J].物理实验,2017,37(8):48-50,53.

[2] 张思慧,周小岩,辛琨,等.蔗糖溶液浓度与折射率、旋光度关系的实验研究[J].大学物理实验,2017,30(6):30-33.

[3] 陈新,李维晖,张宏.用分光计测液体折射率[J].现代科学仪器,2006(2):93-95.

实验4 二极管伏安特性的测定

预习题

1. 材料导电特性如何分类?表征材料导电特性的物理参数有哪些?
2. 线性元件与非线性元件有何区别?
3. 测量电阻时外接法和内接法的使用条件是什么?
4. 二极管伏安特性曲线有何基本特点?
5. 二极管有哪些种类和应用?

实验目的

1. 学会测绘晶体二极管伏安特性曲线,学习用图示法表示实验结果.

2. 熟悉直流电压表、电流表的使用方法,并注意在测量不同的电阻值时它们的配合方式.

实验仪器

YJ44 型直流稳压电源、开关、电阻箱、滑动变阻器、电压表、毫安表、微安表及待测晶体二极管.

实验原理

当一个元件的两端加上电压,元件内有电流通过时,电压与电流之比称为该元件的电阻.根据导电机理不同,可将元件分为两类.若元件两端电压与电流成正比,伏安特性曲线为一条直线,这类元件被称为线性元件(服从欧姆定律,电阻值与所加电压或电流无关,如金属膜电阻、碳膜电阻、线绕电阻等);若元件两端电压与通过它的电流不成正比,伏安特性曲线不是直线,而是一条曲线,这类元件被称为非线性元件(不服从欧姆定律,二极管、热敏电阻、光敏电阻等都是非线性元件).在生产和科学研究中,电阻的非线性有着广泛、特殊的用途.

在研究普通电阻的伏安特性时,要根据待测电阻的大小来决定电压表和电流表在测量线路中的具体接法——是安培表外接法[简称外接法,如图 4-1(a)所示]还是安培表内接法[简称内接法,如图 4-1(b)所示],否则将导致较大的测量误差.

以上两种测量方法都存在系统误差:采用外接法时,测量值偏小,因为此时测量值 $R_x'=\dfrac{U}{I}=\dfrac{R_x\cdot R_V}{R_x+R_V}<R_x$,故只有 $R_x \ll R_V$(也常称为小电阻)时,才有 $R_x'=\dfrac{U}{I}\approx R_x$(但仍偏小);采用内接法时,测量值偏大,因为此时测量值 $R_x'=\dfrac{U}{I}=R_x+R_A>R_x$,只有 $R_x \gg R_A$(也常称为大电阻)时,才有 $R_x'=\dfrac{U}{I}\approx R_x$(但仍偏大).

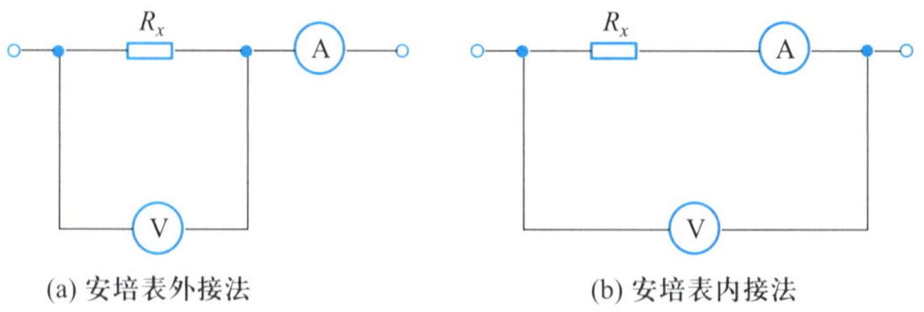

图 4-1 安培表接法

晶体二极管是一种最简单的非线性电学元件,由一个 PN 结,加上接触结、引线和封装管壳组成.由于 PN 结具有单向导电性,故二极管的正反向伏安特性相差甚大.图 4-2 为晶体二极管的伏安特性曲线.从曲线上可以看出,当二极管所加正向电压很小时,二极管呈现的电阻很大,正向电流很小;当电压超过一定数值 U_0(称为导通电压)时,二极管的电阻变得很小,电流随电压增长很快,这时二极管处于导通状态.导通电压的确定,一般在正向特性曲线较直部分画一切线,延长该切线,使之相交于横坐标(U 轴)上一点,该点在横轴上的值就是该二极管的导通电压.在常温下,一般锗管的导通电压为 0.2~0.4 V,硅管的导通电压为 0.6~0.8 V(本实验中所用二极管材料未知,因此导通电压处于 0.2~0.8 V 之间).使用二极管时,要注意电流不能超过最大整流电流,否则会损坏二极管.给二极管加反向电压时,它的电阻很大,其呈现不导通状态,但此时仍有很小的反向电流,这是由少数载流子形成的反向漏电流.当反向电压稍加大一些时,反向漏电流就不再增加,达到饱和.当反向电压增加到一定数值 U_R 后,反向电流突然增大,对应电流突变这一点的电压 U_R 称为二极管的反向击穿电压.为保证晶体二极管的工作安全,晶体管手册给出的最大反向工作电压通常是反向击穿电压的一半,使用二极管时,所加反向电压一般不得超过其最大反向工作电压.

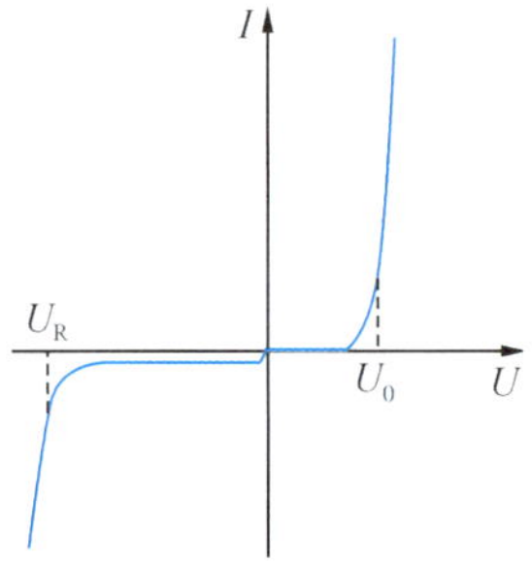

图 4-2　晶体二极管的伏安特性曲线

基于晶体二极管的电阻特性,所加正向电压超过导通电压 U_0 时,其电阻很小,因此本实验中测量二极管正向伏安特性时,宜采用安培表外接法;而当二极管加反向电压时,二极管呈现的电阻很大,因此在测量二极管的反向伏安特性时,采用安培表内接法.由于不清楚二极管材质,因此本实验的重点是通过控制电源电压和电阻(滑动变阻器和电阻箱)来严格控制二极管正向整流电流和反向电压的数值.

实验内容

一、测量二极管的反向伏安特性曲线

按图 4-3 所示接好电路.

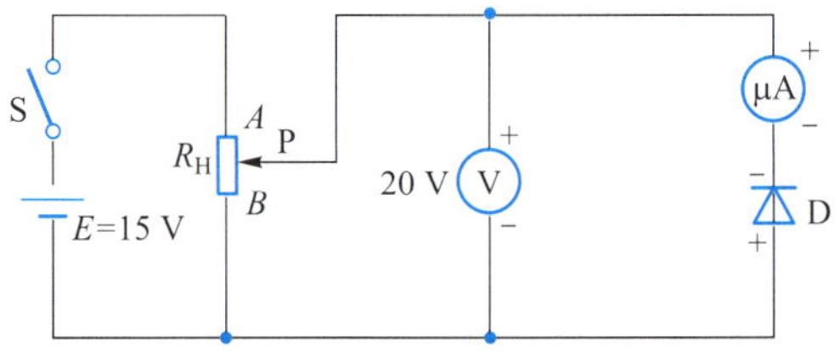

图 4-3　二极管反向伏安特性曲线测量电路图

(1) 将滑动变阻器 R_H 的滑片 P 滑向 B 点,电源 E 调到 15 V 左右.

(2) 合上开关 S,逐渐由 B 向 A 滑动滑片 P 以增加电压,并记下各电压对应的电流值,共测 10 组数据,填入表 4-1 中.

(3) 作出二极管的反向伏安特性曲线.

注意事项:

① 反向电压要小于二极管的最大反向工作电压(电源电压≤15 V).

② 滑动变阻器 R_H 的滑片 P 在实验前应放在 B 端.根据本实验所用二极管的型号,查

晶体管手册，得到该二极管的最大反向工作电压为 14 V，所以实验中使用的 RJG1 型数字电压表的量程开关应拨向 20 V. 在使用指针式电流表时，务必不能接错正负接线柱（否则将损坏仪器）.

③ 由于给二极管加反向电压时，二极管呈现的电阻很大，反向电流很小，本实验中测反向电流用的是数字直流电流表，量程可选为 200 nA.

二、测量二极管的正向伏安特性曲线

按图 4-4 所示接好电路.

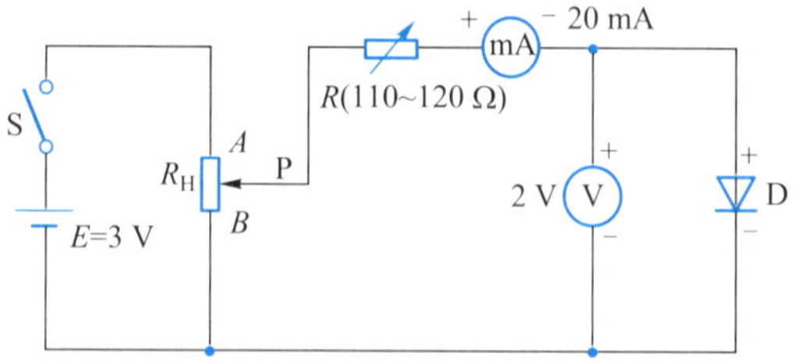

图 4-4　二极管正向伏安特性曲线测量电路图

（1）将滑动变阻器 R_H 的滑片 P 滑向 B 端，将电源电压调到 3 V 左右.

（2）合上开关 S，逐渐将滑片 P 由 B 向 A 滑动以增加电压，并记下与各电压值对应的电流值，共测 10 组数据，填入表 4-2.

（3）移动滑动变阻器的滑片，使毫安表读数变化，直到电流值 I>10 mA 时为止.

（4）作出二极管的正向伏安特性曲线.

注意事项：

① 正向电流不超过二极管的最大整流电流（电源电压≤3 V）.

② 本实验最大电流控制在 10 mA 之内. 实验中测正向电流用的是数字直流电流表，量程可选为 20 mA.

③ 当给二极管所加正向电压很小时，二极管呈现的电阻很大；但当电压超过导通电压 U_0 时，二极管的电阻很小. 本实验中正向电流控制在 10 mA 以内，二极管所需正向电压较小，此时 RJG1 型数字电压表的量程开关应拨向 2 V.

实物连接图

一、测定二极管反向伏安特性

测定二极管反向伏安特性实物连接图如图 4-5 所示，然后将测量数据填入表 4-1 中.

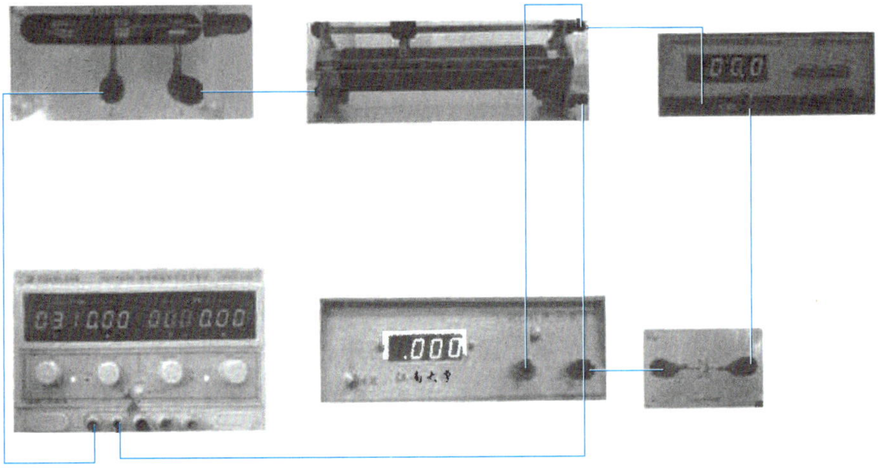

图 4-5　测定二极管反向伏安特性实物连接图

二、测定二极管正向伏安特性

测定二极管正向伏安特性实物连接图如图 4-6 所示，然后将测量数据填入表 4-2 中.

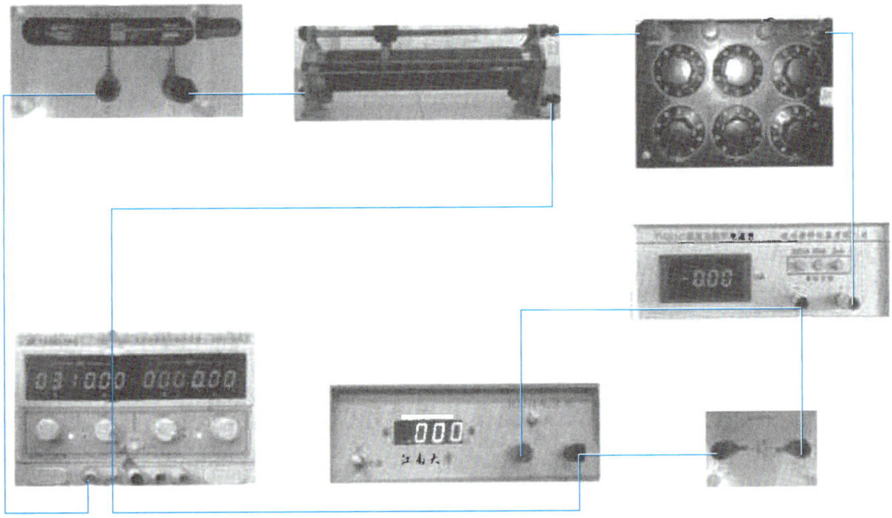

图 4-6　测定二极管正向伏安特性实物连接图

知识拓展

肖克利与半导体二极管

威廉·肖克利(William Shockely，1910—1989)，生于伦敦，3 岁随父母举家迁往美国加利福尼亚州.从事矿业的双亲从小给他灌输科学思想，加上中学教师斯拉特的熏陶，他考入了麻省理工学院(Massachusetts Institute of Technology，简称 MIT)，获固体物理学博士学位后留校任教.不久，位于新泽西州的贝尔实验室副主任梅尔文·乔·凯利(Mervin Joe

Kelly,1894—1971)来麻省理工学院将肖克利“挖角”至贝尔实验室.二战结束后,贝尔实验室开始研制新一代的电子管,具体由肖克利负责,成员有沃尔特·布拉顿(Walter Brattain)和约翰·巴丁(John Bardeen).

小组中的成员布拉顿早在1929年就开始在贝尔实验室工作,长期从事半导体的研究.布拉顿发现,在锗片的底面接上电极,在另一面插上细针并通上电流,然后让另一根细针尽可能地靠近它,并通上微弱的电流,这样就会使原来的电流产生很大的变化.微弱电流少量的变化,会对另外的电流产生很大的影响,这就是“放大”作用.布拉顿等人还想出有效的办法来实现这种放大效应.他们在发射极和基极之间输入一个弱信号,在集电极和基极之间的输出端就放大为一个强信号了.1947年圣诞节前两天的一个中午,肖克利的研究小组利用两个靠得很近(相距0.05 mm)的触须结点来代替金箔结点,制造了点接触型晶体管(point contact transistor amplifier).1947年12月,这个世界上最早的实用半导体器件终于问世了,在首次试验时,它能把音频信号放大100倍,它的外形比火柴棍短,但比火柴棍粗一些.

由于点接触型晶体管制造工艺复杂,致使许多产品出现故障,它还存在噪声大、功率大时难于控制、适用范围窄等缺点.为了克服这些缺点,肖克利提出了用一种“整流结”来代替金属半导体结点的大胆设想.1950年,第一只PN结型晶体管问世了,它的性能与肖克利原来设想的完全一致.今天的晶体管,大部分仍是这种PN结型晶体管(所谓PN结就是P型和N型的结合区,P型多空穴,N型多电子).

1955年,高纯硅的工业提炼技术已成熟,用硅晶片生产的晶体管收音机问世.肖克利于1955年回到老家圣克拉拉谷(硅谷),成立了肖克利实验室股份有限公司.虽然肖克利有非常优秀的科学头脑,然而他的管理能力欠佳,企业出现严重问题.有八位优秀人才于1957年一起离开肖克利并创办了仙童公司,其中的诺伊斯与摩尔又于1968年创办了英特尔公司.

肖克利、巴丁、布拉顿三人因发明晶体管同时荣获1956年诺贝尔物理学奖.

电磁测量仪器和器件

一、电源

电源可分为直流电源和交流电源两类.常用的直流电源有干电池、蓄电池、直流稳压电源等.交流电源有市电(220 V,50 Hz)及由市电经变压器变压的电源.直流稳压电源是将交流转变为直流的装置,其输出电压基本上不随交流电源电压的波动和负载电流的变化而有所起伏,内阻也较小.有些直流稳压电源能提供从零开始的连续可调的直流电压,有些只能提供一个固定数值的直流电压.实验室常用的YJ44型直流稳压电源可将交流市电经变压器降压、二极管整流、滤波及晶体管电路稳压后输出稳定的直流电压.这种电源稳定性好,输出电压在0~30 V范围内连续可调(粗调、细调分别由两旋钮控制),最大输出电流为2 A,并有短路保护装置,使用十分方便.

应根据实验的要求正确选择电源的种类和型号.使用时,先接通交流电源,调整到所需电压后再接入电路.使用过程中,应注意不要使电源超载,即电流不得超过它的额定电流,更不能使电源两极短路,否则容易损坏电源.有短路保护装置的电源也应避免超载、短路.

二、标准电池

标准电池的电动势稳定,内阻高,是测量电位差的基准.常用的镉-汞标准电池的电动势相当稳定,在室温 20 ℃时电动势 $E_{s20}=1.018\ 6$ V,当温度变化时,电动势随之变化,其实际数值 E_{st} 可利用修正公式:

$$E_{st}=E_{s20}-0.000\ 04(t-20)-0.000\ 001(t-20)^2(\text{V})$$

计算.其中 t 为标准电池所处的摄氏温度(单位为℃).

标准电池的准确度和稳定度与使用情况和维护有很大关系.在使用和存放时必须注意标准电池不能作为电源使用,不允许通过大于 20 μA 的电流;严格禁止用电压表、多用表直接测量标准电池;不能将它的两极短路,也不能将其倾斜或震动,否则都会使它失去标准值,还可能造成危险.

三、开关

开关用于控制电路的通、断及转换.常见的有按钮开关、单刀单掷开关、单刀双掷开关、双刀双掷开关、换向开关、保护开关等(图 4-7),可根据对电路的控制要求选择使用.

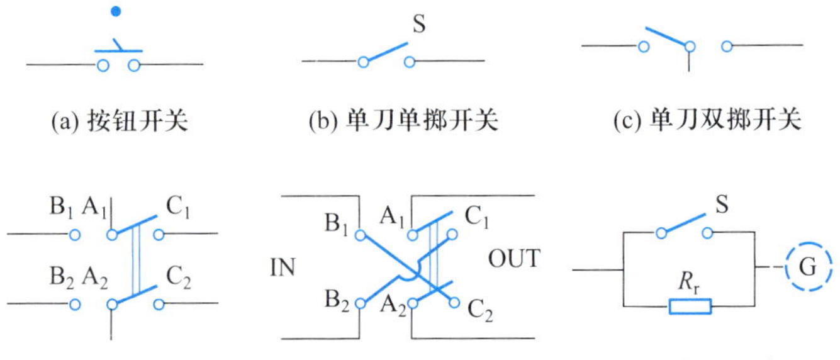

图 4-7　常用开关

双刀双掷开关是两个联动的单刀双掷开关的组合,用于双线选择电路中拨向左或右,可以方便地使 A_1A_2 与 C_1C_2 电路或 B_1B_2 电路接通.

换向开关由双刀双掷开关改装而成,用于改变输出电流的方向.内部已将 B_1C_2、B_2C_1 对角相连,使用时只接四个接头.中间一对接头 A_1、A_2 必用,当开关拨向左或右时,输出的电压极性及电流流向便可改变.

保护开关是在单刀单掷开关上并联一只保护电阻 R_r,一般用于保护检流计等易损元件.当支路两端电压较大时,将 S 断开,电阻 R_r 起限流作用;待支路两端电压减小后,再将 S 接通,回路中检流计直通,便于精细测量.这样就达到了保护支路内检流计等易损元件的目的.

此外,在一些要求较高的场合应使用按钮开关,如稳压电源及一些电学仪器的电源开关,这种开关具有动作迅速、接触良好等优点.

四、电阻

为了改变或控制电路中的电流或电压,或为了构成特定电路的某个部分,在电路中经常需要接入各种阻值及额定功率不同的电阻.电阻可分固定电阻和可变电阻两类

（图 4-8），这里着重介绍两种可变电阻器.

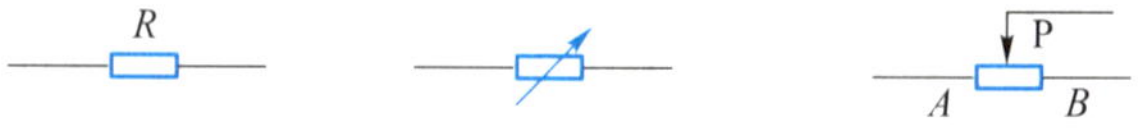

(a) 固定电阻　(b) 可变电阻（或电阻箱）　(c) 滑动变阻器

图 4-8　常用电阻符号

1. 转盘式电阻箱.

电阻箱是一种数值可调节的精密电阻组件，其内部是一套由锰铜线（阻值随温度的变化甚小）绕成的固定电阻，这些电阻按照一定的组合方式焊接在转盘上，而整个电阻箱由若干个转盘串联而成，调节电阻箱可得到需要的阻值，且能从箱面上直接读出.

图 4-9 为 ZX21 型转盘式电阻箱内部线路示意图及面板图. 它有 6 个调节转盘旋钮，阻值在 0.1～99 999.9 Ω 之间可变，额定功率为 0.25 W（表示箱内各挡中单个电阻功率额定值），等级为 0.1 级（表示电阻值的相对误差 $\frac{\Delta R}{R} \leqslant 0.1\%$，最大绝对误差为 $0.1\% \times R$，R 为所用阻值），每个转盘的接触电阻不大于 0.002 Ω.

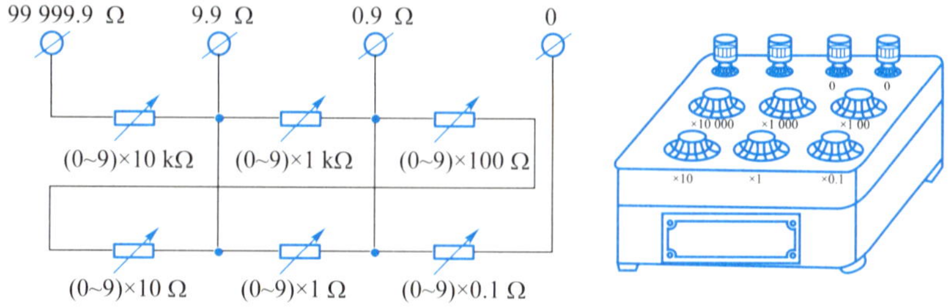

(a) 内部线路示意图　(b) 面板图

图 4-9　ZX21 型转盘式电阻箱

ZX21 型转盘式电阻箱面板上有 6 个调节转盘旋钮和 4 个接线柱. 每个旋钮所示阻值等于圆点对准的数字乘以该旋钮的倍率，接入线路的总阻值为各个旋钮示数之和. 使用时应使所需阻值范围与接线柱所示的调整范围相符合. 若所取阻值大于 9.9 Ω，则应接“0”与“99 999.9”Ω 两接线柱；为了减少接触电阻，若阻值小于 0.9 Ω，则应接“0”与“0.9”两接线柱；若阻值在 0.9 Ω 与 9.9 Ω 之间，则应接“0”与“9.9 Ω”两接线柱. 采用 4 个接线柱的目的是在使用低阻时少用几个转盘，避免这些转盘的接触电阻带来的误差. 对低阻来讲，接触电阻虽小，但产生的相对误差往往不可忽视.

使用电阻箱时一般不能使阻值出现零欧姆，以免损坏电路中的仪表. 如遇到 90 Ω 变成 100 Ω 时，不能先将“×10”挡拨至“0”，而应先将“×100”挡拨至“1”，此时电阻为 190 Ω，再将“×10”挡的“9”拨至“0”. 另外，要注意电阻箱的电流不能大于额定电流，额定电流 $I=\sqrt{\frac{P}{R_r}}$，P 为额定功率（0.25 W），R_r 为某挡中单个电阻的阻值. 同一挡中的额定电流相同. 如“×1”挡（$R_r = 1\ \Omega$）的额定电流为 0.5 A，“×100”挡（$R_r = 100\ \Omega$）的额定电流为 0.05 A，几挡联用时，应取各挡中较小的作为额定电流.

2. 滑动变阻器.

在电学线路中,常利用滑动变阻器来改变电流或电压,它的结构如图4-10所示,其主要部分为密绕在瓷筒上的粗细均匀的涂有绝缘漆的金属电阻丝.电阻丝两端分别和A、B两接线柱相连,滑片P可沿金属杆滑动,并带动触点在电阻丝上滑动(接触处的电阻丝上的绝缘漆已刮掉),滑片P通过金属杆与接线柱C连接.显然,P的滑动改变了阻值R_{AC}及R_{BC},可使其在$0\sim R_{AB}$及$R_{AB}\sim 0$之间变化.滑动变阻器上标有规格,包括全电阻R_{AB}和变阻器允许通过的最大电流.根据不同用途,变阻器在电路中有两种连接方式.

(1) 限流接法(限流器).

如图4-11所示,滑动触点时能改变R_{AP},从而使电路中的电流发生变化.为了保证安全,在接通电源之间,滑片P一般应放在电阻最大的位置(图4-11中P滑向B,使R_{AP}最大).

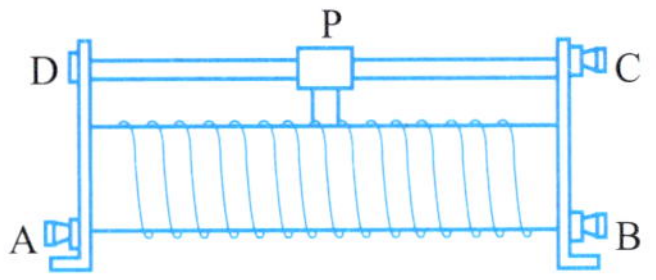

图4-10 滑动变阻器结构图

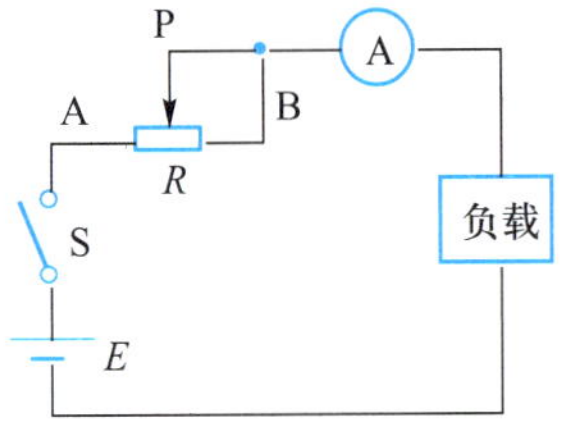

图4-11 限流接法

(2) 分压接法(分压器).

如图4-12所示,E加在AB上,PB上为分压.滑动触点时能改变分压U_{PB},使U_{PB}在$0\sim U_{AB}$范围内变化(P从B滑向A).同样地,为了安全,在接通电源之前,滑片P一般应放在输出分压最小位置(图4-12中应将P滑向B,$U_{PB}=0$).

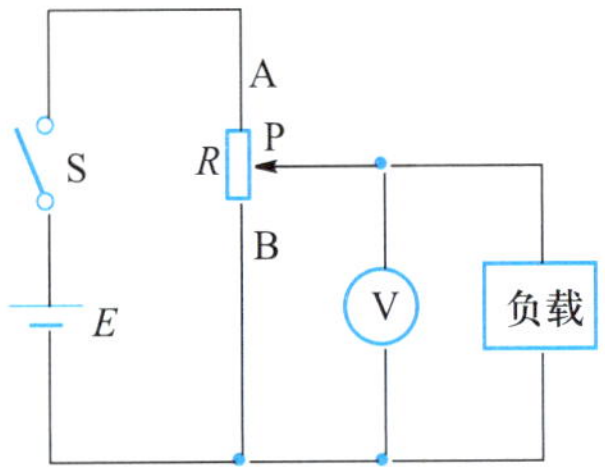

图4-12 分压接法

五、直流电表

电磁测量仪表的种类很多,按其工作原理可分为磁电式、热电式、电动式、静电式和整流式等.由于磁电式电表具有准确度高、稳定性好以及受外磁场和温度影响小等优点,因此其应用较为广泛.这里只介绍磁电式电表(图4-13),磁电式直流电表是利用通电线圈在永久磁铁的磁场中受到力矩作用发生偏转的原理制成的.

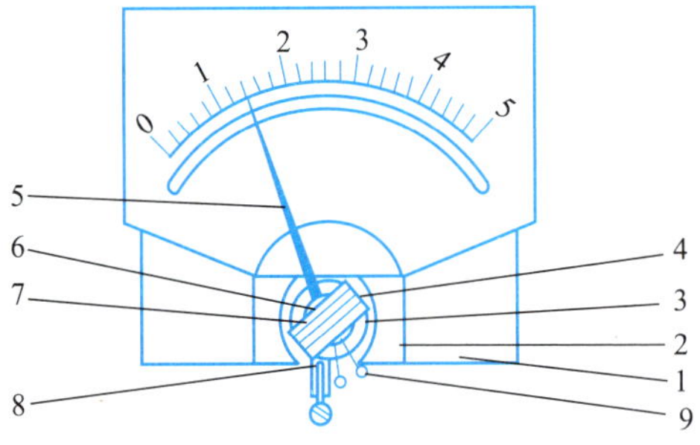

1—永久磁铁; 2—极掌;3—圆柱形铁芯; 4—线圈; 5—指针;
6—游丝; 7—半轴; 8—调零螺杆; 9—平衡锤.

图4-13 磁电式电表的结构

1. 电表的种类.

(1) 直流检流计(表头).

检流计用于检测电路中的微小电流,常用于指示电路平衡.电流过大,检流计容易损坏.其规格主要由分度值(偏转一小格代表的电流值)和内阻(内阻是将表头改装成电流表、电压表的重要参数)确定.一般检流计在无电流通过时,指针在刻度板中央,因此接线柱可不分正负.

(2) 直流电流表和直流电压表.

在表头线圈上并联一个低阻值的分流电阻就构成了直流电流表,直流电流表可用来测量直流电路中电流的大小.根据量程的不同,直流电流表大致分为微安表、毫安表和安培表.使用电流表时,应把它串联在待测电流的电路中.

在表头线圈上串联一个高阻值的分压电阻就构成了直流电压表,直流电压表可用来测量直流电路中某两点之间电压的大小.根据量程的不同,直流电压表大致可分为毫伏计和伏特计两类.使用电压表时,应把它并联在待测电压的两端.

为了扩大指针的偏转范围,直流电流表和直流电压表的指针零点都放在刻度的左端,通电时只允许指针向右方偏转,因此,将它们接入电路时,正负极千万不能接反.正确的接法是让电流从电表的正极流入,从负极流出.若极性接反,则指针反转,容易损坏电表.

2. 电表的主要参量.

电表的主要技术性能都以一定的符号表示,并标记在电表的面板上(表 4-3).使用前应仔细阅读有关说明,必须明确以下几个概念:

表 4-3　电表面板上的技术特性标记

符号	符号意义	符号	符号意义
—或 DC	直流	⌒·	磁电式
~或 AC	交流	╪	静电式
≃	交直流两用	⊕	电动式
☆	电表绝缘强度试验电压为 500 V	1.5	级别为 1.5,最大相对不确定度为 1.5%
⊥	电表垂直放置	Ⅱ	Ⅱ级防外磁场
⌒	电表水平放置		

(1) 量程.它表示电表能测量的物理量的范围(即指针偏转满刻度时代表的物理量的大小).有些电表有多个量程,称为挡.使用电表前,首先要粗略估计待测量的大小,然后选择量程,勿使测量值超过电表量程,以免损坏仪器.但是,也不能选择过大量程,否则会导致测量精确度下降.

(2) 分度值.它是指电表刻度最小格所代表的物理量的大小,其数值等于量程除以电表刻度的总格数.显然,分度值越小,电表的灵敏度越高.

(3) 准确度等级与不确定度.由于电表结构和制作上的不完善(例如,轴承摩擦,磁场分布不均匀使得分度不准,刻度尺划得不精密,游丝变质,等等),使得电表的指示有误

差，这种系统误差称为仪器误差，通常用电表级别 m 表示其准确度等级，它与仪表不确定度（误差）的关系为

$$\text{准确度等级}=\text{仪表最大相对不确定度}\times100=\frac{\text{仪表最大绝对不确定度}}{\text{量程}}\times100$$

由此可知，根据电表级别和量程就可以确定仪表的不确定度，即

$$\text{仪表最大绝对不确定度}=\text{量程}\times m\%$$

显然，电表级别 m 越小，准确度等级越高.

(4) 测量值相对不确定度.它是指仪表最大绝对不确定度与测量值之比，即

$$\text{测量值相对不确定度}=\frac{\text{仪表最大绝对不确定度}}{\text{测量值}}\times100\%=\frac{\text{量程}}{\text{测量值}}\times m\%$$

上述关系表明，当电表级别 m 和量程一定时，虽然仪表的最大绝对不确定度已完全确定，但测量值的相对不确定度却是一个变化的量.测量值越小，则测量值的相对不确定度越大；测量值接近于量程时，则测量值的相对不确定度较小，接近 $m\%$.为了减小测量值的相对不确定度，应当在不超过量程的前提下，尽可能选择较小的量程进行测量，读数一般要求大于量程的 1/2.

3. 电表的读数步骤与方法.

(1) 根据测量值的变化范围，选择适当量程，以减小测量值相对不确定度.读数时应使视线垂直于刻度面.

(2) 由量程和电表总格数算出分度值：

$$\text{分度值}=\text{量程}/\text{总格数}$$

(3) 由量程和电表级别 m 算出仪表最大绝对不确定度：

$$\Delta N_{max}=\text{量程}\times m\%$$

ΔN_{max} 只保留一位有效数字，多余位数只进不舍.

(4) 由测量值的格数算出测量值：

$$N=\text{格数}\times\text{分度值}$$

(5) 写出测量结果 $N\pm\Delta N_{max}$，根据测量结果的表示原则，测量值 N 的最后一位有效数字应与最大绝对不确定度 ΔN_{max} 同数量级（对齐）.

六、AC5 型检流计

AC5 型检流计面板排列如图 4-14 所示."+""−"接线柱用于接入被测电流；"零点调节"用来调节指针的机械零点；"电计"按钮开关按下时，检流计与外电路接通；"短路"按钮开关可用来止住指针摆动.

图 4-14　AC5 型检流计面板图

使用注意事项：

(1) 当检流计不用、搬运或改变电路时，应将锁扣倒向"红

点”;使用前,把锁扣倒向“白点”,调节零点旋钮,使指针指零,然后才能测量.

(2) 检流计只允许通过微安级电流,实验中应采取保护措施,防止损坏检流计.

(3) 使用完毕,应松开“电计”和“短路”按钮开关,并将锁扣锁好.

七、数字式微电流测量仪及其他数字仪表

DM-nA-2 型数字式微电流测量仪(图4-15)将微弱电流放大并经A/D转换后用数字显示其测量值,微电流计除了可用于测量微弱电流外,也可用于检流.

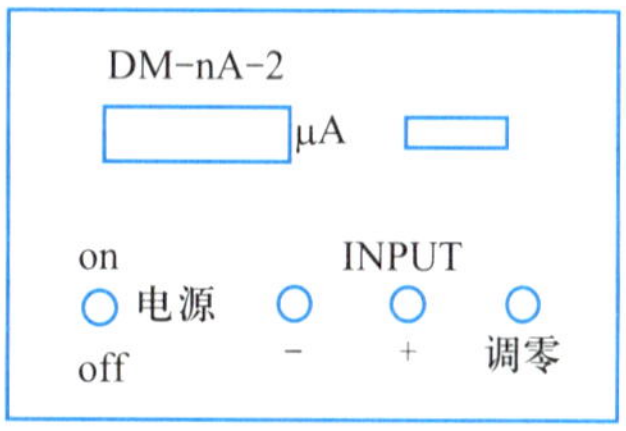

图4-15 DM-nA-2型数字式微电流测量仪

1. 技术指标.

测量范围:0~1.999 μA.

分度值:1 pA.

级别:1.0 级.

2. 使用方法.

(1) 开启电源开关:将开关拨至“on”,并预热10 min以上.

(2) 零点调整:将量程开关拨至灵敏度最大挡,调节“调零”电位器,使数字显示尽量接近零.

(3) 测量:将待测电流接入输入端“INPUT”,选择合适挡位,可作电流测量或检流计用.测量中如出现过载信号“1”或“-1”,应检查通过电流是否过大,量程开关是否选择不当.

其他数字仪表可仿效现行电流测量仪的使用方法.

八、多用表

多用电表是一种测量多种电学量的多量程仪表,一般可测量交流和直流电压、直流电流和电阻,有的还可测量交流电流等.虽然多用表型号很多,但其结构和原理基本相同.多用表主要由表头、测量线路和转换开关组成:表头用于指示被测量的数值;测量线路将各种被测量转换成适合表头测量的直流电流;转换开关用于选择与被测量相应的测量线路.

1. 多用表的主要技术指标.

(1) 准确度等级.

(2) 测量范围.

(3) 灵敏度或电压降(内阻).

2. 使用要点.

(1) 零位调整:调节表头面板上的机械零位调节器,使指针指零.

(2) 选择好测试插孔:将红表笔插入“+”插孔,黑表笔插入“-”插孔.

(3) 测电流时,应将表笔串联在电路中;测电压时,表笔与被测电路并联.测直流电流和电压时,注意正负极不能接反.

(4) 测电阻时,先将转换开关旋至适当的欧姆挡,再将表笔短接,调节欧姆调零旋钮,使指针指在零欧姆刻度上.为了提高测量结果的精度,应选择合适的量程,使指针指在全刻度20%~80%的范围内.

(5) 多用表的刻度线有很多排,一定要根据被测量的种类和量程选好读数标尺.

(6) 使用完毕,应将转换开关旋至交流电压最高挡.

实验 5　磁感应强度的测定

预习题

1. 什么是电磁感应？
2. 什么是磁感应强度？
3. 冲击电流计有什么作用？有哪些使用要点？
4. 螺线管内部磁感应强度有什么特点？中心与端点有什么区别？
5. 本实验有几个回路？各个回路有什么作用？

实验目的

1. 掌握电流产生磁场及电磁感应的原理.
2. 了解用冲击电流计测量迁移电荷量的方法.
3. 学会使用冲击电流计测量载流螺线管内磁感应强度的分布.

实验仪器

DQ-3 型数字积分式冲击电流计、长直螺线管 N_1、探测线圈 N_2、DH4511 型冲击法螺线管磁场测定仪、直流稳压电源、直流毫安表、滑动变阻器、开关 K_1、双刀双掷开关 K_2、互感器 M.

实验原理

冲击电流计用于测量短时间脉冲电流所迁移的电荷量，用它可以测量与此相关的物理量，如磁感应强度、电容、电感、高电阻等.

若有一脉冲电流通过冲击电流计(图 5-1)，则在 0→τ 时间内迁移的电荷量为

$$Q=\int_0^{\tau} i(t)\,\mathrm{d}t$$

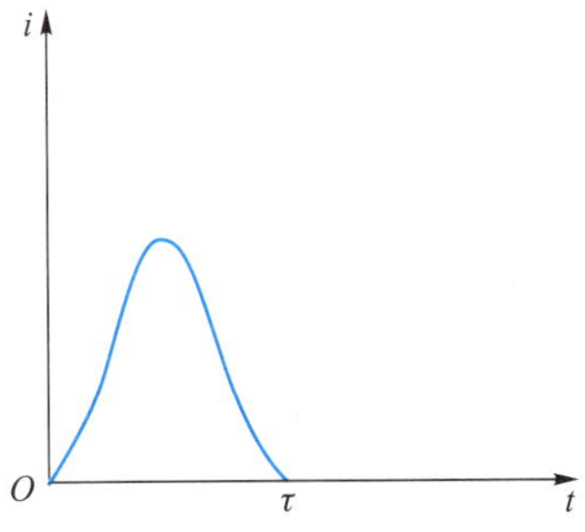

图 5-1　i–t 图形

电流计内部的积分电路将该迁移电荷量积累起来，并进行检测，最后以数字形式显示出来.电路如图 5-2 所示，要测定通有电流 I 的螺线管 N_1 内某处的磁感应强度 B，将一探测线圈 N_2 放在该处，并将 N_2 接入冲击电流计的输入回路.合上 K_1，将 K_2 置于“2”，这时 N_1 中便通过恒定电流 I，螺线管内就产生了恒定的磁场 B.当转换开关 K_1 通或断时，N_1 中电流将产生

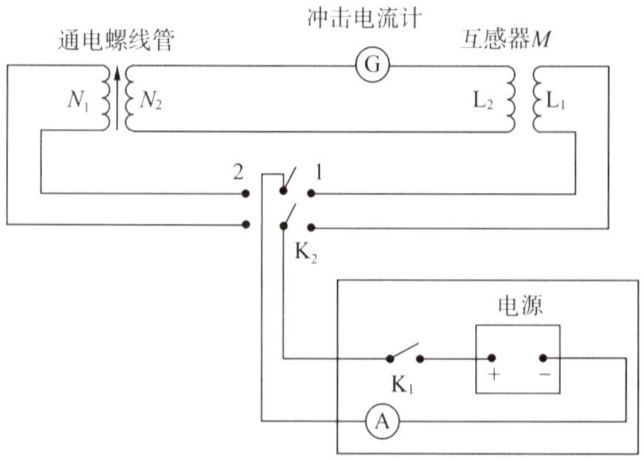

图 5-2　电流计测定磁感应强度的电路图

$0\to I$ 或 $I\to 0$ 的变化，这时通过 N_2 的磁通量的变化量为

$$\Delta\Phi = N_2BS \tag{5-1}$$

式中，N_2 为探测线圈的匝数，S 为其有效横截面积. 则感应电流为

$$i = -\frac{L}{R}\frac{\mathrm{d}i}{\mathrm{d}t} + \frac{1}{R}\frac{\mathrm{d}\Phi}{\mathrm{d}t} \tag{5-2}$$

式中，R 为冲击电流计输入回路的总电阻，L 为该电路的总自感，在 $0\to\tau$ 时间内迁移的电荷量为

$$Q = \int_0^{\tau} i(t)\,\mathrm{d}t = -\frac{L}{R}[i(\tau) - i(0)] + \frac{1}{R}\Delta\Phi = \frac{N_2BS}{R} \tag{5-3}$$

提示：此处 $i(\tau) = i(0) = 0$.

当冲击电流计测得迁移电荷量 Q 时，则

$$B = \frac{R}{N_2S}\cdot Q \tag{5-4}$$

实际上冲击电流计输入回路总电阻 R 是个未知量，并且很难测得. 现引入一个带有互感器 M 的辅助回路，就不需要测量总电阻 R.

将 K_2 置于“1”，并转换 K_1，冲击电流计测得迁移电荷量 Q' 与互感器初级电流 I' 之间的关系为

$$Q' = M\frac{I'}{R} \tag{5-5}$$

将式(5-4)、式(5-5)两式联立，并消去 R，可得

$$B = \frac{MI'}{N_2S}\cdot\frac{Q}{Q'} \tag{5-6}$$

由理论推导得螺线管中央部分的磁感应强度为

$$B_{中} = \mu_0 nI\frac{l}{\sqrt{l^2+4r^2}} \tag{5-7}$$

式中，$\mu_0 = 4\pi\times10^{-7}$ H/m，l 为螺线管的长度，$n=\dfrac{N_1}{l}$ 为单位长度上的匝数，N_1 为螺线管的线圈匝数，r 为螺线管的半径.

螺线管轴线两端点处的磁感应强度为

$$B_{端}=\frac{1}{2}\mu_0 nI\frac{l}{\sqrt{l^2+r^2}}\approx\frac{1}{2}B_{中} \tag{5-8}$$

其分布曲线如图 5-3 所示.

可将以上计算理论值与实验值进行比较，以验证理论的正确性.

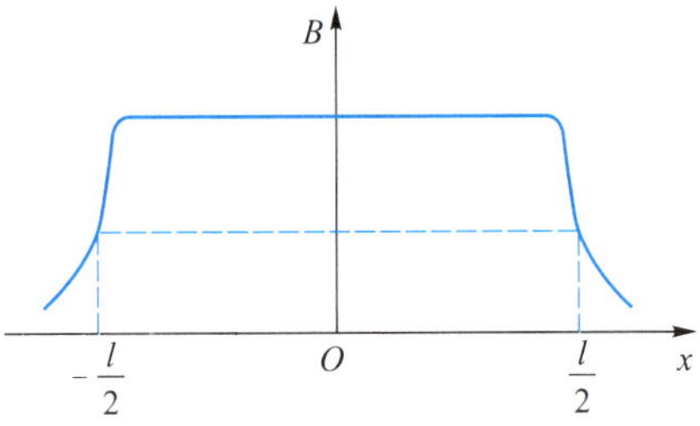

图 5-3　直螺线管内轴线上磁感应强度的分布

实验内容

1. 按图 5-4 连好线路.

2. 接通电源，将磁场测定仪电流调节为 0.500 0 A，冲击电流计量程选择 200 nC，并按“复位”键复位冲击电流计.

3. 把双刀双掷开关 K_2 合向互感器 M，合上开关 K_1（即按下磁场测定仪“正向”按键），记下冲击电流计读数 Q'.

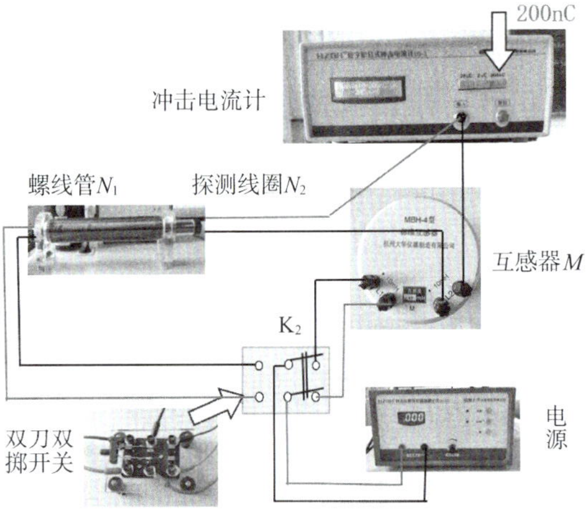

图 5-4　实物连线图

4. 至少转换 K_1 4 次（断，正向，断，正向……），分别记下转换时的冲击电流计读数 Q' 的绝对值（舍去负号不计），留下 4 个较接近的值，记入表 5-1，并求平均值.

5. 将探测线圈移至螺线管中央位置（即红线指零刻度线），将开关 K_2 合向螺线管 N_1.

6. 至少转换 K_1 4 次，分别记下各次的迁移电荷量 Q 的绝对值，留下 4 个较接近的值，记入表 5-1，并求平均值.

7. 将探测线圈顺次移动，每次间隔 1 cm（B 变化小的区域间隔可大一些，B 变化大的区域间隔应小一些，详见实验数据记入表 5-1）.

8. 重复步骤 6，直至探测线圈移至 15 cm 位置.

思考题

1. 为什么用冲击电流计能测量载流螺线管上的磁感应强度分布？用它还能测量哪

些物理量?

2. 测量中为何要用互感器,它的作用是什么?

3. 除了本实验介绍的方法外,你能否考虑用其他方法来测量磁感应强度 B?

知识拓展

电磁感应原理在现代生活中的应用

"磁感应强度的测定"实验中,用到了电磁感应原理,事实上,电磁感应原理已经被广泛应用于我们的生活中.[1,2]

一、手机无线充电

手机无线充电技术是目前手机厂商的一大宣传卖点,实际上结合我们所学的物理知识便能明白,手机无线充电技术其实就是电磁感应原理的应用,该项技术的核心在于对磁场源与感应端的合理设计.

一般来讲,手机无线充电装置主要分为手机和底座两部分,如图 5-5 所示.其中充电底座接入的是我国 220 V/50 Hz 市电,在整流电路的作用下直接转换为直流,随后在电力转换装置作用下将直流转换为符合充电要求的交流,从而产生变化稳定的磁场.当我们将手机放在充电底座上,手机内部的磁感应线圈便会接收到底座磁场的变化,同时结合感应线圈内部磁通量的变化而产生稳定的电流,进而向手机充电.从这一过程中我们不难看出,手机无线充电技术中对于电流控制技术有着极高要求,尤其是电流转换和频率的控制,会对手机的无线充电效果与安全性产生一定影响.

图 5-5 手机无线充电示意图

二、电磁感应灯

作为一种新型的照明工具,电磁感应灯与传统照明灯相比具有更多优势.电磁感应灯有着较长的使用寿命,理论上能够达到十万小时以上,同时无需进行维护.电磁感应灯的光源质量与显色性能较传统照明灯更高,并且可保证物体本身颜色的明亮与逼真.同时,电磁感应灯在启动的瞬间释放的热量非常低,所以相较于传统照明灯而言,可靠性更高,同时可抵挡住电压大幅波动,照明工作中能够降低能耗,二氧化碳排放量更低.由于电磁感应灯多为暖白色灯光,同黄色钠灯比较来看,在道路照明中更具优势,得益于温和光照,能够让行人与车辆在道路中的安全性有所保障.

电磁感应灯的工作原理主要基于电磁感应与气体放电,气体在磁场中放电之后便能够形成可见光,因此其内部没有电极与灯丝,如图 5-6 所示,可有效延长灯泡的使用寿命,一般为白炽灯的 100 倍、高压气体灯的 5~15 倍、紧凑荧光灯的 5~10 倍.通过电子镇流器所产生的频率为 230 kHz,金属线圈磁环所组成的电磁变压器在玻璃管四周会形成磁场,由线圈引起的放电路径形成一个闭路,从而引起自由电子加速,与汞电子激烈碰撞产生电子.而电子被激活之后会从高能态退化到低能态,从而放射出紫外线,通过玻璃管表层的三基色荧光粉便可转化为可见光.

图 5-6　电磁感应灯示意图

三、磁悬浮列车

电磁感应原理在交通运输中同样有所应用,如磁悬浮列车的运行原理就是基于电磁感应.

具体来讲,磁悬浮列车的主要原理是利用了“同极相斥,异极相吸”的磁性特征,如图 5-7 所示.在未通电状态下,列车在轨道上处于静止状态;而在通电之后,强大的电流便会将磁悬浮列车底部与运行轨道瞬间磁化,而由于两者磁化方向相反,所以在巨大的磁场力作用之下,列车与轨道会相互分离,从而出现“悬浮”效果.

(a) 全景图

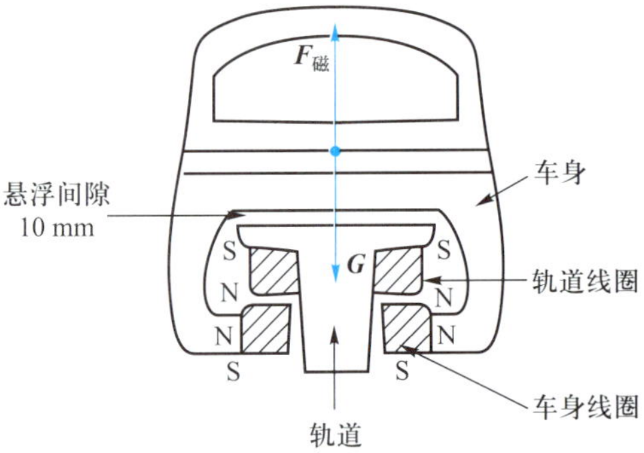

(b) 结构示意图

图 5-7　磁悬浮列车

磁悬浮列车的运行同样应用了电磁感应原理,列车在交流的作用下会变为电磁铁的 N 极,而前方轨道在电流作用下会变为电磁铁的 S 极,基于“异极相吸”的原理两者会产生强大的吸引力,从而“拉动”列车向前运行;同时,后方轨道在电流作用下会变为电磁铁 N 极,基于“同极相斥”的原理便会“推动”列车向前运行.在磁悬浮列车的前进运行过程中,轨道的前方 S 极会不断转变为 N 极,也就保证了磁悬浮列车始终有保持向前运动的力,而列车与轨道的分离也大大减小了摩擦的干扰,从而可有效维持列车的高速前进状态.

不过,磁悬浮列车的建设相较于高铁等其他交通工具而言,不仅成本更高,技术难度也更高,这是磁悬浮列车未能在我国大范围建设的原因.

参考文献

[1] 申嘉琳.电磁感应现象在生活中的应用[J].中国科技纵横,2019(01):212-213.

[2] 陈泓锟.电磁感应的理解与应用[J].中国校外教育,2016(29):105,136.

实验 6　牛顿环干涉

预习题

1. 牛顿环用什么方法获得等厚干涉条纹？
2. 牛顿环的结构特点是什么？
3. 为什么牛顿环的中心往往是一个不确定的圆斑？为什么只在接触点附近看到牛顿环？
4. 该实验为什么要用逐差法处理实验数据？为什么测量暗环坐标？
5. 在测量过程中，为什么不允许中途改变方向？如何做到？

实验目的

1. 掌握用牛顿环测定透镜曲率半径的方法.
2. 通过实验加深对等厚干涉原理的理解.
3. 熟悉读数显微镜的使用方法.

实验仪器

读数显微镜、钠光灯、牛顿环仪等.

实验原理

一、等厚干涉

如图 6-1 所示，波长为 λ 的光垂直向下入射到一厚度不等的透明薄膜上（b 面两边介质的折射率分别为 n_1 和 n，$n_1>1$），在薄膜上面就可以观察到干涉条纹.

如果 a 和 b 表面之间是很薄的空气层（$n=1$），而且夹角很小，光线又近乎垂直地入射到 b 表面，则两相干光 1′和 2′的光程差为

$$\Delta=2\delta+\frac{\lambda}{2} \tag{6-1}$$

光程差只与厚度 δ 有关.式中，$\frac{\lambda}{2}$是光线由光疏介质入射到光密介质，且在 a 界面反射时有一相位突变而引起的附加光程差（又称半波损失）；δ 为某处空气层的厚度.

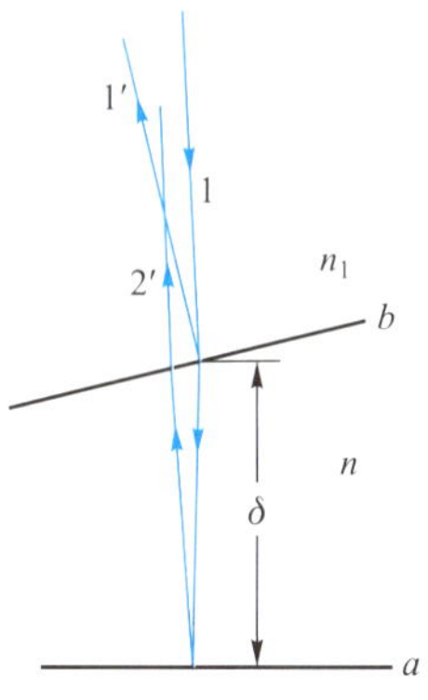

图 6-1　等厚干涉的光路示意图

产生第 k 级（k 为一整数）暗条纹的条件是

$$2\delta+\frac{\lambda}{2}=\frac{(2k+1)\lambda}{2},\ k=0,1,2,\cdots$$

即

$$\delta=\frac{k\lambda}{2} \tag{6-2}$$

产生第 k 级亮条纹的条件是

$$2\delta+\frac{\lambda}{2}=2k\left(\frac{\lambda}{2}\right),\ k=1,2,\cdots$$

即

$$\delta=\left(k-\frac{1}{2}\right)\cdot\frac{\lambda}{2} \tag{6-3}$$

因此,在空气层厚度相同处产生连续的干涉条纹,厚度不同处产生不同级的干涉条纹.

二、用牛顿环测透镜的曲率半径

牛顿环是用分振幅法产生的等厚干涉条纹,可用于测量透镜的曲率半径,也可用于检查物体表面的光洁度和平面度.

如图 6-2 所示,一曲率半径很大的平凸透镜的凸面与一光学平板玻璃相接触,在透镜与平板玻璃之间形成空气薄膜.空气薄膜的厚度以接触点为中心,旋转对称.波长为 λ 的单色光垂直入射到平凸透镜上,则由空气膜上下表面反射的光将互相干涉,干涉条纹为空气薄膜等厚各点的轨迹,形成以接触点为中心、明暗交替的同心圆环.

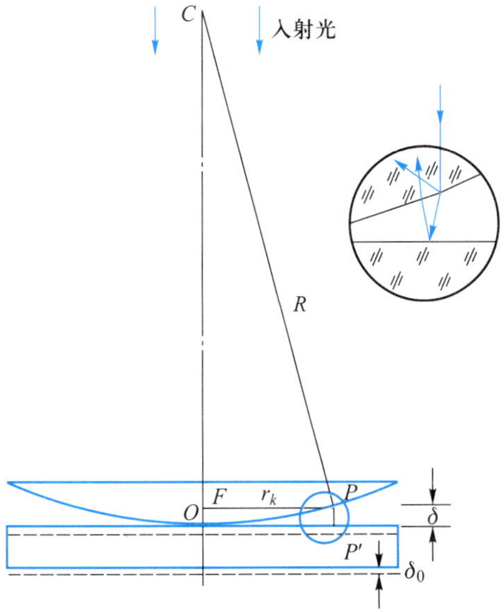

图 6-2 用牛顿环测平凸透镜的曲率半径光路图

图 6-2 中的 O 点是透镜凸面与平板玻璃的接触点,C 为透镜凸面的曲率半径中心,曲率半径 $R=CP$,牛顿环的第 k 级暗条纹半径为 r_k,P 点处空气膜层厚度 $PP'=\delta$,由 $\triangle FPC$ 的几何关系可知:

$$R^2=r_k^2+(R-\delta)^2=r_k^2+R^2-2\delta R+\delta^2$$

产生干涉位置处空气层的厚度很小,舍去其平方项,故

$$r_k^2=2\delta R-\delta^2\approx 2\delta R \tag{6-4}$$

考虑到光在 P' 处反射时有半波损失,故 P 处空气膜上、下界面所反射的两束光的光程差为

$$\Delta=2\delta+\frac{\lambda}{2} \tag{6-5}$$

式中，λ 是入射单色光的波长.若 Δ 是半波长的偶数倍，则发生相长干涉，光强为极大值，得干涉明条纹；若 Δ 为半波长的奇数倍，则发生相消干涉，光强为极小值，得干涉暗条纹.故暗条纹满足：

$$\Delta=2\delta+\frac{\lambda}{2}=\frac{(2k+1)\lambda}{2},\ k=0,1,2,\cdots$$

即

$$\delta=\frac{k\lambda}{2}$$

将此值代入式(6-4)，得第 k 级暗环的半径 r_k 为

$$r_k^2=kR\lambda \tag{6-6}$$

式(6-6)表明：

(1) 牛顿环中心(对应于 $k=0$)是一个暗斑.

(2) k 与 r^k 成正比，故牛顿环半径越大，干涉条纹越密.

(3) 曲率越小(R 越大)的透镜，其同级干涉环半径越大.

由式(6-6)可知，当 λ 已知时，若测得第 k 级干涉条纹的半径 r_k，可算出曲率半径 R，若 R 已知，则可计算 λ.但是在通常情况下，可能由于一些微尘等污物以及玻璃的形变，平凸透镜与平面玻璃不可能是理想的点接触，故中心不是一点，而是一个不确定的圆斑.考虑到最一般情况，假定透镜与平面玻璃之间存在一小距离 δ_0，即平面玻璃板位于图 6-2 中的虚线位置，此时空气层的厚度应为 $\delta+\delta_0$，而暗条纹条件变为

$$\Delta=2(\delta+\delta_0)+\frac{\lambda}{2}=\frac{(2k+1)\lambda}{2},\ k=0,1,2,\cdots$$

即

$$2(\delta+\delta_0)=k\lambda$$

代入式(6-4)，得暗条纹的半径为

$$r_k^2\approx 2\delta R=(k\lambda-2\delta_0)R \tag{6-7}$$

为了消除 $2R\delta_0$ 带来的影响，可分别测出环序数 $k=m$ 与 $k=n$ 的两环半径 r_m 与 r_n，代入式(6-7)，再将两式相减，得

$$r_m^2-r_n^2=(m-n)R\lambda$$

$$R=\frac{r_m^2-r_n^2}{\lambda(m-n)} \tag{6-8}$$

$$\lambda=\frac{r_m^2-r_n^2}{R(m-n)} \tag{6-9}$$

考虑到直接测量直径较方便，且设 $m-n=5$，则上式变为

$$R=\frac{D_m^2-D_n^2}{4(m-n)\lambda}=\frac{D_m^2-D_n^2}{20\lambda} \tag{6-10}$$

式中，D 为牛顿环的直径.

本实验原理较简单，关键是调出牛顿环.

实验内容

利用牛顿环测量平凸透镜的曲率半径，光路图如图 6-3 所示，实验装置如图 6-4 所示. 为使光源发出的光能垂直入射到牛顿环仪上，在显微镜的物镜下装有倾斜 45° 左右的半反半透镜 P，载物平台下的反光镜旋钮可调节视场的亮度. 本实验观察的是上反射光的干涉，故反射镜应旋到不向上反光的位置.

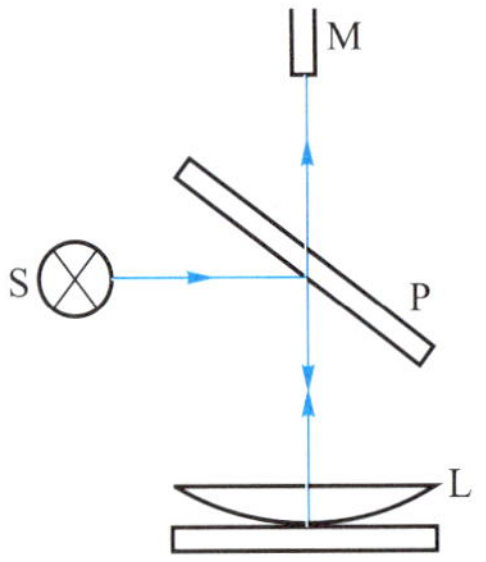

图 6-3　用牛顿环测平凸透镜曲率半径光路图

1. 产生牛顿环用的平凸透镜与平面玻璃用金属框固定在一起，称为牛顿环仪. 牛顿环仪上的三个螺丝一般不需调整. 若需调整，可借助室内灯光，达到能用眼睛直接观察到接触点处的干涉条纹成圆形，且位于透镜中心. 调节螺丝，保持条纹稳定而又不致使透镜变形.

2. 转动测微鼓轮，移动显微镜筒至标尺中部，将牛顿环仪置于读数显微镜载物台上，使其中心正对显微镜光轴，如图 6-4 所示.

用钠光灯 S 照射半反半透镜 P，P 将一部分光反射进入牛顿环仪，被空气膜上下界面反射后，透过 P 入射到显微镜的物镜.

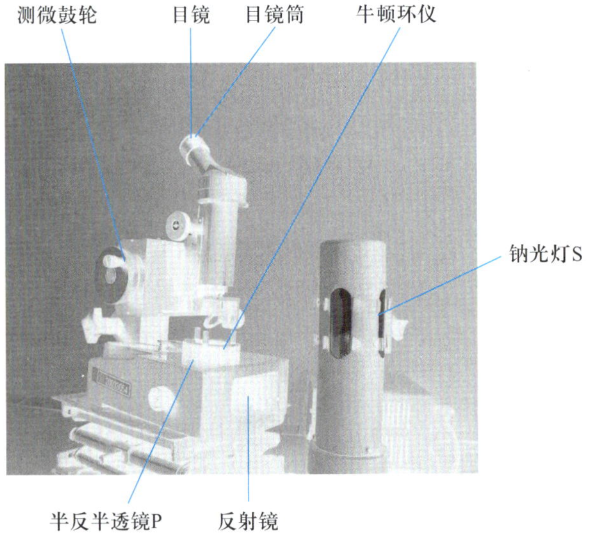

图 6-4　实验装置

3. 显微镜的调节. 先调目镜使叉丝最清晰. 调节显微镜的迎光方向即 P 的方向，使显微镜中看到黄色明亮视场，然后按读数显微镜操作方法，将显微镜筒聚焦于牛顿环. 聚焦调节的顺序是：先缓慢降低镜筒，使物镜尽量接近牛顿环仪，然后一边观察目镜视场，一边缓慢提升显微镜筒，寻找聚焦清楚的位置，看到干涉环后继续调节光源相对位置，使目镜视场中看到的牛顿环最清楚. 如果视场中看不到牛顿环中心，移动牛顿环仪，可看到如

图 6-5 所示的实验现象.

4. 测量牛顿环直径时,应先旋转目镜筒,使一根叉丝与镜筒横向移动方向平行,另一根与之垂直的叉丝与暗环相切,这时读取数据,叉丝与环相切时应排除暗环的宽度.由于显微镜螺旋测微器的螺纹之间存在空隙,读取各个环直径两端的读数时,镜筒应始终沿一个方向移动,即鼓轮单方向转动,不允许中途改变方向(否则会出现空程误差,如图 6-6 所示).如有可疑问题,应退回重测(见读数显微镜的操作).10 环以下条纹较粗,不易测准,故通常不测.本实验先测左方 19～10 环的切点坐标,后测右方 10～19 环的切点坐标,将实验数据填入表 6-1 中.

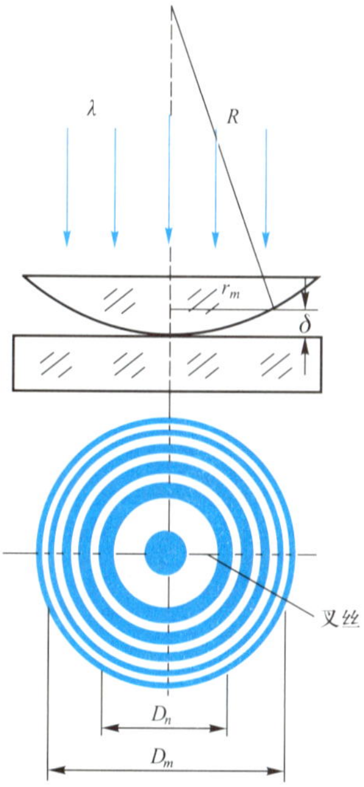

图 6-5　观察到的实验现象

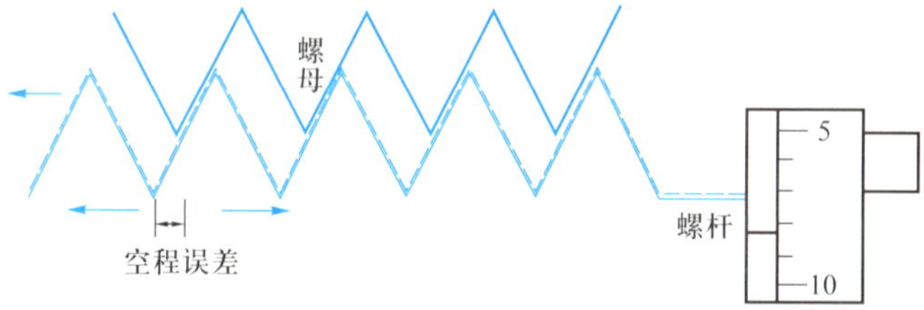

图 6-6　空程误差

读数系统如图 6-7 所示,其读数为 15.507 mm.

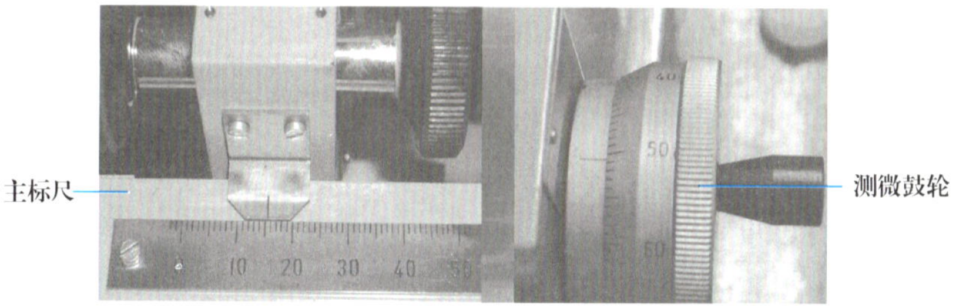

图 6-7　读数系统

注意事项

1. 牛顿环仪、显微镜的光学表面不清洁,要请实验教师用专门的擦镜纸轻轻擦拭.

2. 直接用眼睛观察牛顿环仪,配合调节牛顿环仪的三个螺丝,使小干涉圆环位于牛顿环仪的中心,且干涉圆环越小越好、越细越好.

3. 读数显微镜的测微鼓轮在测量过程中只能向一个方向旋转,中途不能反转.

4. 在寻找最清晰的牛顿环时,为防止损坏显微镜的物镜,正确的调节方法是:旋转调焦手轮,使镜筒下与水平面成45°左右的半反半透镜P尽量接近牛顿环,然后一边观察目镜视场,一边缓慢提升显微镜筒(反向旋转调焦手轮),使通过目镜看到的干涉圆环最清晰.

思考题

1. 在牛顿环实验中,各干涉条纹圆环之间的间距有何分布规律?
2. 在本实验中,如显微镜水平叉丝未准确通过干涉环圆心,对测量结果有何影响?
3. 在看清叉丝的情况下只看到钠黄光,看不到牛顿环,可能的原因是什么?

知识拓展

牛顿简介

英国物理学家艾萨克·牛顿(Isaac Newton,1643—1727,图6-8),出生前两个月,父亲去世,后母亲改嫁,是外祖母抚养了他.1661年6月,牛顿考入剑桥大学三一学院,开始广泛阅读和研究哥白尼、开普勒、伽利略、笛卡儿、费马、华里斯和培根等人的天文学、力学、光学、数学和哲学著作.1665年夏,牛顿为躲避瘟疫回到乡下.在乡下不到两年的时间里,他对万有引力、光的色散现象、微积分等重大科学问题做了深入的研究.1687年,牛顿出版了巨著《自然哲学的数学原理》,将伽利略地面上的物理学和开普勒关于天上的物理学统一起来,建立起了包括牛顿运动定律和万有引力定律的经典物理理论体系.

图6-8 牛顿

在早期的物理学中,人们对于光的物理特征的探讨主要集中在两个方面:一是光的本性问题,二是光的颜色问题.在光的本性问题上,长期存在着"微粒说"与"波动说"之争.1660年,英国物理学家胡克做了肥皂泡膜上的颜色观察实验,认为用微粒说无法解释.牛顿是光的微粒说的支持者.1666年,他在家乡做了光的色散实验后,认为胡克的肥皂泡实验的精确度不高,而且肥皂泡膜转瞬即逝,不便于观察,就设计了"牛顿环"实验,但他也无法用微粒说解释实验结果.

牛顿对科学的贡献是划时代的,他的许多名言至今仍令我们深思:

"我是靠不停的思考发现万有引力的."

“如果我看得更远，那是因为站在巨人的肩上.”

“进行哲学研究的最好和最可靠的方法，看来第一是勤恳地去探索事物的属性，并用实验来证明这些属性，然后进而建立一些假说，用以解释这些事物本身.”

读数显微镜

显微镜用于观察近而细微的物体，由物镜与目镜组成.将微小物体AB放在物镜焦点外不远处，物体在目镜焦点内（靠近焦点处）形成一个放大的实像A_1B_1.目镜相当于一个放大镜，其作用是将物镜形成的中间实像A_1B_1再放大成一虚像A_2B_2，且使此虚像恰好位于眼睛的明视距离处（图6-9），人眼的明视距离约25 cm.

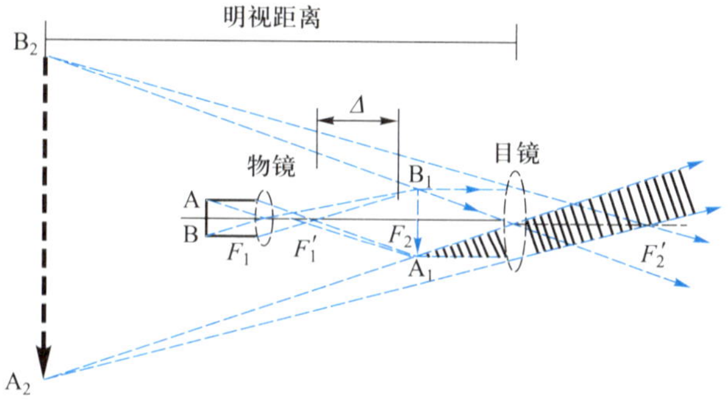

图6-9 显微镜的工作原理

读数显微镜除放大物体外，还能测量物体一定方向的线度，主要用于精密测量那些微小的或不能用夹持仪器（游标卡尺、螺旋测微器等）测量的物体的大小，如测量细孔或毛细管直径、狭缝宽度、光学系统的成像宽度等.常用的JXD型读数显微镜如图6-10所示，它主要由显微镜及其调焦系统、螺旋测微系统及工作平台组成.显微镜目镜镜头中的十字叉丝，供对准被测物边缘以确定其坐标用.旋转测微鼓轮，可带动显微镜筒左右移动，

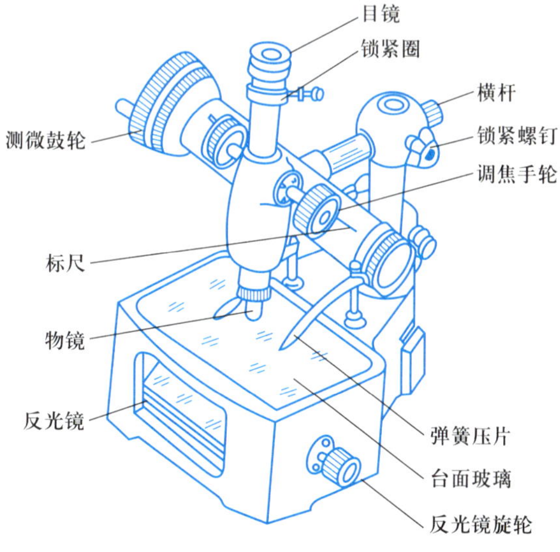

图6-10 *JXD*型读数显微镜

其坐标可以从读数标尺(读至毫米位)和测微鼓轮(相当于螺旋测微器的微分筒)上读出,由于推动丝杆的螺距为 1 mm,因此测微鼓轮转过一圈,显微镜固定的准线在读数标尺上移动 1 mm,鼓轮外沿上刻有 100 分格,分度值为 0.01 mm,可以估读到 0.001 mm.

使用读数显微镜时应按以下步骤进行:

(1) 使被测物具有适当的亮度和照度.

(2) 移动被测物或显微镜筒的位置,使显微镜的光轴对准被测物.

(3) 先使物镜接近被测物,调节目镜,使十字叉丝清晰,然后调节调焦旋钮,使镜筒缓慢地向上移动,直至目镜视场中可同时清晰无视差地看到叉丝和物体像.

使用读数显微镜时应注意以下几点:

(1) 目镜中叉丝可随物镜筒转动,一条叉丝应该和镜筒移动方向平行.

(2) 由于丝杆和齿轮之间有间隙,因此在测量时,测微鼓轮只能恒向一个方向转动.若倒退,就会因螺旋空程带来测量的系统误差.

实验 7 箱式电位差计的使用及热电偶温差电动势的测定

预习题

1. 补偿原理的本质是让 E_0 与 E_x 满足什么关系?

2. 在使用电位差计前,为什么必须先进行工作电流标准化? 工作电流标准化后,R_n 还能改变吗? R_n 在电位差计的实物图上是哪几个旋钮?

3. 在测量未知电动势时,是通过旋转哪几个旋钮来改变位置的?

4. 什么是热电偶? 热电偶有哪些实际应用?

5. 在本实验中,为什么可以先把电位差计上要读的电动势值提前调大,然后等 灵敏电流计的绝对值减小到零时,记录对应的温度值?

实验目的

1. 进一步理解补偿法测量电动势的原理.
2. 了解热电偶的原理.
3. 掌握箱式电位差计的使用方法,并用它测量热电偶的温差电动势.
4. 用图解法求解铜-康铜热电偶的温差电系数.

实验仪器

UJ31 型低电势直流电位差计、$E-\Delta t_x$ 热学实验仪、标准电池、数字式微电流测量仪、补偿电源.

实验原理

一、补偿原理

只用电压表对电池进行测量时，需将电压表接到电池两端，这时必然有电流 I 通过电池内部和电压表. 设电池的电动势为 E_x，内阻为 R_r，电池的端电压即电压表上读数为

$$U=E_x-IR_r \tag{7-1}$$

显然只利用电压表仅能测定电池的端电压，而无法准确测定其电动势. 只有当 $I=0$，即电池内部没有电流通过时，端电压 U 的值才等于电动势 E_x.

怎样才能使电池内部没有电流通过而测定它的电动势 E_x 呢？根据补偿原理设计的电位差计可达到这个目的. 如图 7-1 所示，两个电动势分别为 E_0 和 E_x 的电池，通过一检流计 G，正极对正极、负极对负极相接，E_x 为待测电动势，E_0 是一标准的、输出电压可调的电源. 当调节 E_0 使其等于 E_x 时，它们彼此平衡，此时回路中没有电流流过，检流计 G 不偏转，这一方法称为补偿法. 因此，只要检流计指示为零，我们就可断定 $E_x=E_0$，只要测出 E_0 的值就可求出 E_x 的电动势值. 图 7-2 中 E 是由一通电回路中电阻产生的电压降得到的. E 为补偿电源，其回路称为补偿电路.

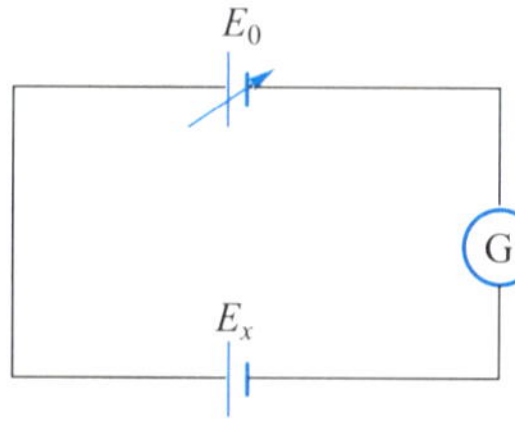

图 7-1　补偿原理图

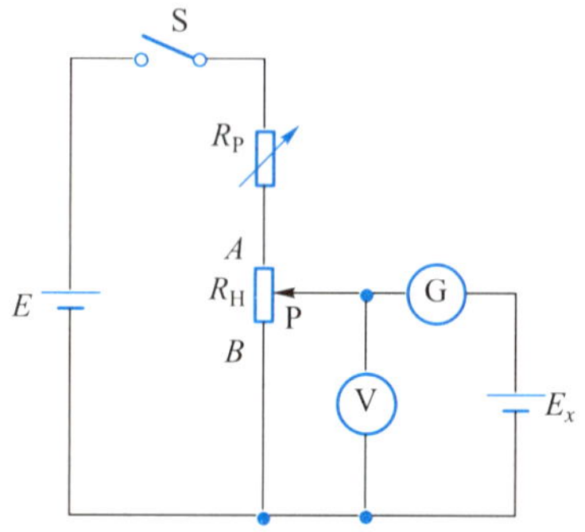

图 7-2　补偿原理的实用电路图

二、电位差计原理

图 7-3 电路中 E_s 为标准电池，E 为补偿电源，工作电流由电源 E 的正极流出，经过 R_n、c、b、a 点回到 E 的负极. 调节 R_n，改变工作电流的大小，并使检流计 G 指零（$I_g=0$），称为电位差计达到平衡. 此时，电位差计电阻 b、a 两端电压为 U_{ba}，则

$$E_s=U_{ba}=I_0R_{ab} \tag{7-2}$$

此步骤称为工作电流标准化.

然后按图 7-4 所示电路，用待测电动势 E_x 替换标准电池 E_s，滑片滑到 b' 处时检流计指零，即 $I_g=0$，则

$$E_x=U_{b'a}=I_0R_{ab'} \tag{7-3}$$

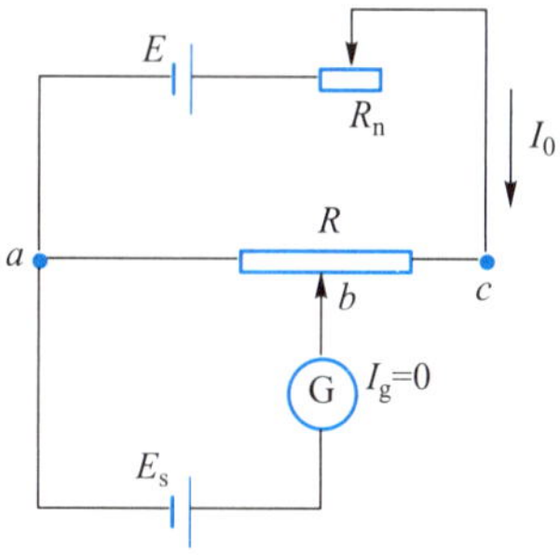

图 7-3　工作电流标准化原理图

由式(7-2)、式(7-3),可得

$$E_x=\frac{R_{ab'}}{R_{ab}}E_s \tag{7-4}$$

提示:在图 7-3、图 7-4 中,$I_0=I=\frac{E}{R_n+R}$,R_n 对应电位差计上的粗、中、细三个旋钮,$R_{ab'}$ 对应电位差计上的Ⅰ、Ⅱ、Ⅲ三个旋钮.

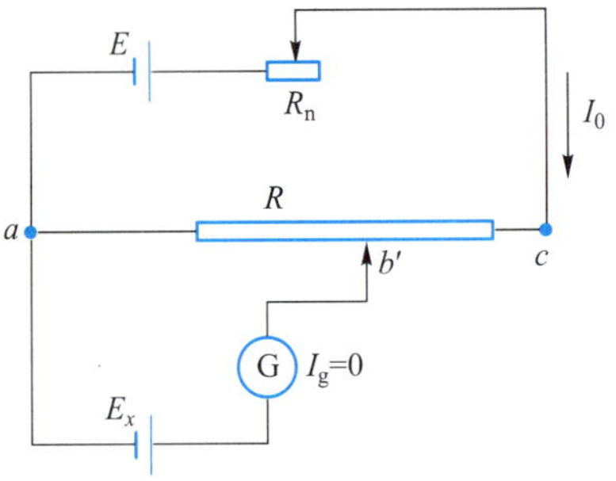

图 7-4 测量未知电动势原理图

三、UJ31 型低电势直流电位差计

本实验用的是 UJ31 型低电势直流电位差计,其测量范围为 1 μV ~ 17.1 mV(×1 挡),10 μV ~ 171 mV(×10 挡),准确度等级为 0.05 级.其原理及使用方法见前面电磁测量仪器的器件介绍.

四、热电偶

如图 7-5 所示,两种不同的金属 A、B 组成闭合回路,当两触点温度 t_1、t_2 不相同时,回路中就产生电动势 E,这种现象叫作温差电现象,E 叫作温差电动势,这两种金属的组合体叫作热电偶.

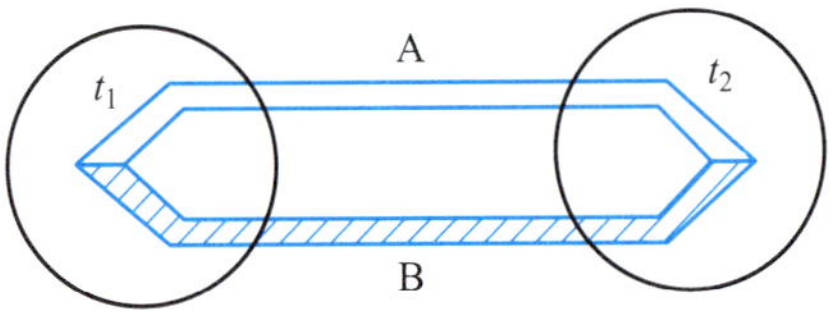

图 7-5 热电偶

对于一定的热电偶来说,温差电动势 E 的大小与两个接触端的温差 $\Delta t=t_1-t_2$ 有关,实验和理论都确定出有以下关系:

$$E=a(t_1-t_2)+b(t_1-t_2)^2$$

对于两种特定的金属,式中 a、b 为常量,而且 $b\ll a$,所以当温差 Δt 不太大时,E 与 Δt 几乎成正比关系,即

$$E=a(t_1-t_2)=a\Delta t$$

式中,a 叫作温差电系数. 不同种类的金属组成的热电偶,其温差电系数不相同.

在生产科研中,常用热电偶作为测量温度的传感器.使热电偶一端的温度 t_2 恒定,另一端插入被测点,测出与该温差对应的电动势 E.若已知温差电系数 a,则可求得被测点的温度 t_1.与普通温度计相比,它有测量范围广(-200 ℃ ~2 000 ℃)、灵敏度高和精确度高(可达 10^{-3}℃以下)等优点.

为了提高温差电动势的数值,可将几个热电偶串联起来,本实验使用单组串联的铜-康铜热电偶,实物图如图 7-6 所示.

图 7-6　实物图

注　本实验热学实验仪显示的是实际加热温度，其中 $\Delta t=t-t_0$，t_0 为室温.

实验内容

1. 按图 7-7、图 7-8 所示接好线路（其中图 7-8 为实物连线图），把两组串联的热电偶 E_x 端接至 UJ31 型低电势直流电位差计“未知 2”接线端，红端接“+”，黑端接“−”，注意正负极不能接反，否则测量时检流计始终单向偏转，电位差计无法达到平衡，倍率转换开关 S_1 拨至“×1”挡.

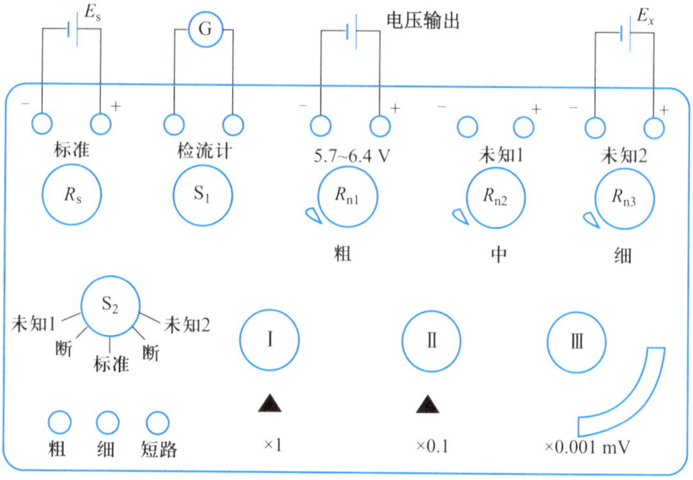

图 7-7　电位差计接线图

2. 按 UJ31 型低电势直流电位差计使用方法进行测量前的准备工作（参见知识拓展和图 7-8 所注）.

3. 对 UJ31 型低电势直流电位差计进行工作电流标准化(参见知识拓展和图 7-9).

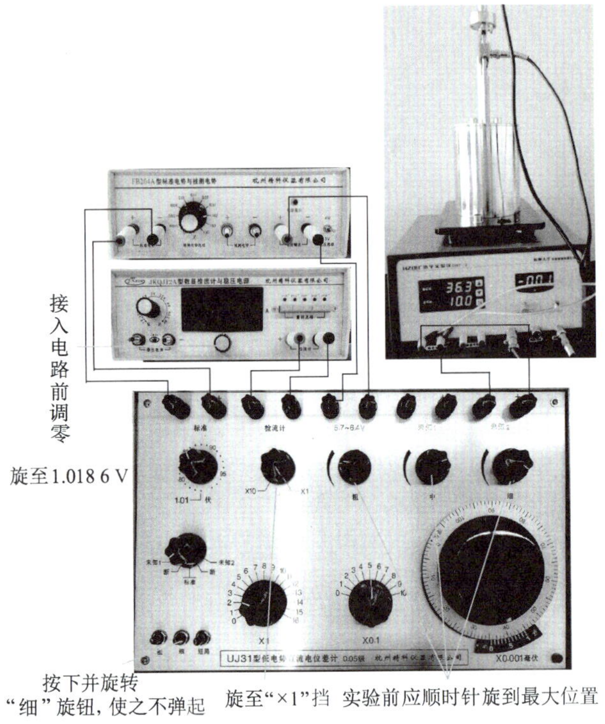

图 7-8　实物接线图

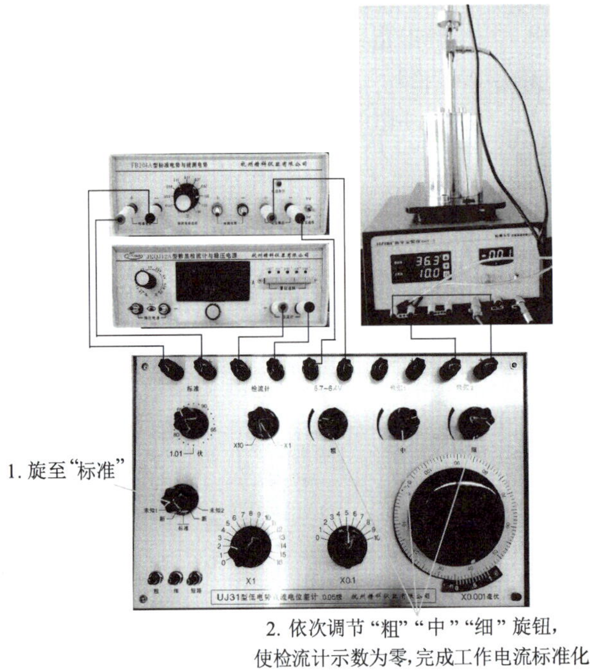

图 7-9　对电位差计进行工作电流标准化

4. 将转换开关 S_2 拨到“未知 2”位置上，接通热电偶热端加热电源，温度控制可设置为要加热到的温度，即开始加热，当达到预设温度后，温度不变，按 UJ31 型低电势直流电位差计测量步骤，从室温开始，记下每次的温度及对应的温差电动势，将实验数据填入表 7-1 中.

具体操作及技巧见图 7-10、图 7-11 和图 7-12 及标注.

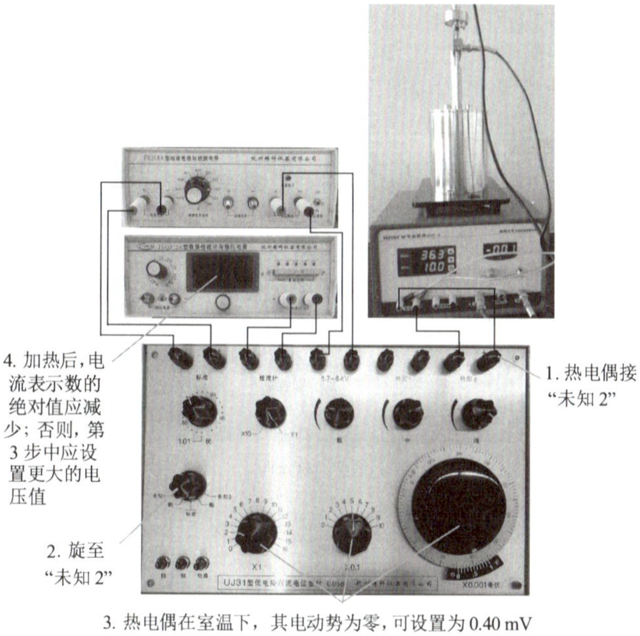

图 7-10　操作技巧说明图(一)

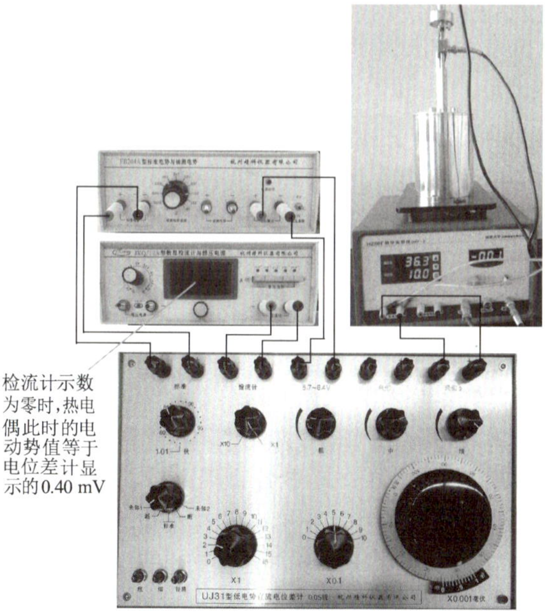

图 7-11　操作技巧说明图(二)

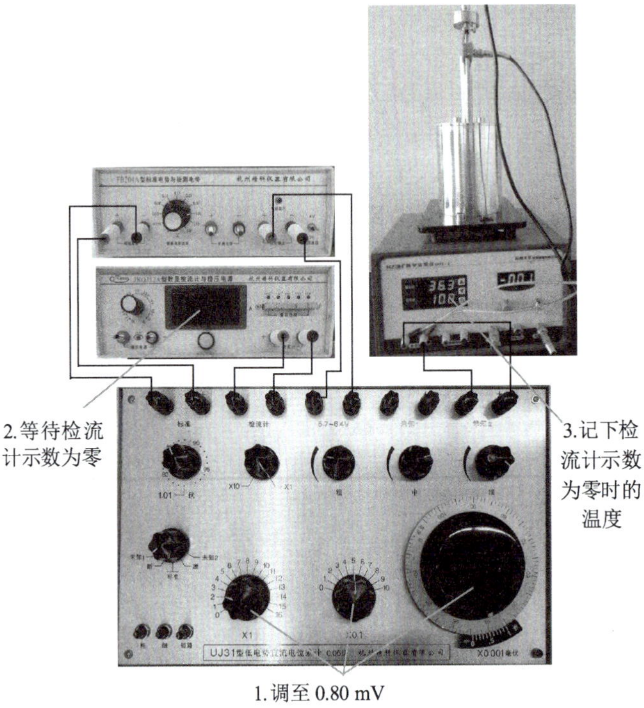

图 7-12　操作技巧说明图(三)

5. 测量结束,转换开关 S_2 恢复到“断”,所有按钮复位.

思考题

1. 低电势直流电位差计由哪几个回路组成？每一个回路起什么作用？开关 S_2 起什么作用？
2. 使用电位差计,为什么测量前要进行工作电流标准化？
3. 如果待测电动势正负极接反,电位差计能否找到平衡点？

知识拓展

塞贝克效应与温差发电

塞贝克(Seebeck)效应,又称为第一热电效应,它是指由于两种不同电导体或半导体的温度差异而引起两种物质间的电压差的热电现象,在两种金属 A 和 B 组成的回路中,如果使两个接触点的温度不同,则在回路中将出现电流,称为热电流.相应的电动势称为热电势,其方向取决于温度梯度的方向.一般规定热电势方向为:在热端电流由负流向正.塞贝克效应的实质在于两种金属接触时会产生接触电势差,该电势差是由两种金属中的电子溢出功不同及两种金属中电子浓度不同造成的,半导体的温差电动势较大,可用作温差发电器.

托马斯·约翰·塞贝克(也译作“西伯克”,Thomas Johann Seebeck,1770—1831),1770 年生于塔林(当时隶属于东普鲁士,现为爱沙尼亚首都).19 世纪 20 年代初期,塞贝克通过实验方法研究了电流与热的关系.1821 年,塞贝克将两种不同的金属导线连接在一起,构成一个电流回路.他将两条导线首尾相连形成一个结点,他突然发现,如果把其中的一个结点加热到很高的温度而另一个结点保持低温的话,电路周围存在磁场.他实在不敢相信,热量施加于两种金属构成的一个结点时会有电流产生,这只能用热磁电流或热磁现象来解释他的发现.在接下来的两年时间里(1822—1823),塞贝克将他的持续观察报告提交普鲁士科学学会,把这一发现描述为“温差导致的金属磁化”.塞贝克确实已经实现了热电效应,但他做出了错误的解释:导线周围产生磁场的原因,是温度梯度导致金属在一定方向上被磁化,而非形成了电流.科学学会认为,这种现象是因为温度梯度产生了电流,继而在导线周围产生了磁场.对于这样的解释,塞贝克十分恼火,他反驳说,科学家们的眼睛让奥斯特(电磁学的先驱)的经验给蒙住了,所以他们只会用“磁场由电流产生”的理论去解释,而想不到还有别的解释.但是,塞贝克自己却难以解释这样一个事实:如果将电路切断,温度梯度并未在导线周围产生磁场.所以,多数人都认可热电效应的观点.后来该观点也就这样被确定下来了.

塞贝克效应发现之后.人们就为它找到了应用场所.一是利用塞贝克效应,可制成温差电偶(thermocouple,即热电偶)来测量温度,只要选用适当的金属作热电偶材料,就可轻易测量从 -180 ℃到 2 000 ℃的温度.如此宽泛的测量范围,令酒精或水银温度计望尘莫及.热电偶温度计甚至可以测量高达 2 800 ℃的温度.二是温差电现象,温差电现象主要应用在温差发电器与温差电制冷器两个方面.温差发电是利用塞贝克效应把热能转化为电能,当一对温差电偶的两结点处于不同温度时,热电偶两端的温差电动势就可作为电源,常用的是半导体温差热电偶,这是一个由一组半导体温差热电偶经串联和并联制成的直流发电装置.每个热电偶由一 N 型半导体和一 P 型半导体串联而成的,两者连接着的一端和高温热源接触,而 N 型和 P 型半导体的非结点端通过导线均与低温热源接触,由于热端与冷端间有温度差存在,使 P 的冷端有负电荷积累而成为发电器的阴极,N 的冷端有正电荷积累而成为阳极.若与外电路相连就有电流流过,这种发电器效率不大,为了能得到较大的功率输出,实用上常把很多对温差电偶串、并联成温差电堆.温差电制冷器是在由温差电材料组成的电路中接入一电源,则一个结点会放出热量,另一个结点会吸收热量.若放热结点保持一定温度,另一个结点会开始冷却,从而产生制冷效果.半导体温差电制冷器也是由一系列半导体温差电偶串、并联而成的.温差电制冷器由于体积十分小,没有可动部分(因而没有噪声),运行安全,故障少,并且可以通过调节电流来正确控制温度,它可应用于潜艇、精密仪器的恒温槽、小型仪器的降温、血浆的储存和运输等场合.

电位差计

一、电位差计的工作原理

电位差计是利用补偿原理测量电动势或电压的一种精密仪器,图 7-13 是 UJ31 型低电势直流电位差计的工作原理图,电位差计一般由工作电流回路 1、校准回路 2 和测量回路 3 组成.

使用电位差计，基本上要分为两个步骤.

1. 校准(工作电流标准化)：将开关 S_2 拨向"标准"，先后按下按钮"粗"和"细"，调节 R_{n1}、R_{n2}、R_{n3}，使 R_N 和 R_s 两端的电压与数值已知的标准电池电动势 E_s 相等，即

$$E_s=I_0(R_N+R_s)$$

这样工作电流就标准了，$I_0=\dfrac{E_s}{R_N+R_s}$. 于是Ⅰ、Ⅱ、Ⅲ刻度盘上读数与 R_x 上的电压降($U_x=I_0R_x$)就能一一对应起来了.

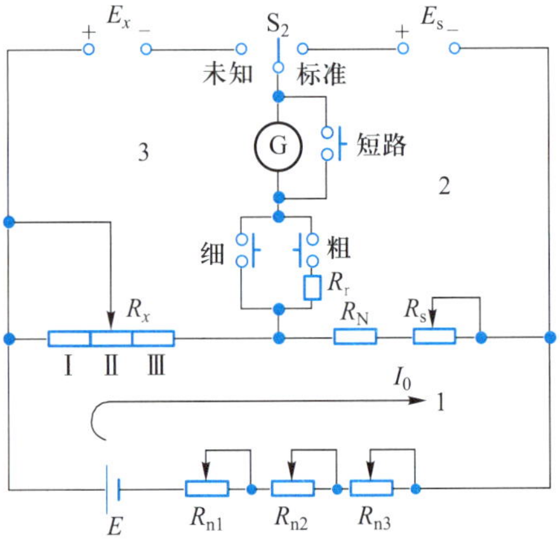

图 7-13　UJ31 型电位差计的工作原理图

2. 测量：将开关 S_2 拨向"未知"，此时，待测电源 E_x、检流计与电阻 R_x 中的一部分构成补偿回路(称测量回路)，调节 R_x 使检流计 G 指零，则有

$$E_x=I_0R_x=U_x$$

而 U_x 值可由Ⅰ、Ⅱ、Ⅲ刻度盘上直接读出，从而可测出待测电动势 E_x.

二、UJ31 型低电势直流电位差计的使用方法

1. 测量前的准备工作.

(1) 在线路未接通前，先将转换开关 S_2 拨在"断"位置，将按钮全部松开，并将量程倍率开关拨在合适的挡位上.

(2) 按实验室的室温，由实验室给出标准电池的电动势值，将温度补偿器 R_s 放在正确位置上.

(3) 按面板上分布的接线端的极性，分别接上"工作电源"(YJ24 型)、"标准电池"、"检流计"和未知电动势 E_x，注意它们的极性.

2. 工作电流标准化.

开启"工作电源"开关. 将转换开关 S_2 拨至"标准"位置，将按钮"粗"按下，用变阻器 R_n(按照 R_{n1}、R_{n2}、R_{n3}即粗、中、细的次序)调节工作电流，使检流计不偏转，再将按钮"细"按下，进一步调节 R_n(次序与上相同)，使检流计完全不偏转，这样工作电流标准化的过程就完成了.

3. 测量未知电动势 E_x.

将转换开关 S_2 拨到"未知 1"或"未知 2"位置上，将按钮"粗"按下，调节 R_x(即依次转动测量读数盘Ⅰ、Ⅱ、Ⅲ)，使检流计不偏转，再将按钮"细"按下，细调 R_x，使检流计完全不偏转，此时测量盘Ⅰ、Ⅱ、Ⅲ上的读数与相应的量程倍率的乘积之和就是未知电动势的数值.

三、UJ31 型低电势直流电位差计的使用注意事项

1. 测量中，应经常校准工作电流，保证工作电流处于标准化状态.

2. 由于配套使用的检流计灵敏度较高，不允许通过大电流，故操作时必须先"粗"后"细"，按照顺序操作.

3. 工作电源、标准电池以及未知电动势的极性绝对不能接反，否则电路将永远不能

平衡,检流计始终向一边偏转,而通过检流计的电流可能会过大,从而损坏检流计.

4. 标准电池不能作电源使用,也不能将标准电池倾斜或震动,否则都会使标准电池失去标准值.

四、基本误差

1. 符合国家标准(GB/T 3927—2008)规定的电位差计,其基本误差的允许极限为

$$\Delta U_x=\pm\frac{C}{100}\left(\frac{U_n}{10}+U_x\right)$$

式中,C 是用百分数表示的等级指数,U_x 是标盘示值(V),U_n 是基准值(V).

2. 本实验所用的电位差计基本误差的允许极限为

$$\Delta U_x=\pm(a\%+b\Delta U)$$

式中,a 是准确度等级;ΔU 是最小测量盘步进值或滑线盘最小分度值(V);b 是系数,携带型电位差计 $b=1$.

第 3 章

综合实验

实验 8　金属杨氏模量的测定

杨氏模量是描述固体材料抵抗形变能力的重要物理量，是工程技术中常用的参量，是选择材料的重要依据之一.杨氏模量的测定对研究各种材料的力学性质有着重要意义.测量杨氏模量的方法一般有拉伸法、梁弯曲法、振动法等，本实验用静态拉伸法来测量金属丝的杨氏模量.

预习题

1. 材料相同，长度相同，但粗细不同的两根金属丝，它们的杨氏模量是否相同？材料相同，粗细相同，但长度不同的两根金属丝，它们的杨氏模量是否相同？

2. 光杠杆是如何将金属丝的微小伸长量进行放大测量的？

3. 光杠杆应如何正确放置在杨氏模量仪的平台上？

4. 实验过程中应如何调节望远镜与平面镜，以便能够从望远镜中观察到由平面镜反射的标尺像？

5. 该实验中，为什么要采用分别测量加砝码和减砝码时的标尺读数，然后取平均值的方法？

实验目的

1. 学会用拉伸法测量金属丝的杨氏模量.
2. 掌握用光杠杆法测量微小长度变化量的原理和方法.
3. 学会用逐差法处理实验数据.

实验仪器

杨氏模量仪、光杠杆、带标尺的望远镜、螺旋测微器、游标卡尺、米尺、砝码.

实验原理

一、拉伸法测杨氏模量

物体在外力作用下会发生形变，当形变不超过其限度时，在撤除外力后，形变随之消失，物体恢复原状，这种形变称为弹性形变. 若形变超过了一定限度，在外力撤除后，物体不能恢复原状，形变依然存在，这种形变称为范性形变(塑性形变). 本实验只研究弹性形变.

设一长为 L、横截面积为 S 的均匀金属丝，在受到沿长度方向的外力 F 的作用下伸长 ΔL. 比值 F/S 是单位面积上的作用力，称为应力(协强)，而比值 $\Delta L/L$ 是金属丝的相对伸长量，称为应变(协变). 根据胡克定律，在材料弹性范围内应变与应力成正比，即有

$$\frac{F}{S}=E\frac{\Delta L}{L} \tag{8-1}$$

式中，比例系数 E 称为该材料的杨氏模量. 它的单位为 $\mathrm{N\cdot m^{-2}}$.

由式(8-1)得

$$E=\frac{F/S}{\Delta L/L}=\frac{FL}{S\Delta L} \tag{8-2}$$

实验证明，杨氏模量与外力 F、物体的长度 L 和横截面积 S 的大小无关，只取决于被测物体的材料特性，它是表征固体性质的一个物理量.

由式(8-2)可见，只要测出外力 F、金属丝的原长 L 和横截面积 S 以及在外力 F 作用下金属丝的伸长量 ΔL，就可以测出金属丝的杨氏模量 E. 上述几个量中，F、L、S 都容易测出，而 ΔL 是个微小伸长量，用通常测长度的仪器(游标卡尺、螺旋测微器等)难以测量，这也是本实验要解决的关键问题. 为此，本实验采用光杠杆放大原理来测量金属丝的微小伸长量 ΔL.

二、光杠杆放大原理

微小伸长量 ΔL 的测量，需要光杠杆与带标尺的望远镜配合使用，如图 8-1 所示，从

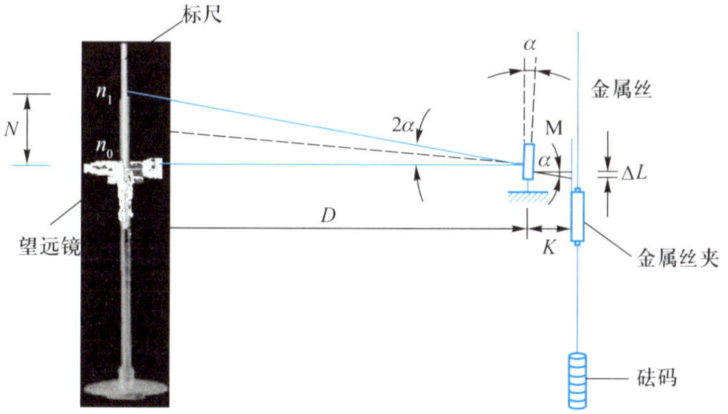

图 8-1　光杠杆的测量原理图

望远镜标尺发出的光经远处光杠杆上的平面镜 M 反射后到达望远镜,被观察者在望远镜中看到.

设开始时平面镜 M 处于垂直状态,从望远镜中看到标尺上的刻线读数为 n_0.当金属丝在外力(砝码)作用下伸长时,光杠杆的后足随金属丝夹下降了 ΔL,带动平面镜 M 转过一个角度 α.经镜面反射的光会相应地改变 2α 的角度,此时观察到标尺刻线读数变化到了 n_1 的位置.设光杠杆后足尖到两前足尖连线的垂直距离为 K,镜面到标尺的距离为 D,由图中的几何关系可知:

$$\tan\alpha=\frac{\Delta L}{K}$$

$$\tan 2\alpha=\frac{N}{D}\quad (N=n_1-n_0)$$

由于 $\Delta L\ll K$,角 α 非常小.故 $\tan\alpha\approx\alpha$,$\tan 2\alpha\approx 2\alpha$,所以

$$\alpha=\frac{\Delta L}{K},\ 2\alpha=\frac{N}{D}$$

消去 α,得

$$\Delta L=\frac{KN}{2D}\tag{8-3}$$

$N/\Delta L$ 称为光杠杆的放大倍数,由式(8-3)得

$$\frac{N}{\Delta L}=\frac{2D}{K}\tag{8-4}$$

上式表明,D 越大,则光杠杆的放大倍数越大.通常光杠杆的放大倍数可达数十倍.

设金属丝的直径为 d,则横截面积为

$$S=\frac{1}{4}\pi d^2$$

将上式和式(8-3)代入式(8-2).可得金属丝的杨氏模量为

$$E=\frac{FL}{S\Delta L}=\frac{8FLD}{\pi d^2NK}\tag{8-5}$$

三、动态共振法测量杨氏模量

物理实验中测量金属杨氏模量的传统方法主要可以分为静态法和动态法两种.[1] 拉伸法属于静态法,其缺点是不能真实地反映材料内部结构的变化而且不能对脆性材料进行测量.动态法则是通过波在材料中传播引起材料的共振,通过测量共振频率来间接测量材料的杨氏模量,动态法中常用的就是共振法.动态法具有功耗低、灵敏度高的特点.该方法适用范围广,可测量脆性材料的杨氏模量.

共振法测量杨氏模量基本原理:任何物体都有其固有的振动频率,该频率取决于试样的振动模式、边界条件、弹性模量、密度以及试样的几何尺寸、形状.只要从理论上建立一定的振动模式、边界条件和试样的固有频率及其他参量之间的关系,就可以通过测量试样的固有频率、质量和几何尺寸来计算弹性模量.[2] 根据固体材料的动力学方程,可推

导出动力学下杨氏模量的测量公式为

$$E = 1.606\ 7\frac{mL^3}{d^4}f^2 \tag{8-6}$$

式中，L 为材料的长度，d 为材料的直径，m 为材料的质量，f 为材料的固有频率. 由于材料的固有频率与共振频率数值相等，因此利用共振法测量杨氏模量的关键为用各种不同方法测量材料的共振频率，进而实现杨氏模量的测量.

常用共振法的实验装置如图 8-2 所示. 其实验原理为：给试样加机械振动，当信号发生器的频率不等于试样的共振频率时，试样不发生共振，示波器上几乎没有信号波形或波形很小. 当信号发生器的频率等于试样的共振频率时，试样发生共振，示波器上的波形突然增大，这时读出的频率就是试样在该温度下的共振频率. 由于试样的共振频率因悬线位置不同而略有变化，在实验中通过改变悬点位置，记录不同位置的共振频率，用外延法或内插法找出节点处共振频率，利用式(8-6)便可计算出试样的杨氏模量.

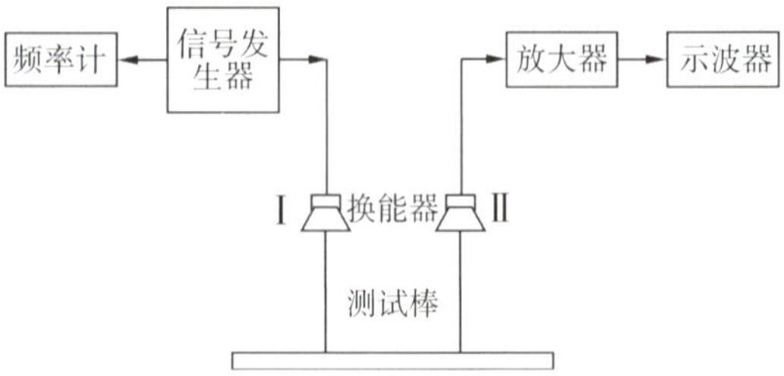

图 8-2 共振法测量杨氏模量实验装置图

实验内容

一、仪器介绍

杨氏模量仪如图 8-3 所示. 它由 H 形支柱和一个带有水平调节螺丝的底座组成. 支柱上端有带上夹头的横梁，被测金属丝上端被夹紧在上夹头中而固定. 支柱中部有一个上下可调的平台，平台中部开有一个圆孔，圆孔中穿有一个可以上下自由移动的下夹头，下夹头为中间有一小孔的圆柱体，金属丝的下端从其中穿过而被夹紧，下夹头下端悬挂砝码.

光杠杆如图 8-4 所示，它由一圆形平面镜装在一个小的三足架上构成，三足尖组成一个等腰三角形，两前足尖(有的光杠杆是刀口)放在平台前横槽里，后足尖的位置可调，后足尖置于金属丝的下夹头上.

带标尺的望远镜如图 8-5 所示，它由望远镜和标尺组成，用于观察由光杠杆平面镜反射的标尺的像，并通过望远镜中的叉丝对标尺读数.

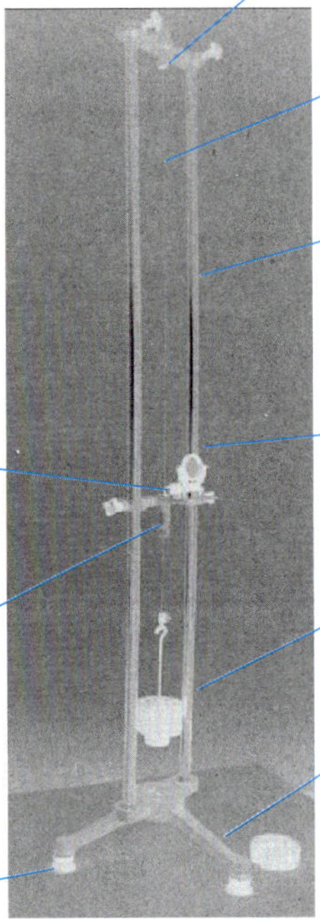

图 8-3　杨氏模量仪

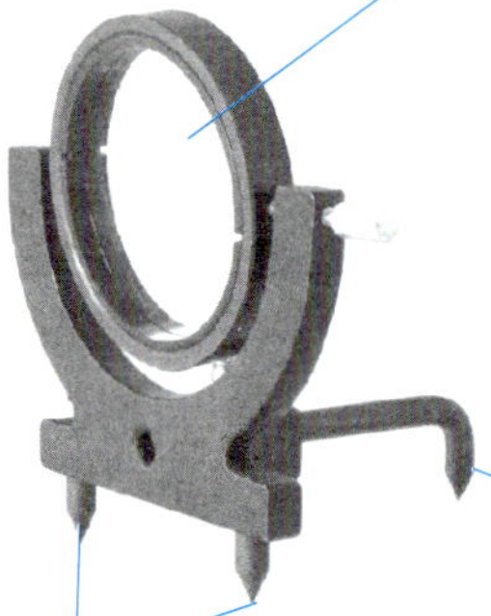

图 8-4　光杠杆

内调焦望远镜的结构如图 8-6 所示，它由物镜和目镜等组成，为方便调节和测量，在物镜和目镜之间设有叉丝分划板和内调焦透镜.叉丝分划板固定在 B 筒内，可沿筒前后移动，以改变目镜与叉丝分划板间的距离.

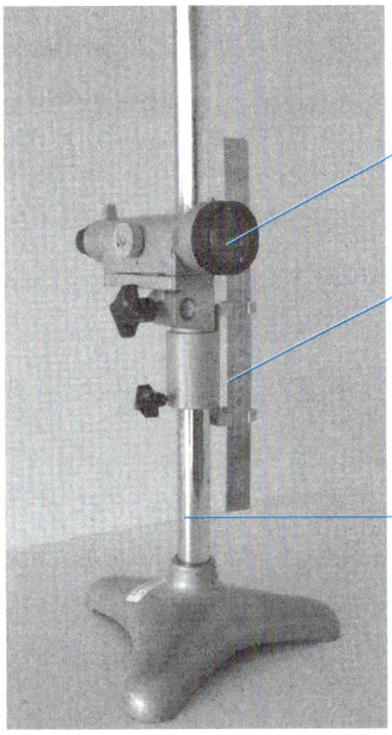

图 8-5　带标尺的望远镜

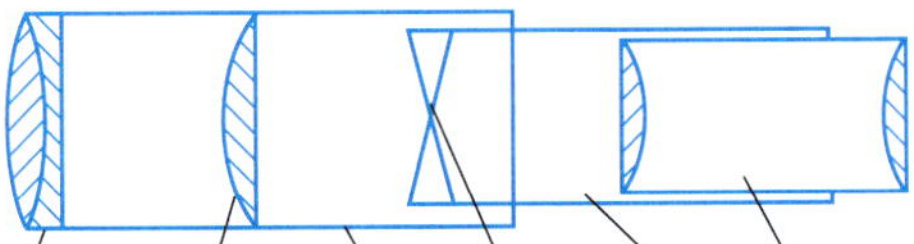

图 8-6　内调焦望远镜的结构

二、仪器调整

(一) 杨氏模量仪调整

调节杨氏模量仪底座水平调节螺丝,使其两支柱竖直,金属丝处于竖直悬挂状态,调节平台上下高度,使金属丝下夹头位于平台圆孔中并能自由升降、不受阻力作用(可在金属丝下端先挂 1~2 个砝码,以确保金属丝自由下垂).

(二) 光杠杆调整

如图 8-7 所示,将光杠杆的两前足(有的光杠杆是刀口)放在平台的横槽中,后足置于金属丝的圆柱形下夹头上(后足不能与金属丝相接触).将平面镜的镜面调成竖直,使平面镜的法线方向基本水平.

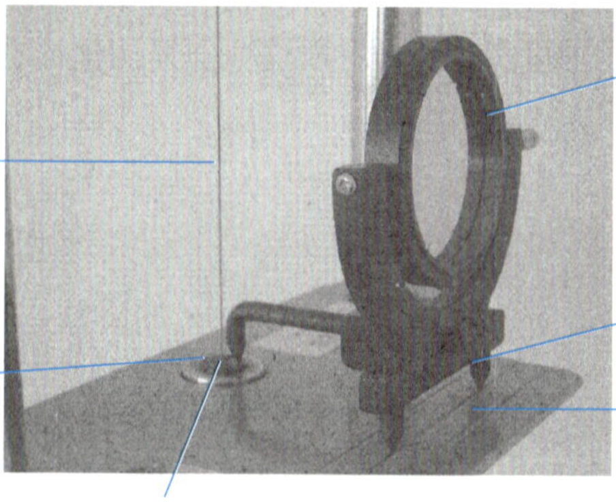

图 8-7 光杠杆的放置

(三) 望远镜调整

位置调整:将望远镜置于光杠杆平面镜正前方约 1.5 m 的位置处,使望远镜镜筒与光杠杆处于同一高度.将望远镜调成水平,标尺调至竖直状态.

目测粗调:将望远镜瞄准光杠杆的平面反射镜镜面,从望远镜外侧沿镜筒轴线方向观察平面镜中能否看到标尺的像,如果看不到,可左右移动望远镜并适当调整平面镜的仰俯角度,直到从平面镜中看到标尺的像为止.

望远镜细调:旋动望远镜目镜直至能看清十字叉丝.再旋转物镜调焦手轮,直到从望远镜中能看清光杠杆平面镜反射的标尺像.仔细调整望远镜的位置,使望远镜中的标尺像接近视场中心,并能看清标尺刻度,参见图 8-8.调节标尺上下位置,使标尺中部的零标线尽可能落在望远镜十字叉丝的横丝上.

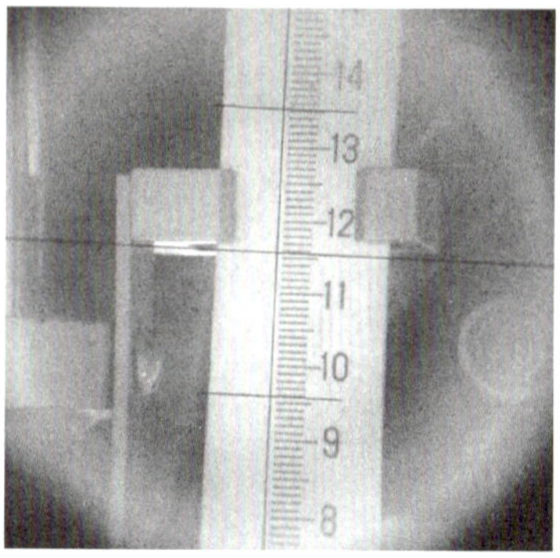

图 8-8 望远镜中观察到的由平面镜反射的标尺像

消除视差:进一步细调望远镜,使得当眼睛上下移动时,从望远镜中观察到的标尺刻度线与叉丝的相对位置无偏移,即无视差.视差是由于叉丝与标尺的像不在同一平面内造成的.因此,当观察者移动观察位置时读数会发生偏差,故需仔细调节望远镜内筒以消除视差,使标尺的像正好落在十字叉丝所在的平面内.

三、数据测量

1. 依次将 1 kg 的砝码轻轻地加到砝码托盘上,记下各次的标尺读数,填入表 8-2 中,共 8 次(增重读数);然后将砝码依次轻轻取下,记下相应的标尺读数,共 8 次(减重读数),求平均值.

2. 多次测量 d:依次在金属丝有效长度内上、中、下三个不同位置处用螺旋测微器测金属丝的直径 6 次,共得 6 个数据,填入表 8-3 中,由这 6 个数据得出金属丝直径的测量结果.

3. 单次测量 L、D、K:用米尺测量上、下夹头之间金属丝的长度 L 及光杠杆镜面到标尺的距离 D;将光杠杆放在纸上压出足痕,用游标卡尺测出光杠杆的后足到两前足连线的垂直距离 K.

注意事项

1. 光杠杆的后足一定要置于圆柱形下夹头上,不能放在支架的平台上.

2. 由于实验室中仪器位置的安排关系,从望远镜中观察标尺在平面镜中的虚像时,有可能误将对面座位上另一套仪器的标尺当成自己标尺的像,判断方法之一是将一个手指贴着自己的标尺表面移动,观察标尺在平面镜中的像上是否有手指在移动,如有,则看到的是自己的标尺;否则就不是,需要重新调整.

3. 加、减砝码时要轻拿轻放,避免砝码托盘晃动,待望远镜中标尺读数稳定后才能读数.

4. 金属丝荷重相同时,标尺读数应接近,如相差较大,应寻找原因,消除故障后重测.

5. 测量金属丝的直径时,应注意不能扭折金属丝.

6. 测量光杠杆的后足到两前足连线的垂直距离 K 时,光杠杆应轻拿轻放,以防摔坏平面镜.

7. 实验完成后,应将砝码取下,防止金属丝疲劳.

思考题

1. 如果某同学将光杠杆的后足置于支架的平台上,那么他的读数记录有什么特点?

2. 只有一把卷尺,能否估算出该光杠杆的放大倍数?指出应测量哪些物理量,并表示出最后结果.

3. 本实验中,对 L、D、K 只测一次,但为什么对金属丝的直径 d 要进行多次测量?

4. 在研究平面镜中标尺读数的改变量 N 时,为什么要用逐差法处理数据?其使用条件及优点各是什么?

5. 本实验如果不用逐差法,而用作图法处理数据,应如何处理?怎样根据图线求出实验结果?

6. 用光杠杆放大测量微小位移是一种较为普遍的方法，除本实验外，还可在哪些实验中采用此方法？

知识拓展

拉伸法测金属杨氏模量实验仪的若干改进

在用拉伸法测金属杨氏模量实验过程中，我们发现该实验所用的杨氏模量仪存在许多不足之处.例如，不易在望远镜中找到由光杠杆上平面镜反射回来的标尺的像，实验者常需耗费大量时间来调节仪器；操作过程中，需要一人在仪器处加减砝码，另一人在望远镜处观测，或一人在仪器和望远镜之间来回跑动；加减砝码时金属丝会出现晃动，导致标尺读数不稳定；等等.针对实验中出现的各种问题，我们对该实验仪作了多种有益的改进，并申请了多项相关专利.

针对实验过程中光路不可见、难以调节光路的问题，陈健、郝宏玥、朱纯等人用一字线激光器替代原光杠杆上的平面镜[3]，发明了一种激光光杠杆（CN201120054338.7），由金属丝的微小伸长带动激光器发出的激光线同步偏转，用一字激光线作为标尺的读数标线，由于其光路可见，大大方便了仪器的调节和实验测量.

为了解决实验操作过程中一人难以独立完成实验的问题，郝宏玥、陈健研制了一种一体型激光杨氏模量测定仪（CN201020150310.9），使用该仪器时不需要望远镜，可单人独立方便地完成实验，大大节省了实验所需场地空间.陈健、朱纯等人发明了一种电动调节型光杠杆（CN201520776758.4），只需一人在望远镜处通过按动控制开关驱动微型电机，同时进行光杠杆和望远镜的调整，避免了在光杠杆和望远镜之间频繁多次来回调节，有利于简化实验操作，节省实验时间.

针对实验仪在加减砝码时金属丝晃动的问题，陈健、陈学清、朱纯等人在砝码托盘下方增加了限位杆和限位器，发明了一种杨氏模量实验仪防晃动装置（CN201220527119.0）；王廷志、陈学清、赵国派等人设计了一种带防晃动装置的杨氏模量测定仪底盘（CN201220532032.3）及防晃动装置（CN201120127774.2）.以上改进均巧妙地解决了实验过程中金属丝的晃动问题.

方蔚然、陈健、朱纯发明了一种通用杨氏模量实验仪（CN201320245439.1），陈健、朱纯、任仲贤发明了一种激光镜面组合光杠杆（CN201420065357.3），利用上述发明，实验者可在同一台杨氏模量仪上同时或分别用传统镜面光杠杆和激光光杠杆进行实验并进行测量比较，拓展了传统杨氏模量仪的功能.

江南大学物理实验中心已授权的部分杨氏模量仪相关专利如表8-1所示，读者可从这些发明中获得有益启发.

表 8-1 江南大学物理实验中心已授权的杨氏模量仪相关专利（部分）

编号	专利名称	专利号	发明人
1	激光光杠杆	CN201120054338.7	陈健、郝宏玥、朱纯等
2	一体型激光杨氏模量测定仪	CN201020150310.9	郝宏玥、陈健

续表

编号	专利名称	专利号	发明人
3	一种杨氏模量实验仪防晃动装置	CN201220527119.0	陈健、陈学清、朱纯、郝宏玥
4	带防晃动装置的杨氏模量测定仪底盘	CN201220532032.3	王廷志、陈学清、赵国派
5	一种激光镜面组合光杠杆	CN201420065357.3	陈健、朱纯、任仲贤
6	一种通用杨氏模量实验仪	CN201320245439.1	方蔚然、陈健、朱纯
7	方便杨氏模量测定仪防晃动装置	CN201220510382.9	王廷志、赵博然、谢广喜
8	防晃动一体型激光杨氏模量测定仪	CN201120127774.2	杜乐娜、王廷志、高光华等
9	杨氏模量测定仪专用砝码	CN201320246958.X	刘姿忆、谢光喜、王廷志
10	一种电动调节型光杠杆	CN201520776758.4	陈健、朱纯

光杠杆在机械加工检测中的应用

在机械加工检测过程中，经常需要对轴类工件进行径向跳动、轴向端面跳动及同轴度等的测量.操作者通常采用打表的方法进行粗略检测，这种方法较为简单，无法对轴的表面进行高精度的全面检测.下面介绍一种利用光杠杆自动检测轴类径向跳动的装置.图 8-9 为测量装置原理图.[4]

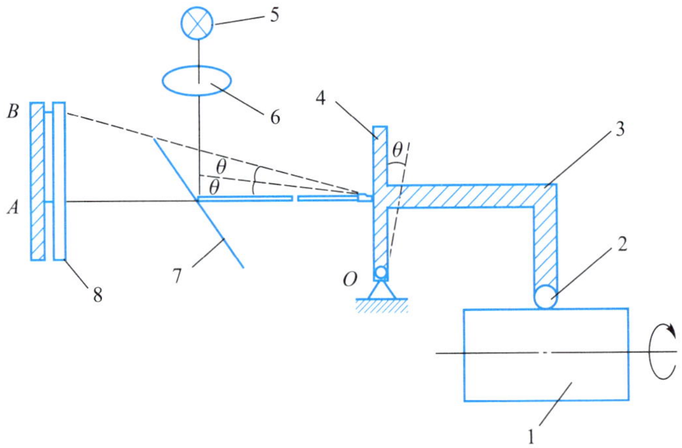

1—待测轴类工件；2—自压紧触头；3—光杠杆；4—平面反射镜；5—光源；6—狭缝光标镜；7—半反半透镜；8—光电电位传感器.

图 8-9　测量装置原理图

图 8-9 中，光杠杆后足上设有自压紧触头，它有像千分表一样的接触头，可在待测轴类工件转动时，紧贴在工件表面且能自由移动.

从光源发出的光经狭缝光标镜后变为狭缝光标，狭缝光标经半反半透镜后投射到光杠杆的平面反射镜上，再经平面反射镜反射后投射到光电电位传感器上，将光电电位传感器 A 位置的电阻接通，产生一个电压 U_A.

当工件表面有微小变化时，自压紧触头带动平面反射镜绕光杠杆转轴 O 转动一个角度 θ.根据光杠杆工作原理，狭缝光标相应产生 2θ 角的偏转，此时光标移动到光电电位传

感器的 B 位置，使光电电位器产生电压 U_B. 根据 U_B-U_A 的大小，即可确定角度 θ 的大小，从而得到工件的微小变化量(计算公式可参考金属杨氏模量的测定实验).

图 8-9 中的光杠杆也可用激光光杠杆替代，省略图 8-9 中的光源和狭缝光标镜，用一字线激光器替代平面镜，由一字线激光器发出的光直接投射到光电电位传感器上，可使测量装置更为简单，使用更为方便.

图 8-10 为测量示意图. 具体测量时，将光杠杆后足的自压紧触头贴压在工件表面，转动工件转轴 O_1O_2，自压紧触头在垂直方向上会因其跳动而上下运动. 水平移动工件，可得到圆柱面上最低点电位和最高点电位，由此测出整个圆柱表面的偏差。若所测轴为阶梯轴，将自压紧触头移到阶梯轴表面，可测出两圆柱表面相对转轴 O_1O_2 的偏差，由此测出其同轴度。若将自压紧触头连接在转轴的端面，同理也可测出其轴向跳动.

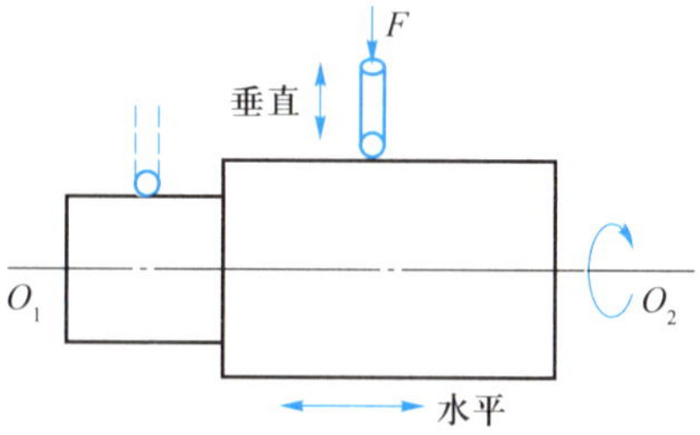

图 8-10　测量示意图

该装置利用了光杠杆原理，在机械加工检测过程中不仅可测量上述待测量，还可以测量其他各种微小变化量，如平面度、机床热变形及直线度等.

参考文献

[1] 黄琪莉，钱圳，彭艺，等. 动态法测量固体材料的杨氏模量的一种新方法[J]. 大学物理实验，2018，31 (3)：25-28.

[2] 段阳，杨浩林，伍泓锦，等. 杨氏弹性模量测量实验综述[J]. 物理与工程，2020，30 (3)：89-102.

[3] 陈健，郝宏玥，朱纯，等. 激光光杠杆：201120054338.7.2011-08-31.

[4] 高永全，王晓峰，王晓光. 光杠杆在机械加工检测中的应用[J]. 组合机床与自动化加工技术，2000(12)：32-33.

实验 9　声速的测定

预习题

1. 什么是驻波？驻波有什么特点？
2. 实验中为什么要让电声换能器工作在谐振频率？
3. 相位法中比较的相位是哪两个相位？
4. 按频率的大小，声波分为哪几种？
5. 实验中，声速的实验值、理论值分别用哪个公式计算？
6. 压电陶瓷电声换能器有什么特点？

7. 用驻波法测声波的波长，往示波器里输入几个信号？移动 S_2 到波节处时，在示波器上看到什么现象？

8. 用行波法测声波的波长，往示波器里输入几个信号？移动 S_2，在示波器上看到什么现象？

实验目的

1. 学会用驻波法和行波法测定声波在空气中的传播速度.
2. 加深对波的一些性质的认识.
3. 复习用逐差法处理实验数据.

实验仪器

声速测定仪、函数信号发生器、示波器各一台.

实验原理

机械波是机械振动在介质中的传播.声波是在弹性介质中传播的一种机械纵波.可闻声波的频率为 20 Hz~20 kHz，次声波频率小于 20 Hz，超声波频率大于 20 kHz.

声速的测量在声波定位、探伤、测距等应用中具有十分重要的作用.

描述声波的三个物理量为波速 v、频率 f 和波长 λ，三者之间存在以下关系：

$$v=f\lambda \tag{9-1}$$

通过实验，若测出声波的频率 f 和波长 λ，便可间接测量出声波的速度 v.

波速 v 的大小取决于介质的性质（介质的种类、温度等），而与声波的频率 f 无关.声波在气体和液体中传播的速度为

$$v=\sqrt{\frac{K}{\rho}} \tag{9-2}$$

式中，K 为介质的体积模量，ρ 为介质的密度.

声波在温度为 $T(K)$ 的空气中的传播速度为

$$v=v_0\sqrt{\frac{T}{T_0}} \tag{9-3}$$

$T_0=273.15$ K（0 ℃）时声速 $v_0=331.30$ m/s.

由于超声波具有波长短、定向发射性能好、功率大、抗干扰性能强等特点，因而在超声波段测量声速较为方便.超声波的发射和接收是用压电陶瓷电声换能器进行的.在图 9-1 所示的声速测量实验装置中，声速测量仪上 S_1 和 S_2 是两个结构相同的压电陶瓷电声换能器，发射换能器 S_1 受信号发生器输出正弦电压的激励而发射出超声波，接收换能器 S_2 把接收到的声波转换成相同频率的正弦电压（信号），再输入示波器后供观测用.这时声波信号频率与信号发生器上显示的电信号频率相同.

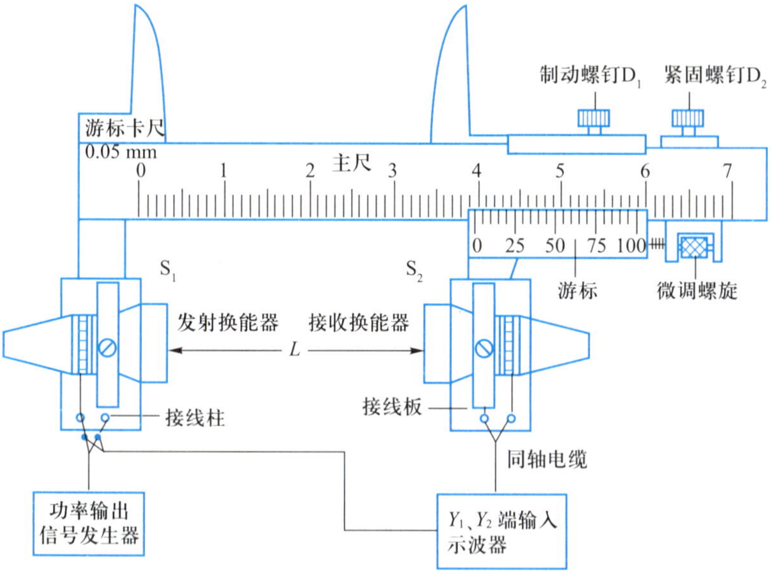

图 9-1　实验装置图

本实验的重点是测出波长 λ，难点是调出共振频率.

一、驻波法

由 S_1 发射的频率为 f 的平面声波，经空气介质传播到接收换能器 S_2，若 S_1 和 S_2 的两端平面平行，入射至 S_2 表面的声波被垂直反射回来，形成两束传播方向相反的相干波，在 S_1 与 S_2 间产生干涉，形成驻波，如图 9-2 所示. 若 S_1 和 S_2 两端面间距为半波长 $(\lambda/2)$ 的整数倍，即

$$L=n\frac{\lambda}{2},\quad n=1,2,3,\cdots$$

则在 S_1 和 S_2 表面处形成波节，驻波两相邻波节(腹)间距为声波波长 λ 的 1/2.

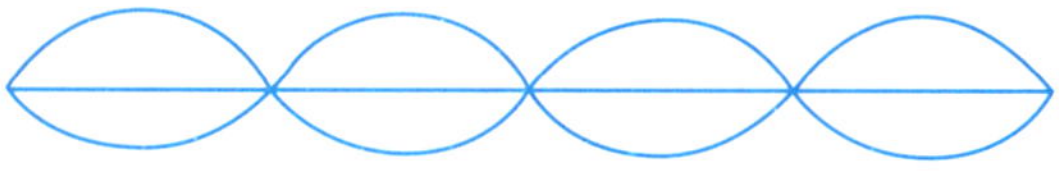

图 9-2　驻波图

声波在空气中传播时，引起空气介质的质点产生振动，由于各质点振动位移的差异，空气中不同小区间内引起膨胀和压缩的周期性变化，伴随产生周期性变化的声压 p. 在波节处声压 p 幅值最大. 当 S_1 固定，移动 S_2，每当 S_1 与 S_2 之间的距离是 $\lambda/2$ 的整数倍时，S_2 表面受声压最大，因 S_2 位于波节处，S_2 产生一幅值最大的正弦电压值，若输入示波器，荧屏上就显示出幅值最大的正弦电压. 如在示波器水平方向上不加扫描信号，示波器屏上将显示一条竖直的最长直线段，由此可知当荧屏上出现两次最大电压信号时，游标尺上 S_2 移动距离为半波长 $(\lambda/2)$. 读出 f，由 $v=f\lambda$ 可算出声速.

二、行波法（相位法）

将图 9-1 中接收声波的换能器 S_2 的端面略转一角度，使其与 S_1 端面不平行，S_1 与 S_2 之间空气柱只存在 S_1 发射的行波．不同点上的空气质点，以相同频率 f 和相同振动方向振动，由波动理论可知，在同一时刻，S_1 和 S_2 表面处声波引起的振动相位差 $\Delta\varphi$ 与 S_1 和 S_2 之间的距离 L 的关系为

$$\Delta\varphi=\frac{L}{\lambda}\times 2\pi$$

当 $L=2k\frac{\lambda}{2}$ 和 $L=(2k+1)\frac{\lambda}{2}$ 时，对应的相位差分别为 $\Delta\varphi=2k\pi$ 和 $\Delta\varphi=(2k+1)\pi$．由振动合成理论，同频率不同相位的两个相互垂直的简谐运动合成时，其李萨如图形如图9-3所示．

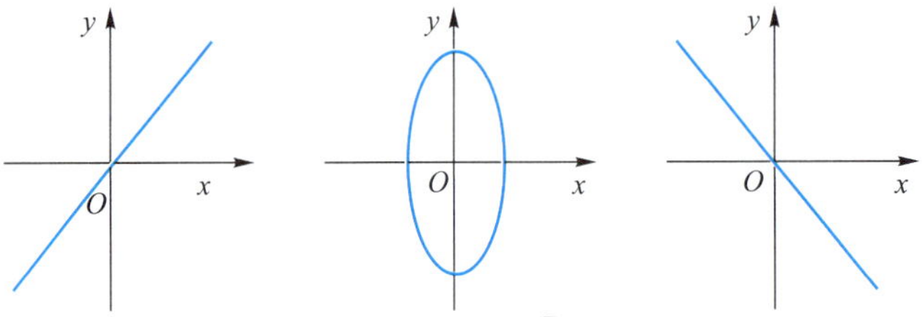

(a) $\Delta\varphi=2k\pi$　(b) $\Delta\varphi=2k\pi+\frac{\pi}{2}$　(c) $\Delta\varphi=(2k+1)\pi$

图 9-3　李萨如图形

实验装置如图 9-4 所示，在线路接线不变的情况下，再从 S_1 引一信号输入示波器 Y_1 端（作为 x 轴信号）．在示波器荧屏上将显示出振动合成的李萨如图形．固定 S_1，移动 S_2，当 S_1 与 S_2 间距 $L=2k\frac{\lambda}{2}$ 时，荧屏显示如图 9-3(a) 所示，其相位差 $\Delta\varphi=2k\pi$．当 S_1 和 S_2 间距 $L=(2k+1)\frac{\lambda}{2}$ 时，荧屏显示如图 9-3(c) 所示，其相位差 $\Delta\varphi=(2k+1)\pi$．不等于上面两值时，图形为一椭圆［图 9-3(b)］．缓慢移动 S_2 的过程中交替出现斜率为正、负值的直线时，S_1 与 S_2 间距 L 变化 $\frac{\lambda}{2}$，由此可算出 v．

实验内容

一、驻波法

1．按图 9-4 接线，其中函数信号发生器可以选择 CH1 或 CH2 输出信号．这里以 CH1 为例，为了避免信号干扰，所用接线都是屏蔽线，屏蔽线的金属网外皮应接仪器的接地端（即与仪器外壳同电位）．

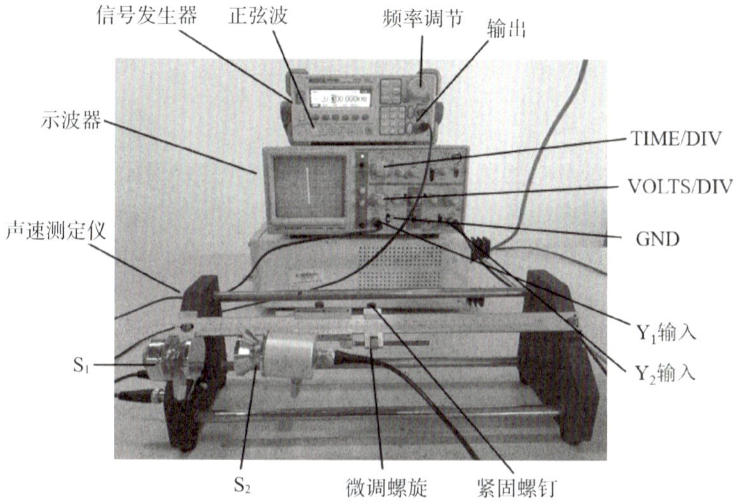

图 9-4 驻波法实物接线图

2. 信号发生器上旋钮设置如下:按下通道切换按钮,使当前选中通道为 CH1,按下波形选择键中的"~"按钮,利用面板上的方向键、旋钮、数字键盘以及菜单键,将显示屏显示的频率值调节至 37 kHz 左右(共振,振幅最大),按下 CH1 通道的"Output"键.

3. 测量波长.示波器上旋钮设置如下:将扫描时间开关"TIME/DIV"旋到"X—Y"位置,将两个"VOLTS/DIV"旋钮顺时针旋至停止点,使 Y_1 输入处于 GND.先将 S_1 和 S_2 靠近一点(3 cm 左右),并在示波器上看到最长亮线,调节函数信号发生器"频率调节"旋钮,至示波器荧光屏上出现最长竖直亮线(这时换能器处于共振状态,转换效率最高).调节示波器的"VOLTS/DIV"旋钮,使图像(竖直亮线)长短适中,改变 S_2 的位置,可观察到荧光屏上竖直亮线周期性伸长、缩短.

提示:使用声速测定仪微调螺旋时,应先将紧固螺钉 D_2 拧紧,旋动微调螺旋移动游标.依次连续记下 10 个振幅值最大(直线最长)位置读数 $L_0, L_1, L_2, \cdots, L_9$,填入表 9-1 中.

4. 读出频率计上当前频率 f,用温度计测出室温 t.

二、行波法

1. 使示波器上的 Y_1 输入处于 AC,如图 9-5 所示.

2. 将 S_2 的端面转一小角度后移开 S_1. 调节示波器 x 轴、y 轴的"VOLTS/DIV"旋钮,使荧光屏上的李萨如图形大小适中,改变 S_2 的位置,可看出荧光屏上图形的变化.将 S_2 移远 S_1 一定距离后,再将 S_2 慢慢向左移动,依次连续记下 10 个图形为正、负斜率直线的位置读数 L_0,

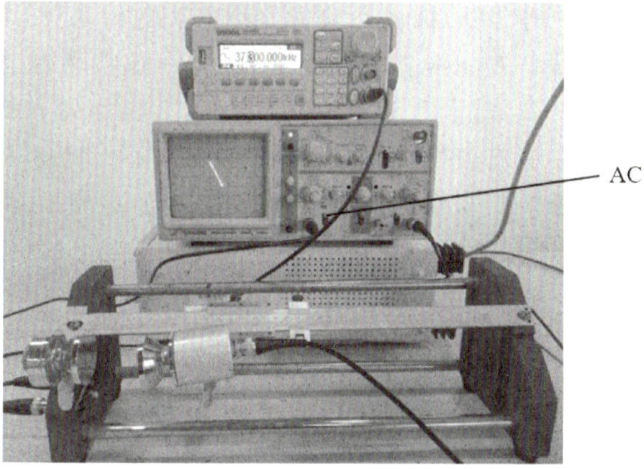

图 9-5 行波法实物接线图

$L_1, L_2, \cdots, L_9$，填入表 9-2 中.

注意事项

1. 实验前要仔细把低频信号发生器输出的正弦信号频率调到和压电陶瓷电声换能器的谐振频率相一致.

2. 测量波节位置时必须缓慢地同方向连续进行.

思考题

1. 声速的大小由哪些因素决定？与频率有无关系？

2. 用驻波法测声速，当 S_1 与 S_2 之间距离改变时，荧屏上信号图像为何会变大、变小？

知识拓展

李萨如与李萨如图形

李萨如(Jules Antoine Lissajous，1822—1880，图 9-6)，法国物理学家，1822 年出生于凡尔赛，1841—1844 年在巴黎高等师范学校学习，1850 年获科学博士学位，他曾先后任巴黎圣路易学院教授、尚贝里学院院长、贝桑翁学院院长.

图 9-6　李萨如

李萨如主要从事声学和光学方面的研究，提出并用实验验证了“任何复杂的运动都可以分解成为简谐运动”的理论.1855 年，他提出利用“李萨如图形”来研究振动合成的精巧方法.1857 年，他发明了光学比长仪.

李萨如图形是指点的运动轨迹，该点在运动中应满足的条件是：第一，在相互垂直的方向上做独立的简谐运动；第二，在两个方向上振动频率之比为整数比.获得李萨如图形主要有机械的、光学的和电子的三种方法.机械的方法是指布莱克伯恩摆(1844 年被推广到科学中)：这种摆由两根旋转轴互相垂直的普通摆组成，一根摆悬挂在另一根摆上，摆锤振动时就画出李萨如图形来.光学的方法是李萨如于 1855 年设计的：使一束光依次被安装在音叉叉股上的两个小反射镜上，两个音叉在相互垂直的方向上振动，聚焦在屏幕上的光源图像就绘制出李萨如图形来.电子的方法主要是用示波器显示李萨如图形，被广泛地用来测量频率和相位.

实验 10 衍射光栅常量和谱线波长的测定

预习题

1. 如何调整望远镜光轴，使之与光栅平面垂直？

2. 望远镜对准平行光管狭缝处，如果在望远镜中看到的狭缝像不竖直，应如何调整？如果狭缝像太宽或太细，应如何调整？如果狭缝像不清晰，应如何调整？

3. 如何调整使平行光管发出的平行光垂直入射到光栅平面？

4. 若在望远镜中观察到的谱线左右两侧不等高，应如何调整？

5. 本实验要求测量第几级谱线的衍射角？谱线的衍射角如何测量？

实验目的

1. 进一步掌握分光计的调节和使用方法.

2. 观察光栅衍(绕)射现象，测定光栅常量和汞原子光谱的部分谱线的波长.

实验仪器

分光计、衍射光栅、汞灯各一件.

实验原理

如图 10-1 所示，光栅 G 由大量等宽度、等间距的平行狭缝组成.制作平面透射光栅需用专用的刻线机，在防震室内将一块不透明的光学平面分成透光狭缝，宽度为 b；刻痕基本上不透光，宽度为 a；光栅常量 $d=a+b$，光栅刻痕越密，光栅常量 d 越小，则光栅的色散性能越好，但制作困难，价格也昂贵，精制的光栅一毫米内刻痕可多达 1 000 条以上.本实验中所用光栅每毫米刻痕 300~600 条，是用照相的方法制作的复制光栅，比较经济实用.

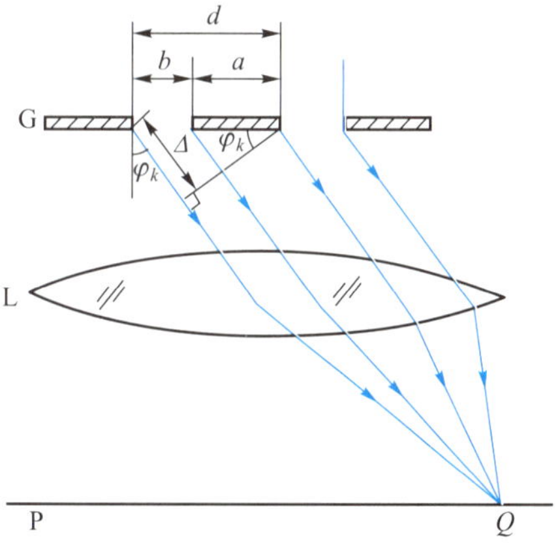

图 10-1 实验原理图

根据夫琅禾费衍射理论，在入射平行光与光栅平面垂直的条件下，通过相邻狭缝光的光程差为

$$\Delta=(a+b)\sin\varphi_k=d\sin\varphi_k \tag{10-1}$$

式中，φ_k 为衍射角.当此光程差等于波长的整数倍时，通过每个狭缝的光束经凸透镜 L 会聚在屏 P 上的 Q 处重叠而加强，形成明亮的光谱线，这时有

$$d\sin\varphi_k=k\lambda, k=0,\pm1,\pm2,\cdots \tag{10-2}$$

因此，衍射光谱线的位置由上式决定，φ_k 为 k 级谱级的衍射角.显然，当 $k\neq0$ 时，对于不同波长的入射光，衍射角也将不同.于是不同波长的复色光入射，由于衍射角 φ_k 不同而被分开，形成了光栅光谱，用分光计可测得 φ_k.

根据以上讨论，我们用分光计测得 k 级光谱线的衍射角 φ_k 后，若已知入射光的波长 λ，可测得光栅常量 d；反过来也可以据此计算入射光的波长 λ.

本实验要求测出 1 级（或 2 级）光谱的衍射角 φ_k，对于 1 级光谱（$k=1$），有 $d\sin\varphi_1=\lambda$［对于 2 级光谱（$k=2$），有 $d\sin\varphi_2=2\lambda$］，则

$$d=\frac{\lambda}{\sin\varphi_1} \tag{10-3}$$

或

$$\lambda=d\sin\varphi_1 \tag{10-4}$$

实验内容

1. 按图 10-2，将光栅放置在分光计平台中央，使平台调平螺丝 B_1、B_2 的连线与光栅面垂直，则光栅的倾斜度可由 B_1 或 B_2 调节.以光栅的光学面作为反射面，用自准直法和各半调节法使望远镜只能接收平行光、望远镜光轴与分光计主轴垂直.

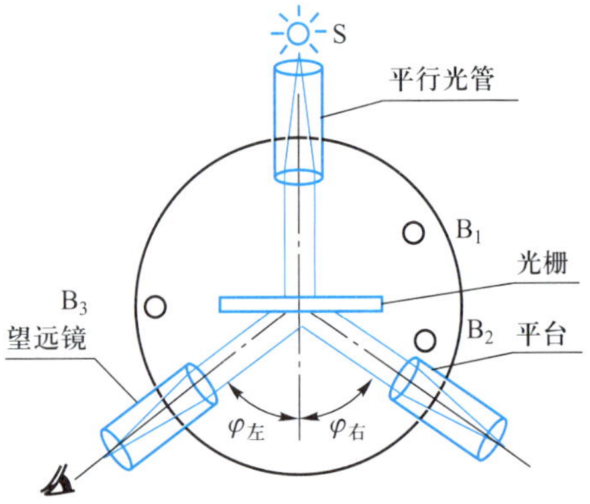

图 10-2　分光计俯视图

开启汞灯，照亮平行光管的狭缝.将望远镜转至对准平行光管狭缝处，以望远镜为基准，使狭缝像位于望远镜中央；松开狭缝装置锁紧螺丝（图 10-3），再前后伸缩狭缝装置（图 10-4），使狭缝像边缘清晰（图 10-5）；旋转狭缝装置（图 10-6），使狭缝像竖直（图 10-5）；调节狭

图 10-3　松开狭缝装置锁紧螺丝

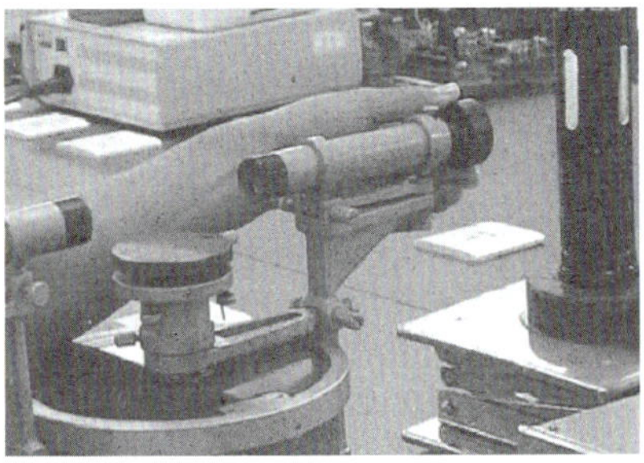
图 10-4　前后伸缩狭缝装置

缝宽度调节螺丝（图 10-7），使狭缝像尽量细狭（图 10-5），但中间不要出现断痕.

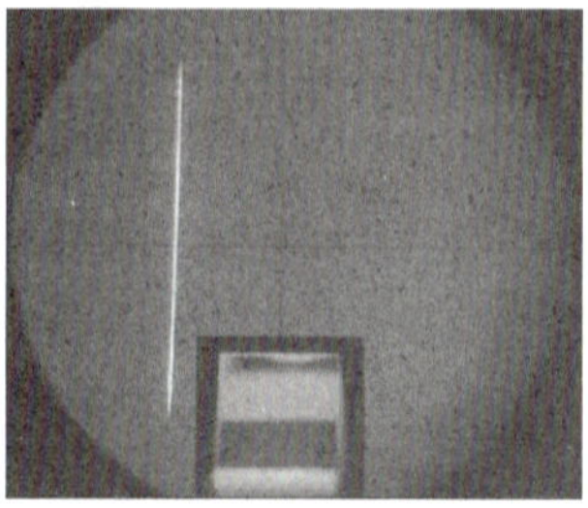

图 10-5　狭缝像

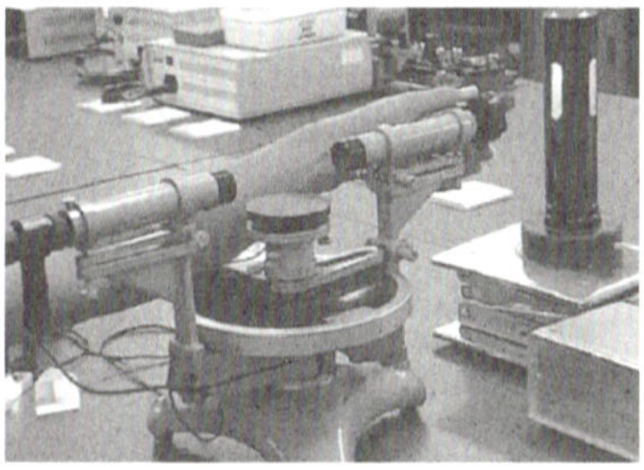

图 10-6　旋转狭缝装置

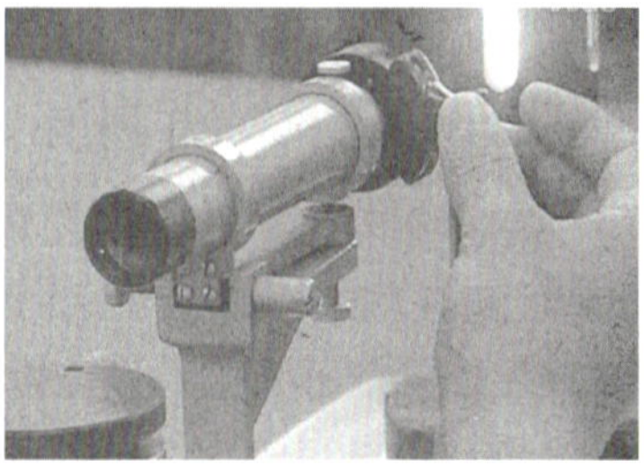

图 10-7　调节狭缝宽度调节螺丝

2. 为了使平行光管发出的平行光垂直入射到光栅平面上，可使望远镜对准平行光管，转动望远镜，使零级（$k=0$）明条纹与望远镜中分划板上竖直叉丝重合（图 10-8），调节平行光管下倾斜螺丝（图 10-9），使零级（$k=0$）明条纹被望远镜中分划板上水平叉丝平分（图 10-8），这时平行光管发出的平行光垂直照射光栅，然后转动平台，使十字反射像落在望远镜分划板叉丝的上方交点处（图 10-8），此时望远镜光轴垂直于光栅平面. 调好后锁紧平台，使其不能再转动.

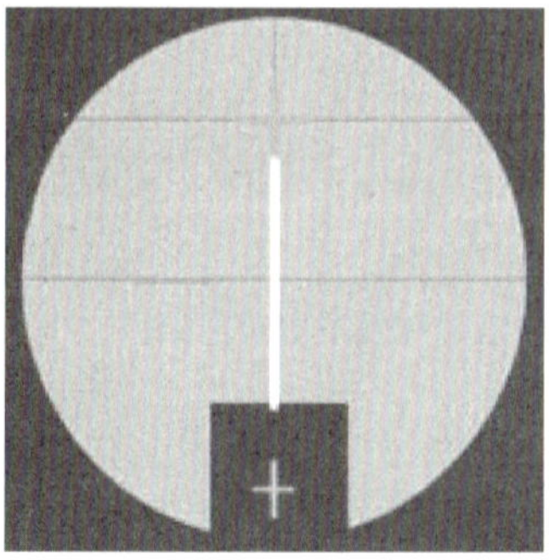

图 10-8　零级明条纹与竖直叉丝重合

图 10-9　调节平行光管下倾斜螺丝

由于复制光栅上加了保护底片即药膜玻璃片，药膜玻璃片与光栅面不一定完全平行，所以用复制光栅作反射面时，往往会出现多个十字纹反射像，遇到该情况，以较亮者为准.

转动望远镜，观察汞灯发出的衍（绕）射光谱的分布情况，在中央零级呈白色的明条纹两边对称地排列±1 级和±2 级光谱线组，分别为紫、绿、黄等色，如图 10-10 所示. 观察时若左右谱线高低不一致，有时谱线只能看到一部分，则是因为光栅上的刻痕与转轴不平行，可调节平台调平螺丝 B_3，使全部谱线高低一致. 第 2 级谱线较暗淡，要仔细观察分辨.

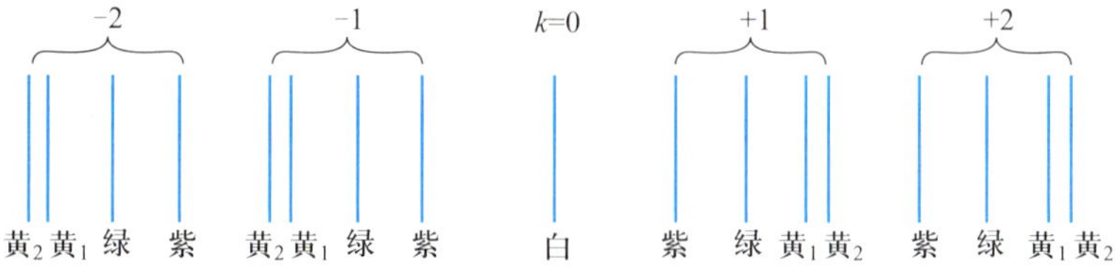

图 10-10　汞的较亮谱线的分布

3. 本实验只要求测±1 级光谱线的衍射角.由于衍射光谱在中央明条纹两边对称分布,为了测准±1 级光谱线的衍射角 φ_1,应该测出−1 级和+1 级光谱线的方位角 θ_{+1} 和 θ_{-1},两者差值绝对值的一半即为 1 级光谱线的衍射角,$|\varphi_1|=\dfrac{|\theta_{+1}-\theta_{-1}|}{2}$.依次测±1 级的紫、绿、黄$_1$、黄$_2$ 谱线方位角 θ(注意紫、绿色谱线有多条,测最亮条纹),并将测量数据填入表 10-1.测时检查一下平台是否固定,望远镜与刻度盘是否同步转动,再转动望远镜测量,由读数装置读出各光谱线方位角.如图 10-11 所示,转动望远镜使分划板上竖直叉丝对准+1 级黄$_1$ 谱线,读出分光计读数装置左右两窗读数,即为+1 级黄$_1$ 谱线的方位角.

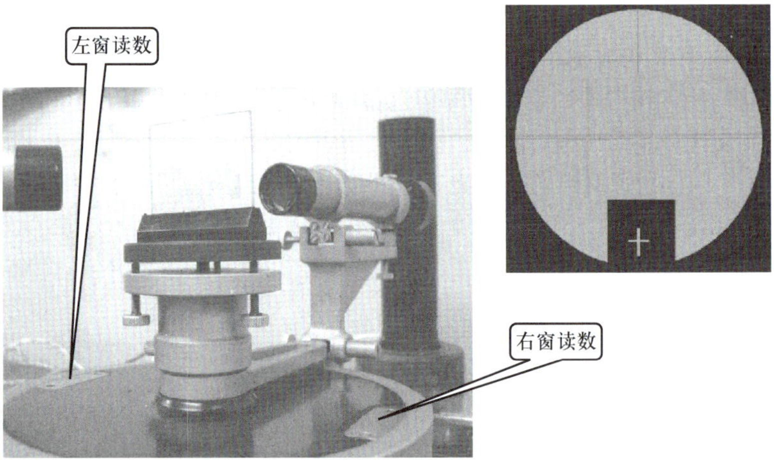

图 10-11　分划板竖直叉丝对准+1 级黄$_1$ 谱线时读数装置左右两窗读数

知识拓展

夫琅禾费与光栅方程

图 10-12　夫琅禾费

约瑟夫·冯·夫琅禾费(Joseph von Fraunhofer,1787—1826,图 10-12),德国物理学家,1787 年 3 月 6 日生于斯特劳宾,父亲是玻璃工匠,夫琅禾费幼年当学徒,后来自学了数学和光学.1806 年他开始在光学作坊当光学机工,1818 年任经理,1823 年担任慕尼黑科学院物理陈列馆馆长和慕尼黑大学教授、慕尼黑科学院院士.夫琅禾费自学成才,一生勤奋刻苦,终身未婚,1826 年 6 月 7 日,因肺结核在慕尼黑逝世.

夫琅禾费集工艺家和理论家的才干于一身,把理论与丰富的实践经验结合起来,对光学和光谱学做出了重要贡献.1814 年,他用自己改进的分光系统,发现并研究了太阳光谱中的暗线(现称为夫琅禾费谱线),利用衍射原理测出了它们的波长.他设计和制造了消色差透镜,首创用牛顿环法检查光学表面加工精度及透镜形状,对应用光学的发展有着重要的影响.他所制造的大型折射望远镜等光学仪器负有盛名.他发表了平行光单缝及多缝衍射的研究成果(后人称之为夫琅禾费衍射),做了光谱分辨率的实验,第一个定量地研究了衍射光栅,用其测量了光的波长,以后又给出了光栅方程.

光栅的应用

衍射光栅是利用多缝衍射原理使光发生色散的光学元件,衍射光栅在光学上的最重要应用是作为分光器件,常被用于单色仪和光谱仪上,在物理学、天文学、化学、生物化学与生物学等学科领域得到了广泛应用.随着光学学科和现代工业的发展,光栅技术水平不断提高,光栅种类不断丰富,一些新型光栅不断涌现,应用领域不断拓宽,在工业技术创新中发挥重要作用.光纤光栅、阵列波导光栅、大尺寸脉冲压缩光栅等,在光通信、光计算、光学信息处理和光学精密测量控制等方面得到了广泛应用.[1] 基于光纤光栅的光纤光栅传感技术已在钢轨应变测量和高速铁路轨道状态监测中得到应用,光纤光栅传感器的工作原理是:当宽带光在光纤光栅中传输时,一部分光被反射,另一部分光透过光栅.由模式耦合理论知,反射谱的中心波长为 $\lambda_B = 2n_{eff}\Lambda$($\Lambda$ 为光栅周期,n_{eff} 为光栅纤芯的有效折射率),当光纤光栅周围的应力或温度发生变化时,将导致光栅周期和纤芯的有效折射率产生变化,从而引起 λ_B 的漂移.因此通过对光纤光栅中心反射波长的检测,就可以获得光栅所处局部环境温度和光栅所受轴向应变的信息,了解被测路轨温度及应力的变化,对确保路轨安全具有重要意义.[2-5]

参考文献

[1] 李星辉,崔璨.光栅干涉精密纳米测量技术[J].光学精密工程,2024,32(17):2591-2611.

[2] 张政.光纤光栅传感技术在高速铁路轨道状态监测中的应用[J].铁道建筑,2016(5):77-81.

[3] 高亮,周陈一,张东风,等.光纤光栅在轮轨作用力监测中的应用研究[J].北京交通大学学报,2019,43(1):88-95.

[4] 张兆亭,闫连山,王平,等.基于光纤光栅的钢轨应变测量关键技术研究[J].铁道学报,2012,34(5):65-69.

[5] 方文珊.基于光纤传感技术的高速铁路轨道状态监测研究[J].铁路工程技术与经济,2020,35(4):7-10.

实验 11 利用光电效应测普朗克常量

光电效应是指一定频率的光照射在金属表面时,会有电子从金属表面逸出的现象.在光电效应实验中,光显示出它的粒子性质,这一现象对于认识光的本质及早期量子理论的发展具有划时代的深远意义.

预习题

1. 能量子假说的提出在科学史上有什么重大意义？
2. 截止电压与光照频率是什么关系？
3. 本实验中，用什么改变光照频率？用什么改变光强？
4. 在实验过程中，有时会出现按键无效的状态，怎么办？
5. 为保护光电管，在更换滤色片和光阑时，应采取什么措施？本实验用哪几个按键调节电压大小？

实验目的

1. 掌握光电效应的规律，加深对光的量子性的理解.
2. 测量普朗克常量 h.
3. 了解计算机采集数据、处理数据的方法.

实验仪器

GD-4 型智能光电效应实验仪、计算机.

实验装置如图 11-1 所示.

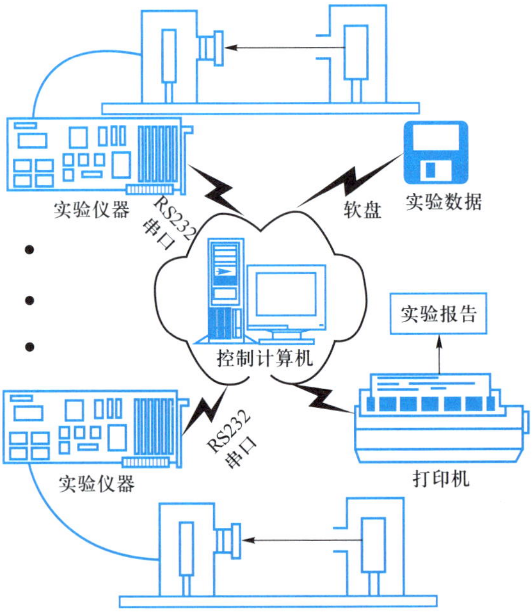

图 11-1　实验装置图

实验原理

当光照射金属表面时，光子能量被金属中的电子吸收，使一些电子逸出金属表面，这种现象称为光电效应,逸出的电子称为光电子.

普朗克常量 h 是 1900 年普朗克为了解决黑体辐射能量分布时提出的"能量子"假设中的一个普适常量,其值为 $h=6.626\ 075\times10^{-34}\ \mathrm{J\cdot s}$.

光电效应的实验原理如图 11-2 所示.入射光照射到光电管阴极 K 上,产生的光电子在电场的作用下向阳极 A 迁移形成光电流,改变外加电压 U_{AK},测量出光电流 I 的大小,即可得出光电管的伏安特性曲线,如图 11-3 所示.

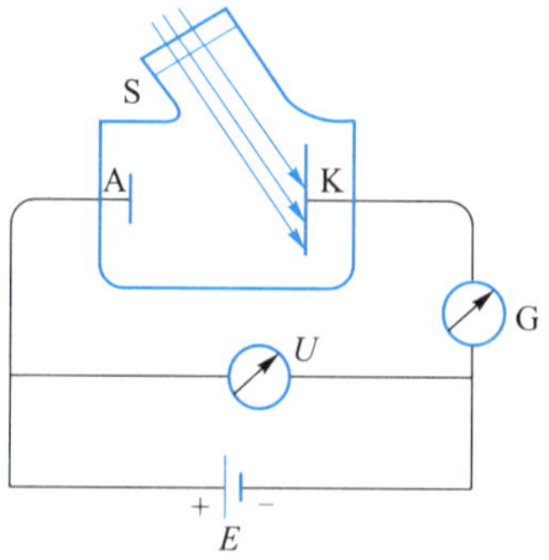

图 11-2　光电效应的实验原理图

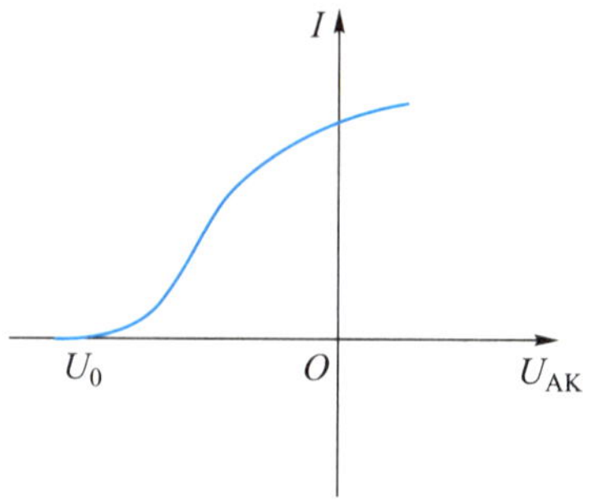

图 11-3　光电管的伏安特性曲线

光电效应的基本实验事实如下:

(1) 当入射光频率不变时,饱和光电流与入射光强成正比,由图 11-4 可见,对一定的频率 ν,有一电压 U_0,当 $U_{AK}=U_0$(为负值)时,电流为零,因此 U_0 被称为截止电压.对于不同频率的光,其截止电压的值不同.

(2) 截止电压 U_0 与频率 ν 成正比(图 11-4).当入射光频率低于某极限值 ν_0(ν_0 随不同金属而异)时,不论光的强度如何,照射时间多长,都没有光电流产生.而只要入射光的频率大于 ν_0,就有光电子逸出,ν_0 称为红限频率.

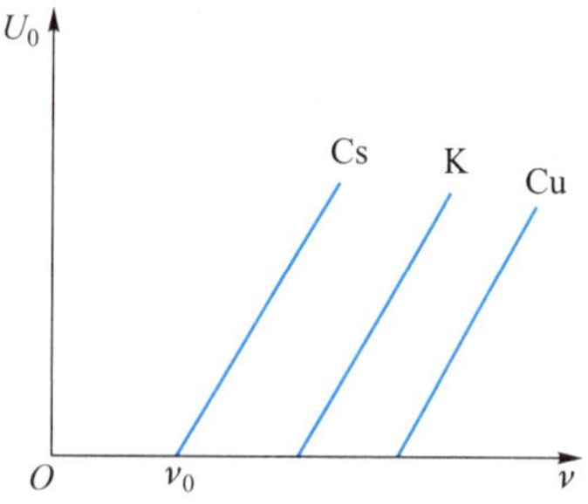

图 11-4　截止电压 U_0 与频率 ν 的关系

(3) 根据爱因斯坦的光量子理论,频率为 ν 的光子具有能量 $E=h\nu$,h 为普朗克常量.当电子吸收了光子能量 $h\nu$ 后,一部分消耗于电子的逸出功 W,另一部分就转变为电子离开金属表面后的初始动能,按照能量守恒定律,爱因斯坦提出了著名的光电效应方程:

$$h\nu=\frac{1}{2}mv_0^2+W \tag{11-1}$$

在阳极 A 和阴极 K 之间加反向电压 U_{AK},并逐渐增大反向电压,由于它对光电子从阴极 K 向阳极 A 运动起到阻碍作用,所以回路中的电流随之减小.当光电子刚好不能到达阳极时电流为零,光电子初始动能全部克服电场力做功,此时有关系式:

$$eU_0=\frac{1}{2}mv_0^2 \tag{11-2}$$

将式(11-2)代入式(11-1),可得

$$h\nu = eU_0 + W$$

$$U_0 = \frac{h}{e}\nu - \frac{W}{e}$$

$$U_0 = k\nu - \frac{W}{e} \tag{11-3}$$

上式表明截止电压 U_0 是频率 ν 的线性函数，直线斜率 $k=\frac{h}{e}$. 只要用实验方法得出不同的频率对应的截止电压，求出直线斜率，就可算出普朗克常量 h.

实验中采用 GD-4 型智能光电效应实验仪测量不同频率对应的截止电压. 由高压汞灯提供光源，经过滤光片获得单色光，由相距一定距离的光电管接受并将其送入实验仪主机中处理.

提示：本实验原理较为简单，关键是在实验过程中，更换滤色片或光阑时，一定要把汞灯的遮光盖盖上，以免强光照射光电管.

光电管中的阳极是用逸出功较大的材料制作的，但实验中，仍存在阳极光电效应所引起的反向电流和暗电流（无光照射时的电流），测得的电流实际上是包括上述两种电流和由阴极光电效应所产生的正向电流三个部分，所以曲线并不与 U 轴相切. 由于暗电流是由阴极的热电子发射及光电管管壳漏电等原因产生的，与阴极正向光电流相比，其值很小，且基本上随电位差 U 成线性变化，因此可忽略其对截止电压的影响. 而存在阳极反向电流（制作过程中少量阴极材料溅射在阳极上产生的）的伏安特性曲线与图 11-4 十分接近，因此可近似取曲线与 U 轴交点的电位差为截止电压 U_0.

实验内容

一、测试前的准备

将测试仪及汞灯电源接通（汞灯及光电管暗箱遮光盖盖上），预热 20 min. 调整光电管与汞灯距离约 40 cm 并保持不变，用专用连接线将光电管暗箱电压输入端与测试仪电压输出端（后面板上）连接起来（红—红，蓝—蓝），如图 11-5、图 11-6 所示.

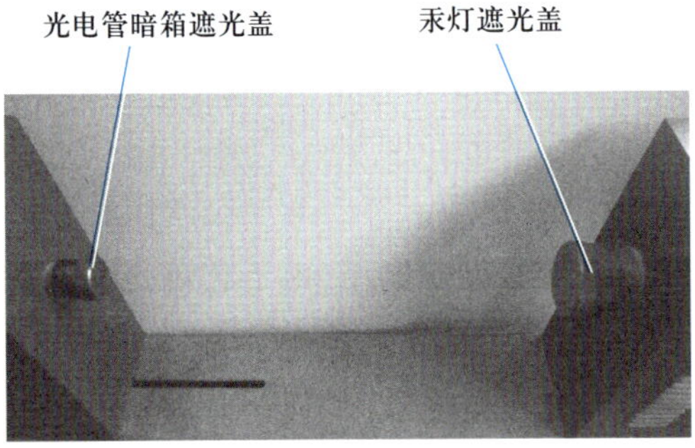

图 11-5　光电管、汞灯位置

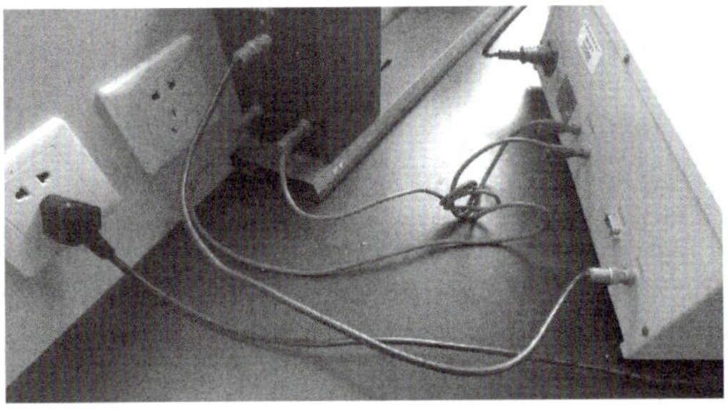

图 11-6　实物连线图

二、测量截止电压

测量截止电压时，“伏安特性测试/截止电压测试”状态键应为“截止电压测试”状态. 如按键无效，按“调零确认/系统清零”键，直到电流、电压两个显示窗口都有数据，按键就有效了. 下面遇到按键无效的情况，均照此操作. “电流量程”开关选择 10^{-13} A 挡，进行测试前调零，如图 11-7 所示.

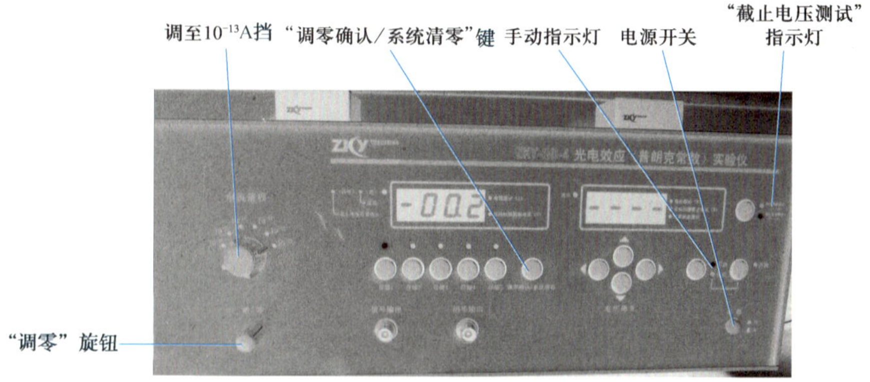

图 11-7　光电效应实验仪面板

提示：在电流、电压两个显示窗口都有数字的情况下，调节“调零”旋钮，使电流显示为零，按“调零确认/系统清零”键，系统进入测试状态.

智能光电效应实验仪分为单机测量和微机测量两种. 在单机测量中又有手动和自动两种模式，分述如下：

（一）手动测量截止电压

使“手动/自动”模式键处于“手动”模式，将直径为 4 mm 的光阑及 365.0 nm 的滤色片装在光电管暗箱光输入口上，如图 11-8、图 11-9 所示.

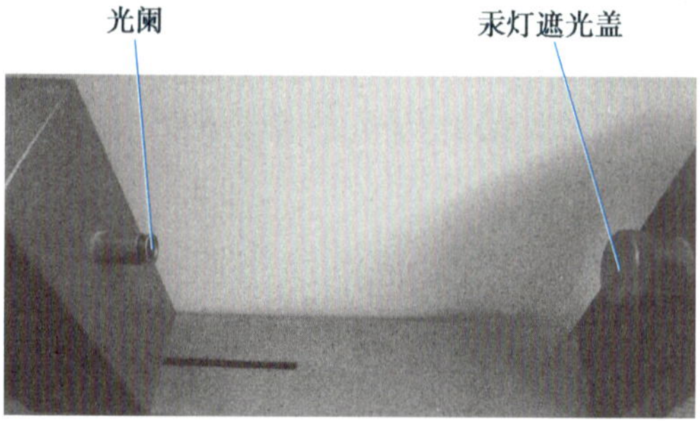

图 11-8　光阑位置

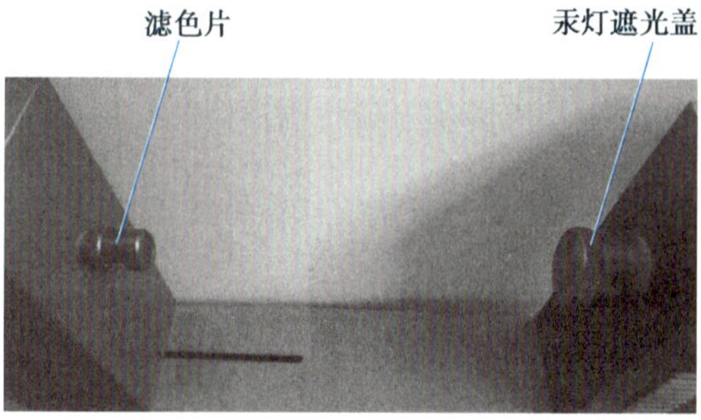

图 11-9　滤色片位置

提示：在更换光阑、滤色片时，汞灯遮光盖是盖着的，以免强光照射到光电管上.

打开汞灯遮光盖，从低到高调节电压（绝对值减小，✥中的上下箭头调大小，左右箭头调要改变的数位），观察电流值的变化，寻找电流为零时对应的 U_{AK}（说明：由于手动时，数字显示器显示的数值不稳定，因此只需找到零电流附近所对应的电压），如图 11-10、图 11-11 所示.

图 11-10　打开汞灯

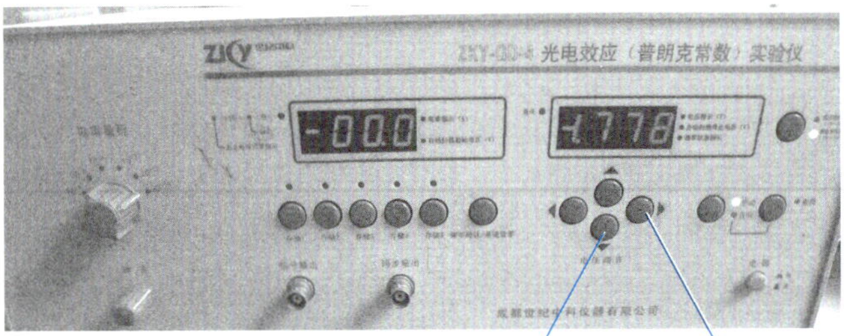

图 11-11　面板上按钮调节

依次换 404.7 nm、435.8 nm、546.1 nm、577.1 nm 的滤色片，重复以上测量步骤，并将测量数据填入表 11-1.

（二）自动测量截止电压 U_0

按"手动/自动"模式键，切换到"自动"模式，此时仪器前面板左边指示灯闪烁，表示系统处于自动测试扫描范围设置状态，用电压调节键可设置扫描起始电压和终止电压.仪器前面板左边显示扫描起始电压，右边显示终止电压，分别用上述手动测量方法寻找到扫描起始电压和终止电压，设置好扫描起始电压和终止电压后，按动相应的存储区键，仪器先清除存储区原有数据，等待 30 s 后，按照 4 mV 的步长自动扫描，并在右侧显示电压值，左侧显示相应的电流值.扫描结束后，仪器自动进入数据查询状态.读取电流为零时对应的 U_{AK}，以其绝对值作为该波长对应的 U_0 值，并将数据记于 U_0-ν 的关系表中.

三、测量光电管的伏安特性曲线与光强的关系

测量光电管的伏安特性曲线与光强的关系时，"伏安特性测试/截止电压测试"状态键应为"伏安特性测试"状态."电流量程"开关应拨至 10^{-10} A 挡，并重新调零，按"调零确认"键确认.

提示：在按"调零确认"键时，原来处于"伏安特性测试"状态会自动变为"截止电压测试"状态，需再调回到"伏安特性测试"状态.

将直径为 2 mm 的光阑及所选谱线（建议采用 365.0 nm）滤色片装在光电管暗箱光输入口上，测量伏安特性曲线可选用单机测量和微机测量两种方式，在单机测量中又有手动和自动两种模式.测量范围为 -1 ~ 50 V，自动测量时步长为 1 V.这里采用手动测量模式.

滤色片不变,将光阑直径分别换为 4 mm、8 mm,重复以上步骤.

本实验内容还可采用自动测量和联机测试两种测量方式.

(一) 自动测量光电管的伏安特性曲线与光强的关系

按"调零确认/系统清零"键后,按"手动/自动"模式键,切换到"自动"模式.此时仪器前面板左边两个指示灯(一红一绿)同时在闪烁,表示系统处于自动测试扫描范围设置状态,用电压调节键可设置扫描起始电压为-1 V,终止电压为 50 V.仪器前面板左边显示为扫描起始电压,右边显示为终止电压.设置好电压范围后,按动相应的存储区键,仪器先清除存储区原有数据,等待 30 s 后,按照 1 V 的步长自动测量,并在右侧显示电压值,左侧显示相应的电流值.测量结束后,仪器自动进入数据查询状态,读取电压和相应的电流值(选择性地记录 12 组数据),并将数据记于 $I-U_{AK}$ 的关系表中.记录完数据,按一下"查询"键,可重新设置.

依次换上直径为 4 mm、8 mm 的光阑,滤色片不变,重复上述步骤,并将测量数据填入表 11-2.

根据 $I-U_{AK}$ 关系表中的数据,在同一坐标轴上作对应于以上各光强的伏安特性曲线.

(二) 联机测试

(1) 将直径为 2 mm 的光阑及所选谱线(建议采用 365.0 nm)滤色片装在光电管暗箱光输入口上,按"手动/自动"模式键,切换到"自动"模式.此时仪器前面板左边指示灯闪烁,表示系统处于自动测试扫描范围设置状态,用电压调节键可设置扫描起始电压为-1 V,终止电压为 50 V.仪器前面板左边显示为扫描起始电压,右边显示为终止电压.设置好电压范围后,用鼠标激活桌面上的"计算机辅助实验系统",系统会弹出一个登录窗口,输入用户名和密码后登录,在出现的窗口中点击"数据通信"下拉菜单中的"开始新实验",在出现的对话框中输入"班级""学号""姓名",在"实验"下拉菜单中依次选择"伏安特性"→"仪器"下拉菜单中的"1 | A 设备"(如果一台微机同时控制两台仪器,则某一台仪器对应的设备号是相对的;若后来"参数设置失败",则要重新选择另一台仪器号"2 | B 设备";若两台仪器同时在进行测试,则操控两台仪器的同学要相互协调一下,避免相互干扰),输好信息后,点击"开始",出现"提示"对话框,点击"是(Y)"后,出现"实验参数设置"对话框,设置好相关参数后,点击"设置",若出现"是否启动新实验"对话框,说明仪器号选择正确,点击"是(Y)"后,则开始联机测试,此时仪器前面板左边两个指示灯(一红一绿)同时停止闪烁,且红灯熄灭,绿灯一直亮着,表示已选定相应的存储区键,等待 30 s 后微机开始通信,边采集数据边用软件自动作出相应的伏安特性曲线(曲线一).

(2) 数据采集完毕后,换上直径为 4 mm 的光阑,在仪器面板上设置好扫描起始电压为-1 V,终止电压为 50 V,步骤同上,然后点击"数据通信"下拉菜单中的"启动测试"(此时切勿点击"开始新实验"),出现"实验参数设置"对话框,重新设置好相关参数后,点击"设置",重复(1)中的步骤,作出相应的伏安特性曲线(曲线二).

(3) 步骤同(2),换上直径为 8 mm 的光阑,作出相应的伏安特性曲线(曲线三).

(4) 点击"数据通信"下拉菜单中的"打印实验数据",出现光电效应实验报告的页面,点击🖨,即可打印实验报告,可与自动测量的结果进行比较.

注意事项

1. 光电管入射窗口不要面对其他强光源(如窗户等),以减少杂散光的干扰.

2. 为了准确地测量,放大器必须充分预热.连线时务必先接好地线,然后接信号线.注意勿让电压输出端与地短路,以免烧损电源.

3. 在换滤色片时要将汞灯遮光盖盖上或用手将光遮挡住,切不可让汞灯的复合光直接射入光电管中.

4. 汞灯在实验中不要经常开关.若关闭,应在关闭后过一段时间再重新开启.

思考题

1. 当反向电压加到一定值后,为什么光电流会出现负值?

2. 当加在光电管两极间的电压为零时,光电流却不为零,这是为什么?

3. 正向光电流和反向光电流有什么区别?

知识拓展

光电效应

光电效应是物理学中一个重要的发现,它揭示了光的粒子性质,并对量子力学的发展起了推动作用.在爱因斯坦提出光量子假说时,由于实验技术的限制和这一理论与经典物理学的冲突,许多物理学家持怀疑态度,包括普朗克和密立根.然而,随着密立根的精确实验,光电效应的线性关系得到了验证,从而证实了爱因斯坦的理论.

1910年,密立根通过实验,使用不同频率的光照射金属表面并测量相应的光电流,结果发现不同频率的光对应不同的截止电压,且这些电压与频率之间的关系是线性的,这一发现为爱因斯坦的光电效应方程提供了实验证据.1922年,康普顿效应的发现进一步证实了光量子的存在,光量子理论逐渐被广泛接受.[1]

爱因斯坦因其对光电效应的贡献而获得1921年的诺贝尔物理学奖,尽管此前他曾多次被提名但未获奖,部分原因是相对论尚未得到证实,以及当时保守势力的反对.最终,由于奥辛的提议,爱因斯坦因其光电效应理论而获得诺贝尔奖.[2]

光电效应的发现和理论发展是物理学史上的重要里程碑,它不仅证实了光的量子性,也为量子力学的发展奠定了基础.此外,光电效应在技术上的应用也非常广泛,包括太阳能电池、光电倍增管、光电管和电光度计等.这些应用展示了光电效应在现代科技中的重要性.爱因斯坦敢于冲破经典物理学的桎梏,基于普朗克"能量量子化"理论提出光量子假说,推动了量子力学的发展和对光本质的认知,历经曲折,最终获得诺贝尔奖. 爱因斯坦的工作体现了冲破传统理论束缚、勇于创新的科学精神, 给我们的启发是多方面的.[3]

(1) 挑战传统观念:爱因斯坦不满足于现有的理论体系,勇于挑战经典物理学的绝对性,这种精神对于推动科学进步至关重要.

(2) 勇于探索未知:面对光电效应等当时无法用经典理论解释的现象,爱因斯坦没有退缩，而是提出了新的理论模型，即光量子假说.

(3) 理论联系实际：爱因斯坦的理论不仅是抽象的思考，而且能够解释实验现象，这体现了科学研究中理论与实验相结合的重要性.

(4) 坚持和耐心：尽管爱因斯坦的理论最初并不被广泛接受，但他坚持自己的观点，并耐心等待实验的验证，这种坚持和耐心是科研人员必须具备的品质.

(5) 创新意识：爱因斯坦的光量子假说是物理学史上的一次重大创新，它打破了传统思维的局限，为量子力学的发展奠定了基础.

(6) 科学方法的重要性：爱因斯坦使用科学方法，通过假设、推论、实验验证等步骤，构建了新的理论体系，这是科学研究的典范.

(7) 持续学习的态度：爱因斯坦始终保持着对新知识的渴望和对未知领域的探索，这种持续学习的态度对于任何领域的科学家都是必要的.

(8) 批判性思维：爱因斯坦不盲从权威，而是运用批判性思维对现有理论进行分析和评估，这是科研工作中必不可少的能力.

在物理学习和科学研究中，我们应该培养这些素养，以开放的心态接受新的思想，勇于提出和验证新的假设，不断推动科学的边界向前拓展.

参考文献

[1] 杨蓉，彭朝阳. 在物理教学中渗透科学本质观——以人教版物理选修“科学的转折：光的粒子性”一节为例[J]. 科技资讯，2012(8)：173-174.

[2] 施郁. 爱因斯坦的奇葩诺奖[J]. 科学文化评论，2017，14(6)：111-120.

[3] 张鑫慧，梁敏. 光电效应的发现历史及其启示[J]. 物理通报，2023(5)：155-157，161.

实验 12 电桥法测铜电阻温度系数

电桥是一种采用比较法进行测量的仪器，它具有灵敏度和准确度都很高的特点. 电桥在测量技术中被广泛用来精密测量电阻、电容、电感、频率、温度、压力等许多电学量和非电学量，尤其在自动控制和自动检测中得到了极为广泛的应用.

电桥的种类很多，而且不同的分类之间互相交错，如从是否平衡这一点区分可分为平衡电桥和非平衡电桥两大类，从电流的特性上可分为直流电桥和交流电桥. 本实验主要讨论直流平衡电桥的测量原理及其在测量电阻时的应用.

单臂的直流平衡电桥（以下简称单臂电桥）又称惠斯通电桥，一般可用来测量 $10 \sim 10^6\ \Omega$ 范围内的电阻. 双臂的直流平衡电桥（以下简称双臂电桥）又称开尔文电桥，适用于测量 $10^{-5} \sim 10^2\ \Omega$ 范围内的电阻（以上范围是多种不同电桥的总的测量范围，具体型号的电桥可能与之有所差别）.

预习题

1. 单臂电桥的平衡条件是什么？单臂电桥有何局限性？
2. 双臂电桥的平衡条件是什么？
3. 为什么双臂电桥电路中的待测电阻要接成四端电阻形式？
4. 电阻和温度之间存在什么关系？什么是电阻温度系数？
5. 请将单臂/双臂电桥原理图（图 12-9）/（图 12-11）和接线图（图 12-8）/（图 12-10）中的电源、电表、电阻和功能开关一一对应起来.

实验目的

1. 掌握用单臂/双臂电桥测电阻的原理和特点，学会测量方法.
2. 了解一般材料的导电特性与温度的关系，进一步熟悉双臂电桥的使用方法.
3. 进一步熟悉用作图法和图解法处理数据，学会用图解法求电阻温度系数 α.

实验仪器

QJ36 型两用直流电桥，数字式检流计，变阻箱，标准电阻器，待测固定电阻 R_{x1}、R_{x2}（其中 R_{x1} 为几百欧，R_{x2} 为几欧），DHW-2 型温度传感器实验装置.

实验原理

一、单臂电桥的测量原理和平衡条件

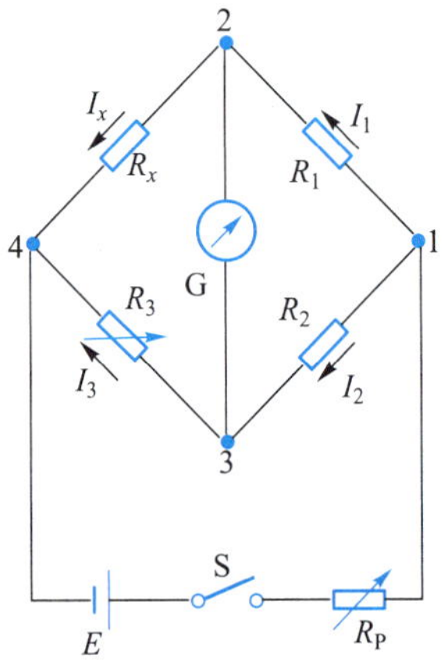

图 12-1　单臂电桥测量电路

如图 12-1 所示，R_1、R_2 为比例臂（定义 $M=\dfrac{R_1}{R_2}$ 为倍率），R_3 为比较臂，R_x 为待测电阻. 测量时，先将比例臂 R_1、R_2 设置为适当电阻值，调节 R_3 使检流计指零. 这时可认为电桥已平衡，则有

$$\begin{cases} I_1R_1=I_2R_2 \\ I_xR_x=I_3R_3 \\ I_1=I_x \\ I_2=I_3 \end{cases}$$

可得

$$R_x=\frac{R_1}{R_2}R_3 \qquad (12-1)$$

式(12-1)称为单臂电桥的平衡条件（判据），根据倍率$\dfrac{R_1}{R_2}$和比较臂电阻 R_3［请同学们对照单臂电桥实物接线图（图 12-4），找出 R_3 的相应位置］，即可算出待测电阻 R_x 的阻值.

思考和讨论 实际上利用式(12-1)测算出的电阻值$\frac{R_1}{R_2}R_3$并不等于待测电阻R_x的值,而是R_x+R_r,其中R_r为待测电阻R_x接到单臂电桥的引线电阻及接触电阻之和,R_r多数情况下较小,只有当$R_x \gg R_r$,即R_x较大时,用$\frac{R_1}{R_2}R_3$计算所得的待测电阻R_x值才能保证有较小的不确定度,所以单臂电桥不宜测量小阻值的电阻.

那么较小阻值的电阻值如何测量呢?(思考单臂电桥测量误差的主要来源)

二、双臂电桥的测量原理和平衡条件

为了消除引线电阻与接触电阻对测量结果的影响(尤其当待测电阻R_x本身较小时,这种影响就不可忽略),我们将待测电阻R_x和标准电阻R_s都接成四端电阻形式(图 12-2),其中C_1、C_2称为电流端钮,P_1、P_2称为电压端钮.

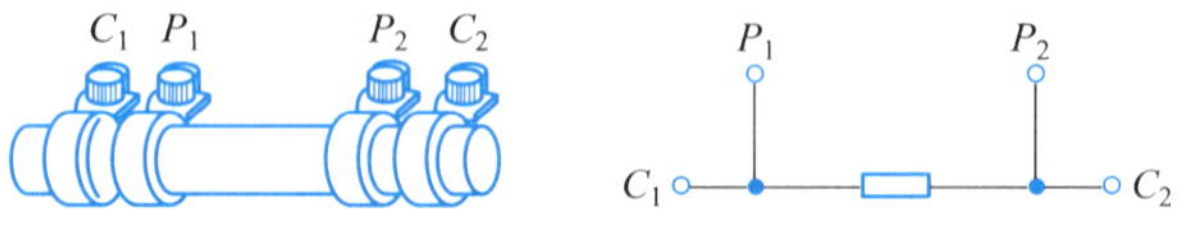

图 12-2 四端电阻

注意:电流端钮一定要接在电压端钮的外侧.

测量电路如图 12-3 所示,图中R_{r1}、R_{r2}、R_{r3}表示接触电阻和引线电阻,而R_1、R_2、R_{3a}、R_{3b}的电阻值都比较大,则其两端的接触电阻和引线电阻可忽略不计,调节R_1、R_2、R_{3a}、R_{3b}为适当值,使检流计指零,则电桥达到平衡.

当电桥平衡时,有

$$\begin{cases} I_1R_1 = I_3R_s + I_2R_2 \\ I_1R_{3b} = I_3R_x + I_2R_{3a} \\ I_2(R_2+R_{3a}) = (I_3-I_2)R_{r2} \end{cases}$$

消去I_1、I_2、I_3,得

$$R_x = \frac{R_{3b}}{R_1}R_s + \frac{R_{r2}R_2}{R_{3a}+R_2+R_{r2}}\left(\frac{R_{3b}}{R_1} - \frac{R_{3a}}{R_2}\right)$$

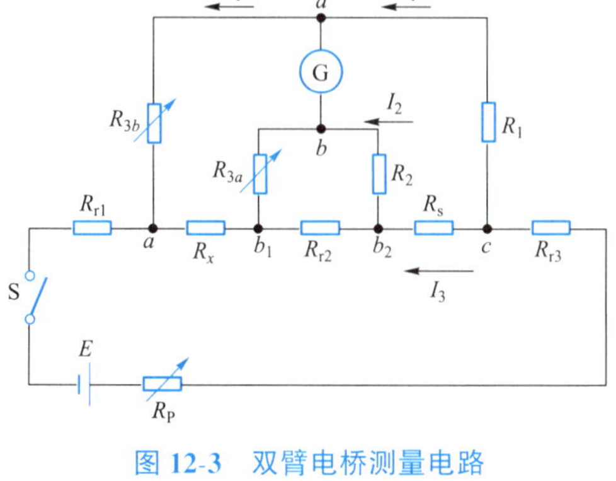

图 12-3 双臂电桥测量电路

如果调节过程中双臂电桥始终满足

$$\frac{R_{3b}}{R_1}=\frac{R_{3a}}{R_2}$$

则有

$$R_x=\frac{R_s}{R_1}R_{3b} \tag{12-2}$$

式(12-2)称为双臂电桥的平衡条件(判据).根据式(12-2)可算出待测电阻 R_x 的值.因此,较小的电阻值可采用双臂电桥测量,结果较为准确.

三、双臂电桥测铜电阻的温度系数

各种材料的电阻都与温度有关,多数金属的电阻都具有正的电阻温度系数$\left(\frac{\mathrm{d}R}{\mathrm{d}t}>0\right)$,所以这些材料的电阻随温度的升高而增大,在温度变化范围不太大时,考虑一级近似,即

$$R_t=R_0(1+\alpha t) \tag{12-3}$$

式(12-3)中,R_t、R_0 分别是材料在温度为 t 和 0 ℃时的电阻值,α 称为电阻温度系数,其单位为(1/℃),严格地说,α 也是温度的函数,但对本实验所用的铜电阻在-50.0~100.0 ℃温度范围内变化时,可近似看作常量,R_t 此时是 t 的一次函数.

利用金属导体的电阻随温度变化而变化的性质,可以制成电阻温度计.电阻温度计可用来测量温度,如铂电阻温度计(适用于-200.0~500.0 ℃)、铜电阻温度计(适用于-50.0~100.0 ℃),只不过此时采用的电路多为非平衡电桥.

实验内容

1. 将 QJ36 型两用直流电桥接成单臂电桥,测量待测固定电阻,按图 12-8、图 12-9 接线,测量方法见知识拓展单臂电桥部分,仪器接线见图 12-4.

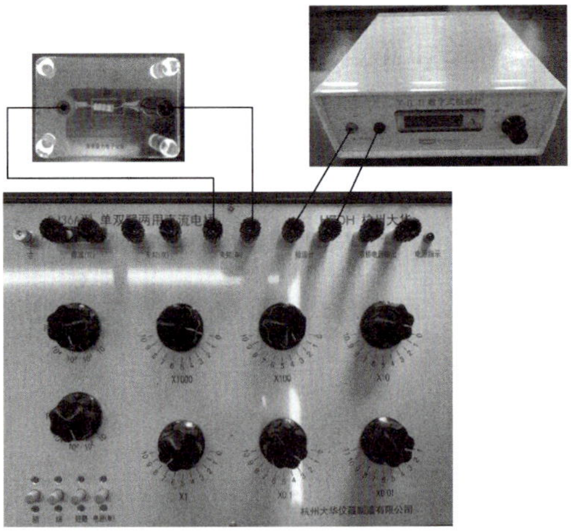

图 12-4　单臂电桥测固定电阻阻值仪器接线图

2. 用单臂电桥测量铜电阻阻值(常温).

注意:在测量阻值较小的情况下,用单臂电桥测量是不妥的,此处目的是与双臂电桥做对比,仪器接线见图 12-5.

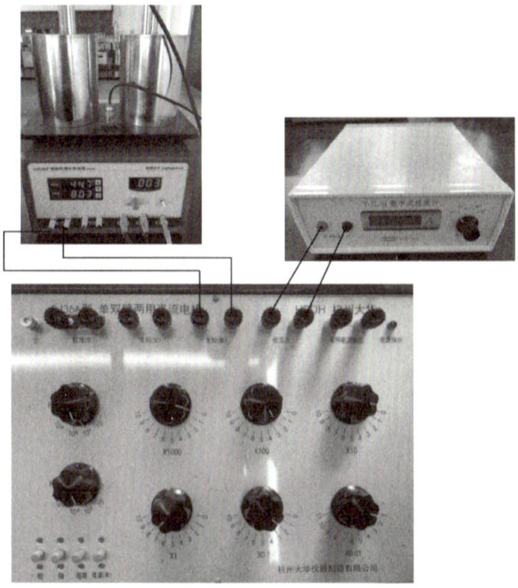

图 12-5　单臂电桥测铜电阻阻值仪器接线图

3. 将 QJ36 型两用直流电桥按图 12-10、图 12-11 所示接成双臂电桥,再测量铜电阻阻值(常温),测量方法见知识拓展双臂电桥部分,仪器接线见图 12-6.

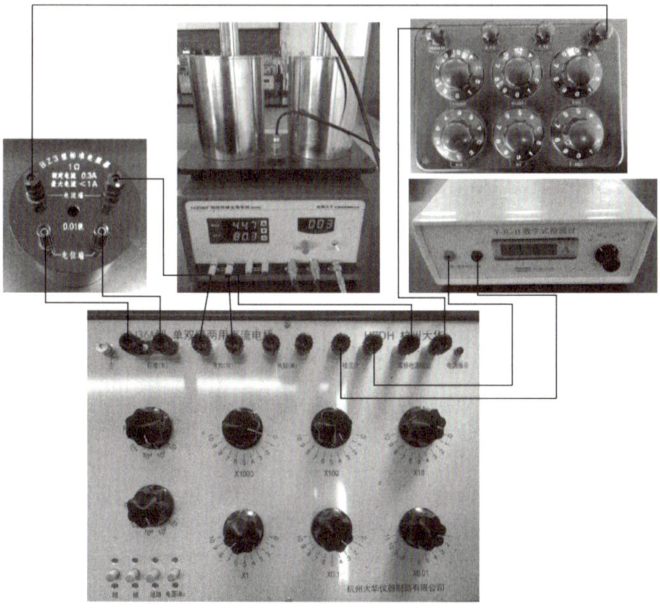

图 12-6　双臂电桥测铜电阻阻值仪器接线图

4. 用双臂电桥测量 7 组不同温度下的铜电阻值,每组温差为 10 ℃左右,填入表 12-3. 电阻温度设置方法:按设置键 S 切换需要设置的数值位置,利用▲、▼键设置温度值,打开加热开关,调节加热电流(0.8~1.0 A),等待温度稳定.

思考题

1. 利用电桥测电阻时,分析下列因素是否会影响测量不确定度.

(1) 电源电压不太稳定;

(2) 不能完全忽略导线电阻;

(3) 检流计没有调好零点;

(4) 检流计灵敏度不够高.

2. 双臂电桥是怎样消除引线电阻及接触电阻的影响的?

3. 证明:$\alpha=\dfrac{R_{t_2}-R_{t_1}}{R_{t_1}t_2-R_{t_2}t_1}$.若不用上式计算 α,还有其他的方法计算 α 吗?

知识拓展

直流平衡电桥历史简介

在测量电阻及进行其他电学实验时,经常会用到一种叫惠斯通电桥的电路,很多人认为这种电桥是惠斯通发明的,其实,这是一个误会,这种电桥是由英国发明家克里斯蒂在 1833 年发明的,但是由于惠斯通第一个用它来测量电阻,所以人们习惯上就把这种电桥称为惠斯通电桥.

1862 年,英国的 W.汤姆孙在研究利用单臂电桥测量小电阻时遇到困难,发现引起测量误差较大的原因是引线电阻和连接点处的接触电阻,这些电阻值可能远大于被测电阻值,因此,他发明了如图 12-3 所示的桥路,被称为汤姆孙电桥,后因他被晋封为开尔文勋爵,故又被称为开尔文电桥.开尔文电桥又被称为双臂电桥,所测电阻值可低到毫欧级甚至更小,人们根据双臂电桥原理又发展出史密斯电桥、三平衡电桥和四跨线电桥等,使得采用桥路测小电阻的理论与实践臻于完善.

QJ36 型两用直流电桥

一、主要技术参数(表 12-1、表 12-2)

表 12-1 单臂电桥测量范围

量程			工作电源电压/V	允许误差/%
被测电阻	比例臂电阻			
R_x/Ω	R_1/Ω	R_4/Ω		
$10^2\sim10^3$	10^2	10^3	内置 9 V	±0.02
$10^3\sim10^4$	10^3	10^3		
$10^4\sim10^5$	10^3	10^2		
$10^5\sim10^6$	10^4	10^2		±0.1

表 12-2 双臂电桥测量范围

被测电阻 R_x/Ω	标准电阻 R_N/Ω	比例臂电阻 $R_1=R_2/\Omega$	工作电源电压/V	允许误差/%
$10\sim10^2$	10	10^3	内置双桥电源输出:4 V	±0.02
$1\sim10$	1			
$0.1\sim1$	10^{-1}			
$10^{-2}\sim10^{-1}$	10^{-2}			
$10^{-3}\sim10^{-2}$	10^{-3}			
调换 R_x 和 R_N 位置时				
$10^{-4}\sim10^{-3}$	10^{-3}	10^3	4 V	±0.05
$10^{-5}\sim10^{-4}$		10^2		±0.2
$10^{-6}\sim10^{-5}$		10		±2

二、仪器原理与使用方法

QJ36 型两用直流电桥的简化线路图如图 12-7 所示.仪器内置有 9 V 与 4 V 两种稳压电源,由“电源”按键开关转换选择,按下“电源”按键开关,内附 9 V 电源为单桥提供工作电源;释放“电源”按键开关,内附 4 V 电源出现在“双桥电源输出”端子上,为双桥测试外部线路提供工作电源.

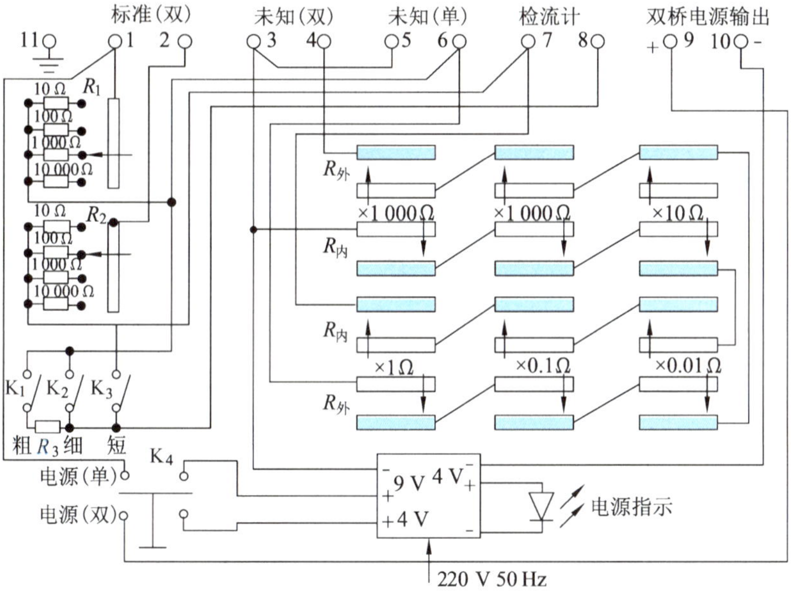

图 12-7 电桥简化线路图($R_内$ 即为 R_{3a})

对照图 12-8 所示面板,S_1、S_2 为 R_1、R_2 的量程转换开关;R_{3a}、R_{3b} 为联动可变电阻,由标度盘Ⅰ、Ⅱ、Ⅲ、Ⅳ、Ⅴ、Ⅵ调节;K_1 为粗测按钮,串有检流计保护电阻 R_g;K_2 为细测按钮;K_3为短路按钮;K_4为电源按钮;1、2单臂电桥时短接,双臂电桥时接标准电阻的电压端钮;3、4双臂电桥时接未知待测电阻;5、6单臂电桥时接未知待测电阻的电压端钮;7、8接检流计;9、10双臂电桥时作电源输出;11为静电屏蔽接地端钮.

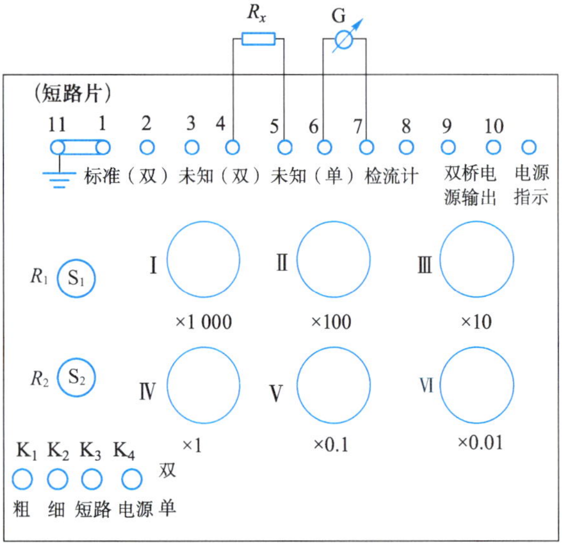

图12-8　单臂电桥接线图

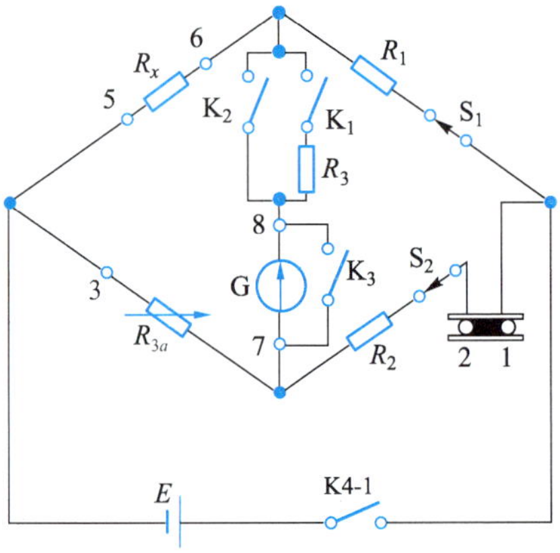

图12-9　单臂电桥原理图

1. 测量阻值范围为10^2~10^6 Ω的电阻时,接成**单臂电桥**,其接线图和原理图和图12-8、图12-9所示.为了保证测量精度,按表12-1选择R_1、R_2.测量时,先按下K_4,然后按下K_1,调节标度盘Ⅰ~Ⅵ.注意调节顺序:从电阻的高位到低位,逐个调节六个盘,先调节电阻标度盘Ⅰ,当微电流测量仪首次发生符号跳变,就将当前的电阻标度盘回调一格,这一位就确定了,然后按照相同方法依次调节Ⅱ~Ⅵ.接近平衡后再按下K_2,细调Ⅰ~Ⅵ,直至电桥平衡.测量结果可由式

$$R_x=\frac{R_1}{R_2}R_{3a}$$

计算,$\frac{R_1}{R_2}$为倍率,R_{3a}为Ⅰ~Ⅵ读数(此时的R_{3a}就是单臂电桥的R_3).

2. 测量10^{-5}~10^2 Ω范围内的小阻值电阻时,必须用**双臂电桥**,其接线图与原理图如图12-10、图12-11所示.电源回路中接入换向开关K(图12-11),可克服检流计零点不准及热电势对测量结果的影响;在影响不明显时可省去换向开关(图12-10).为满足$\frac{R_{3b}}{R_1}=\frac{R_{3a}}{R_2}$,因$R_{3b}$与$R_{3a}$联动,即$R_{3a}$始终与$R_{3b}$相等,则$R_1$、$R_2$必须相等,即$S_1$与$S_2$必须同步调节以保证$R_1=R_2$.为了保证测量精度,必须严格按照表12-2选择$R_1$、$R_2$、$R_s$,利用变阻箱$R_P$可调节流过$R_x$及$R_s$的工作电流.要求工作电流不大于$R_x$、$R_s$的最大工作电流,调节双臂电桥平衡的方法与调节单臂电桥的平衡方法一样.测量结果可由式

$$R_x=\frac{R_s}{R_1}R_{3a}$$

求得.

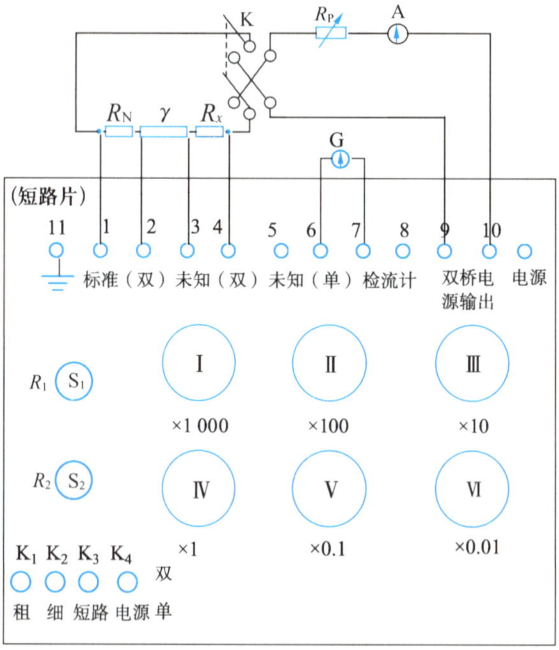

图 12-10　双臂电桥接线图

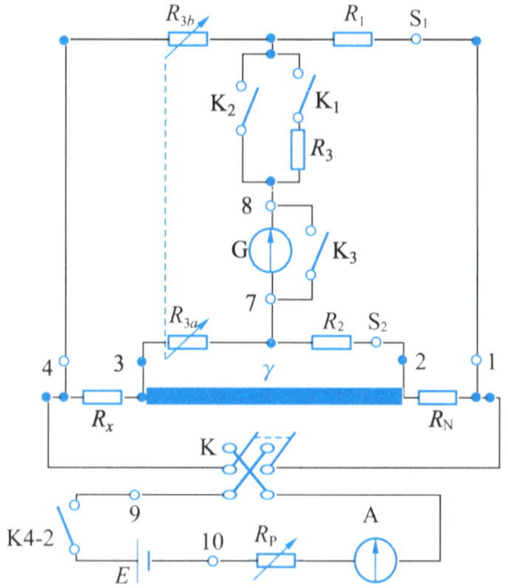

图 12-11　双臂电桥原理图

实验 13　波尔共振实验

在机械制造和建筑工程等科技领域中,受迫振动所导致的共振现象是工程技术人员十分关注的问题.共振既有破坏作用,但也有许多实用价值.众多电声器件就是运用共振原理设计与制作的.此外,在微观科学研究中,共振也是一种重要的研究手段,如利用核磁共振研究物质结构等.

受迫振动的性质可用振幅-频率特性和相位-频率特性(简称幅频和相频特性)来表征,本实验中采用波尔共振仪定量测定机械受迫振动的幅频特性和相频特性,并利用频闪法测定相位差.

预习题

1. 什么是自由振动、阻尼振动、受迫振动?
2. 什么是共振?
3. 受迫振动方程是什么?

4. 受迫振动的幅频特性和相频特性是什么?
5. 什么是频闪法?

实验目的

1. 研究波尔共振仪中弹性摆轮受迫振动的幅频特性和相频特性.
2. 研究不同阻尼力矩对受迫振动的影响,观察共振现象.
3. 学习用频闪法测定相位差等物理量.

实验仪器

ZKY-BG 型波尔实验仪(由振动仪与电器控制箱两部分组成).

实验原理

振动是自然界中最常见的物理现象,是物体运动的一种基本形式.振动分为自由振动、阻尼振动和受迫振动.受迫振动是物体在周期性外力的持续作用下发生的振动.这种周期性的外力称为驱动力.如果驱动力按简谐运动规律变化,那么稳定状态时的受迫振动也是简谐运动.在受迫振动状态下,系统除了受到驱动力的作用外,同时还受到回复力和阻尼力的作用.本实验采用摆轮在弹性力矩作用下自由摆动,在驱动外力矩和电磁阻尼力矩作用下做受迫振动来研究受迫振动的特性.

当摆轮受到周期性驱动外力矩 $M=M_0\cos\omega t$ 的作用,并在有空气阻尼和电磁阻尼的介质中运动时$\left(\text{阻尼力矩为}-b\dfrac{\mathrm{d}\theta}{\mathrm{d}t}\right)$,其运动方程为

$$J\frac{\mathrm{d}^2\theta}{\mathrm{d}t^2}=-k\theta-b\frac{\mathrm{d}\theta}{\mathrm{d}t}+M_0\cos\omega t \tag{13-1}$$

式中,J 为摆轮的转动惯量,$-k\theta$ 为弹性力矩,M_0 为驱动力力矩的幅值,ω 为驱动力的圆频率.令

$$\omega_0^2=\frac{k}{J},\quad 2\beta=\frac{b}{J},\quad m=\frac{M_0}{J}$$

则式(13-1)变为

$$\frac{\mathrm{d}^2\theta}{\mathrm{d}t^2}+2\beta\frac{\mathrm{d}\theta}{\mathrm{d}t}+\omega_0^2\theta=m\cos\omega t \tag{13-2}$$

当 $m\cos\omega t=0$ 时,式(13-2)即为阻尼振动方程;若阻尼振动方程中 $\beta=0$,则式(13-2)变为无阻尼简谐运动方程,系统的固有频率为 ω_0.

方程(13-2)的通解为

$$\theta=\theta_1\mathrm{e}^{-\beta t}\cos(\omega_f t+\alpha)+\theta_2\cos(\omega t+\varphi_0) \tag{13-3}$$

由式(13-3)可见,受迫振动可分成两部分:

第一部分,$\theta_1\mathrm{e}^{-\beta t}\cos(\omega_f t+\alpha)$ 与初始条件有关,经过一定时间后衰减消失.

第二部分，说明驱动力力矩对摆轮做功，向振动体传送能量.最后达到一个稳定的振动状态，其振幅为

$$\theta_2=\frac{m}{\sqrt{(\omega_0^2-\omega^2)^2+4\beta^2\omega^2}} \tag{13-4}$$

它与驱动力矩之间的相位差为

$$\varphi=\arctan\frac{2\beta\omega}{\omega_0^2-\omega^2}=\arctan\frac{\beta T_0^2 T}{\pi(T^2-T_0^2)} \tag{13-5}$$

由式(13-4)和式(13-5)可见，振幅 θ_2 与相位差 φ 的数值取决于驱动力力矩 m、频率 ω、系统的固有频率 ω_0 和阻尼系数 β 四个因素，而与振动初始状态无关.

令 $\frac{\partial}{\partial\omega}[(\omega_0^2-\omega^2)^2+4\beta^2\omega^2]=0$ 可得出，当驱动力的圆频率 $\omega=\sqrt{\omega_0^2-2\beta^2}$ 时产生共振，θ 达极大值.若共振时圆频率和振幅分别用 ω_r、θ_r 表示，则

$$\omega_r=\sqrt{\omega_0^2-2\beta^2} \tag{13-6}$$

$$\theta_r=\frac{m}{2\beta\sqrt{\omega_0^2-2\beta^2}} \tag{13-7}$$

式(13-6)、式(13-7)表明，阻尼系数 β 越小，共振时圆频率越接近于系统固有频率，振幅 θ_r 也越大.当 $\beta=0$ 时，$w_r=w_0$，$\theta_r=\frac{\pi}{2}$.图 13-1 表示 β 不同时受迫振动的幅频特性和相频特性.

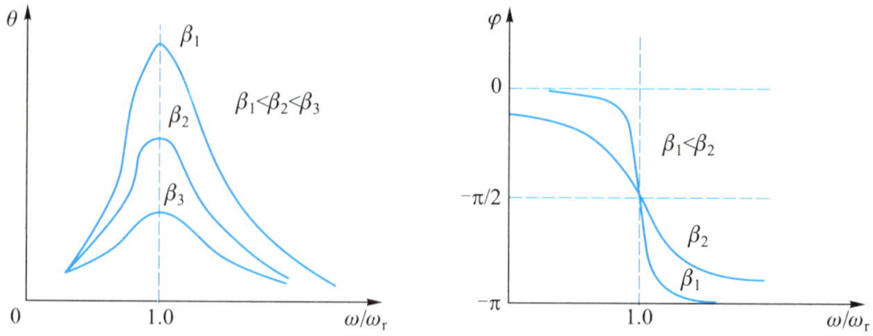

图 13-1　受迫振动的幅频特性和相频特性

实验内容

一、实验准备

ZKY-BG 型波尔实验仪如图 13-2 所示.

按下电源开关后.屏幕上出现欢迎界面，其中 NO.0000X 为电器控制箱与电脑主机相连的编号.几秒钟后屏幕上显示“按键说明”字样，符号◄、►、▲、▼分别表示向左、向右、向上、向下移动，如图 13-3 所示.

图 13-2　ZKY-BG 型波尔实验仪

按键说明

◀ ▶ ——▶ 选择项目

▲ ▼ ——▶ 改变工作状态

确定 ——▶ 功能项确定

图 13-3　按键说明

二、自由振荡——摆轮振幅 θ 与系统固有周期 T_0 的对应值测量

自由振荡实验的目的是测量摆轮振幅 θ 与系统固有振动周期 T_0 的关系.

在图 13-3 状态下按“确定”键，显示选择系统模型，按▶键，选择“单机模式”，再按“确定”键，显示如图 13-4 所示的实验类型.默认选中项为“自由振荡”，字体反白为选中，再按“确定”键，显示如图 13-5 所示.

用手转动摆轮 160°左右，放开手后按▲或▼键，测量状态由“关”变为“开”，控制箱开始记录实验数据.振幅的有效数值范围为 50°~160°（振幅在 50°~160°之间测量开启，小于 50°测量自动关闭），测量状态为“关”时，此时数据已保存并发送至主机.

查询实验数据，可按◀或▶键，选中“回查”，再按“确定”键，如图 13-6 所示，表示第一次记录的振幅 $\theta_0=134°$，对应的周期 $T=1.442$ s.按▲或▼键，可查看所有记录的数据，该数据为每次测量振幅相对应的周期数值.数据记录完毕，按“确定”键，返回到图 13-3 状态.利用此法可作出振幅 θ 与 T_0 的对应表.该对应表将在稍后的“幅频特性和相频特性”数据处理过程中使用.

实验步骤

自由振荡　阻尼振荡　受迫振动

图 13-4　实验类型

周期 ×1=　　　　秒（摆轮）

阻尼 0　　　振幅

测量关 00　　回查　　　返回

图 13-5　数据测量（无阻尼）

周期 ×1=01.442　　秒（摆轮）

阻尼 0　　　振幅 134

测量开 01　　▲▼ 按确定键返回

图 13-6　数据查询

若进行多次测量，可重复操作，“自由振荡”完成后，选中“返回”，按“确定”键，回到图 13-4 状态进行其他实验.

三、阻尼系数 β 的测量

在图 13-4 状态下，根据实验要求，按▶键，选中“阻尼振荡”，按“确定”键，显示“阻尼选择”.如图 13-7 所示，阻尼分三挡，其中“阻尼 1”挡最小.根据实验情况选择阻尼挡，如选择“阻尼 2”挡，按“确定”键，显示如图 13-8 所示.

	阻尼选择	
阻尼1	阻尼2	阻尼3

图 13-7 阻尼选择

周期 × $\frac{10}{5}$ =		秒（摆轮）
阻尼 2	振幅	
测量关 00	回查	返回

图 13-8 数据测量(有阻尼)

将角度盘指针 F 放在 0°位置.用手转动摆轮 160°左右,选取 θ_0 在 150°左右,按▲或▼键,测量状态由“关”变为“开”并开始记录数据.仪器记录 10 组数据后,测量自动关闭.此时振幅大小还在变化,但仪器已经停止记数.

阻尼振荡的回查同自由振荡类似,请参照上面操作.若改变阻尼挡进行测量,重复上述操作步骤即可.

从显示屏幕读出摆轮做阻尼振动时的振幅数值 $\theta_1, \theta_2, \theta_3, \cdots, \theta_n$,利用公式

$$\ln \frac{\theta_0 e^{-\beta t}}{\theta_0 e^{-\beta(t+n\bar{T})}} = n\beta \bar{T} = \ln \frac{\theta_0}{\theta_n} \tag{13-8}$$

求出 β 值.式中,n 为阻尼振动的周期次数;θ_n 为第 n 次振动时的振幅;$\bar{T}$为阻尼振动周期的平均值,可测出 10 个摆轮振动周期值,然后取其平均值.

四、受迫振动的幅频特性和相频特性曲线的测定

在进行“受迫振动”前必须先进行“阻尼振荡”,否则无法实验.

仪器在图 13-4 状态下,选中“受迫振动”,按“确定”键,显示如图 13-9 所示,默认状态选中“电机”.

周期 × 1	=	秒（摆轮）
	=	秒（电机）
阻尼 1	振幅	
测量关 00	周期 1 电机关	返回

图 13-9 测量界面

按▲或▼键,让电机启动,保持周期为 1,待摆轮和电机的周期相同(末位数差异不大于 2),且振幅已稳定,变化不大于 1,表明两者已经稳定了(图 13-10),此时方可开始测量.

周期 × 1	=1.425秒(摆轮)
	=1.425秒(电机)
阻尼 1	振幅122
测量关 00	周期1 电机开 返回

图 13-10 周期显示

周期 ×	10 =	秒（摆轮）
	5 =	秒（电机）
阻尼 1	振幅	
测量开 01	周期10 电机开	返回

图 13-11 周期调节

测量前应先选中周期,按▲或▼键把周期由 1(图 13-10)改为 10(图 13-11),目的是减少误差.若不改周期,测量无法开始;再选中测量,按下▲或▼键,测量开始并记录数据(图 13-11).

一次测量完成,测量状态为“关”后,读取摆轮的振幅值,并利用闪光灯测定受迫振动位移与驱动力间的相位差.

调节驱动力力矩周期电位器,改变电机的转速,即改变驱动力力矩频率 ω,从而改变电机转动的周期.电机转速的改变可按照 $\Delta\varphi$ 控制在 10°左右来定,可进行多次这样的

测量.

每次改变驱动力力矩的周期后，都需要等待系统稳定，即返回到图 13-10 所示状态，待摆轮和电机的周期相同后再进行测量.

在共振点附近由于曲线变化较大，因此测量数据相对密集些.此时电机转速的极小变化会引起 $\Delta\varphi$ 的很大改变.电机转速旋钮上的读数为参考数值，建议在不同 ω 时都记下此值，以便在实验中快速寻找和为重新测量提供参考.

测量相位时，应把闪光灯放在电机转盘前下方，按下闪光灯按钮，根据频闪现象来测量.受迫振动测量完毕后，按◀或▶键选中“返回”，按“确定”键，重新回到图 13-4 状态.

五、关机

所有实验全部完毕后，在图 13-4 状态下按住复位按钮保持不动，几秒钟后仪器自动复位，此时所做实验数据全部被清除，然后按下电源开关按钮结束实验.

注意事项

1. 不要将摆轮随意摆动.
2. 摆轮转动幅度不要超过 170°.
3. 做受迫振动实验时，调节仪器面板“驱动力周期”旋钮，可改变电机转动周期.该实验必须做 10 次以上，其中必须包括电机转动周期与自由振荡实验时振荡周期相同的数值，且每次改变驱动力矩的周期后，都需要重新等待系统稳定.
4. 由于闪光灯的高压电路及强光会干扰光电门采集数据，因此须待一次测量完成、显示测量关后，才可使用闪光灯读取相位差.测量相位差时，闪光灯按钮要长按.

思考题

1. 摆轮上方的光电门为什么能同时测出摆轮转动的振幅与周期?
2. 如果实验中阻尼电流不稳定，会有什么影响?

附录

本实验使用的 ZKY－BG 型波尔实验仪由振动仪与电器控制箱两部分组成，如图 13-12、图 13-13 所示.

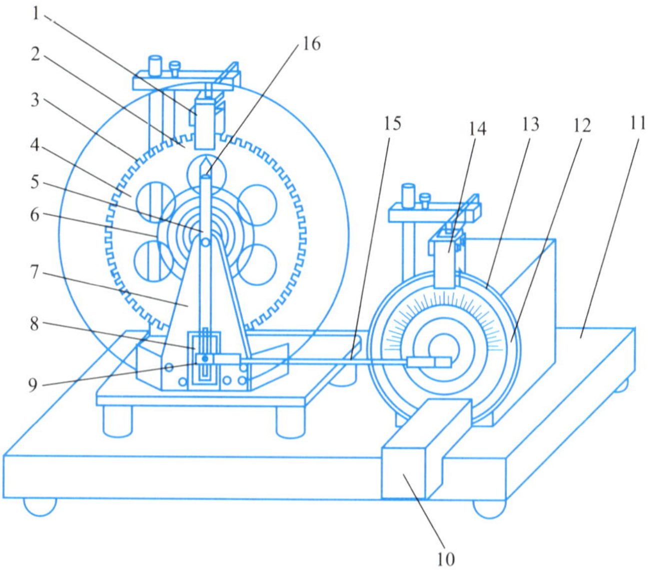

1—光电门 H；2—长形凹槽 C；3—短凹槽 D；4—铜质圆形摆轮 A；5—摇杆 M；6—蜗卷弹簧 B；7—支撑架；8—阻尼线圈 K；9—摇杆调节螺丝；10—闪光灯；11—底座；12—有机玻璃转盘 F；13—角度盘 G；14—光电门 I；15—连杆 E；16—弹簧夹持螺钉 L.

图 13-12　振动仪

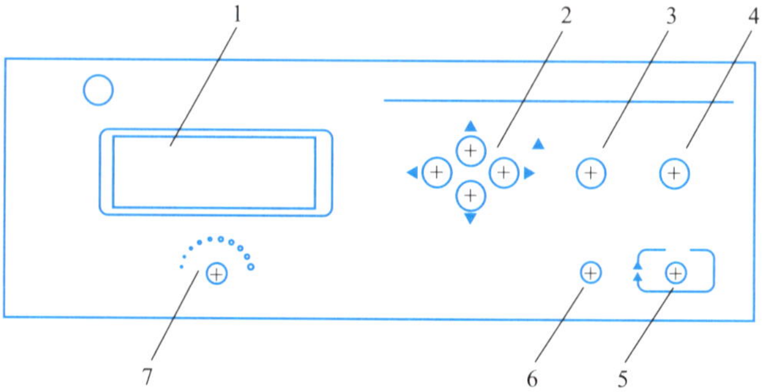

1—液晶显示屏幕；2—方向控制键；3—确认按键；4—复位按键；5—电源开关；6—闪光灯开关；7—驱动力周期调节电位器.

图 13-13　电器控制箱的前面板示意图

一、振动仪

铜质圆形摆轮 A 安装在机架上，蜗卷弹簧 B 的一端与摆轮 A 的轴相连，另一端可固定在机架支柱上，在弹簧弹性力的作用下，摆轮可绕轴做自由往复摆动.在摆轮的外围有一卷槽形缺口，其中一个长形凹槽 C 比其他凹槽长很多.机架上对准长形缺口处有一个光电门 H，它与电器控制箱相连接，用来测量摆轮的振幅角度值和摆轮的振动周期.在机架下方有一对带有铁芯的阻尼线圈 K，摆轮 A 恰好嵌在铁芯的空隙；线圈通电时，摆轮受到一个电磁阻尼力的作用.改变电流的大小即可使阻尼大小相应变化.

在电机轴上装有偏心轮，通过连杆 E 带动摆轮 A 做受迫振动.在电机轴上装有带刻线的有机玻璃转盘 F，它随电机一起转动，由它可以从角度盘 G 上读出相位差 φ.调节控制箱上的十圈电机转速调节旋钮，可以精确改变加在电机上的电压，使电机的转速在实验范围（30~45 r/min）内连续可调．由于电路中采用特殊稳速装置和惯性很小的带有测速发电机的特种电机，所以电机的转速极为稳定．电机的有机玻璃转盘 F 上装有两个挡光片．在角度盘 G 中央上方 90°处有光电门 I，它与控制箱相连，用来测量驱动力矩的周期．

受迫振动时摆轮与外力矩的相位差可利用小型闪光灯来测量．闪光灯受摆轮信号光电门控制，每当摆轮上长形凹槽 C 通过平衡位置时，光电门 H 接受光，引起闪光，这一现象称为频闪现象．在稳定情况时，在闪光灯照射下可以看到有机玻璃转盘 F 好像一直"停在"某一刻度处．所以此数值可方便地直接读出，误差不大于 2°．闪光灯搁置在底座上，切勿拿在手中直接照射刻度盘．

利用光电门 H 测量通过它的摆轮圈上凹形缺口个数，可测出摆轮振幅，并在控制箱液晶显示屏幕上直接显示出此值，精度为 1°．

二、电器控制箱

波尔实验仪的电器控制箱的前面板和后面板分别如图 13-13 和图 13-14 所示．

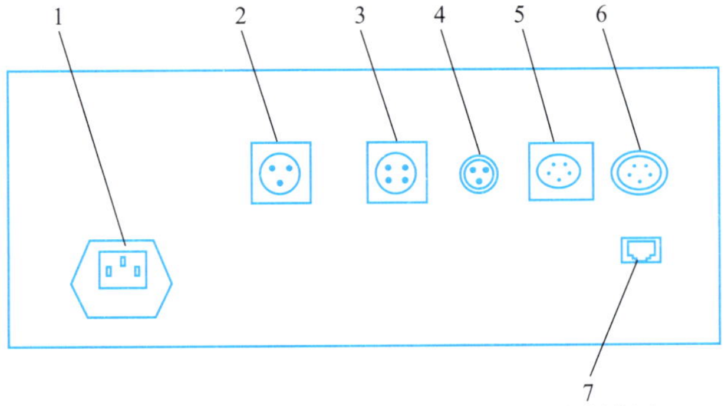

1—电源插座（带保险）；2—闪光灯接口；3—阻尼线圈；
4—电机接口；5—振幅输入；6—周期输入；7—通信接口．

图 13-14　电器控制箱的后面板示意图

电机转速调节旋钮为带有刻度的十圈电位器，调节此旋钮可精确改变电机转速，即改变驱动力矩的周期．锁定开关处于图 13-15 所示的位置时，电位器刻度锁定，要调节大小须将其置于该位置的另一边．×0.1 挡旋转一圈，×1 挡走一个字．一般调节刻度仅供实验时作参考，以便大致确定驱动力矩周期值在多圈电位器上的相应位置．

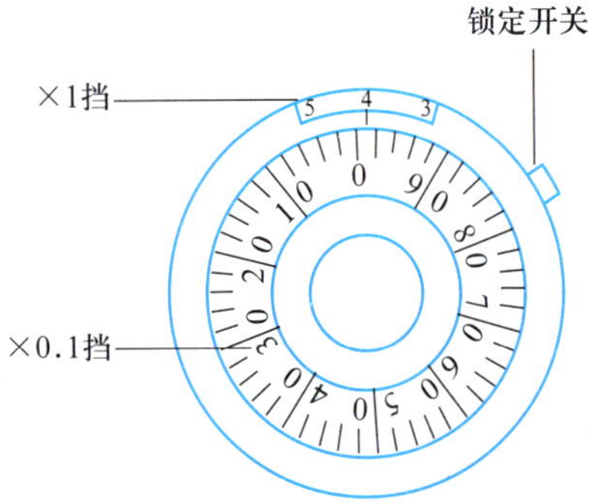

图 13-15　电机转速调节电位器

通过软件控制阻尼线圈内直流电流的大小，以达到改变摆轮系统阻尼系数的目的．阻尼共分三挡，分别是"阻尼 1""阻尼 2""阻尼 3"．阻尼电流由恒流源提供，实验时可根据不同情况进行选择（可先选择在"阻尼 2"处，若共振时振幅太小，则可改用"阻尼 1"），振幅在 150°左右．

闪光灯开关用来控制闪光与否．当按下闪光按钮，摆轮长形缺口通过平衡位置时便产生闪光.由于频闪现象,可从相位差读数盘上看到刻度线似乎静止不动的读数(实际上有机玻璃转盘F上的刻度线一直在匀速转动),从而读出相位差数值.为使闪光灯管不易损坏,仅在测量相位差时才按下按钮.

知识拓展

共振的应用

共振是十分普遍的自然现象,几乎在物理学的各个分支学科和许多交叉学科中,以及工程技术的各个领域中都可以观察到它,都要应用到它.例如,桥梁、码头等各种建筑,飞机、汽车、轮船、发动机等机器设备的设计、制造、安装中,为使建筑结构安全工作和机器能正常运转,都必须考虑如何防止共振.而有许多仪器和装置要利用共振原理来制造.机械共振应用的典型例子是地震仪,它不仅是地震记录和研究地震预报的基本手段,也是研究地球物理的重要工具.利用共振可以制造超声工具,利用原子、分子共振可以制造各种光源,如日光灯、激光以及电子表、原子钟等.在音乐艺术中,不论是声乐,还是器乐,共振都起决定性的作用,甚至可以说没有共振就没有音乐.人的听觉器官中有一精巧绝伦的共振系统,许多动物也如此."听"可以说是利用共振原理对声振动的谐波分析.研究共振对于医学、仿生学均有重大意义.

一、桥梁垮塌

18世纪中叶,一队法国士兵在指挥官的口令下,迈着威武雄壮、整齐划一的步伐,通过法国昂热市一座大桥,快走到桥中间时,桥梁突然发生强烈的颤动并且最终断裂坍塌,造成许多官兵和市民落入水中丧生.后经调查,造成这次惨剧的罪魁祸首正是共振!因为大队士兵齐步走时,产生的频率正好与大桥的固有频率一致,使桥的振动加强,当它的振幅达到最大限度直至超过桥梁的抗压力时,桥就断裂了.类似的事件还发生在美国等地.有鉴于此,所以后来许多国家的军队都有这么一条规定:大队人马过桥时,要改齐步走为便步走(图13-16).

对于桥梁来说,不光是大队人马厚重整齐的脚步能使之断裂,那些看似无害的风同样也能对其造成威胁.1940年,美国全长1 524 m的塔科马海峡大桥因大风引起的共振而垮塌(图13-17),尽管当时的风速还不到设计风速限值的1/3,但因这座大桥实际的抗共振强度不过关,所以导致了事故的发生.

图13-16 大队人马过桥梁

图13-17 塔科马海峡大桥垮塌

二、微波炉

频率在 2 500 Hz 左右的电磁波称为“微波”.食物中水分子的振动频率与微波大致相同.微波炉加热食品时,炉内产生很强的振荡电磁场,使食物中的水分子做受迫振动,发生共振.将电磁辐射能转化为热能,从而使食物的温度迅速升高.微波加热技术是对物体内部的整体加热技术,完全不同于以往的从外部对物体进行加热的方式,它是一种可极大地提高加热效率、有利于环保的先进技术.

实验数据记录

一、摆轮振幅 θ 与系统固有振动周期 T_0 的关系(表 13-1)

表 13-1　振幅 θ 与 T_0 的关系

振幅 $\theta/(^\circ)$	固有周期 T_0/s	振幅 $\theta/(^\circ)$	固有周期 T_0/s	振幅 $\theta/(^\circ)$	固有周期 T_0/s	振幅 $\theta/(^\circ)$	固有周期 T_0/s

二、阻尼系数 β 的计算(表 13-2)

表 13-2　阻尼系数的计算　　阻尼挡位________

序号	振幅 $\theta/(^\circ)$	序号	振幅 $\theta/(^\circ)$	$\ln\frac{\theta_i}{\theta_{i+5}}$
θ_1		θ_6		
θ_2		θ_7		
θ_3		θ_8		
θ_4		θ_9		
θ_5		θ_{10}		
$\ln\frac{\theta_i}{\theta_{i+5}}$平均值				

$10T=$______________ s， $\overline{T}=$______________ s

利用公式

$$5\beta\overline{T}=\ln\frac{\theta_i}{\theta_{i+5}} \qquad (13-9)$$

对表 13-2 中所测数据按逐差法处理，求出 β 值. 式中，i 为阻尼振动的周期次数，θ_i 为第 i 次振动时的振幅.

$\beta=$________________________

三、幅频特性和相频特性的测量

1. 将实验数据填入表 13-3，并查询振幅 θ 与固有频率 T_0 的对应表(表 13-1)，获取对应的 T_0 值，也填入表 13-3.

表 13-3 幅频特性和相频特性测量数据记录表　　阻尼挡位__________

驱动力矩周期电位器刻度盘值	驱动力矩周期 T/s	相位差 φ 读取值/(°)	振幅 θ 测量值/(°)	查表 13-1 得出与振幅 θ 对应的固有周期 T_0/s
0.00				
0.40				
0.80				
1.20				
1.60				
2.00				
2.40				
2.80				
3.20				

2. 利用表 13-3 记录的数据，将计算结果填入表 13-4.

表 13-4 幅频、相频特性分析

φ 读取值/(°)	θ 测量值/(°)	$\frac{\omega}{\omega_r}\left(=\frac{T}{T_0}\right)$

以 ω/ω_r 为横轴，振幅 θ 为纵轴，作出幅频特性曲线；以 ω/ω_r 为横轴，相位差 φ 为纵轴，作出相频特性曲线.

实验 14　电子束(荷质比测量)实验

测量物理学方面的一些常量(如光在真空中的速度 c、阿伏伽德罗常量 N_A、电子的电荷 $-e$、电子的静质量 m……)是物理学实验的重要任务之一，而且测量的精确度往往会影响物理学的进一步发展和带来一些重要的新发现.本实验将通过较为简单的方法，对电子的荷质比 $\frac{-e}{m}$ 进行测量.

电子的质量很小，到目前为止还没有直接测量的方法，但已有不少方法可测得电子的电荷 $-e$(如密里根油滴实验，加上其他修正后，可以计算出很准确的 $-e$ 值).因此，只要能测得电子的荷质比 $\frac{-e}{m}$，即可根据 $-e$ 值算出电子的质量 m.我们经常用到的电子的静质量 $m=(9.107\ 2\pm0.000\ 3)\times10^{-28}$ g，就是通过这样的途径计算出来的.

测量电子荷质比的方法很多，如磁聚焦法、汤姆孙法和磁控管法等.由于实验的设计思想巧妙，我们利用简单的实验设备，就能观察到电子在磁场中的螺旋运动，并测出电子的荷质比，附带测量地磁的水平分量.

预习题

1. 电子束实验仪的结构包含哪些部分?
2. 电子束发生电偏转、电聚焦、磁偏转和磁聚焦分别指的是电子在哪些外场中的运动，其原理是什么?
3. 电子束在不同外场中，实验中可以测量哪些物理量?
4. 如何测量电子的荷质比?
5. 在测量电子的荷质比的过程中，如何消除地磁场的影响?

实验目的

1. 了解示波管的结构.
2. 了解电子束发生电偏转、电聚焦、磁偏转、磁聚焦的原理.
3. 掌握一种测量电子的荷质比的方法.

实验仪器

LB-EB3 型电子束实验仪.

实验原理

一、电子束实验仪的结构原理

电子束实验仪的工作原理与示波管相同，它包括抽成真空的玻璃外壳、电子枪、偏转系统与荧光屏四个部分，电子束实验仪所用示波管的内部结构及工作电源配置如图 14-1 所示.

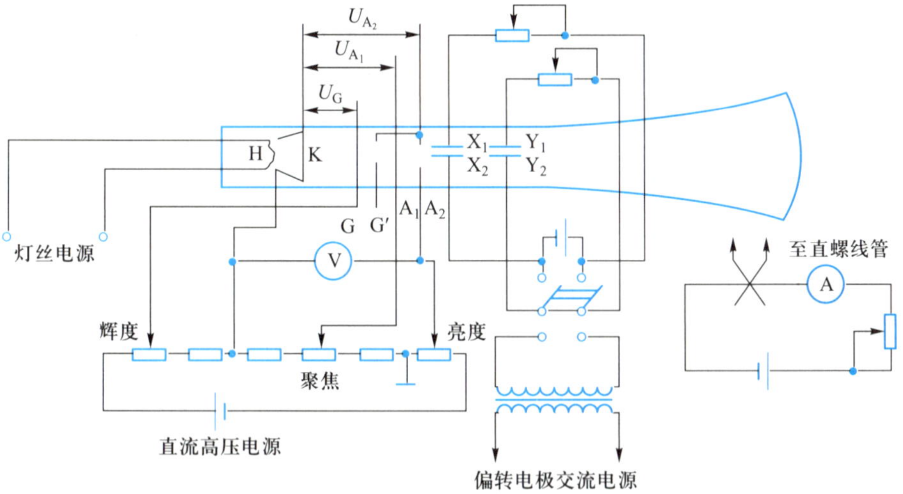

图 14-1　电子束实验仪

电子束实验仪接通电源后，灯丝 H 发热，阴极 K 受热发射电子.在栅极 G 上加一相对于阴极的负电压(5~20 V)，它的作用有二：一方面，调节电压的大小，以便控制阴极发射电子的数目，所以栅极也叫控制极；另一方面，栅极电压和与第二阳极电压同电位的电极 G′构成一定的空间电位分布，使得由阴极发射的电子束在栅极附近形成一交叉点(实际上是一个最小界面)，如图 14-2 所示.

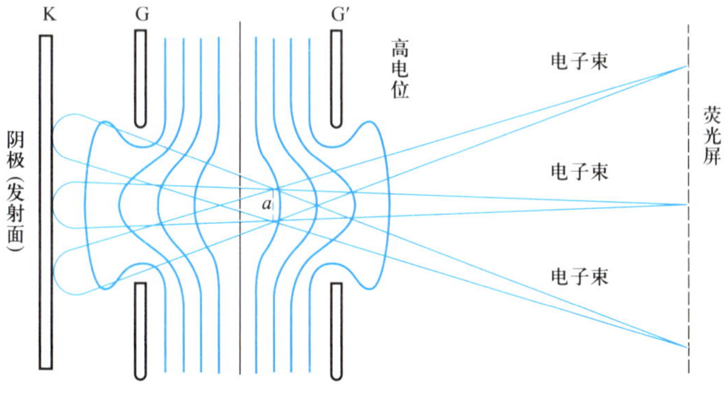

图 14-2　阴极发射的电子束及由 G 和 G′构成的空间电位分布

上述图中，与阴极 K 同轴布置有栅极 G、电极 G′、第一阳极 A_1、第二阳极 A_2 四个各自带有小圆孔的圆筒电极.电极 G′在管内与第二阳极 A_2 相连,工作电位 U_{A_2} 相对于阴极 K 一般是正几百伏到几千伏;第一阳极 A_1 相对于阴极 K,其上加有几百伏的电压 U_{A_1},这个电位介于 U_G 和 U_{A_2} 之间;电极 G′、第一阳极 A_1、第二阳极 A_2 一方面构成聚焦电场,使得经过第一交叉点后发散了的电子在聚焦电场的作用下再会聚起来,另一方面使电子加速;电子以高速度打在荧光屏上,屏上的荧光物质在高速电子轰击下发出荧光,荧光屏上的发光亮度取决于到达荧光屏的电子数目和速度,改变栅极及加速电压的大小都可以控制光点的亮度.横、纵偏转板是相互垂直放置的两对金属平行板,其上分别加以不同的电压,用来控制电子束的位置,适当调节这个电压值可以将光点移到荧光屏的中间位置.在示波管的内表面涂有石墨导电层,叫作屏蔽电极,它与第二阳极 A_2 连在一起,使荧光屏受电子束轰击而产生的二次电子由导电层流入供电回路,避免荧光屏附近电荷积累.这样,电子进入第二阳极后就在一个等电位的空间中运动.

二、实验原理

(一) 电偏转:电子束+横向电场

电偏转原理如图 14-3 所示.通常在示波管(又称电子束线管)的偏转板上加上偏转电压 U_d,当加速后的电子以速度 v_0 沿 z 方向进入偏转板后,受到偏转电场 E(y 轴方向)的作用,使电子的运动轨道发生偏移.假定偏转电场在偏转板 l 范围内是均匀的,电子做抛物线运动;在偏转板外,电场强度为零,电子不受力,做匀速直线运动.在偏转板之内,有

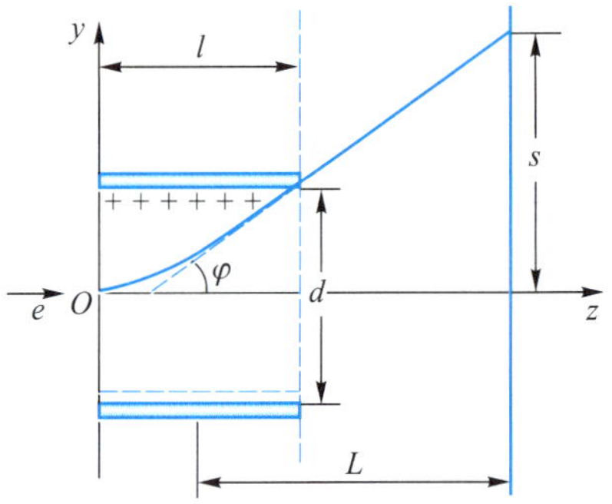

图 14-3 电偏转

$$Y=\frac{1}{2}at^2=\frac{1}{2}\frac{eE}{m}\left(\frac{Z}{v_0}\right)^2 \qquad (14-1)$$

式中,Y 为电子束在 y 方向的偏转量,Z 为电子束沿 z 轴方向的位移;电子在加速电压 U_{A_2} 的作用下,加速电压对电子所做的功全部转化为电子的动能,则 $\frac{1}{2}mv_0^2=eU_{A_2}$,将 $E=\frac{U_d}{d}$ 和 $v_0^2=\frac{2eU_{A_2}}{m}$ 代入式(14-1),得

$$Y=\frac{U_dZ^2}{4U_{A_2}d}$$

电子离开偏转系统时,电子运动的轨道与 z 轴所成的偏转角 φ 的正切值为

$$\tan\varphi=\left.\frac{\mathrm{d}Y}{\mathrm{d}Z}\right|_{Z=l}=\frac{U_dl}{2U_{A_2}d} \qquad (14-2)$$

设偏转板的中心到荧光屏的距离为 L,电子在荧光屏上的偏转量为 s,则

$$\tan\varphi=\frac{s}{L}$$

代入式(14-2),得

$$s=\frac{U_dlL}{2U_{A_2}d} \qquad (14-3)$$

由上式可知,荧光屏上电子束的偏转量 s 与偏转电压 U_d 成正比,与加速电压 U_{A_2} 成反比.由于上式中的其他量是与示波管结构有关的常量,故可写成

$$s=k_e\frac{U_d}{U_{A_2}} \tag{14-4}$$

k_e 为电偏转常量.可见,当加速电压 U_{A_2} 一定时,偏转距离与偏转电压呈线性关系.为了反映电偏转的灵敏程度,定义

$$\delta_{电}=\frac{s}{U_d}=\frac{k_e}{U_{A_2}} \tag{14-5}$$

$\delta_{电}$ 称为电偏转灵敏度,单位为 mm/V.$\delta_{电}$ 越大,表示电偏转系统的灵敏度越高.

（二）电聚焦:电子束+纵向电场

由电极 G′、第一阳极 A_1 和第二阳极 A_2 组成的电聚焦系统把电子束的交叉点成像在示波管的荧光屏上,呈现为直径足够小的光点.如果将这一过程与几何光学做类比,由于 A_1 两侧具有相同的电位,就好比具有相同的折射率,因此由 G′、A_1、A_2 所组成的电聚焦系统对电子的作用与凸透镜对光的作用相似,通常也称为电子透镜.

设一电子由圆筒电极 G′进入加速场,电子初速度 v 与 z 轴的夹角为 θ,其运动轨迹如图 14-4 所示.由于电子带负电,电子在电场中任何位置所受电场力 $\boldsymbol{F}$ 的方向与该点电场强度 $\boldsymbol{E}$ 的方向相反,$\boldsymbol{E}$ 的方向与电场线的切线方向一致.在图 14-4 中,作用于电子上的电场力 $\boldsymbol{F}$ 可分解为两个分量,即轴向的 $\boldsymbol{F}_{/\!/}$(沿 z 轴方向)和径向的 $\boldsymbol{F}_{\perp}$(垂直于 z 轴方向).当入射电子位于点①时,所受到的力使电子减速、发散;当电子位于点②时,所受到的力使电子减速、会聚;当电子位于点③时,所受到的力使电子加速、会聚;当电子位于点④时,电子则被加速、发散.$\boldsymbol{F}_{/\!/}$ 在整个电子透镜范围内,沿着 z 轴加速电子;而 $\boldsymbol{F}_{\perp}$ 在电子透镜的前半区使电子运动轨道向靠近 z 轴方向弯曲,在电子透镜后半区使电子运动轨道背离 z 轴方向,向反方向弯曲.由于在电子透镜区域内电子受 $\boldsymbol{F}_{/\!/}$ 的作用而加速,因此电子在电子透镜前半区停留的时间比在后半区停留的时间长,径向力的总效果将使电子的运动轨迹向靠近 z 轴方向弯曲,因此电子透镜对进入的电子束起会聚作用.

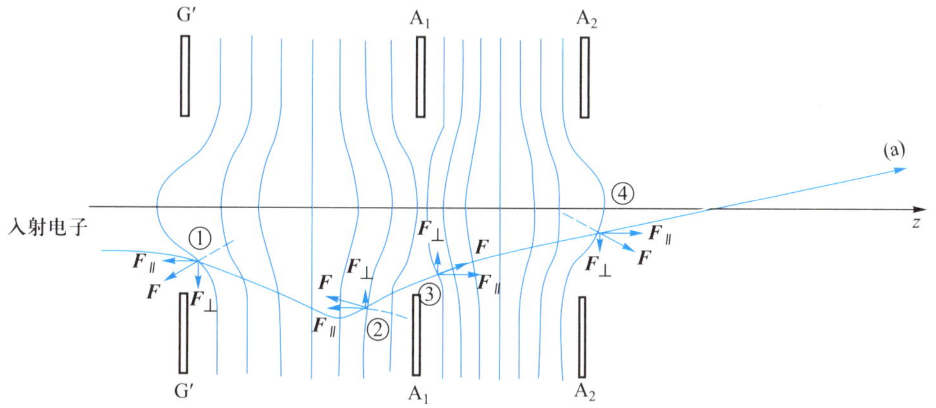

图 14-4　电子运动轨迹

电子束通过电子透镜后能否聚焦在荧光屏上,与第一阳极电压 U_{A_1} 和第二阳极电压

U_{A2}的单值无关,仅取决于其差值与比值,改变 A_1、A_2 之间的电位差,相当于改变电子透镜的焦距,选择合适的 U_{A_1} 与 U_{A_2} 的比值,就可以使电子束的会聚点正好在示波管的荧光屏上,这就实现了聚焦.

在实际的示波管内,第二阳极对电子直接起加速作用,称之为加速极.第一阳极主要用来改变 U_{A_1} 与 U_{A_2} 的比值使电子束便于聚焦,故称聚焦极.当然改变 U_{A_2} 也能改变 U_{A_1}、U_{A_2} 比值的大小,所以第二阳极又能起辅助聚焦作用.

用几何光学中的高斯成像公式 $\frac{1}{f}=\frac{1}{u_{物距}}+\frac{1}{v_{像距}}$,也可以求出上述电子透镜的焦距 f.图 14-5 为示波管的 f-U_{A_1}/U_{A_2} 曲线.从图中可见,当 $U_{A_1}=U_{A_2}$ 时,由于在 G′、A_1、A_2 中间不存在电场,因此不存在聚焦作用,焦距 f 为无穷大.

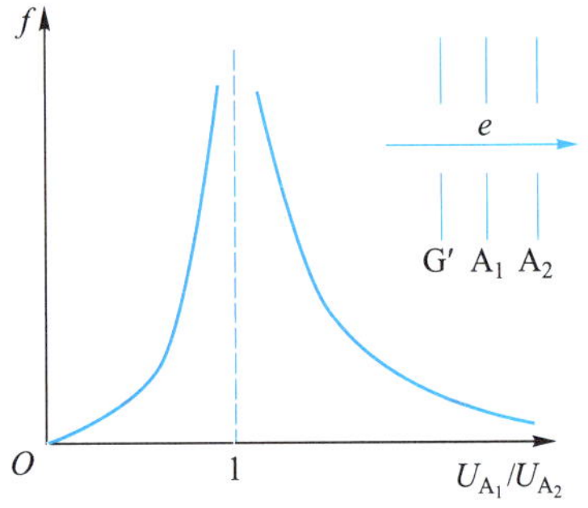

图 14-5　示波管的 f-U_{A_1}/U_{A_2} 曲线

欲详细了解电子相对折射率,验证电子透镜方程及相关细节,可参阅电子光学相关书籍.

(三) 磁偏转:电子束+横向磁场

1. 研究横向磁场对电子束的偏转,测量磁偏转灵敏度并验证它和加速电压平方根成反比的规律.

运动的电子在磁场中受到洛伦兹力的作用,所受力为

$$\boldsymbol{F}=-e\boldsymbol{v}\times\boldsymbol{B} \tag{14-6}$$

可见洛伦兹力的方向始终与电子运动的方向垂直,所以洛伦兹力对运动的电子不做功,但它改变电子的运动方向.本实验将要观察和研究电子束在与之垂直的磁场作用下的偏转情况.为简单起见,设磁场是均匀的,磁感应强度为 $\boldsymbol{B}$,在匀强磁场中电子的速度 $\boldsymbol{v}$ 与磁场 $\boldsymbol{B}$ 垂直,电子在洛伦兹力的作用下做圆周运动.洛伦兹力就是电子做圆周运动的向心力:

$$evB=\frac{mv^2}{R}$$

电子离开磁场区域后,因为磁场强度为零,电子不再受任何力的作用,做直线运动.

由图 14-6 可知:

$$\sin\theta=\frac{l}{R}=\frac{leB}{mv} \tag{14-7}$$

因为偏转角 θ 很小,可近视认为 $\sin\theta=\tan\theta$,所以偏转量 s 为

$$s=L\tan\theta=\frac{leB}{mv}L \tag{14-8}$$

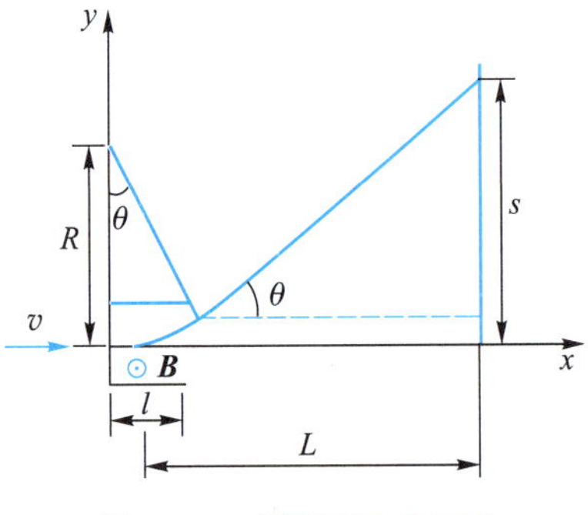

图 14-6　电子离开磁场后的运动轨迹

设电子进入磁场前加速电压为 U_{A_2},则加速电场对电子做的功全部转变成电子的动能,有

$$\frac{1}{2}mv^2=eU_{A_2} \tag{14-9}$$

将式(14-9)代入式(14-8)得

$$s=lBL\sqrt{\frac{e}{2mU_{A_2}}} \tag{14-10}$$

如果磁场是由螺线管产生的,因为螺线管内的 $B=\mu_0 nI$,其中 n 是单位长度线圈的圈数,I 是通过线圈的电流,则有

$$s=\mu_0 nIlL\sqrt{\frac{e}{2mU_{A_2}}}$$

磁偏转灵敏度

$$\delta_{磁}=\frac{s}{I}=\mu_0 nlL\sqrt{\frac{e}{2mU_{A_2}}} \tag{14-11}$$

可见位移 s 与磁场电流 I 成正比,而与加速电压的平方根成反比,这与静电场的情况不同.磁偏转灵敏度为位移与磁场电流之比,与加速电压的平方根成反比.

2. 利用电子束在地磁场中的偏转测量地球的磁场(即地磁水平分量的测量)

在做"电子束的加速和电偏转"实验时,在偏转电压 U_d 为零的情况下将光点调整到坐标原点,改变加速电压 U_{A_2}时,虽然没有外加偏转电压,但光点的位置已经偏离了原点.研究发现,光点的偏移位置与实验仪摆放的位置有关,是否是地磁场的存在导致了这种现象呢?借助罗盘与指南针,找到示波管与地磁场水平分量相平行的方位,再次改变加速电压,发现光点保持在原点位置不变,看来地磁场是造成光点位置改变的重要原因之一.下面介绍用电子束实验仪来测地磁场的水平分量.

电子从电子枪发射出来时,其速度 v 由式(14-9)决定.由于电子束所受重力远远小于洛伦兹力,忽略重力因素,电子在磁场力影响下做圆弧运动,圆弧的半径由向心力求出:$R=\frac{mv}{eB}$.

电子在磁场中沿弧线打到荧光屏上一点,这一点相对于没有偏转的电子束的位置移动了距离 D:

$$D=R-R\cos\theta=R(1-\cos\theta)=\frac{mv}{eB}(1-\cos\theta) \tag{14-12}$$

因为偏转角 θ 很小,近似可写为

$$\sin\theta=\theta,\cos\theta=1-\frac{\theta^2}{2} \tag{14-13}$$

代入式(14-12),得

$$D=\frac{mv}{eB}\cdot\frac{\theta^2}{2}=\frac{mv}{eB}\cdot\frac{\sin^2\theta}{2} \tag{14-14}$$

将式(14-7)和式(14-9)代入,得

$$D=\frac{l^2eB}{2\sqrt{2meU_{A_2}}} \tag{14-15}$$

由于示波管中的电极都是由镍制成的,是铁磁体,对电子束有磁屏蔽作用,电子束在离开加速极前没有明显的偏转,所以 l 是由加速极到屏的全长.

调节加速电压 U_{A2} 和聚焦电压,在屏上得到一清晰光点,将 X、Y 偏转电压调为零,将光点调到水平轴上,保持 U_{A_2} 不变,原地转动实验仪,当地磁场的水平分量与电子束垂直时,光点的偏转量最大,记录光点偏转最高和最低的两个偏转量 D_1、D_2(可以借助罗盘或指南针来确定方位),取 $D=\frac{D_1+D_2}{2}$ 作为加速电压为 U_{A_2} 时的偏转量,代入式(14-15)求得 B(地磁场的水平分量).

(四)磁聚焦,螺旋运动:电子束+纵向磁场

研究电子束在纵向磁场作用的螺旋运动,测量电子的荷质比.观察磁聚焦现象,验证电子做螺旋运动的极坐标方程.

1. 研究电子束在纵向磁场作用下的螺旋运动,测量电子的荷质比.

本实验采用的是磁聚焦法(也称螺旋聚焦法)测量电子的荷质比.

速度为 $\boldsymbol{v}$ 的电子进入磁场受到磁场力的作用,此力为

$$\boldsymbol{F}=-e\boldsymbol{v}\times\boldsymbol{B}$$

若速度 $\boldsymbol{v}$ 与磁感应强度 $\boldsymbol{B}$ 的夹角不是 $\pi/2$,则可把电子的速度分为两部分考虑.设与 $\boldsymbol{B}$ 平行的分速度为 $\boldsymbol{v}_{/\!/}$,与 $\boldsymbol{B}$ 垂直的分速度为 $\boldsymbol{v}_{\perp}$,则受磁场作用力的大小取决于 $\boldsymbol{v}_{\perp}$.此时力的数值为 $F_R=ev_{\perp}B$,力的方向既垂直于 $\boldsymbol{v}_{\perp}$,也垂直于 $\boldsymbol{B}$.在此力的作用下,电子在垂直于 $\boldsymbol{B}$ 的面上的运动投影为一圆周运动,根据牛顿运动定律,有

$$ev_{\perp}B=m\frac{v_{\perp}^2}{R}$$

电子绕行的周期为

$$T=\frac{2\pi R}{v_{\perp}}=2\pi\frac{m}{eB}$$

由上式可知,只要 $\boldsymbol{B}$ 一定,则电子绕行的周期一定,而与 $v_{\perp}$ 和 R 无关.绕行角速度为

$$\omega=\frac{v_{\perp}}{R}=\frac{eB}{m}$$

另外,电子与 $\boldsymbol{B}$ 平行的分速度 $\boldsymbol{v}_{/\!/}$ 则不受磁场的影响.在一周期内粒子应沿磁场 $\boldsymbol{B}$ 的方向(或其反向)做匀速直线运动.当两个分量同时存在时,粒子的运动轨迹将成为一条螺旋线,如图 14-7 所示,其螺距 d(电子每回转一周时前进的距离)为 $d=v_{/\!/}T=\frac{2\pi m v_{/\!/}}{eB}$,螺距 d 与垂直速度 $v_{\perp}$ 无关.

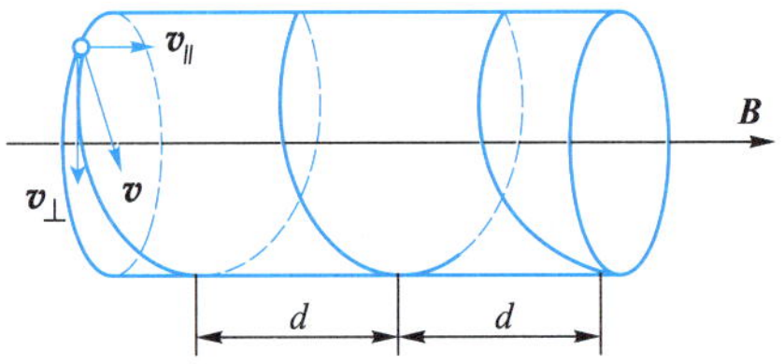

图 14-7 粒子的运动轨迹

从螺距公式得

$$\frac{e}{m}=\frac{2\pi v_{/\!/}}{Bd}$$

只要测得 $v_{/\!/}$、d 和 B,就可计算出 $\frac{e}{m}$ 的值.

(1) 平行速度 $\boldsymbol{v}_{/\!/}$ 的确定.

如果我们采用图14-1所示的静电型电子射线示波管，则可由电子枪得到水平方向的电子束射线，电子束射线的水平速度可由式$\frac{1}{2}mv_{//}^2=e(U_{A_2}-U_G)=eU_{A_2}$求得：

$$v_{//}=\sqrt{\frac{2e(U_{A_2}-U_G)}{m}}=\sqrt{\frac{2eU_{A_2}}{m}}$$

(2) 螺距d的确定.

如果我们使偏转板X_1、X_2和偏转板Y_1、Y_2的电位都与A_2相同，则电子射线通过A_2后将不受电场力作用而做匀速直线运动，直射于荧光屏中心一点.此时即使加上沿示波管轴线方向的磁场(将示波管放于载流螺线管中即可)，由于磁场和电子速度平行，电子射线也不受磁场力，故仍射于屏中心一点.

当在Y_1、Y_2板上加一个偏转电压时，由于Y_1、Y_2两板有了电位差，则必产生垂直于电子射线方向的电场，此电场将使电子射线得到附加的分速度$\boldsymbol{v}_\perp$(原有电子枪射出的电子的$\boldsymbol{v}_{//}$不变).此分速度将使电子做侧切于中心轴线的螺旋运动.

当$\boldsymbol{B}$一定时电子绕行角速度恒定，而分速度愈大者绕行螺旋半径愈大，但绕行一个螺距的时间(周期T)是相同的.如果在偏转板Y_1、Y_2上加交变电压，则在正半周期内(Y_1正、Y_2负)先后通过此两极间的电子，将分别得到大小不同的向上的分速度，如图14-8(a)右半部所示，分别在轴线右侧做侧切于轴的半径不同的螺旋运动.

而此时荧光屏上出现的是一条直线.如图14-8(b)所示，假设正半周Y_1为正、Y_2为负，在t_0时刻，$v_\perp=0$，电子不受洛伦兹力作用；在t_1时刻，$v_\perp=v_{\perp1}$，电子受的洛伦兹力为F_1，在轴线右侧做半径为R_1的螺旋运动，$R_1=\frac{mv_{\perp1}}{eB}$；在$t_2$时刻，$v_\perp=v_{\perp2}$，电子受的洛伦兹力为$F_2$，在轴线右侧做半径为$R_2$的螺旋运动，$R_2=\frac{mv_{\perp2}}{eB}$.所以整个正半周期不同时刻发出的电子将在轴线右侧做半径不同的螺旋运动，而在负半周电子将在轴线左侧做半径不同的螺旋运动.但由于$\omega=\frac{v_\perp}{R}=\frac{eB}{m}$，角速度$\omega$与$v_\perp$无关，只要保持$\boldsymbol{B}$不变，不同时刻从"$O$"点发出的电子做螺旋运动的角速度均相同.

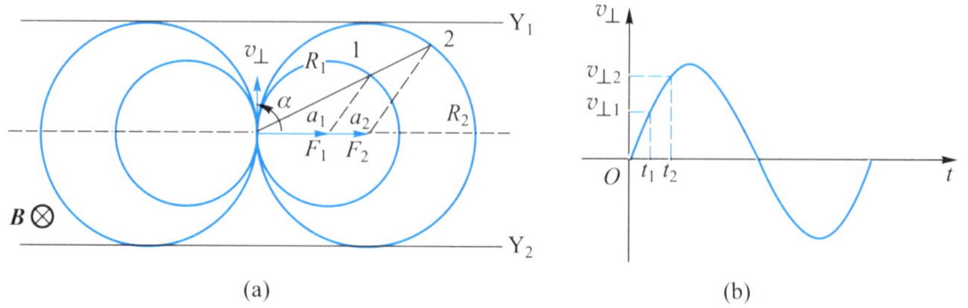

图14-8 电子得到分速度$v_\perp$后做侧切于中心轴线的螺旋运动

设从Y偏转板(记为O点)到荧光屏的距离为L'，由于$\boldsymbol{v}_{//}$不变，所以不同时刻从O点发出的电子到达荧光屏所用的时间均为$T_0=\frac{L'}{v_{//}}$.故不同时刻从O点发出的电子，从射出到打在荧光屏上，从螺旋运动的分运动来说，绕过的圆心角均相同，即图 14-8(a) 中的$a_1 = a_2 = \omega T_0$，所以在图 14-8(a) 中，亮点"1"与亮点"2"都在过轴心的同一直线上，只是亮点"1"比亮点"2"早到(t_2-t_1). 由于余辉效应，在"2"点到来之前，"1"点并未消失. 同理，其他时刻从 O 点发出的电子，打到荧光屏上的亮点也都与"1""2"点在同一直线上. 这样，在一个交变电压周期时间内，电子打在荧光屏上的轨迹成为一条亮线，下一个周期重复，仍为一条亮线……各周期形成的亮线重叠成为一条不灭的亮线.

增加 $\boldsymbol{B}$ 的大小，由 $R=\dfrac{mv_\perp}{eB}$，$\omega=\dfrac{v_\perp}{R}=\dfrac{eB}{m}$，在交变电压振幅不变的情况下，螺旋运动的半径减小，所以亮线缩短，同时由于 ω 增加，在从 O 点发出的电子到达荧光屏这段时间内，绕过的圆周角增大，所以亮线在缩短的同时还旋转，如图 14-9 所示. 我们总可以改变 $\boldsymbol{B}$ 的大小，即改变 ω，使得在 T_0 这段时间内，绕过的圆周角刚好为 2π，即电子刚好运动一周. 这样，电子从 O 点发出，做了一周的螺旋运动，又回到轴线上，只是向前了一个螺距 d. 这时荧光屏上将显示一个亮点，这就是所谓的一次聚焦. 一次聚焦时，螺距 d 在数值上等于示波管内偏转电极到荧光屏的距离 L'，这就是螺距 d 的测量方法.

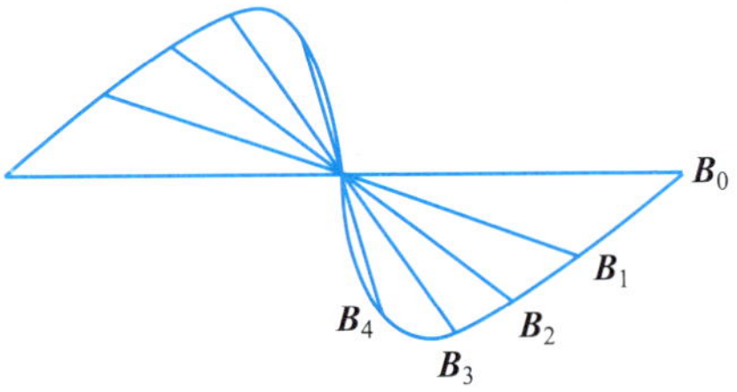

图 14-9　电子打在荧光屏上的轨迹

如果继续增大磁场，可以获得第二次聚焦、第三次聚焦等，这时螺距 $d=L'/2$，$L'/3$，$\cdots$.

(3) 磁感应强度 $\boldsymbol{B}$ 的确定.

螺线管内轴线上某点磁感应强度 $\boldsymbol{B}$ 的大小的计算公式为 $B=\dfrac{\mu_0}{2}nI(\cos\beta_2-\cos\beta_1)$，式中，$\mu_0$ 为真空中磁导率，n 为螺线管单位长度的匝数，I 为励磁电流，β_1、β_2 是从该点到线圈两端的连线与轴的夹角.

若螺线管的长为 L，直径为 D，则距轴线中点 O 为 x 的某点(图 14-10)的 B 可表示为

$$B=\frac{\mu_0}{2}nI\left[\frac{\frac{L}{2}-x}{\sqrt{\left(\frac{D}{2}\right)^2+\left(\frac{L}{2}-x\right)^2}}+\frac{\frac{L}{2}+x}{\sqrt{\left(\frac{D}{2}\right)^2+\left(\frac{L}{2}+x\right)^2}}\right]$$

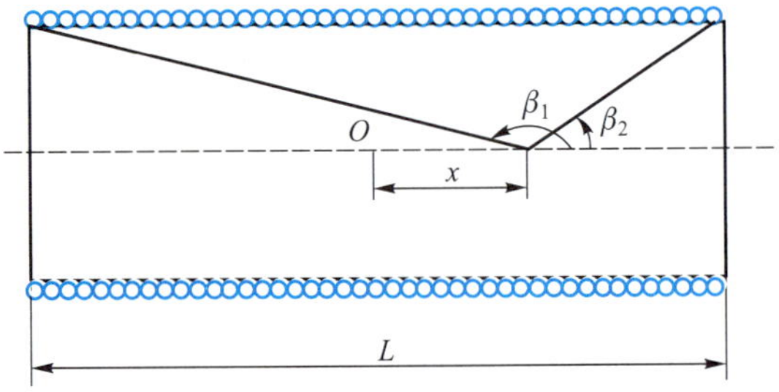

图 14-10　螺线管内轴线上某点的 B

显见 B 是 x 的非线性函数.若 L 足够大,且使用中间一段时,则可近似认为是均匀磁场,于是 $B=\mu_0 nI$;若 L 不是足够大,且实验中仅使用中间一段,则可以引入一修正系数 K:

$$K=\frac{1}{2x_0}\left[\sqrt{\left(\frac{D}{2}\right)^2+\left(\frac{L}{2}+x_0\right)^2}-\sqrt{\left(\frac{D}{2}\right)^2+\left(\frac{L}{2}-x_0\right)^2}\right]$$

$$\bar{B}=K\mu_0 nI$$

式中,x_0 为所用中间段的端点距螺线管中点 O 的距离.

2. 验证电子做螺旋运动的极坐标方程.

当电子沿轴方向运动了距离 L,那么它旋转的总角度 φ 为

$$\varphi=\frac{\omega L}{v_{/\!/}}=\frac{eBL}{mv_{/\!/}}$$

在 d 与 φ 之间存在简单的关系:$\varphi=\frac{2\pi L}{d}$,这一关系可直接从几何关系得到.

在本实验中,φ 和 L 都是可以直接测量的,所以上面的关系式就可以用来计算 d,而 d 在实验中是不能直接测量的,因为管中的电子束是看不见的.

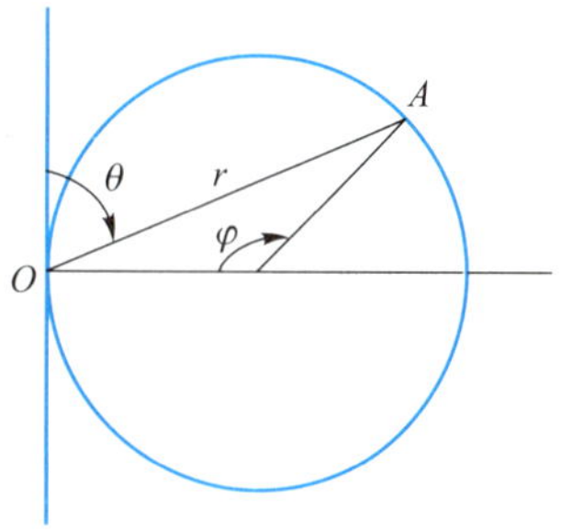

图 14-11　在荧光屏上向电子枪方向看去的正视图

图 14-11 画出了在荧光屏上向电子枪方向看去的正视图,A 点是打在荧光屏上的光斑位置,原点 O 是当 $v_\perp=0$ 时光斑的位置,以 R 为半径的圆周表示螺线的正视图.假如 $\boldsymbol{v}_\perp$ 固定不变,改变 $\boldsymbol{B}$ 的大小,光斑怎样运动呢?为了确定荧光屏上 A 点的位置,选取如图 14-11 所示的极坐标 r 和 θ 是较为方便的,将螺线的起点取作 $\theta=0,\varphi=0$,当光斑在 A 点时,对应的坐标为

$$r=2R\sin\frac{\varphi}{2},\ \theta=\frac{\varphi}{2}$$

注意,图中 φ 角,当电子回旋不止一圈时还要加上 2π 的整数倍(取决于螺线转过的周数).

R 和 φ 都与 B 有关,则 r 和 θ 也都是 B 的函数.为了得到当 B 改变时光点运动的轨迹,就要找出 r 与 θ 满足的方程式,联立消去 B,就可得到轨迹方程 $r=f(\theta)$ 了.

由上述公式得

$$r=2R\sin\theta$$

$$\varphi R=\frac{v_\perp L}{v_{/\!/}}$$

得

$$R=\frac{v_\perp L}{2\theta v_{/\!/}}$$

则有

$$r=\frac{v_\perp L\sin\theta}{v_{/\!/}\theta}$$

这是一个涡线方程,图 14-12 是相应的曲线,图中标明了几点的 φ 值.

注意到每当 θ 取 π 的整数倍时,相应的 φ 取 2π 的整数倍,即螺线绕了整数圈,r 则变为零,电子束回到未偏转的位置,光斑位置与 O 点重合.当 $\boldsymbol{B}$ 的大小增加时,φ 相应增加,电子束偏离这一位置的幅度也越来越小,当 φ 为 π 的奇数倍时,光斑位置都在 x 轴上.

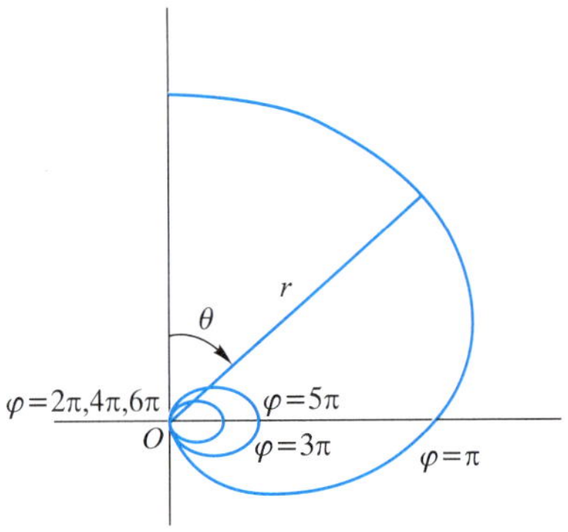

图 14-12　B 改变时光点运动的轨迹

实验内容

一、仪器介绍

LB-EB3 型电子束实验仪控制面板如图 14-13 所示.该面板被分成了四栏,第一栏用于调节电子使其获得一个初速度 $\boldsymbol{v}_0$,并同时获得好的聚焦效果;第二栏是外加磁感线圈的磁场调节;第三栏是 X、Y 偏转电压的调节.

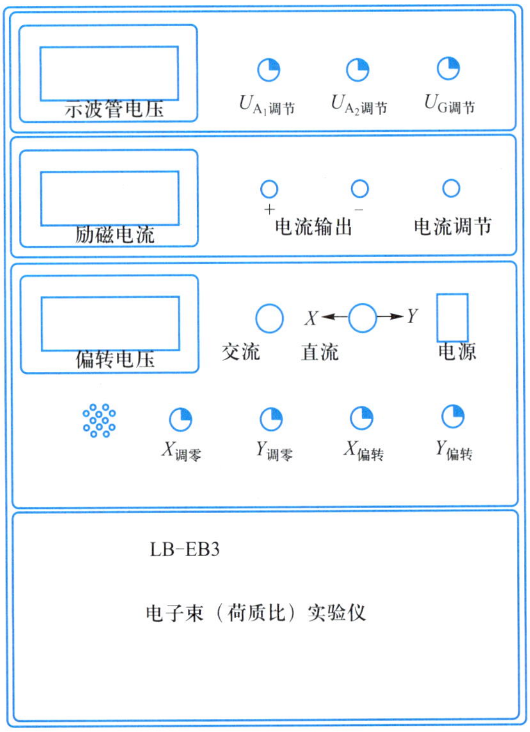

图 14-13　LB-EB3 型电子束实验仪控制面板

示波管电压显示窗可以实时观察记录 U_{A_2} 的电压值.通过三个电压调节旋钮 $U_{A_1调节}$、$U_{A_2调节}$、$U_{G调节}$ 可随时调节相应的电压值.$U_{G调节}$ 调节的是打到荧光屏上电子的数目的多少,相当于辉度的调节;$U_{A_2调节}$ 调节的是打到荧光屏上电子的速度的大小,相当于亮度的调节,但电压不可过高,以免烧坏荧光屏.联合调节 $U_{A_1调节}$、$U_{A_2调节}$,可以获得良好的聚焦效果.

电流输出挡用于给纵向螺线管(大线圈)供电,其连接极性为:红—红,黑—黑,电流调节旋钮调节的是接入电路的线圈的励磁电流,通过励磁电流显示窗显示出来.注意:纵向螺线管和横向螺线管(小线圈,两只)不可同时接在电源上,以免烧坏线圈.

交直流选择开关有三挡,用于 X、Y 偏转板上交流和直流电压的切换,放在中间位置时无电压输出,放在交流位置时 Y 偏转板上输出交流电压.X、Y 换向开关用于直流电压时换挡显示 X、Y 偏转电压.当 X、Y 偏转电压为零时,调节 $X_{调零}$、$Y_{调零}$旋钮,使电子打在荧光屏中心的原点位置.

二、电子束+横向电场,测量电偏转系统的电偏转灵敏度

掌握示波管的内部构造以及电子束在不同电场作用下加速和偏转的工作原理.

1. 安装好示波管和刻度板,安装示波管时,看清插针,对准管座,接通电源.已安装纵向磁感线圈的不必取下,不接励磁电源即可.

2. 调节 $U_{G调节}$、$U_{A_1调节}$、$U_{A_2调节}$旋钮,使光点聚焦成一亮点,辉度适中,光点切勿过亮,以免烧坏荧光屏.

3. 交直流选择开关置于"直流"挡,通过 X、Y 换向开关显示偏转电压,调节 $X_{偏转}$、$Y_{偏转}$旋钮,使得偏转电压分别指示为 0.

4. 调节 $X_{调零}$、$Y_{调零}$旋钮,使得光点处在荧光屏的中心原点上.

5. 调节 $X_{偏转}$、$Y_{偏转}$旋钮,测量电子束在横向电场作用下 X、Y 方向的偏转量随偏转电压之间的变化关系,根据实验中的测量值分别绘制出偏转量 D_X、D_Y 与偏转电压 U_X、U_Y 之间的关系曲线.从横向偏转关系图上可以得出电子束的偏转量与横向电场大小呈线性关系,直线的斜率表示电偏转灵敏度的大小,根据实验值计算出电偏转灵敏度 $\delta_{电}$.电偏转灵敏度随加速电压的大小而变,说明电偏转灵敏度与电子的速度有关.

三、电子束+纵向电场,观察电聚焦现象,测量电子透镜的焦距(选做实验)

1. 观察电聚焦现象.调节 $U_{G调节}$旋钮,观察栅极 G 相对于阴极 K 的电压变化对光点亮度的影响,并说明原因.调节聚焦旋钮,即调节第一阳极 A_1 的电压 U_{A_1},改变电子透镜的焦距;调节辅助聚焦 A_2,即同时改变加速电极 G′和第二阳极 A_2 的电压 U_{A_2},达到聚焦的目的.实验中必须注意,光点切勿过亮,以免烧坏荧光屏.

2. 测量电子透镜的焦距.调节聚焦与辅助聚焦旋钮,使屏上亮点聚焦达到最佳状态,用几何光学中高斯公式求焦距 f. 用高斯公式求 f 时,像距、物距可参照图 14-14 所示 8SJ31J 型示波管的内部结构示意图中的数据来确定(本实验中第一聚焦点 G、G′的 1/2 处到荧光屏的距离为 198 mm).

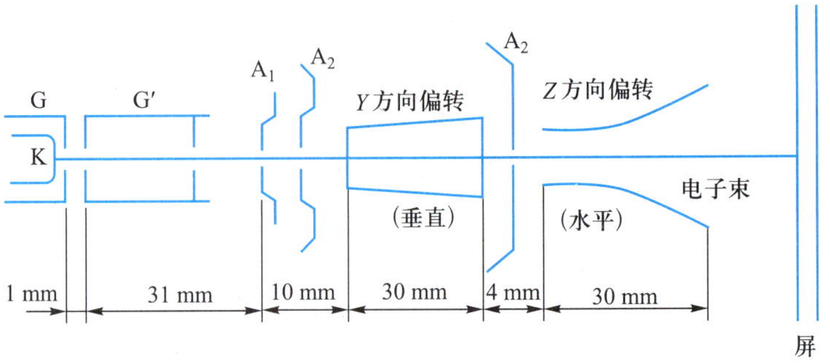

图 14-14　8SJ31J 型示波管的内部结构示意图

四、地磁场水平分量的测量

1. 安装好示波管和刻度盘,安装示波管时,看清插针,对准管座.不加任何磁感线圈.已安装纵向磁感线圈的不必取下,不接励磁电源即可.

2. 借助指南针使示波管于南北方向平行放置,开启电源,交直流选择开关置于"直流"挡.调节 $X_{偏转}$、$Y_{偏转}$ 旋钮,使得偏转电压分别指示为 0;调节 $X_{调零}$、$Y_{调零}$ 旋钮,使得光点处在荧光屏的中心原点上.

3. 转动仪器,当仪器转动 90°时(示波管与东西方向平行)读出偏转量 D_1,当仪器转动 270°时读出偏转量 D_2,计算出 $D=\dfrac{D_1+D_2}{2}$(本实验中使用的刻度盘每格为 2 mm 长,测偏转量时最好使用精度更高的直尺).

4. 再根据 $D=\dfrac{l^2eB}{2\sqrt{2meU_{A_2}}}$(其中 U_{A_2} 为加速电压;l 为加速极至荧光屏的距离,本实验中 $l=0.15$ m;m 为电子的质量),求出 B.

五、电子束+横向磁场,测量磁偏转灵敏度

1. 参照实验内容四,借助指南针将仪器调整为示波管南北方向放置.

2. 先断开电源,安装好横向磁感线圈(两只小线圈.不接大线圈).

3. 打开电源,交直流选择开关置于"直流"挡.调节 $X_{偏转}$、$Y_{偏转}$ 旋钮,使得偏转电压分别指示为 0;调节 $X_{调零}$、$Y_{调零}$ 旋钮,使得光点处在荧光屏的中心原点上,或直接将交直流选择开关置于中间位置挡;调节 $X_{调零}$ 旋钮,使光点落在中间竖直线上.

4. 对一定的加速电压 U_{A_2},调节电流调节旋钮,改变磁感线圈中励感电流 I 的大小,测量电子束的偏转量 s 与励磁电流 I,并绘 s–I 图,实验发现偏转量 s 与励磁电流 I 呈线性关系.根据实验数据计算出磁偏转灵敏度 $\delta_{磁}$(直线斜率),磁偏转灵敏度也与电子的速度有关.

六、电子束+纵向磁场,利用磁聚焦法测量电子的荷质比

为了能观察到电子在磁场中的回旋现象,可以采用下述实验方法:首先,通过静电聚焦(调节示波管的第一阳极和第二阳极的电压 U_{A_1}、U_{A_2},可达到这一目的)作用,使从阴极

K 发射出的电子束聚焦在示波管屏幕上；其次，在 Y（垂直）偏转板上加一适当的交变电压，使电子束在示波管屏幕的 Y 方向上扫描成一段线光迹；最后，加上轴向磁场，使电子在示波管所在空间内做螺旋运动.因此，当轴向外磁场的强度从零逐渐增大时，荧光屏上的直线光迹将一边旋转一边缩短，直到电子的螺旋形运动轨迹的螺距正好等于垂直偏转板中心至荧光屏的距离 L' 时，电子束将被轴向磁场聚焦成一光点.这样，根据这时的 U_{A_2}、B 和 L' 值，求得 $\frac{e}{m}$ 值.

1. 先断开电源，安装纵向磁感线圈时，纵向磁感线圈（大线圈）从正直位置转过 45°呈歪斜姿势后套入主机上的示波管，再往回转动 45°放平.接线柱向里、朝上放置，注意接线极性（此时不接小线圈）.

2. 打开电源，交直流选择开关置于中间位置挡，调节 $X_{调零}$ 旋钮，使光点落在中间竖直线上，调节 $U_{G调节}$、$U_{A_1调节}$、$U_{A_2调节}$ 旋钮，使光点亮度适中（调节电位器 U_G、U_{A2} 时电压都会变化，因为电压表所测量的电压值是 U_G、U_{A_2} 两者间的相对电压）.

3. 将交直流选择开关拨向“交流”挡，调整 $Y_{偏转}$（或 $Y_{调零}$）旋钮，使荧光屏中心出现一条亮线，且长度、亮度适中.

4. 调节电流调节旋钮，使得线圈励磁电流由零逐渐增大，观察荧光屏亮线的变化（屏上的直线段将边旋转边缩短，直到收缩成一亮点）.当聚成点时，记录励磁电流 I_1；继续增大电流，当第二次聚成一亮点时，记录励磁电流 I_2；当第三次聚成一亮点时，记录励磁电流 I_3 及加速电压 U_{A_2}，当第二次、第三次聚焦时，有可能不是一完美的圆点，而是一短的亮线，以荧光屏上显示最亮、最实为准.求相当于一次聚焦时的励磁电流 $I=\frac{I_1+I_2+I_3}{1+2+3}$.

5. 根据原理部分的推导求 B，导出计算 $\frac{e}{m}$ 的公式，并计算其值（$L'=0.15\ \text{m}$，$K=0.84$，$N=1\ 160$，L 参照线圈标贴），有

$$B=K\mu_0 nI(n=N/L),\quad \frac{e}{m}=\frac{8\pi^2 U_{A_2}}{B^2 d^2}(d=L')$$

6. 为消除地磁场的影响，可将螺线管东西方向放置，或改变励磁电流方向测两次，取平均值.

7. 为消除某些随机因素的影响，也可改变 U_{A_2} 重复测量几次，取平均值.

注意：实验内容 5 和 6 中，不要将磁感线圈长时间停留在大电流工作，且大、小线圈不可同时接入电路中，以免烧坏线圈.切勿擅自打开机箱，机箱内有高压，防止触电.

知识拓展

密　立　根

密立根（Millikan，1868—1953），美国实验物理学家，1868 年 3 月 22 日，生于伊利诺伊州的莫里森.1886 年，进入欧柏林学院后，从二年级起被聘为初等物理班教员，他很喜爱这个工作，这使他更深入地钻研物理学，甚至在 1891 年大学毕业后，仍继续在初等物理班讲课，

并写出了广泛流传的教材.1893 年,密立根取得硕士学位,同年得到哥伦比亚大学物理系攻读博士学位的奖学金,成为该校建校以来的第一位物理学博士;1895 年,获得博士学位后留学欧洲;1896 年,任教于芝加哥大学,由于教学成绩优异,第二年就升任副教授.

密立根以其实验的精确闻名.从 1907 年开始,他便致力于改进威耳逊云室中对 α 粒子电荷的测量,并甚有成效,得到了卢瑟福的肯定.卢瑟福建议他努力防止水滴蒸发.1909 年,当他准备好条件使带电云雾在重力与电场力平衡下把电压加到 10 000 V 时,他发现云层消散后"有几颗水滴留在其中",从而创造出测量电子电荷量的平衡水珠法、平衡油滴法,但有人攻击他得到的只是平均值而不是元电荷.1910 年,他第三次做了改进,使油滴可以在电场力与重力不平衡时上上下下地运动,还可看到因电荷量改变导致的油滴速度突然变化,从而求出电荷量改变的差值;1913 年,他得到电子电荷量的数值 $e=(4.774\pm0.009)\times10^{-10}$ esu,这样就从实验上确定了电荷的存在.他测量的精确值最终结束了关于对电子离散性的争论,并使许多物理常数的计算获得较高的精度.他的求实、严谨细致、富有创造性的实验作风也成为物理界的楷模.与此同时,他还致力于光电效应的研究.经过细心认真的观测,1916 年,他的实验结果验证了爱因斯坦光电效应方程,并且他测出的普朗克常量 h 的值在当时最为精确.由于上述工作,密立根赢得了 1923 年诺贝尔物理学奖.他还对电子在强电场作用下逸出金属表面进行了实验研究,并从事元素火花光谱学的研究工作,测量了紫外线与 X 射线之间的光谱区,发现了近 1 000 条谱线,波长达到 13.66 nm,使紫外光谱远远超出了当时已知的范围.在密立根对 X 射线谱的分析工作的基础上,乌伦贝克(Uhlenbeck,1900—1988)等人在 1925 年提出电子自旋理论.

密立根在宇宙射线方面也做过大量的研究.他提出了"宇宙射线"这个名称,研究了宇宙粒子的轨道及其曲率,发现了宇宙射线中的 α 粒子、高速电子、质子、中子、正电子,改变了过去"宇宙射线是光子"的观念.尤其是他用强磁场中的云室对宇宙射线进行实验研究,在此基础上他的学生安德森(C.D. Anderson,1905—1991)在 1932 年发现正电子.

密立根在从事教学科研的一生中,发表过许多科学论文,主要有:1902 年发表的《力学、分子物理学与热学》、1917 年发表的《电子》、1935 年发表的《电子(+、-)、质子、光子、中子与宇宙射线》、1939 年发表的《关于宇宙射线的三篇报告》等.此外,他还与他人合著过各种科学方面的教科书和有关哲学方面的专著.

1921 年起,密立根任教于加州理工学院,他的努力使该校成为世界上最著名的科学中心之一.1953 年 12 月 19 日,他在加利福尼亚的帕萨迪纳逝世.

实验数据记录

一、电子束+横向电场,测量电偏转系统的电偏转灵敏度

按实验内容所述:调节 $U_{G调节}$、$U_{A_1调节}$、$U_{A_2调节}$旋钮,使光点聚成一亮点,辉度适中;将交直流选择开关置于"直流"挡,通过 X、Y 换向开关显示偏转电压;调节 $X_{偏转}$、$Y_{偏转}$旋钮,使偏转电压分别指示为 0;调节 $X_{调零}$、$Y_{调零}$旋钮,使光点处在荧光屏的中心原点上;调节 $X_{偏转}$、$Y_{偏转}$旋钮,记录 X、Y 方向的偏转量 D_X、D_Y 及与其对应的偏转电压 U_X、U_Y,并记录偏转电压 U_{A_2},并填入表 14-1 中.

表 14-1 数据记录表

加速电压 $U_{A_2}=$ V					
D_X、D_Y/mm	U_X/V	U_Y/V	D_X、D_Y/mm	U_X/V	U_Y/V
-20					
-16					
-12					
-8					
-4					
0					

分别作出 D_X-U_X、D_Y-U_Y 关系图.

由作出的图可知电子束的偏转位移与偏转电压成正比,图线为一直线,直线斜率为电偏转灵敏度,可以求出 X、Y 方向的电偏转灵敏度分别为

$$\delta_{电X}=\frac{D_X}{U_X}=k_{X1}=\qquad \text{mm/V},\ \delta_{电Y}=\frac{D_Y}{D_Y}=k_{Y1}=\qquad \text{mm/V}$$

二、电子束+横向磁场,测量地磁场水平分量及磁偏转系统的磁偏转灵敏度

(一) 地磁场水平分量的测量

实验数据记录见表 14-2(物理常量参见附录 2).

D 的测量单位为 mm.

表 14-2 数据记录表

次数	1	2	3
D_1			
D_2			
$D=\frac{D_1+D_2}{2}$			
$\bar{D}=$			

$U_{A_2}=1\ 140$ V,$l=0.15$ m,$m=9.11\times10^{-31}$ kg,$e=1.60\times10^{-19}$ C,由 $D=\frac{l^2eB}{2\sqrt{2meU_{A_2}}}$,

得 $B=\frac{2D\sqrt{2meU_{A_2}}}{el^2}=$ G.

(二) 磁偏转灵敏度的测量

插上横向磁感线圈(两只小线圈.不接大线圈),接通电源;将交直流选择开关置于“直流”挡;调节 $X_{偏转}$、$Y_{偏转}$旋钮,使偏转电压分别指示为 0;调节 $X_{调零}$、$Y_{调零}$旋钮,使光点处在荧光屏的中心原点上;对一定的加速电压 U_{A_2},调节电流调节旋钮,改变磁感线圈中励磁电流 I 的大小,测量电子束的偏转量 s 与励磁电流 I,实验数据记录见表 14-3.

加速电压 $U_{A_2}=837\ \text{V}$.

表 14-3 数据记录表

s/mm	0	4	8	12	16	20	24	28	32
I/A									

作 $s-I$ 图.

由作出的图可知偏转量 s 与励磁电流 I 呈线性关系,根据实验数据计算出磁偏转灵敏度:

$$\delta_{磁}=\frac{s}{I}=\qquad\qquad \text{mm/A}$$

三、电子束+纵向磁场,观察磁聚焦现象,测量电子的荷质比

安装好纵向磁感线圈(大线圈.此时不接小线圈),线圈中心轴线与示波管中心轴线平行;打开电源,交直流选择开关置于中间位置挡,调节 $X_{调零}$旋钮,使光点落在中间竖直线上;调节 $U_{G调节}$、$U_{A_1调节}$、$U_{A_2调节}$旋钮,使光点亮度适中;将交直流选择开关拨向"交流"挡;调整 $Y_{偏转}$(或 $Y_{调零}$)旋钮,使荧光屏中心出现一条亮线,且长度、亮度适中;调节电流调节旋钮,观察磁聚焦现象(螺线由线变成点,再变为线,再变为点……),当第二次、第三次聚焦时有可能不是一完美的点,而是一短的亮线,以荧光屏上显示最亮、最实为准.记录在不同加速电压 U_{A_2}下对应聚焦成点时的励磁电流 I_1、I_2、I_3,求出相当于一次聚焦时的励磁电流:$\bar{I}=\dfrac{I_1+I_2+I_3}{1+2+3}$,推导出求 B 的公式,并导出计算电子的荷质比的绝对值$\dfrac{e}{m}$的公式:$B=K\mu_0 nI(n=N/L)$,$\dfrac{e}{m}=\dfrac{8\pi^2 U_{A_2}}{B^2d^2}(d=L')$,其中 $L'=0.15\ \text{m}$,$K=0.84$,$N=1\ 160$,L 参照线圈标贴,此次实验中 $L=0.205\ \text{m}$.

实验数据记录见表 14-4.

表 14-4 数据记录表

次数	1	2	3
I_1/A			
I_2/A			
I_3/A			
$\bar{I}$/A			
U_{A_2}/V			
$B/(\times10^{-3}\ \text{T})$			
$\frac{e}{m}/(\times10^{11}\ \text{C/kg})$			

续表

平均值：$\frac{e}{m}$ =　　　　C/kg
相对不确定度：E =

实验 15　弗兰克-赫兹实验

1913 年，丹麦物理学家玻尔（N. Bohr，1885—1962）发表了《论原子构造和分子构造》等三篇论文，提出了关于原子稳定性和量子跃迁理论的三条假设，建立了一个氢原子模型，指出原子内部存在能级。该模型在预言氢光谱的观察中取得了显著的成功。根据玻尔的原子理论，原子光谱中的每条谱线表示原子从某一个较高能态向另一个较低能态跃迁时的辐射。1914 年，德国物理学家弗兰克（J. Frank，1882—1964）和赫兹（G. Hertz，1887—1975）对勒纳德（P.Lenard，1862—1947）用来测量电离电位的实验装置做了改进，他们同样采取慢电子（几个到几十个电子伏）与单元素气体原子碰撞的办法，但着重观察碰撞后电子发生什么变化（勒纳德观察碰撞后离子流的情况）。通过实验测量，发现电子和原子碰撞时会交换某一定值的能量，且可以使原子从低能级激发到高能级，直接证明了原子发生跃变时吸收和发射的能量是分立的、不连续的，证明了原子能级的存在，从而证明了玻尔理论的正确性。因此，弗兰克与赫兹获得了 1925 年诺贝尔物理学奖。

弗兰克-赫兹实验至今仍是探索原子结构的重要手段之一，实验中用的“拒斥电压”筛去小能量电子的方法，已成为广泛应用的实验技术。

预习题

1. 弗兰克-赫兹实验在科学史上有何重要意义？
2. 弗兰克-赫兹实验是用什么方法证明原子能级存在的？
3. 弗兰克-赫兹管的伏安特性曲线有何特殊性？说明了什么？
4. 什么是第一激发电位？氩原子的第一激发电位的理论值是多少？
5. 弗兰克-赫兹实验中拒斥电压的作用是什么？

实验目的

1. 测量氩原子的第一激发电位。
2. 证实原子能级的存在，加深对原子结构的了解。

实验仪器

DH4507 型弗兰克-赫兹实验仪、测试架（含被测电子管）、示波器。

实验原理

玻尔提出的原子理论指出以下两点：

(1) 原子只能较长地停留在一些稳定状态(简称为定态)，原子停留在这些状态时，不发射或吸收能量；各定态有一定的能量，其数值是彼此分立的；原子的能量不论通过什么方式发生改变，只能使原子从一个定态跃迁到另一个定态.

(2) 原子从一个定态跃迁到另一个定态而发射或吸收辐射能量时，辐射频率是一定的. 如果用 E_m 和 E_n 分别代表有关两定态的能量，则辐射频率 ν 满足如下关系：

$$h\nu=E_m-E_n \tag{15-1}$$

式中，h 为普朗克常量($h=6.626\ 705\times10^{-34}\ \mathrm{J\cdot s}$). 该式被称为频率条件.

原子状态的改变通常在两种情况下发生：一是当原子本身发射或吸收电磁辐射时，二是当原子与其他粒子发生碰撞而交换能量时. 用电子轰击原子实现能量交换最方便，因为电子的能量 eU 可通过改变加速电势 U 来控制. 弗兰克-赫兹实验就是用这种方法来证明原子能级存在的.

当电子的能量 eU 很小时，电子和原子只能发生弹性碰撞，几乎不发生能量交换. 设初速度为零的电子在电位差为 U_0 的加速电场作用下，获得能量 eU_0. 当具有这种能量的电子与稀薄气体原子(如氩原子)发生碰撞时，电子与原子发生非弹性碰撞，实现能量交换. 如以 E_1 代表氩原子的基态能量，E_2 代表氩原子的第一激发态能量，那么当氩原子吸收从电子传递来的能量恰好为

$$eU_0=E_2-E_1 \tag{15-2}$$

时，氩原子就会从基态跃迁到第一激发态，而相应的电位差称为氩的第一激发电位(或称中肯电位). 测定出这个电位差 U_0，就可以根据 $eU_0=E_2-E_1$ 求出氩原子的基态和第一激发态之间的能量差(其他元素气体原子的第一激发电位也可依此法求得).

弗兰克-赫兹实验的原理图如图 15-1 所示.

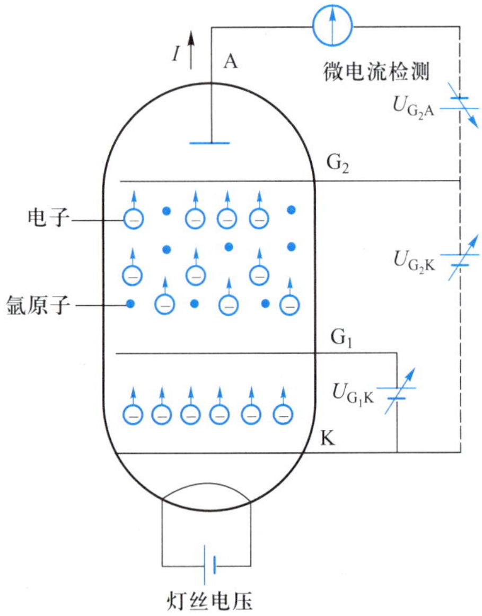

图 15-1　弗兰克-赫兹实验原理图

在充氩的弗兰克-赫兹管中，电子由热阴极出发，阴极 K 和第二栅极 G_2 之间的加速电压 U_{G_2K} 使电子加速. 在板极 A 和第二栅极 G_2 之间加反向拒斥电压 U_{G_2A}. 管内空间电位分布如图 15-2 所示. 当电子通过 KG_2 空间进入 G_2A 空间时，如果电子仍具有较大的能量($\geqslant eU_{G_2A}$)，电子就能冲过反向拒斥电场到达板极 A 形成板极电流，被微电流计检出. 如果电子在 KG_2 空间与氩原子碰撞，将自己一部分能量传递给氩原子而使后者激发的话，电

子本身所剩余的能量就可能很小，以致通过第二栅极后不足以克服拒斥电场而折回第二栅极.这时，通过微电流计的电流将显著减小.

实验时，使 U_{G_2K} 电压逐渐增加，并仔细观察微电流计的电流指示.如果原子能级确实存在，而且基态和第一激发态之间存在确定的能量差的话，就能观察到如图 15-3 所示的 $I_A-U_{G_2K}$ 曲线.

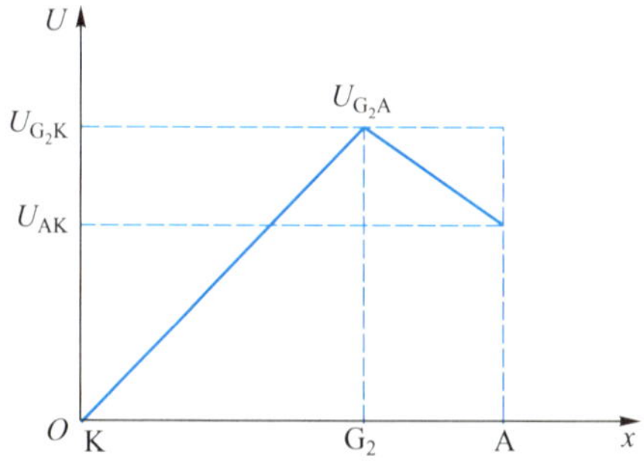

图 15-2 弗兰克-赫兹管内空间电位分布

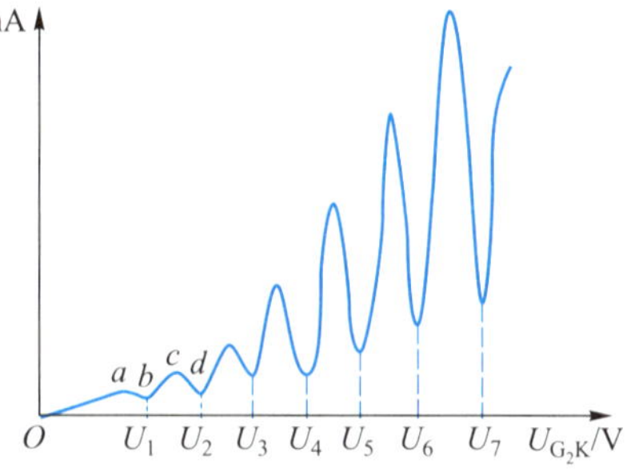

图 15-3 弗兰克-赫兹管 $I_A-U_{G_2K}$ 曲线

图 15-3 所示的曲线反映了氩原子在 KG_2 空间与电子进行能量交换的情况.起始阶段，由于电压较低，电子获得的能量较少，如果此时与氩原子碰撞，还不足以影响氩原子的内部能量，穿过第二栅极的电子所形成的板极电流 I_A 将随第二栅极电压 U_{G_2K} 的增加而增大(图 15-3 所示 Oa 段).

当 KG_2 间的电压达到氩原子的第一激发电位 U_0 时，电子在第二栅极附近与氩原子碰撞，将自己从加速电场中获得的全部能量传递给氩原子，使氩原子从基态激发到第一激发态，而电子几乎失去所有的动能，这些电子即使穿过了第二栅极也不能克服反向拒斥电场而折回第二栅极(被筛选掉)，所以板极电流将显著减小(图 15-3 所示 ab 段).

随着第二栅极电压的增加，电子的能量也随之增加，在与氩原子相碰撞后还留下足够的能量，可以克服反向拒斥电场而到达板极，这时电流又开始增大(图 15-3 所示 bc 段).当 KG_2 间的电压是两倍的氩原子第一激发电位时，电子在 KG_2 空间有可能发生二次碰撞而失去能量，因而又会造成第二次板极电流的减小(图 15-3 所示 cd 段).

同理，凡在

$$U_{G_2K}=nU_0 \quad (n=1,2,3,\cdots) \tag{15-3}$$

的地方，板极电流 I_A 都会相应下降，形成规则起伏变化的 $I_A-U_{G_2K}$ 曲线.而各次板极电流 I_A 下降相对应的电压差 $U_{n+1}-U_n$ 就是氩原子的第一激发电位 U_0.

本实验就是要通过实验测量来证实原子能级的存在，并测出氩原子的第一激发电位.原子处于激发态是不稳定的，在实验中被慢电子轰击到第一激发态的原子要跳回基态，进行这种反跃迁时，就应该有 eU_0 的能量发射出来.反跃迁时，原子以放出光量子的形式向外辐射能量.这种光辐射的波长满足

$$eU_0=h\nu=h\frac{c}{\lambda} \tag{15-4}$$

$$\lambda=\frac{hc}{eU_0} \tag{15-5}$$

对于氩原子，$U_0=11.5$ V，$\lambda=108.1$ nm.

实验内容

测量氩原子的第一激发电位.通过 $I_A-U_{G_2K}$ 曲线，观察原子能量量子化情况，并求出原子的第一激发电位.

弗兰克-赫兹实验仪及测试架分别如图 15-4、图 15-5 所示.

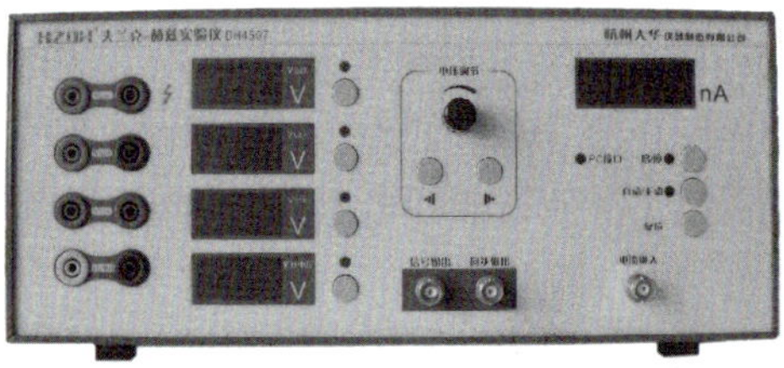

图 15-4　DH4507 型弗兰克-赫兹实验仪

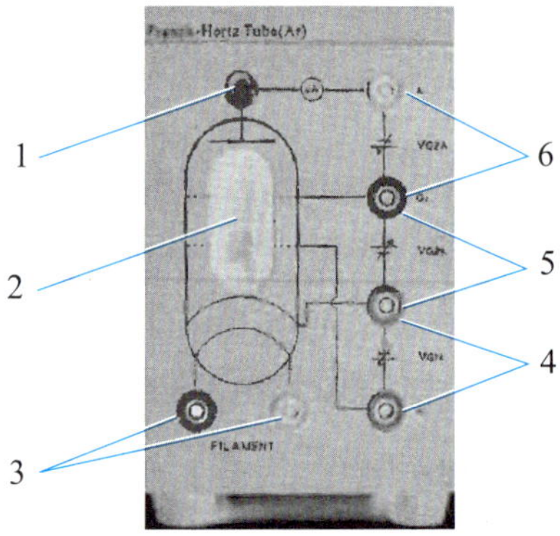

1—微电流输出接口；2—弗兰克-赫兹管；
3—灯丝电压输入接口；4—第一栅压 U_{G_1K} 输入接口；
5—第二栅压 U_{G_2K} 输入接口；6—拒斥电压 U_{G_2A} 输入接口.

图 15-5　测试架

弗兰克-赫兹实验仪功能说明：

① U_{G_2K} 电压输出，与弗兰克-赫兹管对应插座相连.

② U_{G_2A} 电压输出，与弗兰克-赫兹管对应插座相连.

③ U_{G_1K} 电压输出，与弗兰克-赫兹管对应插座相连.

④ 灯丝电压输出，与弗兰克-赫兹管对应插座相连.

⑤ U_{G_2K} 电压显示窗.

⑥ U_{G_2A} 电压显示窗.

⑦ U_{G_1K} 电压显示窗.

⑧ 灯丝电压显示窗.

⑨、⑩、⑪、⑫ 四路电压设置切换按钮，仅被选中的电压可以通过电压调节进行设置.

⑬ 调节电压值大小.

⑬、⑭ 组合功能，在手动模式 U_{G_2K} 设定时，按住⑭ 键不放，顺时针旋转⑬ 设定 U_{G_2K} 最小步进值，可以设定为 0.1 V、0.2 V 和 0.5 V 步进，默认为 0.1 V.

⑭、⑮ 移位键，可改变电压调节步进值大小.

⑯ 波形信号输出，与示波器 CH1 或 CH2 相连.

⑰ 同步输出，与示波器触发通道相连.

⑱ 微电流显示窗.

⑲ 启停键,自动模式下控制采集的开始或暂停;开启时,指示灯亮.

⑳ 自动/手动模式选择,按下自动后,功能指示灯亮;自动模式下按⑲ 键可以开启自动测量,仪器按照固定的最小电压步进(0.2 V)输出 U_{G_2K},并采集微电流信号,同时把采集的数据信号输出到示波器上;手动模式下需手动调节 U_{G_2K} 开展实验,信号输出接口将同步输出采集的数据波形,增加或减小 U_{G_2K},波形输出将同步变化,实时动态显示,便于寻找极点.

㉑ 复位功能,当系统出现意外死机后,按此键复位系统.

㉒ 微电流输入接口,与弗兰克-赫兹管微电流输出接口相连.

㉓ PC 接口指示,当测试仪与计算机连接通信成功后,该指示灯亮(微机型适用).

本实验仪分自动和手动两种测量模式.

手动方式测量步骤如下:

(1) 将弗兰克-赫兹实验仪前面板上的四组电压输出(第二栅压 U_{G_2K}、拒斥电压 U_{G_2A}、第一栅压 U_{G_1K}、灯丝电压)与电子管测试架上的插座分别对应连接;将电流输入接口与电子管测试架上的微电流输出接口相连.

注意:仔细检查,避免接错损坏弗兰克-赫兹管实验仪.

(2) 开启电源,默认工作方式为"手动"模式.

(3) 将电压设置切换按钮选择为"灯丝电压"设定,调节"电压调节",使其与出厂参考值一致(详见弗兰克-赫兹管测试架标示),灯丝电压调整好后,中途不再变动.

注意:灯丝电压不要超过出厂参考值0.5 V,否则会加快灯管老化,连续工作时间不要超过2小时.

(4) 将电压设置切换按钮选择为第一栅压"U_{G_1K}"设定,调节"电压调节",使与出厂参考值一致(详见弗兰克-赫兹管测试架标示),一般设定在2~3 V之间.

(5) 将电压设置切换按钮选择为拒斥电压"U_{G_2A}"设定,调节"电压调节",使与出厂参考值一致(详见弗兰克-赫兹管测试架标示),一般设定在5~9 V之间.

(6) 将电压设置切换选择为第二栅压"U_{G_2K}"设定,调节"电压调节"使输出为零.

注意:不同的电子管,设置的最佳参数会不一样,出厂时一般设定了一个参考值,标记在测试架上.

(7) 预热仪器10~15 min,待上述电压都稳定后,即可开始实验.

(8) 将电压设置切换按钮选择为第二栅压"U_{G_2K}"设定,调节"电压调节",使第二栅压从0~90 V按最小步进电压值依次增加,一边调节,一边观察和记录实验仪面板上的电流示值(表15-1),当波形处于谷值附近时放慢调节节奏,在电流反转的电压点上顺时针和逆时针调节电压多次,确定谷值点(顺时针和逆时针调节电流均增大的点),用同样的方法确定后面的5个谷值电压点.实验前,可以通过"电压调节"组合键设置 U_{G_2K} 最小电压步进值为0.1 V、0.2 V或0.5 V(实验过程中请不要再改变最小步进值),建议步进值为0.1 V(方法是按⑭ 键不放,顺时针旋转编码开关⑬).

(9) 求出各峰值所对应的电压值,用逐差法求出氩原子第一激发电位,并与公认值相比较,求出相对误差.

自动方式测量步骤如下:

（1）前几个步骤与手动方式测量步骤（1）~（7）一致.

（2）将弗兰克-赫兹实验仪前面板上"信号输出"接口与示波器 CH1 通道相连，"同步输出"与示波器触发端接口相连.

（3）将电压设置切换按钮选择为第二栅压"U_{G_2K}"设定.

（4）按下测试仪"自动/手动"模式按钮，选择"自动"模式，指示灯亮.

（5）按下测试仪"启/停"按钮，指示灯亮，自动测试开始，测试仪将按固定的最小步进值（0.2 V）输出 U_{G_2K} 并实时采集微电流值，同时将采集的数据值动态输出到示波器上.

通过调整示波器的电压幅度、扫描时间和触发设置，使其能在屏幕上实时显示波形. 记录每个曲线峰值位置对应的第二栅压值.

注意事项

1. 使用前应正确连接好弗兰克-赫兹实验仪面板至测试架的连线，连好后至少检查三遍. 连线错误会损坏仪器或电子管.

2. 灯丝电压不要超过出厂参考值 0.5 V.

3. 尽管本实验仪配有短路保护电路，但应尽量避免使各组电源线短路.

4. 手动操作完成后，将第二栅压调至零伏.

5. 实验结束后，切断电源，保管好被测电子管. 仪器长期放置不用后再次使用时，请先通电预热 30 min 后使用.

思考题

1. 为什么 $I_A-U_{G_2K}$ 曲线中各谷点电流随 U_{G_2K} 的增加而升高？

2. 第一峰值所对应的电压是否等于第一激发电位？原因是什么？

3. 如何测定较高能级激发电位或电离电位？

知识拓展

原子理论的应用——物质对光的选择性吸收与吸光光度法

吸光光度法是根据物质对光的选择性吸收而建立起来的一种分析方法，它包括比色法和分光光度法. 比色法是通过比较有色溶液的颜色深浅来测定其中有色物质的含量. 分光光度法是通过待测溶液对不同光辐射的选择性吸收来测定其中有色物质的含量，它包括紫外分光光度法、可见光分光光度法、红外分光光度法. 吸光光度法具有灵敏度高、准确性好、仪器设备简单、操作简便、测定速度快等特点，不仅能进行组分的测定，而且可以进行化学平衡及配位化合物组成等研究. 吸光光度法已广泛应用于食品、环境、能源、材料、制药等领域. [1,2]

溶液呈现不同的颜色，是由于溶液中的物质对不同波长的光的选择性吸收引起的. 作为复色光的白光通过有色溶液时，一些波长的光被溶液吸收，另一些波长的光则透过溶液为人眼所感知,透射光和吸收光的颜色构成互补色.例如,硫酸铜($CuSO_4$)溶液因吸收白光中的黄色光而呈现其互补色蓝色,高锰酸钾($KMnO_4$)溶液因吸收白光中的绿色光而呈现其互补色紫色.

当光束射到某物质或其溶液时,组成该物质的分子、原子或离子与光子发生碰撞,发生光子的能量传递,使这些粒子由低能态(基态)跃迁到较高能态(激发态).这个作用称为物质对光的吸收.被激发的粒子约在 10^{-8} s 后又回到基态,并以热或荧光等形式释放出能量.

分子、原子或离子具有不连续的量子化能级,仅当照射光的光子能量 $h\nu$ 与被照射物质离子的基态和激发态的能量差相当时,才能被吸收.不同的物质微粒由于其结构不同而具有不同的量子化能级,其能量差也不同,所以物质对光的吸收具有选择性.

物质对光选择性吸收的特性,可以用吸收曲线来描述.

将不同波长的单色光透过具有固定浓度和厚度的某物质的溶液,测量每一波长下溶液对光的吸收程度即吸光度(absorbance),可得吸光度随波长变化的吸收曲线(也称吸收光谱).

吸收光谱是吸光光度法中选择测量波长的重要依据.图 15-6 为 1,10-邻二氮杂菲亚铁溶液的吸收光谱.图中曲线 a、b、c 对应的 1,10-邻二氮杂菲亚铁溶液浓度分别为 0.002 mg · mol^{-1}、0.004 mg · mol^{-1}、0.006 mg · mol^{-1}.由图 15-6 可知,1,10-邻二氮杂菲亚铁溶液对波长为 510 nm 的绿色光吸收最多,有一吸收最高峰,其对应的波长称为最大吸收波长.而对波长为 600 nm 以上的橙红色光几乎不吸收而完全透过,所以溶液呈现橙红色.不同物质其吸收光谱的形状和最大吸收波长各不相同,根据这一特性可用作物质的初步分析.不同浓度的同一物质,吸光度随浓度的增加而增加,尤其是在最大吸收波长附近,变化更为明显,但最大吸收波长不变,故在最大吸收波长处测定吸光度灵敏度最高.定量分析中常选择最大吸收波长来测定吸光度.

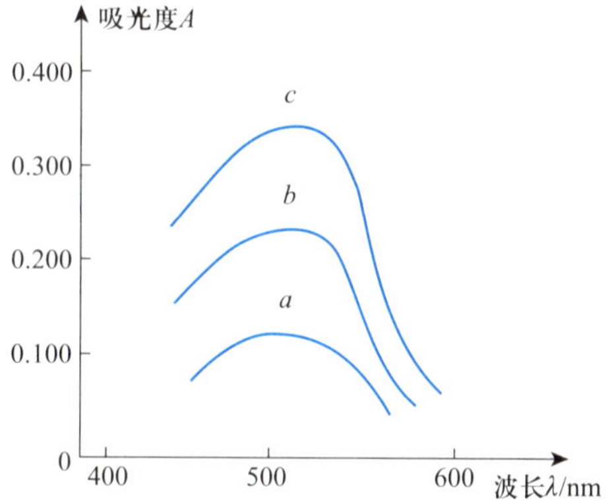

图 15-6 1,10-邻二氮杂菲亚铁溶液的吸收光谱

吸光光度法在具体运用时,常借助分光光度计测定溶液的吸光度,根据朗伯-比尔定律确定物质溶液的浓度.按照朗伯-比尔定律,当单色光通过厚度一定的溶液时,溶液的吸光度与溶液的浓度成正比关系.吸光光度法在分析过程中应用了该理论依据,详见分析化学相关教材及文献.

参考文献

[1] 刘瑜年.浅谈分光光度法和分光光度计的原理及其应用[J].化工管理,2017(9):66.

[2] 倪静安,商少明,翟滨.无机及分析化学[M].北京:化学工业出版社,2011:263.

实验数据记录

1. 手动测量氩管的 $I_A-U_{G_2K}$ 数据(表 15-1).

灯丝电压______V,第一栅压______V,拒斥电压______V.

表 15-1　数据记录表

U_{G_2K}/V	I_A/nA	U_{G_2K}/V	I_A/nA	U_{G_2K}/V	I_A/nA	U_{G_2K}/V	I_A/nA	U_{G_2K}/V	I_A/nA
1		21		41		61		81	
2		22		42		62		82	
3		23		43		63		83	
4		24		44		64		84	
5		25		45		65		85	
6		26		46		66		86	
7		27		47		67		87	
8		28		48		68		88	
9		29		49		69		89	
10		30		50		70		90	
11		31		51		71		91	
12		32		52		72		92	
13		33		53		73		93	
14		34		54		74		94	
15		35		55		75		95	
16		36		56		76		96	
17		37		57		77		97	
18		38		58		78		98	
19		39		59		79		99	
20		40		60		80		100	

2. 在坐标纸上描绘氩原子的 $I_A-U_{G_2K}$ 曲线,并求出曲线各峰值所对应的电压值(表 15-2).

表 15-2　数据记录表

峰值序号 n	1	2	3	4	5	6
U_{G_2K}/V						

3. 求出氩原子的第一激发电位.

方法 1：根据 $I_A-U_{G_2K}$ 数据，用逐差法求出氩原子的第一激发电位，并与公认值 $U_0=11.5\ V$ 相比较，求出相对不确定度.

方法 2：作 $n-U_{G_2K}$ 曲线（呈线性关系），求出该直线的斜率，即为氩原子的第一激发电位，并与公认值 $U_0=11.5\ V$ 相比较，求出相对不确定度.

第 4 章

设计实验

实验 16　转动惯量与切变模量的测量

转动惯量是刚体转动惯性的量度，它与刚体的质量分布和转轴的位置有关.对于形状简单的均匀刚体，测出其外形尺寸和质量，就可以计算其转动惯量.对于形状复杂、质量分布不均匀的刚体，通常利用转动实验来测定其转动惯量.三线摆法和扭摆法是其中的两种方法.为了便于与理论计算值比较，实验中的被测刚体均采用形状规则的金属块.

预习题

1. 熟悉三线摆转动惯量公式的推导.
2. 如何调整三线摆下圆盘水平？
3. 上圆盘悬点之间的距离 a 和下圆盘悬点之间的距离 b 如何测量？上下圆盘之间的垂直距离 H 如何测量？
4. 下圆盘摆动周期 T_0、下圆盘加圆环后的摆动周期 T、下圆盘对称加圆柱体后的摆动周期 T_d 分别如何测量？
5. 三线摆在摆动过程中要受到空气等阻尼因素，振幅会越来越小，它的周期是否会随时间而变？

实验目的

1. 加深对转动惯量概念和平行轴定理等的理解.
2. 了解用三线摆和扭摆测转动惯量的原理和方法.
3. 了解用扭摆测定悬线的切变模量的原理和方法.

实验仪器

三线摆及扭摆实验仪、水平仪、米尺、游标卡尺（自备）、物理天平（自备）及待测物体等.

实验原理

一、三线摆

三线摆如图 16-1 所示，它由两个大小不同的圆盘用三条等长的悬线对称连接而成. 上圆盘固定不动，下圆盘可绕中心轴 OO' 扭转，扭转摆动的周期与其绕中心轴转动惯量的大小有关. 三线摆法就是通过测量摆动周期来测定转动惯量的.

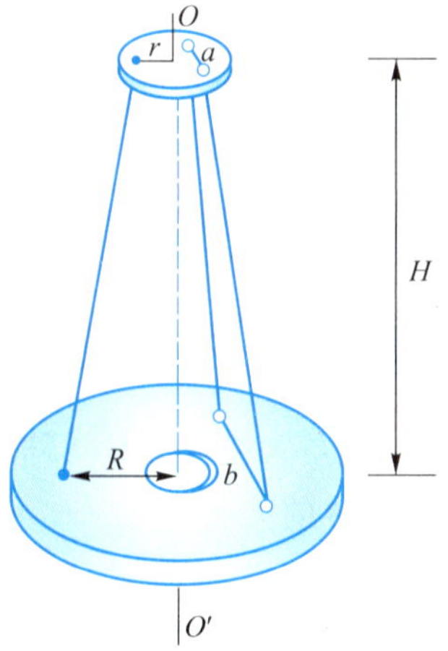

图 16-1　三线摆

设下圆盘的质量为 m，r 和 R 分别为上、下圆盘悬点到中心轴的距离，H 为两圆盘间的距离，T_0 为下圆盘的摆动周期，则下圆盘绕中心轴 OO' 的转动惯量 J_0 可用下式计算（推导见知识拓展）：

$$J_0=\frac{mgRr}{4\pi^2 H}T_0^2 \tag{16-1}$$

式(16-1)适用的条件是：摆角很小（<5°），摆线很长，圆盘水平，转轴为圆盘中心轴.

若要测量质量为 m_1 的物体绕特定轴的转动惯量 J_1，可将该物体放在下圆盘上，使其转轴与中心轴重合，测量圆盘与待测物共同摆动的周期 T，则由

$$J=\frac{(m+m_1)gRr}{4\pi^2 H}T^2=J_0+J_1 \tag{16-2}$$

可得该物体绕定轴的转动惯量

$$J_1=J-J_0 \tag{16-3}$$

本实验用该方法测量圆环绕中心轴的转动惯量，其理论计算公式为

$$J_{环理}=\frac{1}{2}m_1(R_1^2+R_2^2) \tag{16-4}$$

式中，R_1 和 R_2 分别为圆环的内外半径，m_1 为圆环的质量. 可用实验值与理论值进行比较，以估算实验值的误差.

利用三线摆可以验证平行轴定理.

把两个质量均为 m_2、半径均为 r_d、形状相同的圆柱体对称地放在悬盘上，组成一个摆动系统，设圆柱体距离圆盘中心为 d，此系统绕中心轴的摆动周期为 T_d，则此系统总的转动惯量为

$$J_2=2J_{柱}+J_0=\frac{(m+2m_2)gRr}{4\pi^2 H}T_d^2$$

由此，可得一个圆柱体绕圆盘中心轴的转动惯量为

$$J_{柱}=\frac{1}{2}\left[\frac{(m+2m_2)gRr}{4\pi^2 H}T_d^2-J_0\right]$$

根据转动惯量的平行轴定理，可以计算圆柱体绕 OO' 轴转动惯量的理论值：

$$J_{柱理}=m_2d^2+\frac{1}{2}m_2r_d^2$$

两者相比较,可验证平行轴定理.

二、扭摆

将一金属丝上端固定,下端悬挂一刚体,就构成了扭摆.图 16-2 表示扭摆的悬挂物为圆盘.在圆盘上施加一外力矩,使之扭转一角度 θ.由于悬线上端是固定的,悬线因扭转而产生弹性恢复力矩.当外力矩撤去后,在弹性恢复力矩 M 作用下圆盘做往复扭动.忽略空气阻尼力矩的作用,根据刚体转动定理,有

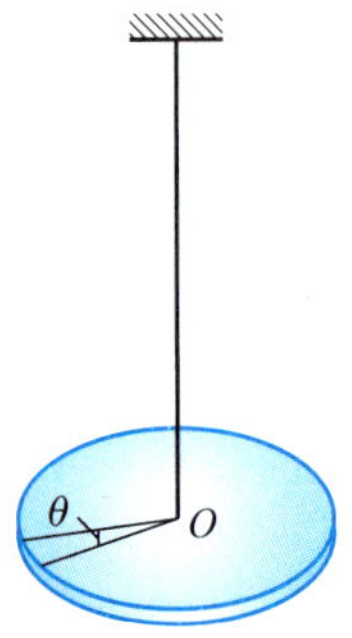

图 16-2　扭摆

$$M=J_0\ddot{\theta} \tag{16-5}$$

式中,J_0 为刚体对悬线轴的转动惯量,$\ddot{\theta}$为角加速度.弹性恢复力矩 M 与转角 θ 的关系为

$$M=-K\theta \tag{16-6}$$

式中,K 称为扭摆模量.它与悬线的长度 L、悬线的直径 d 及悬线材料的切变模量 G 有如下关系:

$$K=\frac{\pi Gd^4}{32L} \tag{16-7}$$

扭摆的运动微分方程为

$$\ddot{\theta}=-\frac{K}{J_0}\theta \tag{16-8}$$

可见,圆盘做简谐运动. 其周期 T_0 为

$$T_0=2\pi\sqrt{\frac{J_0}{K}} \tag{16-9}$$

若悬线的扭摆模量 K 已知,则测出圆盘的摆动周期 T_0 后,由式(16-9)就可计算出圆盘的转动惯量.若 K 未知,可利用一个对其质心轴的转动惯量 J_1 已知的物体,将它附加到圆盘上,并使其质心位于扭摆悬线上,组成复合体.此复合体对以悬线为轴的转动惯量为 J_0+J_1.复合体的摆动周期 T 为

$$T=2\pi\sqrt{\frac{J_0+J_1}{K}} \tag{16-10}$$

由式(16-9)和式(16-10)可得

$$J_0=\frac{T_0^2}{T^2-T_0^2}J_1 \tag{16-11}$$

$$K=\frac{4\pi^2}{T^2-T_0^2}J_1 \tag{16-12}$$

测出 T_0 和 T 后就可以计算圆盘的转动惯量 J_0 和悬线的切变模量 G.

圆环对悬线轴的转动惯量 J_1 由以下公式计算:

$$J_1=\frac{1}{8}m_1(D_1^2+D_2^2) \tag{16-13}$$

式中，m_1 为圆环的质量，D_1 和 D_2 分别为圆环的内径和外径.

实验内容

一、仪器介绍

多功能计时器面板如图 16-3 所示.

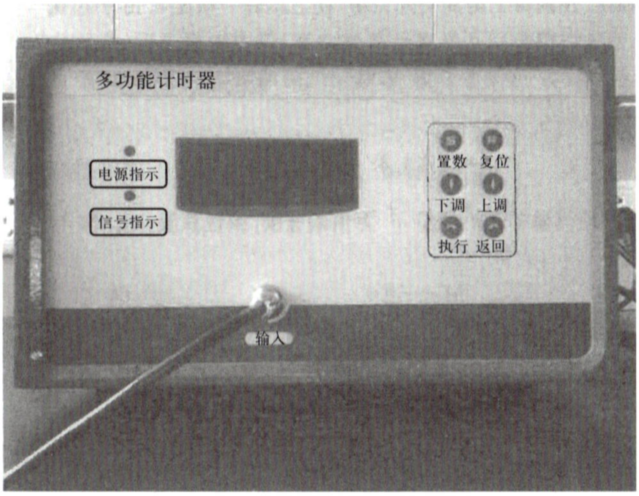

图 16-3　多功能计时器面板

1. 将仪器接通电源，打开后面板上的电源开关.

2. 计时器的程序预置周期数为 $N=30$（默认值），即黑色小球来回经过光电门的次数为 $2N+1$ 次. 根据具体要求设置周期数，若要设置同期数为 50，先按"置数"键开锁，再按"上调"（或"下调"键）改变计数 N，当达到 50 时，再按"置数"键锁定.

3. 此时按"执行"键开始计时，信号灯不停闪烁，即为计时状态，这时数显表显示计周期的个数. 当小球经过光电门的周期数达到设定值，数显表将显示具体时间，单位为"秒". 需要再执行"50"周期时，无须重新设置，只要按"返回"键，即可回到上次刚执行的周期数"50"，再按"执行"键，便可以第二次计时. 当按"复位"键或断电再开机时，程序重新预置 30 次周期，须重复上述步骤.

二、用三线摆测定下圆盘和下圆盘加圆环后的转动惯量

（一）调整三线摆

在上圆盘上放置水平仪，调节支架底脚螺丝，使上圆盘水平. 在下圆盘中心放置水平仪，调节上圆盘上方的卷线螺丝，使三条悬线长度相等，使下圆盘水平.

（二）测量下圆盘的转动惯量 J_0

1. 用米尺分别测量上圆盘悬点之间的距离 a 和下圆盘悬点之间的距离 b，算出悬点

到中心轴的距离 r 和 R(r 和 R 分别为以 a 和 b 为边长的等边三角形外接圆的半径).

2. 用米尺测量上、下圆盘间的垂直距离 H.

3. 下圆盘质量 m 在盘上有标注(单位:g).

4. 将测量周期数置为 30,轻轻拨动上圆盘,使下圆盘做扭转摆动(摆角小于 5°),测量下圆盘的摆动周期 T_0,并将实验数据填入表 16-1.

(三) 测量下圆盘加圆环后的转动惯量 J

1. 圆环的质量 m_1 在圆环上有标注.

2. 用游标卡尺测量圆环的内径 D_1 和外径 D_2.

3. 测量下圆盘加圆环后的摆动周期 T,并将实验数据填入表 16-2.

(四) 验证平行轴定理

1. 圆柱体的质量 m_2 在圆柱体上有标注.

2. 用游标卡尺测量圆柱体的半径 r_d.

3. 将两个质量均为 m_2 的圆柱体按照下悬盘上的刻线对称地放置在悬盘上,根据放置的小孔位置,用游标卡尺测量它们的间距为 $2d$.

4. 测量摆动周期 T_d,并将实验数据填入表 16-3.

知识拓展

三线摆转动惯量公式的推导

设下圆盘的质量为 m,上、下圆盘的悬点到中心轴 OO' 的距离分别为 r 和 R,悬线长为 l.当下圆盘离开平衡位置转过一个很小的角度 θ 时,圆盘上升高度为 h.因为圆盘既有转动,又有升降运动,因此任一时刻其动能为

$$E_k=\frac{1}{2}J_0\omega^2+\frac{1}{2}mv^2$$

式中,$\omega=\frac{d\theta}{dt}$, $v=\frac{dh}{dt}$.圆盘的势能为

$$E_p=mgh$$

由于$\frac{dh}{dt}$很小,故$\frac{1}{2}mv^2$ 可忽略不计,由机械能守恒定律,得

$$\frac{1}{2}J_0\left(\frac{d\theta}{dt}\right)^2+mgh=\text{常量} \qquad (16-14)$$

由图 16-4 可找出 θ 和 H 的几何关系.圆盘由平衡位置转过 θ 角时,悬点 C 在下圆盘上的垂足由 B 变到 B',则圆盘上升高度为

$$h=BB'=CB-CB'=\frac{CB^2-CB'^2}{CB+CB'}$$

其中

$$\begin{cases}CB^2=CA^2-AB^2=l^2-(R-r)^2\\CB'^2=CA'^2-A'B'^2=l^2-(R^2+r^2-2Rr\cos\theta)\end{cases}$$

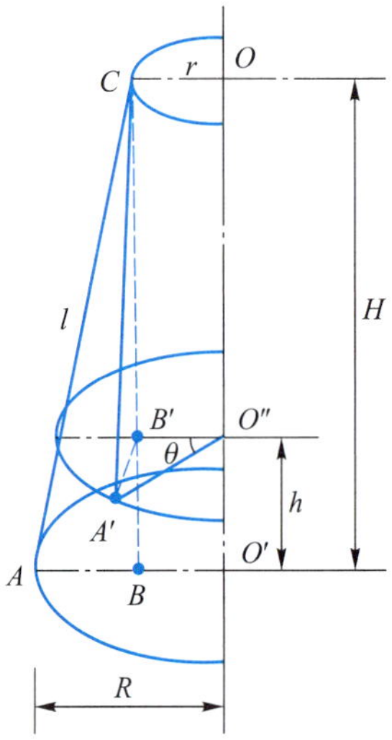

图 16-4 三线摆几何关系图

又
$$CB+CB'=2H$$
所以
$$h=\frac{2Rr(1-\cos\theta)}{2H}=\frac{2Rr}{H}\sin^2\frac{\theta}{2}$$
当 θ 很小时，$\sin\frac{\theta}{2}\approx\frac{\theta}{2}$，故
$$h=\frac{Rr}{2H}\theta^2 \tag{16-15}$$
将式(16-15)代入式(16-14)，并对时间 t 求微分，得
$$\frac{d^2\theta}{dt^2}+\frac{mgRr}{HJ_0}\theta=0 \tag{16-16}$$
式(16-16)即为简谐运动的微分方程，故摆动周期为
$$T_0=\frac{2\pi}{\omega'}=2\pi\sqrt{\frac{HJ_0}{mgRr}}$$
由此得转动惯量
$$J_0=\frac{mgRr}{4\pi^2H}T_0^2$$

实验 17　薄透镜焦距的测定

预习题

1. 怎样用一个最简单的方法来区别凸透镜和凹透镜(不允许用手摸)？
2. 在光学实验中，对光学系统各部分为什么要进行同轴调节？如何调节？
3. 用自准直法测透镜的焦距时，平面镜起什么作用？平面镜离透镜远近对测量结果有无影响？
4. 用自准直法和共轭法测凸透镜的焦距，各有什么优缺点？
5. 在用物距像距法测凹透镜焦距的实验中，对第一次凸透镜所成的像有什么要求？

实验目的

1. 加深理解薄透镜成像的原理.
2. 学习几种测量薄透镜焦距的方法.
3. 掌握简单光路的分析和调整方法.

实验仪器

光具座导轨、光具座、光源灯、物屏、像屏、平面镜、凸透镜、凹透镜.

实验原理

一、薄透镜成像原理及其成像公式

薄透镜是指透镜中央厚度比透镜焦距小很多的透镜.透镜分为两大类:一类是凸透镜(也称会聚透镜),其中央厚、边缘薄,对光线起会聚作用,如图 17-1 所示,平行于凸透镜主光轴的一束光入射凸透镜,折射后会聚于主光轴上,会聚的光线与主光轴的交点即为凸透镜的焦点 F,焦点 F 到光心的距离为焦距 f,焦距越短,会聚本领越大;另一类是凹透镜(也称发散透镜),其边缘厚、中央薄,对光线起发散作用,如图 17-2 所示,平行于凹透镜主光轴的一束光入射凹透镜,折射后成为发散光,发散光线的反向延长线与主光轴的交点即为凹透镜的焦点 F,F 与凹透镜光心的距离为焦距 f,焦距越短,发散本领越大.凸透镜成像规律如表 17-1 所示.

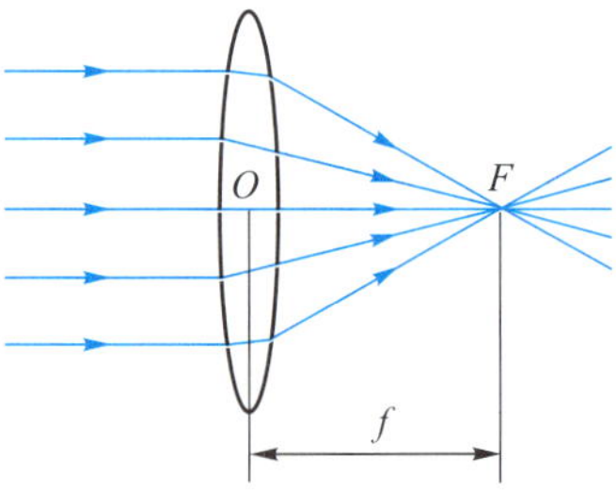

图 17-1　凸透镜成像原理

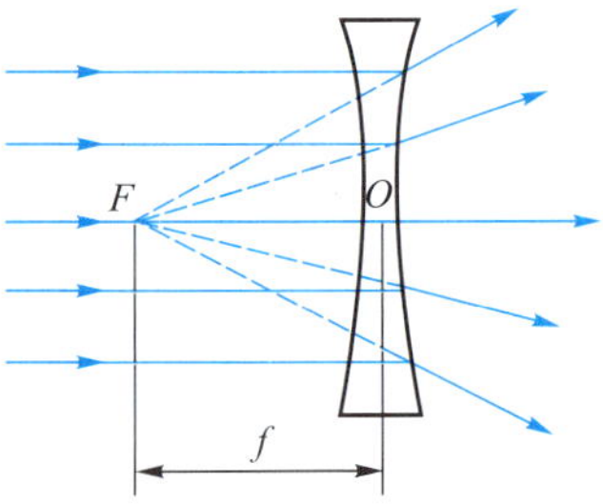

图 17-2　凹透镜成像原理

表 17-1　凸透镜成像规律

实物到透镜的距离 u	像的大小	像的正倒	像的虚实	像到透镜的距离 v	应用实例
$u>2f$	缩小	倒立	实	$f<v<2f$	照相机
$u=2f$	等大	倒立	实	$v=2f$	
$f<u<2f$	放大	倒立	实	$v>2f$	放映机
$u=f$	不成像				
$u<f$	放大	正立	虚		放大镜

实物经过凹透镜不能成实像.

在近轴光线条件下,薄透镜的成像公式为

$$\frac{1}{u}+\frac{1}{v}=\frac{1}{f} \tag{17-1}$$

式中,u 为物距,实物时 u 为正值,虚物时 u 为负值;v 为像距,实像时 v 为正值,虚像时 v

为负值;f 为焦距,对于凸透镜 f 为正值,对于凹透镜 f 为负值.

二、凸透镜焦距的测量

(一) 自准直法

如图 17-3 所示,当物 P 位于凸透镜 L 的焦平面上时,该物发出的光经透镜折射后变成平行光.若用一垂直于主光轴的平面镜 M 将平行光反射回去,通过透镜后会聚于透镜的焦平面上,则形成一个与物 P 大小相同、倒立的实像 Q.

测出物 P 与透镜 L 光心 O 之间的距离,就是凸透镜 L 的焦距 f.

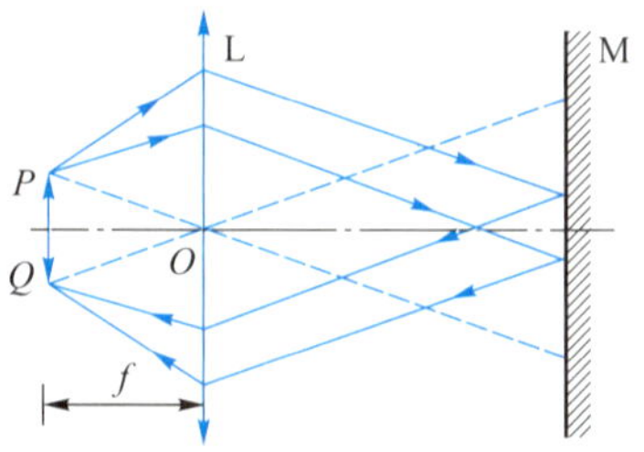

图 17-3　自准直法测凸透镜的焦距

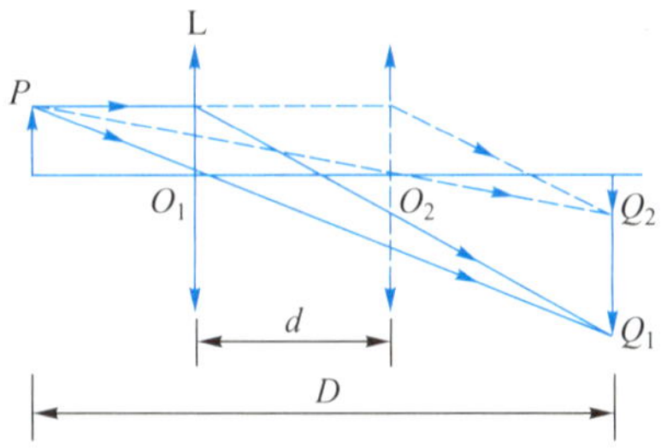

图 17-4　共轭法测凸透镜的焦距

(二) 共轭法

共轭法又被称为贝塞尔法或二次成像法.

如图 17-4 所示,物屏和像屏间的距离 $D>4f$,并保持不变,移动透镜 L 在 O_1 处时,使像屏上出现一放大的实像 Q_1;移动透镜在 O_2 处时,使像屏上出现一缩小的实像 Q_2.

设 O_1O_2 之间的距离为 d.

透镜在 O_1 处时,有

$$\frac{1}{f}=\frac{1}{u_1}+\frac{1}{D-u_1} \tag{17-2}$$

透镜在 O_2 处时,有

$$\frac{1}{f}=\frac{1}{u_1+d}+\frac{1}{D-(u_1+d)} \tag{17-3}$$

由式(17-2)和式(17-3),得

$$u_1=\frac{D-d}{2} \tag{17-4}$$

将式(17-4)代入式(17-2),得

$$f=\frac{D^2-d^2}{4D}$$

用共轭法测凸透镜焦距的好处是消除了由于透镜光心的位置难以确定所产生的系统误差.

三、凹透镜焦距的测量

（一）物距像距法测凹透镜的焦距

如图 17-5 所示，物 P 发出的光线经凸透镜 L_1 会聚成像 Q_1，又经凹透镜 L_2 发散后在像屏上成像 Q_2（L_1 和 L_2 的位置调整适当）. 因为是实像，$v>0$，而 L_1 的像 Q_1 成为 L_2 的物（虚物），则物距 $u<0$，将 u 和 v 代入透镜成像公式，即可求得凹透镜 L_2 的焦距为 $f=\dfrac{uv}{u+v}$.

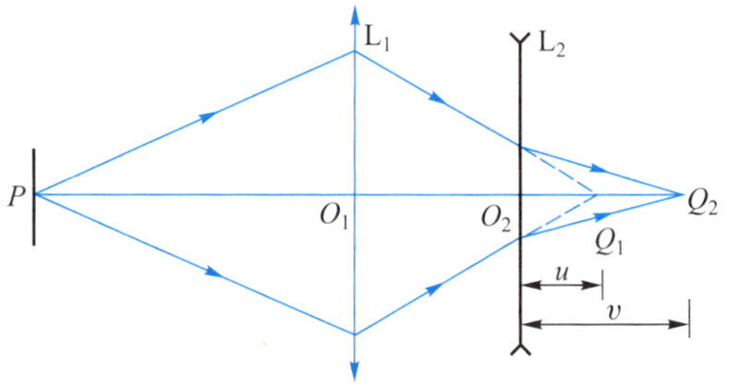

图 17-5　物距像距法测凹透镜的焦距

（二）自准直法测凹透镜的焦距

如图 17-6 所示，凹透镜 L_2 是发散的，可用一辅助凸透镜 L_1 置于其前，并在凹透镜后面放一垂直于主光轴的平面镜 M. 当 L_1 和 L_2 的位置调整适当时，L_2 出射光为平行光，经平面镜发射后沿原光路返回，在物屏上成一与原物大小相同、倒立的实像. 取下 L_2 和 M，物 P 经 L_1 成像 Q_1，这时 L_1 的像成为 L_2 的物（虚物），并且 Q_1 一定在 L_2 的虚焦平面上. 因此测出 L_2 的光心 O_2 和 Q_1 之间的距离，就是凹透镜 L_2 的焦距 f.

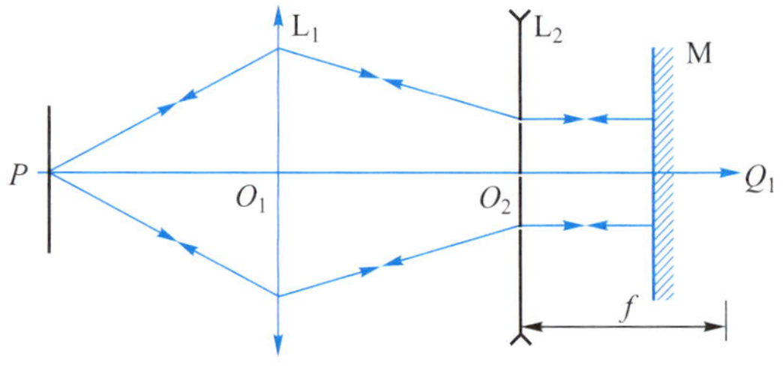

图 17-6　自准直法测凹透镜的焦距

实验内容

一、光学元器件的共轴调整

如图 17-7 所示，将全部的光学元器件放在光具座导轨上，并紧靠在一起，目测它们的中心是否在同一高度. 调节的方法是：松开光具座上的垂直微调螺丝，提升或降低光学元器件，使它们等高，再将螺丝旋紧. 沿轨道方向目测光学元器件的中心是否在同一直线上，并且该直线是否与导轨平行. 可调节光具座上的横向微调螺丝达到要求.

图 17-7 光学元器件的共轴调整

本实验不要求做精细共轴调整.

二、自准直法测凸透镜的焦距

1. 按图 17-8 所示依次放置好光源、物屏、凸透镜、平面镜. 记下物屏的位置读数 S_0.

2. 同时移动凸透镜和平面镜,使物屏上出现一个和物等大、倒立、清晰的实像,如图 17-9 所示,记下凸透镜的位置读数 S_1,并将实验数据填入表 17-2.

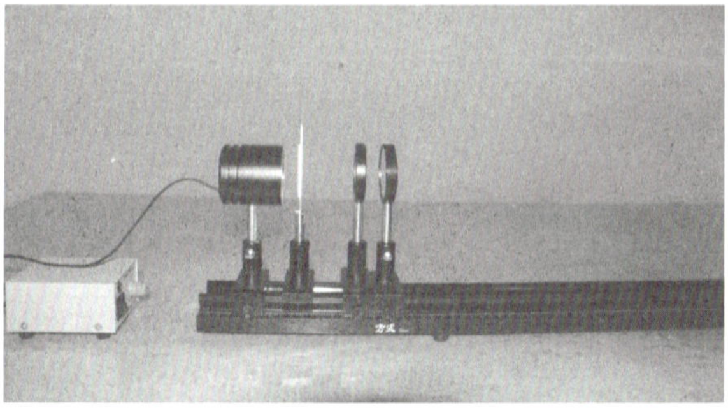

图 17-8 自准直法测凸透镜的焦距

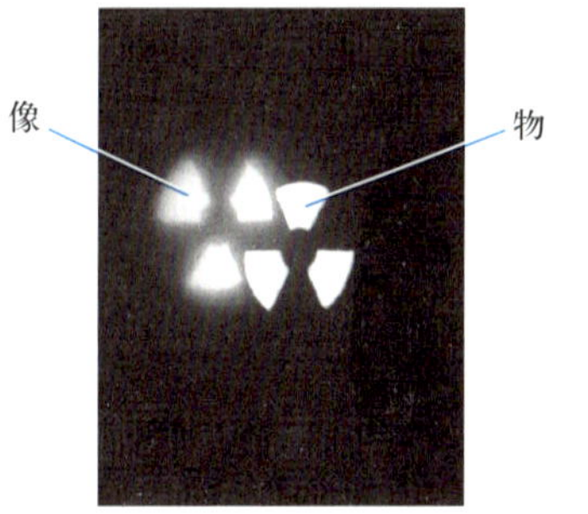

图 17-9 物和像

3. 重复上述操作六次.

三、共轭法测凸透镜的焦距

1. 按图 17-10 所示依次放置好光源、物屏、凸透镜、像屏,取物屏和像屏之间的距离 $D>4f$,记下物屏的位置读数 S_0 和像屏的位置读数 S_0'.

2. 移动凸透镜,使像屏上出现一个清晰的放大实像时(图 17-11),记下凸透镜的位置读数 O_1,并将实验数据填入表 17-3.

3. 移动凸透镜,使像屏上出现一个清晰的缩小实像时(图 17-12),记下凸透镜的位置读数 O_2,并将实验数据填入表 17-3.

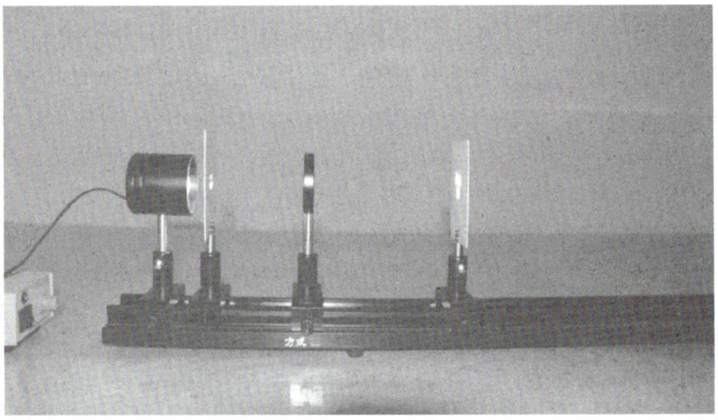

图 17-10　共轭法测凸透镜的焦距

图 17-11　放大实像(一)

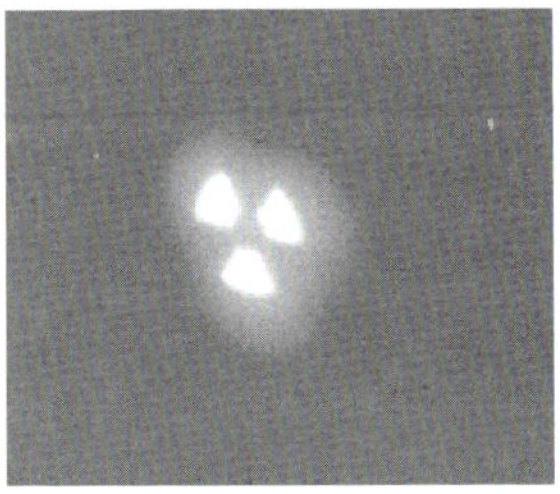

图 17-12　缩小实像(一)

4. 重复上述操作六次.

四、自准直法测凹透镜的焦距

1. 按图 17-13 所示依次放置好光源、物屏、凸透镜、凹透镜、平面镜,取物屏和凸透镜之间的距离 $u>f_1$(使像距 $v>f_2$,f_2 为凹透镜的焦距).

2. 同时移动凹透镜、平面镜,使物屏上出现一个清晰的等大、倒立的实像时(图 17-14),记下凹透镜的位置读数 S_2,并将实验数据填入表 17-4,重复上述操作六次.

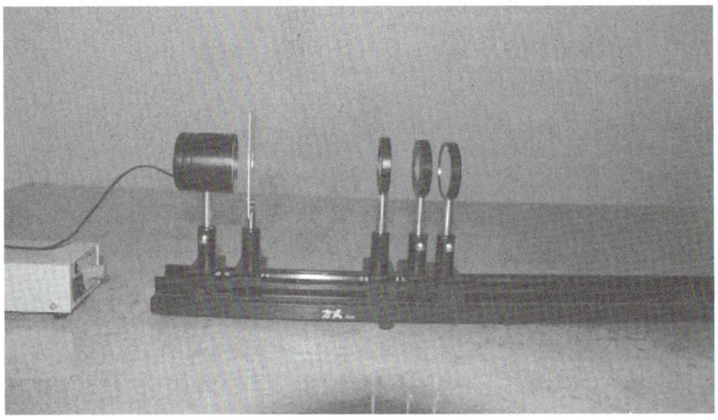

图 17-13　自准直法测凹透镜的焦距

图 17-14　等大、倒立的实像

3. 如图 17-15 所示,取下凹透镜、平面镜,在凸透镜后面放入像屏.

4. 移动像屏,使出现清晰的倒立实像(图 17-16),记下像屏的位置读数 S_0',并将实验数据填入表 17-4,重复上述操作六次.

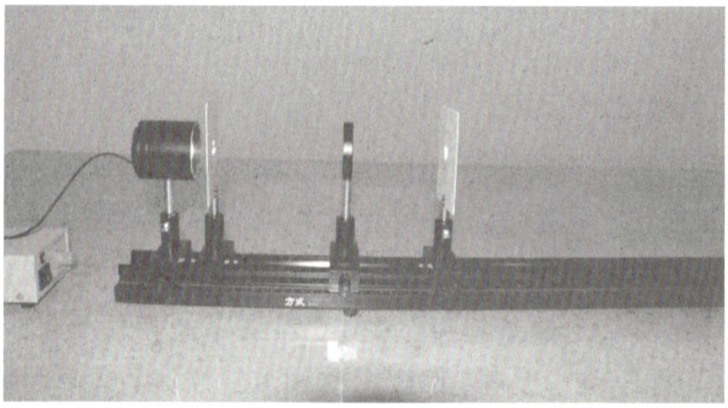

图 17-15 放入像屏

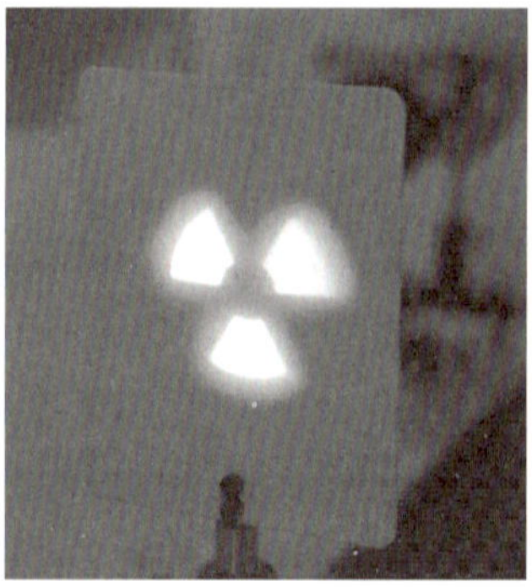

图 17-16 倒立实像

五、物距像距法测凹透镜的焦距

1. 按图 17-17 所示依次放置好光源、物屏、凸透镜、像屏，取物屏和凸透镜之间的距离 $u>2f_1$（f_1 为凸透镜的焦距）.

2. 移动像屏，使屏上出现一个清晰的缩小实像（尽量小），如图 17-18 所示，记下像屏的位置读数 S_0''，并将实验数据填入表 17-5，重复上述操作六次.

3. 如图 17-19 所示，保持凸透镜位置不变，在凸透镜和像屏之间放入凹透镜.

4. 移动像屏，使屏上出现一个清晰的放大实像，如图 17-20 所示，记下像屏的位置读数 S_0'，并将实验数据填入表 17-5，记下凹透镜的位置读数 S_2，保持凹透镜位置不变，重复上述操作六次.

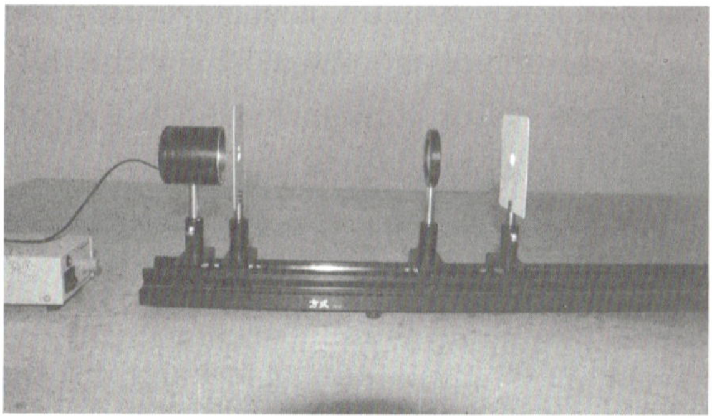

图 17-17 物距像距法测凹透镜的焦距

图 17-18 缩小实像（二）

图 17-19 放入凹透镜

图 17-20 放大实像（二）

知识拓展

伽利略望远镜

1608 年,荷兰有一位眼镜商人叫汉斯·李波尔赛(Hans Lippershey),他的两个孩子很调皮,也很聪明.一天,偶然的一个机会,两个孩子从店铺里拿来两片透镜,一前一后摆弄着,用眼睛张望着.突然孩子们惊讶地发现远处教堂上的风标又大又近.李波尔赛得知此事也很高兴,他就用一个简易的筒,把两块透镜装好,这就是世界上第一台望远镜.[1]

李波尔赛发明望远镜的第二年,消息传到意大利,著名物理学家、天文学家伽利略·伽利雷(Galilei Galileo,1564—1642)按此方法制作了第一架天文望远镜,并不断加以改进,在 1609 年,他将望远镜转向了天空,很快得到了一系列重大的发现.

伽利略用望远镜观测天上的星星,发现了许多肉眼看不到的小星星.当他把望远镜对准银河时,发现银河不是一片薄云,而是无数个亮度不同的小星星.伽利略明白,这些星星之所以像天空中的一条银带,是因为离我们十分遥远,肉眼无法分辨.

伽利略用望远镜观察月亮,发现月亮表面分布着许多山脉,其中大部分是环形山,他还估计出有的山峰高达 6 000 m.伽利略详细分析了月面山的长度与太阳位置之间的关系,以及月面“灰光”的成因,并由此断定月球本身不发光,而是反射太阳光.

1610 年 1 月 6 日,伽利略通过望远镜看到木星的左边有 3 颗小星星,并且与木星排成一直线;第二天,他发现同样有 3 颗小星星与木星排成一直线,但有一颗出现在木星的右边;第三天,这 3 颗小星星都跑到木星的右边去了;又过了两夜,他惊讶地发现只在木星的左边看到 2 颗小星星,不过仍然与木星排成一直线;1 月 13 日,他观测到 4 颗小星星与木星排成一直线,1 颗在左边,3 颗在右边.经过一段时间的观测,伽利略敏锐地意识到,这几颗小星星实际上都是木星的卫星,它们就像月亮绕地球转动一样在绕木星运行.为了纪念这一重要发现,人们把这 4 颗卫星命名为伽利略卫星.

金星因距离太阳更近,因此有相位变化,不过用肉眼是看不出的.伽利略用望远镜发现金星呈蛾眉月状时直径最大,呈圆形或者接近圆形时直径最小,这与月亮情况不同.伽利略得出:金星本身不发光,只是反射太阳光,金星绕太阳公转,它距离太阳比地球距太阳近,因而表现出相位变化.伽利略还利用这一点来说明哥白尼太阳中心说的正确性.

伽利略用他的望远镜观测太阳时,发现了太阳上的黑子.他认为黑子是太阳表面的一种现象,并根据黑子在日面上的移动得出太阳的自转周期为 28 天,与现代测定的结果很接近.

这一系列重要发现轰动了当时的欧洲,当时人们盛行的话是:“哥伦布发现了新大陆,伽利略发现了新宇宙.”伽利略将他的发现写成 24 页的《星际使者》(*Sidereus Nuncius*),并公之于众,但当时并未被迅速接受,因为当时望远镜的原理尚未明确,伽利略也无法详细说明自己的科研成果.一部分学者和教会人士认为望远镜里的景象不过是光影上的幻觉,是望远镜的瑕疵造成的.1611 年,德国天文学家开普勒(J. Kepler,1571—1630)出版了《天文光学》,阐述了望远镜的原理,“幻觉说”才渐渐消失,伽利略的发现也得到了证实.

透镜的应用

透镜在我们日常生活中的应用非常广泛，给我们的生活带来了许多方便，同时帮助人类认识宇宙天体及微观世界，促进人类的文明进步和社会发展.人们根据凸透镜对光线有会聚作用、凹透镜对光线有发散作用这一原理发明了放大镜、眼镜、照相机、望远镜、显微镜、幻灯机、投影仪、放映机等光学仪器.[2]

照相机是一种利用光学成像原理形成影像并使用底片记录影像的设备，照相机的镜头应用了一个凸透镜或透镜组，物体到透镜的距离保持在2倍焦距之外，照相时来自物体的光线经过照相机镜头后会在胶卷上形成一个倒立、缩小的实像，物体距离镜头越远，所成的像越小，反之越大.

显微镜在生物学、化学、物理学、医学等领域都有广泛的应用，可以帮助人们看到很小的微生物，甚至可以看到细胞的结构.显微镜由两个凸透镜组成，靠近眼睛的叫目镜，靠近被观察物体的叫物镜，物镜的焦距较短，物体放在物镜的1～2倍焦距之间，由物镜成倒立、放大的实像，这个像在目镜的焦点之内，再由目镜成正立、放大的虚像，经过两次放大就能清楚地看到微小的物体.

望远镜主要用在天文、军事、航海等领域，能够帮助人们观察到凭肉眼无法见到的景象.与显微镜相似，望远镜也是由物镜和目镜两个透镜组构成的，它的物镜焦距较长，目镜焦距较短，这是和显微镜不同的地方.常用的望远镜分伽利略望远镜和开普勒望远镜两种，伽利略望远镜的物镜和目镜同是凸透镜，开普勒望远镜的物镜是凸透镜，目镜是凹透镜.

冰透镜取火

中国古代利用透镜取火的实验很多，最著名的当数“冰透镜取火”.这一实验最早记载于西汉时期的《淮南万毕术》一书中，书中提到：“削冰令圆，举以向日，以艾承其影，则火生.”这句话描述了将一块冰削成扁圆形，两个侧面鼓成球面，使其一个侧面对着太阳，阳光穿过冰后汇聚成一点，在那里放些艾草一类干燥的易燃物，这些物品会被慢慢点燃.这一实验不仅展示了古人对光聚焦性质的认识，也是对透镜聚焦性质的早期应用.[3]

西晋时期张华在《博物志》中也有类似的记载：“削冰令圆，举以向日，以艾于后承其影，则得火.”这进一步证实了冰透镜取火实验的历史渊源.

清代科学家郑复光根据《淮南万毕术》的记载，亲自动手做过一些实验，完全证实冰透镜可以取火.他的著作《镜镜詅痴》中记载了这样一个实验：将一只底部微凹的锡壶，内装沸水，用壶在冰面上旋转，可制成光滑的冰透镜，利用它聚集日光，可使纸点燃.

冰透镜取火实验背后的科学原理主要基于光学中的凸透镜聚焦原理.具体来说，这一实验利用了以下几个关键的与光学相关的物理概念：

（1）凸透镜的聚焦作用.冰透镜实际上是一个凸透镜，当阳光穿过这个冰制的凸透镜时，光线会被会聚到一点，即焦点.这一原理与现代光学中使用凸透镜聚焦光线是相同的.

（2）光能转化为热能.在焦点处，由于光线被集中，光能被转化为热能，使得焦点处的温度升高.

（3）光的折射.光通过两种介质的界面时会发生折射，凸透镜对光有会聚作用，使得平行光经过凸透镜后能够聚焦于一点.

综合上述原理,冰透镜取火实验实际上是一个将光能通过折射和聚焦转化为热能的过程,这一过程中热量集中在焦点处,足以使易燃物质点燃,展示了古代人们对光学原理的理解和应用.[4]

参考文献

[1] 许波.透镜在生活中的应用[J].现代物理知识,2008(3):57-59.
[2] 陆慧.光学[M].上海:华东理工大学出版社,2014.
[3] 申先甲,张锡鑫,祁有龙.物理学史简编[M].济南:山东教育出版社,1985:189.
[4] 楼荣训."冰透镜取火"实验思想溯源及其意义[J]. 浙江师大学报(自然科学版),2001,24(3):16-18.

实验 18 迈克耳孙干涉仪的调节与使用

迈克耳孙干涉仪是一种在近代物理和近代计量技术中有着重要地位的精密光学仪器.迈克耳孙(A.A.Michelson,1852—1931)与他的合作者莫雷(E.W.Morley,1838—1923)曾经用这种干涉仪完成了著名的迈克耳孙-莫雷实验,为否定"以太"的存在提供了重要依据,从而推动了物理学的发展.另外,他还进行了光谱线结构的研究和用光的波长标定标准米尺等重要工作,为物理学的发展做出了重大贡献.

2015 年 9 月 14 日,激光干涉引力波天文台(Laser Interferometer Gravitational-Wave Observatory,简称 LIGO)利用类似迈克耳孙干涉纹的装置首次探测到了引力波(GW150914),对引力波的精确测量,能够让科学家们更为全面地验证广义相对论.

预习题

1. 迈克耳孙干涉仪是用什么方法获得双光束干涉的?
2. 迈克耳孙干涉仪补偿板的作用是什么?
3. 干涉环有什么特点?
4. 调出干涉环的技巧有哪些?
5. 在测量时只沿一个方向转动微动鼓轮,为什么?

实验目的

1. 了解迈克耳孙干涉仪的结构和原理.
2. 观察等倾干涉、等厚干涉的条纹特点.
3. 掌握用迈克耳孙干涉仪测定单色光波波长的方法.

实验仪器

He-Ne 激光器、钠光灯、扩束镜、小孔光阑、毛玻璃、白光光源、透镜、迈克耳孙干涉仪.

迈克耳孙干涉仪是用分振幅的方法获得双光束干涉的仪器,其结构如图 18-1 所示.

M_1、M_2 为互相垂直的平面反射镜,每个反射镜的背面各有三个用来调节平面反射镜平面方位的调节螺钉⑭,M_2 的下方有两个互相垂直的拉簧螺丝,可用来更细微地调节平面反射镜 M_2 的平面方位.半镀银玻璃板⑦内侧镀有反射膜,反射膜与 M_1、M_2 成 45°夹角.补偿板⑧可使两光束在玻璃中经过的光程完全相同.转动手轮⑫和微动鼓轮⑬可使平面反射镜 M_1 沿导轨方向前后移动,移动的距离可从标尺、读数窗⑨和微动鼓轮⑬读出.标尺⑰的分度值为 1 mm,读数窗中刻度盘的分度值为 10^{-2} mm,微动鼓轮的分度值为 10^{-4} mm,可估读到 10^{-5} mm.

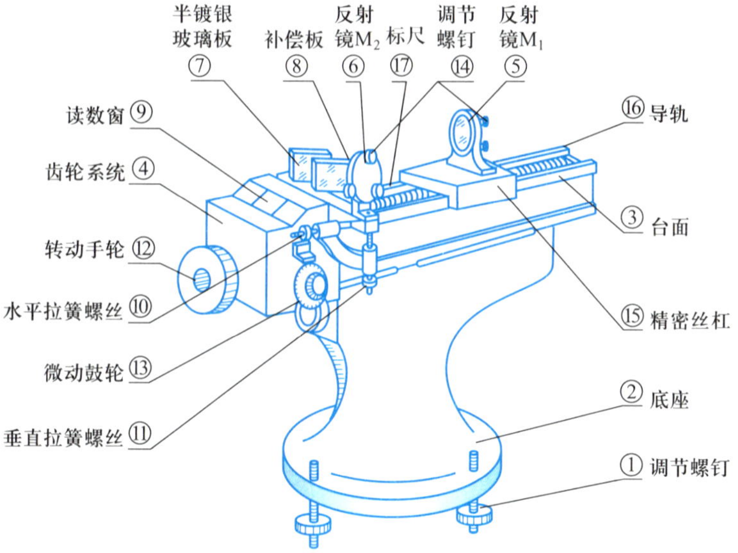

图 18-1　迈克耳孙干涉仪

实验原理

一、干涉条纹的产生

图 18-2 为迈克耳孙干涉仪的光路图.从光源 S 发出的光射到分光板 G_1 上,反射膜将光束分成反射光束 1 和透射光束 2,两光束分别垂直入射 M_1、M_2,经反射后在 E 处相遇,形成干涉条纹.从 E 向 M_1 看去,可以看到 M_2 经反射膜成的像 M_2',两相干光束好像是一光束分别经 M_1、M_2'反射而来的,因此,迈克耳孙干涉仪产生的干涉图样与 M_1、M_2'之间空气层所产生的干涉图样是一样的.

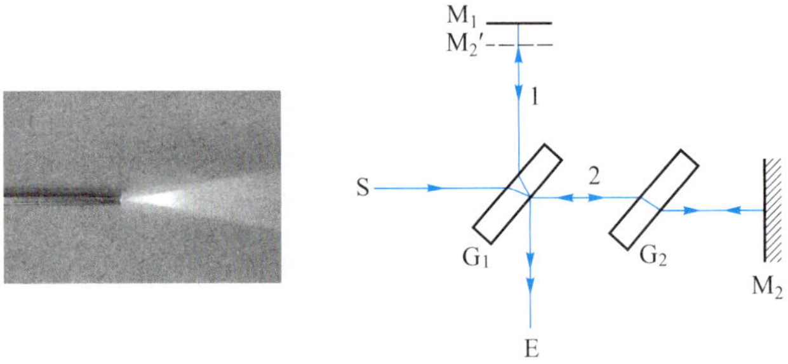

图 18-2　迈克耳孙干涉仪的光路图

二、等倾干涉图样

考虑到光源的非准直性，当 M_1、M_2'平行时（图 18-3），产生等倾干涉图样. 对于倾角 i 相同的各光束，经 M_1、M_2'反射而来的光线的光程差为

$$\Delta L = AC + BC - AD = 2d\cos i \tag{18-1}$$

式中，d 为 M_1、M'_2 之间的距离.

提示： M_2'是虚的，光线在 A、B 两点不发生折射，沿直线传播.

干涉图样位于无限远处（或透镜的焦平面上），用眼睛在 E 处正对着分束板，向无限远处调焦，可观察到一组明暗相间的同心圆环，如图 18-4 所示.

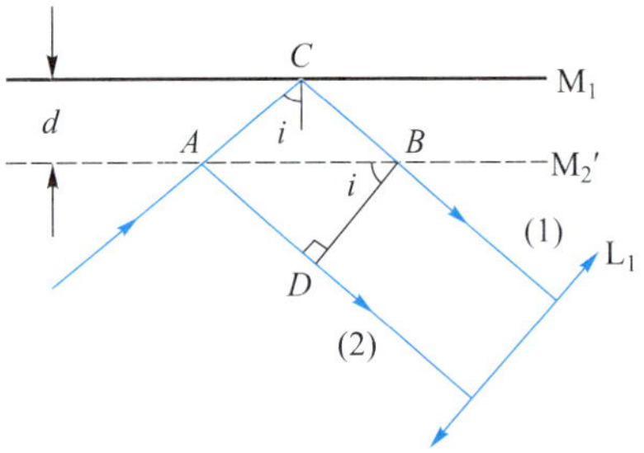

图 18-3　等倾干涉

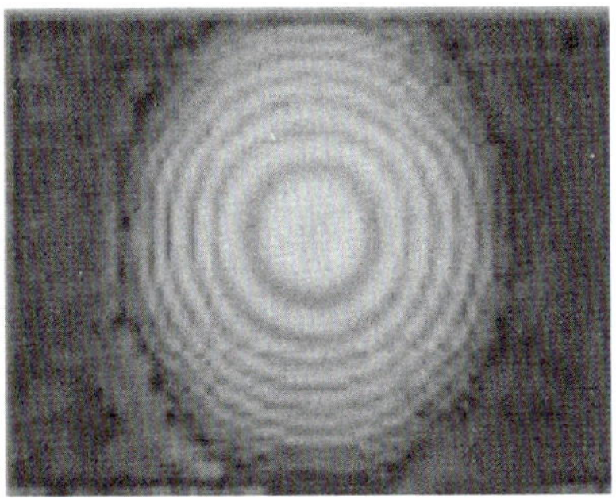

图 18-4　同心圆环

产生 k 级亮条纹的条件是

$$\Delta L = 2d\cos i_k = k\lambda \tag{18-2}$$

干涉圆环有以下特点：

（1）圆心处干涉条纹的级次最高. 当 $i=0$ 时，$\Delta L = 2d = k\lambda$，因此，圆心处光程差最大，对应的干涉级次最高.

（2）d 增加时，圆心干涉级次越来越高，可以看到圆环一个一个从中心“冒出来”；反之，当 d 减少时，圆环一个一个向中心“缩进去”. 每当“冒出”或“缩进”一个圆环时，d 改变$\dfrac{\lambda}{2}$. 因此有

$$\lambda = \frac{2\Delta d}{\Delta k} \tag{18-3}$$

（3）由于产生 k 级和$(k+1)$级亮条纹的条件分别为

$$2d\cos i_k=k\lambda$$

$$2d\cos i_{k+1}=(k+1)\lambda$$

于是 k 级和$(k+1)$级亮条纹的角距离之差 Δi_k 为

$$\Delta i_k=-\frac{\lambda}{2d}\cdot\frac{1}{\overline{i_k}} \tag{18-4}$$

式中，$\overline{i_k}$是相邻两条纹的平均角距离.由式(18-4)可以看出，当$\overline{i_k}$增大时，Δi_k 减小，故干涉圆环中心稀，边缘密.

三、等厚干涉图样

当 M_1 与 M_2'之间有一个很小的夹角时(图 18-5)，产生等厚干涉条纹，干涉条纹有以下特点：

（1）在 M_1 与 M_2'交界处，$d=0$，光程差($\Delta L=2d\cos i$)为零，将观察到直线干涉条纹.在交界线附近，d 很小，光程差的大小主要由 d 决定，可观察到一组平行于交线的直条纹.离交线较远处，干涉条纹变成弧形.

（2）当 M_1、M_2'相交时，用白光照射，在交线附近可看到几条彩色干涉条纹.

四、点光源产生的非定域干涉图样

用凸透镜会聚后的激光束，可以看成一个很好的点光源.如图 18-6 所示，点光源 S 经 M_1 和 M_2'反射后所产生的干涉现象，相当于沿轴向分布的两个虚光源 S_1 和 S_2 所产生的非定域干涉(因为 S_1 和 S_2 发出的球面波在相遇的空间处处相干).在不同位置用观察屏可以看到圆、椭圆、双曲线、直线状的干涉图样.

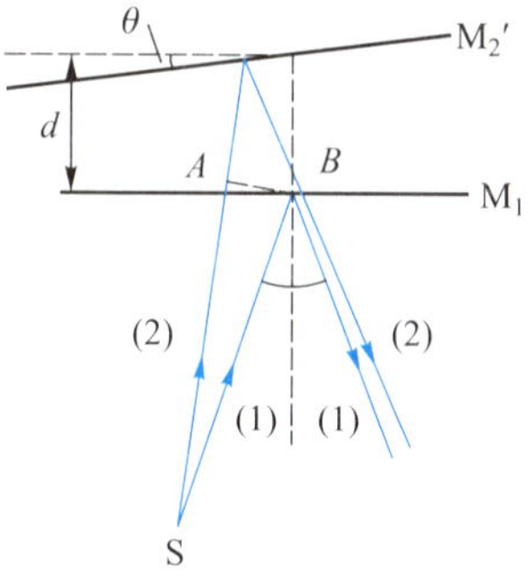

图 18-5 等厚干涉

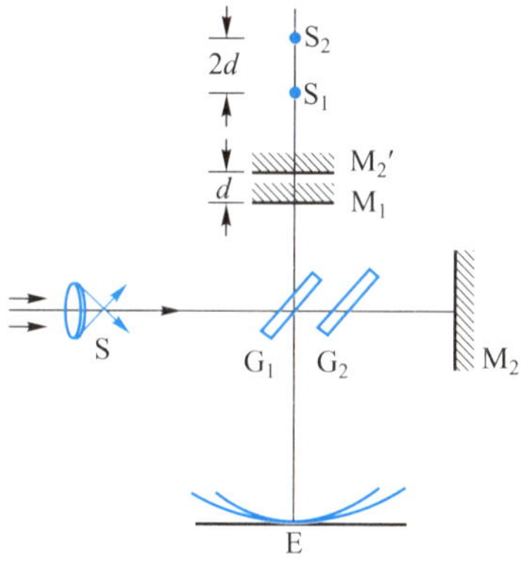

图 18-6 非定域干涉

实验内容

以 He-Ne 激光器为光源，按下述内容进行实验.

一、非定域干涉条纹的调节和观察

本实验的难点和重点是调出干涉条纹.

1. 调激光光源,使光源发出的光线以45°入射角照射到分光板 G_1 的半透半反膜上.在通常情况下,平面反光镜 M_1 已调到与导轨垂直,从而保证从光源中心射出的光线经分光板 G_1 反射后能垂直入射到 M_1(图18-6、图18-7)上.

2. 旋转转动手轮,移动 M_1,使 M_1 与 M_2 关于半镀银玻璃板⑦镀有反射膜的一面对称,此处最易调出干涉条纹.

3. 松开微动鼓轮下面的螺钉,把毛玻璃屏转到一侧,直接沿E方向往 M_1 里看到光源经 M_1 和 M_2 相互反射后所形成的两排像点,如图18-8所示,这表明 M_1 和 M_2'(图18-6)不平行.配合调节 M_2 后的三个倾斜螺钉,使图18-8中的点6与点2重合.竖起毛玻璃屏,仍沿E方向观察,看毛玻璃屏上是否有干涉圆环.如没有,可重复本步骤,分别使点6与点1重合或点6与点3重合,即可从毛玻璃屏上观察到干涉圆环,如图18-4所示.如干涉圆环不在毛玻璃屏中央,可调节 M_2 的垂直拉簧螺丝和 M_2 的水平拉簧螺丝,使干涉圆环上下、左右移动.

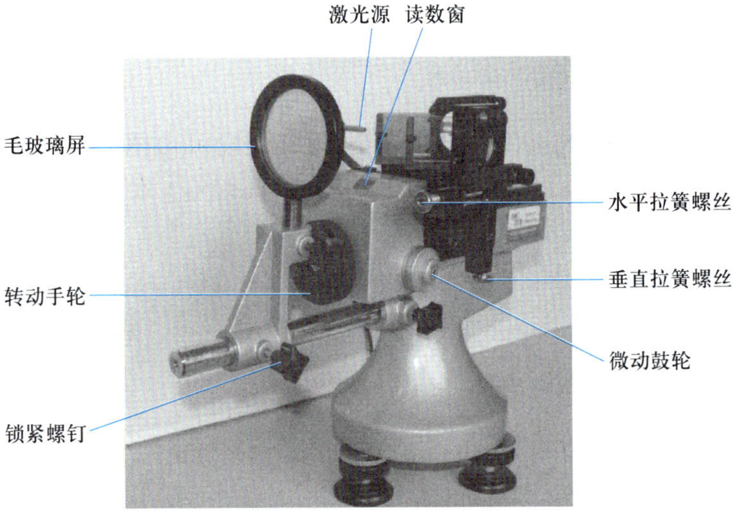

图18-7 迈克耳孙干涉仪实物图

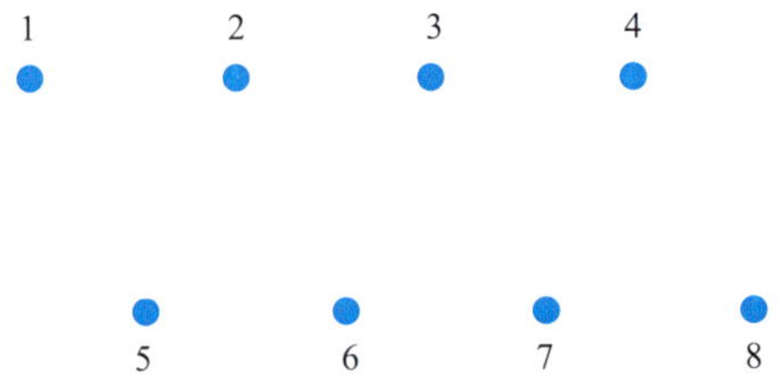

图18-8 像点

4. 始终向一个方向转动微动鼓轮,看干涉圆环的中心是否有圆环“缩进”或“冒出”.如有,则说明仪器已基本调好.

5. 由于转动微动鼓轮，转动手轮随着转动，但转动转动手轮时，微动鼓轮并不随着转动，因此在读数前应先调整零点：将微动鼓轮沿某一方向（如顺时针方向）旋转至零，然后以同一方向转动转动手轮使之对齐某一整数刻度. 此后在测量时只能仍以同一方向转动微动鼓轮使 M_1 移动，这样才能使转动手轮与微动鼓轮两者读数相互配合. 为了使测量结果正确，必须避免引入空程. 具体方法是：在调整好零点以后，应将微动鼓轮按原方向转几圈，直到干涉条纹开始移动以后，才可开始读数测量. 为了消除螺距误差（空程误差），在调节过程中，粗调转动手轮和微动鼓轮要向同一方向转动；测量读数时，微动鼓轮也要向同一方向转动，中途不得倒退. 这里所谓"同一方向"，是指始终顺时针或始终逆时针旋转.

6. 记下此时 M_1 的位置坐标 d_1，继续沿同一方向转动微动鼓轮，同时数圆环中心"缩进"或"冒出"的圆环数，每数 50 个，记录一次 M_1 的位置坐标 d，并填入表 18-1.

迈克耳孙干涉仪的读数方法如下：

XX.	XX	XX	X	mm
|	|	|	|	|
a	b	c	d	e

（a）从标尺上读出；（b）从读数窗⑨中读出；（c）从微动鼓轮上读出；（d）从微动鼓轮上估读数；（e）为单位.

如果标尺、读数窗、微动鼓轮上的显示分别如图 18-9、图 18-10、图 18-11 所示，则读数为 36.715 03 mm.

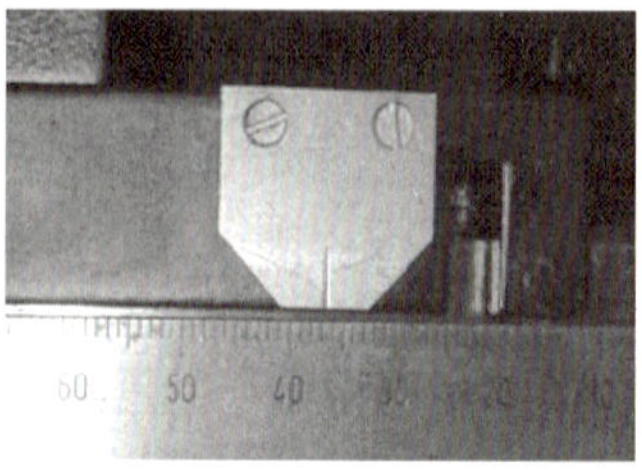

图 18-9　标尺

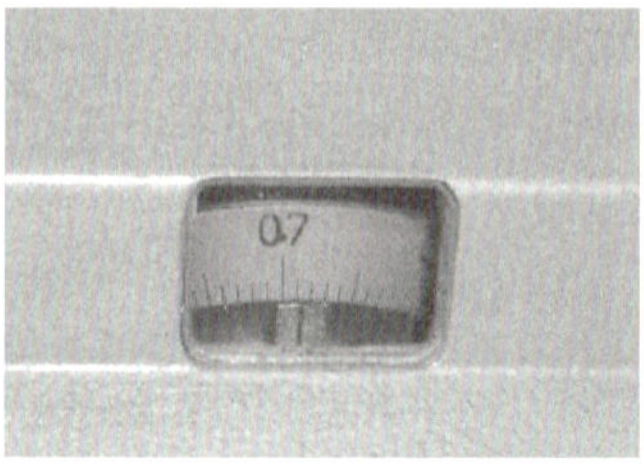

图 18-10　读数窗

图 18-11　微动鼓轮

共测 250 个环. 用逐差法求波长，并与 He-Ne 激光的标准波长 632.8 nm 比较，计算出百分误差.

二、等倾干涉条纹的观察

在采用点光源的情况下，等倾干涉实际上就是非定域干涉中屏放到无穷远的特例. 因此要调出等倾干涉条纹，可以在已调出非定域干涉条纹的基础上，在透镜与分光板 G_1 之间放入两块毛玻璃，使球面光波经过漫反射成为宽光源. 取下干涉仪的观察屏，用眼睛直接观察，可以看到圆条纹. 仔细调节 M_2 的拉簧螺丝，使眼睛上、下、左、右移动，各圆的大小不变，仅仅是圆心随着眼睛的移动而移动，这时看到的就是等倾干涉条纹.

三、等厚干涉条纹的观察

1. 在非定域干涉的基础上，移动 M_1，使条纹不断"缩进"，这时 d 减小，当 M_1、M_2' 大致重合时，调节 M_2 的拉簧螺丝，使 M_1、M_2' 之间有一很小夹角，此时能看到弯曲的条纹.

2. 继续移动 M_1，使条纹逐渐变直，并用白光代替激光，继续按原方向缓慢地转动鼓轮，直到出现彩色条纹为止.

注意事项

1. 为了避免引入螺距误差，每次测量必须沿同一方向转动鼓轮，不能反转.

2. 读数前应调整零点.将微动鼓轮沿某一方向旋转至零，然后以同一方向转动手轮，使窗口中的读数准线对准某一刻度线，测量时应始终以同一方向转动微动鼓轮.

知识拓展

迈克耳孙干涉仪

迈克耳孙（图 18-12），美国物理学家，1907 年获得诺贝尔物理学奖.

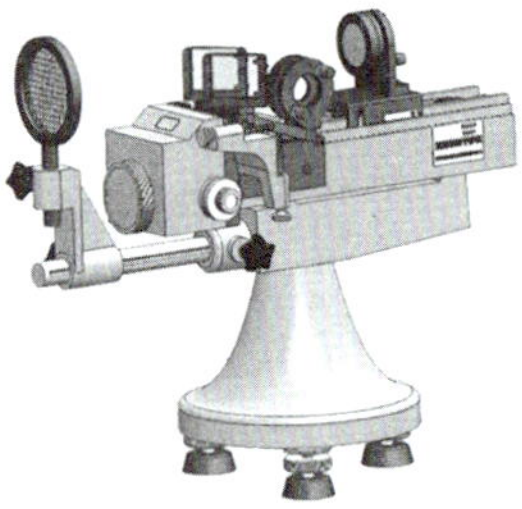

图 18-12 迈克耳孙

迈克耳孙干涉仪是一台极其精密的光学测量仪器，它先后成就了两次诺贝尔物理学奖。要了解迈克耳孙干涉仪的发明，就要从以太谈起."以太"一词来源于古希腊语，意思为青天或上层大气.在物理学中，人们认为以太是某种绝对静止、充满全空间、具有固态属性、极其稀薄的刚性介质，物质在它里面运动不受任何摩擦阻力.笛卡儿用机械以太说明宇宙的原始运动；惠更斯用光以太说明光波的载体；麦克斯韦用电磁以太说明电磁波的传播过程；牛顿的绝对时空观也以以太为基础.

以太在物理学中如此有用，人们就想用实验去确定以太的存在及其属性，光速 c 被认为是光在以太中穿行的速度.由于地球相对以太是运动的，人们自然就想到了通过在地球上测量、比较相反方向光速来确定以太相对地球的速度，即以太漂移速度.1879 年，麦克斯韦写信给美国航海历书局的托德，信中提到了探测以太的大概思路，先说明"地面上测光速的方法，光沿同样的路径返回，所以地球相对于以太的速度对双程时间的影响取决于地球速度与光速之比的平方 $(v/c)^2$，这个量太小，实难以测出".[1] 后询问托德地球围绕太阳运行至不同位置时，观测到的木星卫星蚀有没有足够的精确度来确定地球的绝对运动.

碰巧当时迈克耳孙正在航海历书局协助纽科姆（S. Newcomb）进行光速测量实验，这封信引起了迈克耳孙的注意，他决心通过测定 $(v/c)^2$ 来确定以太的漂移速度.同年，在纽科姆的帮助下，他到光学技术最为发达的德国学习.第二年，他就在柏林大学的亥姆霍兹实验室开始筹划用干涉法进行以太漂移速度的实验，在吸收其他干涉仪长处的基础上，他发明了以他自己名字命名的干涉仪.根据理论计算，如果以太有漂移速度，将迈克耳孙干涉仪绕竖直轴转动 90°时，应观察到干涉条纹移动 0.04 条.实验结果出人预料，看到的条纹移动远比预期的小.迈克耳孙分别于1881年、1887年、1897年做过三次干涉仪实验,三次实验都是零结果(干涉条纹没有移动),都否定以太的存在.第一次实验结果引起物理界的非议.在开尔文的鼓励下,他和莫雷合作继续做以太漂移实验,为提高实验精度,他们将干涉仪置于大石板上以提高稳定性,将大石板漂浮在水银槽里以增加转动灵活性,然而,最终实验仍然以"零结果"告终.这次的零结果使科学界大为震惊,也为爱因斯坦狭义相对论的光速不变假设提供了坚实的实验基础.第三次则是更精确的验证.迈克耳孙也因在"精密光学仪器和用这些仪器进行光谱学的基本量度"方面的研究于1907年获得诺贝尔物理学奖.

迈克耳孙干涉仪的另外一个重要应用是引力波的探测。2015年9月14日,激光干涉引力波天文台(LIGO)利用类似迈克耳孙干涉仪的装置首次探测到了引力波(GW150914),对引力波的精确测量能够让科学家们更为全面地验证广义相对论。由于激光干涉仪能够非常精确地测量干涉中的光程差,在当今的引力波探测中迈克耳孙干涉仪以及其他种类的干涉仪都得到了相当广泛的应用。LIGO等诸多地面激光干涉引力波探测器的基本原理就是通过迈克耳孙干涉仪来测量由引力波引起的激光光程变化,而在计划中的激光干涉空间天线(LISA)中,应用迈克耳孙干涉仪原理的基本构想也已经被提出。迈克耳孙干涉仪还被应用于寻找太阳系外行星的探测中。迈克耳孙干涉仪还在延迟干涉仪,即光学差分相移键控解调器(Optical DPSK)的制造中有所应用,这种解调器可以在波分复用网络中将相位调制转换成振幅调制。

迈克耳孙的成功给我们如下启示:第一,要学习先进经验.正是德国先进的光学制造技术和测量技术为他发明干涉仪提供了基础.第二,要坚持所选定的科研工作并不断改进.

参考文献

[1] 郭奕玲,沈慧君.物理学史[M].北京:清华大学出版社,1993:198.

实验19 模拟电冰箱制冷系数的测量

电冰箱是一种利用蒸发吸热的方式制冷的机器.本实验通过模拟电冰箱实验装置的使用,了解电冰箱的工作原理,同时加深对热学基本知识,如热力学定律、熵、焓等概念,压缩、冷凝、减压、蒸发等过程及焦耳-汤姆孙节流的理解.

预习题

1. 请描述电冰箱的制冷原理.
2. 电冰箱的制冷循环有哪些过程?
3. 电冰箱的制冷系数是多少?

4. 压缩机的启动和停止有什么注意事项?
5. 电冰箱的压缩机功率与哪些因素有关?

实验目的

1. 培养学生理论联系实验、学与用相结合的实际工作能力.
2. 学习电冰箱的制冷原理,加深对热学基本知识的理解.
3. 测定电冰箱的制冷系数.

实验仪器

小型制冷实验装置(SL-189$_A$ 型).

实验原理

一、制冷的理论基础

热力学第二定律的克劳修斯表述是:不可能把热量从低温物体传到高温物体而不引起外界的变化.因此,只能通过某种逆向热力学循环:外界对系统做一定的功,使热量从低温物体(冷端 T_2)传到高温物体(热端 T_1),如图 19-1 所示.由热力学第一定律,有

$$Q_2=Q_1-W \tag{19-1}$$

利用此循环可以把热量不断地从低温物体传到高温物体,达到制冷的目的,电冰箱即是这样的一种制冷机器.

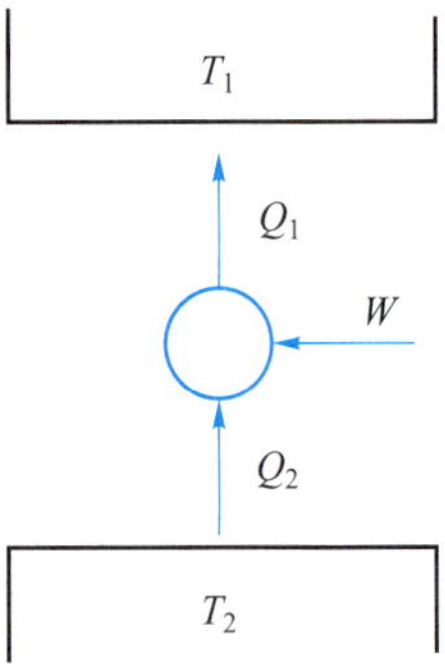

图 19-1 制冷原理图

二、电冰箱的制冷循环

电冰箱的制冷循环如图 19-2 和图 19-3 所示.

由图 19-2 可见,电冰箱的制冷循环主要有四个过程:压缩机压缩制冷剂蒸气,使它的压力由低增高成高温高压蒸气;冷凝器(散热器)使高温高压蒸气放热冷凝为中温高压液体;毛细管使中温高压液体节流膨胀为低温低压气液混合体,并不断供向蒸发器;蒸发器使制冷剂液体吸热蒸发成低温低压蒸气,从而达到制冷循环的目的.四个过程的具体情况如下:

1. 压缩过程(绝热过程):在压缩过程中,由于压缩机活塞的运动速度很快,可近似地看作与外界没有热量交换的绝热压缩.在图 19-3 中,$A\to B$ 是一条绝热线,绝热线下的面积即为压缩机对系统所做的功 W.

2. 冷凝过程(等压过程):从压缩机排出的制冷剂刚进入冷凝器时是过热蒸气(B 点),它被空气冷却成过冷液体直到 E 点.一般情况下,进入毛细管之前的制冷剂是过冷液体,这是等压过程.在图 19-3 中,$B\to E$ 是一条水平线,在此过程中制冷剂放出热量 Q_1.

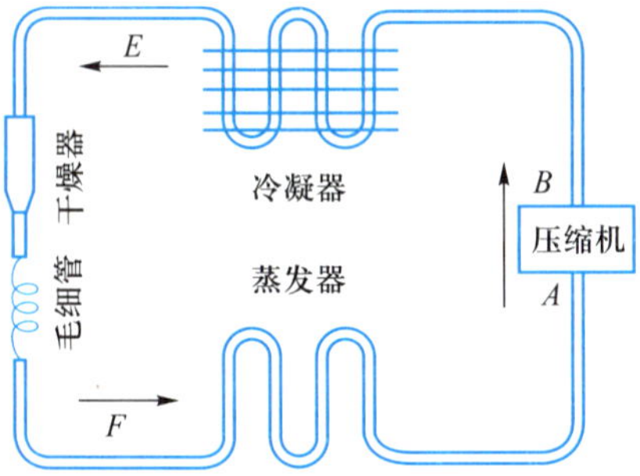

图 19-2 电冰箱工作原理示意图

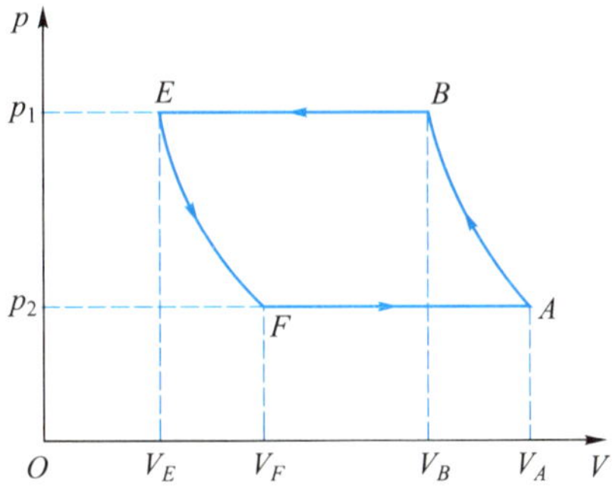

图 19-3 制冷循环 p–V 图

3. 减压过程(绝热过程):制冷剂通过毛细管时,由于摩擦和紊流,在流动方向产生压力下降,此即焦耳–汤姆孙节流过程,在图 19-3 中,$E\to F$ 是一条绝热线.

4. 蒸发过程(等压过程):从毛细管出口经过蒸发器进入压缩机吸入口的制冷剂在通过蒸发器的过程中从周围吸收热量,或过热蒸气被压缩机吸入(A 点).在图 19-3 中,$F\to A$ 是一条水平线,在此过程中制冷剂吸收热量 Q_2.

三、制冷系数 ε 和制冷量 Q

反映制冷机性能的有制冷系数 ε 和制冷量 Q.根据热力学第二定律,制冷机的制冷系数为

$$\varepsilon=\frac{Q_2}{W} \tag{19-2}$$

上式表示,压缩机对系统所做的功 W 越小,自低温热源吸取的热量 Q_2 越多,则制冷系数 ε 越大,越经济.制冷系数是反映制冷机制冷特性的一个参数,它可以大于 1,也可以小于 1.

如把制冷机看作逆向卡诺循环机,则制冷系数为

$$\varepsilon=\frac{T_2}{T_1-T_2} \tag{19-3}$$

由此可见,T_1、T_2 越接近,即冷冻室的温度与室温越接近时,ε 越大.消耗同样的功,可以获得较好的制冷效果.冰箱里没有需要深度冷冻的物品时,不必将冷冻室的温度调得很低,一般保持在-5 ℃左右即可,这样可以省电.

制冷量 Q 表示单位时间内制冷剂通过蒸发器吸收的热量. Q 可以用补偿法测量.由于制冷剂吸收热量,蒸发器(冷冻室)的温度就会下降,根据热平衡原理,可在冷冻室装入一电加热器而补充热量,当冷冻室内温度维持一定值时,制冷量 Q 在数值上将约等于电加热器的电功率 $P_{加}$,即 $Q\approx P_{加}$,于是,有

$$\varepsilon=\frac{Q_2}{W}=\frac{Qt}{Pt}=\frac{P_{加}}{P} \tag{19-4}$$

式中,t 为时间,P 为压缩机的功率,$P=\eta P_{电}\approx 0.52P_{电}$,$P_{电}$ 为压缩机的电功率.

实验内容

实验装置如图 19-4 所示.

对照图 19-4,按下述步骤操作:

1. 将“加热功率调节”旋钮旋到最小(逆时针到底),显示 000.0.

2. 打开“测量电源”开关,预热 10 min.

3. 打开“压缩机”开关,观察蒸发器温度下降,直至-25 ℃左右.

4. 调节“加热功率调节”旋钮,改变加热器的加热功率,使蒸发器升温至-18 ℃附近,直至平衡,记录 $P_{电}$ 和 Q_2 并填入表 19-2 中,继续测-12 ℃、-6 ℃、0 ℃附近的 $P_{电}$ 和 Q_2,填入表 19-2 中.

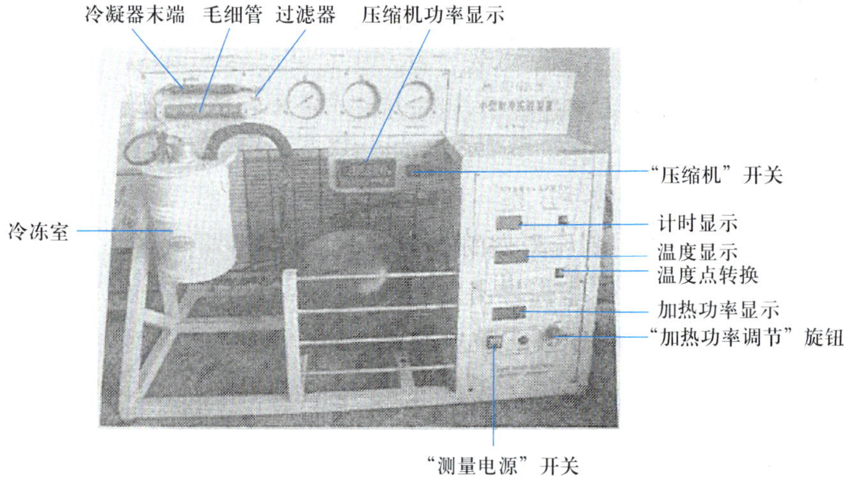

图 19-4 小型制冷实验装置图

提示:由于降温时间较长,所以进入实验室后请立即开机预热,预热结束就将“压缩机”开关打开.

注意事项

1. 实验时,学生切勿扳动实验装置上的任一部件和仪器背后的制冷剂充注阀,以免造成制冷剂泄漏而损坏仪器.

2. 压缩机停机后不能立即启动,再次启动要相隔 5 min.要经常查看电流表的指示值,当指示值急剧增大并超过一定值时,要停机检查是否有堵塞情况发生.

3. 测量时,要等温度充分稳定后(可从冷冻室温度 t_0 判断),再记录数据.

4. 实验结束后,请务必将“加热功率调节”旋钮旋到最小(逆时针到底),并关闭“测量电源”及“压缩机”开关.

思考题

1. 根据制冷系数与温度的关系曲线说明应怎样合理使用电冰箱?
2. 本实验中制冷量是怎样测定的? 如何修正,使之更为准确?
3. 分析并讨论本实验的系统不确定度.

知识拓展

制冷在食品专业中的应用

利用低温保存食品是古老的方法之一.采用降低温度的方式对食品进行加工和保存的过程,在食品工艺学中被称为食品冷冻.[1]根据降低温度的程度,将温度在0~8 ℃的加工称为冷却或冷藏,而温度在-1 ℃以下的加工称为冻结或冻藏.经过冷冻加工的食品统称为冷冻食品.

食品冷却是将食品或食品原料从天然的常温或者高温状态(图19-5),经过一定的工艺处理降低到适合后续加工或者贮藏的温度.冷却是食品加工中的基本过程,也是食品冷藏或冻藏前必经的阶段.食品冷却的方法常用的有冷风冷却、冷水冷却、接触冰冷却、真空冷却等,人们根据食品的种类及冷却要求的不同,选择适用的冷却方法.

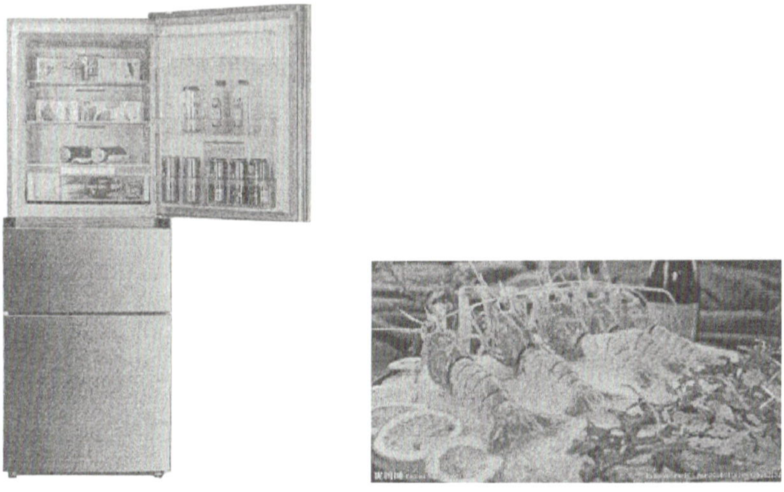

(a) 冷风冷却　　(b) 接触冰冷却

图19-5　食品冷却

食品的冷藏是将食品的温度降低到接近冰点,而不冻结的一种食品保存方法.一般冷藏温度为-1~8 ℃,采用此温度贮藏的冷库常被称为高温冷库.在冷藏过程中影响冷藏食品品质的主要因素为贮藏温度、空气相对湿度和空气流速等.这些冷藏参数随食品种类、贮藏期的长短和有无包装而异.常见食品适宜的冷藏参数见表19-1.

表 19-1　常见食品的冷藏参数

品名	贮温/℃	相对湿度/%	最高贮期	平均冻结点/℃
苹果*	-1.1~0	85~88	2~7 月	-2.0
梨	-1.5~0.5	85~90	2~7 月	-2.8~-2.2
香蕉(熟)	12~16	85~90	1~3 周	-3.3
胡萝卜	0	90~95	4~5 月	-1.3
番茄(熟)	4.4~10	85~90	7~10 月	-0.9
马铃薯(晚熟)	3~10	85~90	6~9 月	-1.1
蛋类	-1.7~-0.5	85~90	9 月	约-0.56
家禽	-2.2	85~90	10 天	-2.8
鲜鱼	0.5~4.4	90~95	5~20 天	-1.0~-2.2
猪肉	0~1.1	85~90	3~7 天	-2.2~-1.7
牛乳(瓶装)	1.7~4.4	65~75	5 天	-0.5

* 适宜的冷藏条件视品种而定.

冻结就是将常温食品的温度下降到冷冻状态的过程,是食品冷冻贮藏前的必经阶段.所谓冻藏,就是食品冻结后,再在能保持食品冻结状态的温度下贮藏的保存方法,常用的贮藏温度为-23~-12 ℃,而以-18 ℃为最适用.冻结的方法按照冻结的速度,可以分成缓冻和速冻两大类.缓冻就是食品放在绝热的低温室中(-18~-40 ℃,常用-23~-29 ℃),并在静态的空气中进行冻结的方法.速冻方法主要有三类:第一类,鼓风冻结,采用连续不断的低温空气在食品周围流动;第二类,平板冻结或接触冻结,食品直接与中空的金属冷冻盘接触,其中冷冻介质在中空的盘中流动;第三类,喷淋或浸渍冷冻,食品直接与冷冻介质接触.

参考文献

[1] 夏文水.食品工艺学[M].北京:中国轻工业出版社,2007:126-185.

实验数据记录及处理

表 19-2　数据记录表

室温 t=________℃

冷冻室温度 T_2/℃	-18 ℃附近	-12 ℃附近	-6 ℃附近	0 ℃附近
压缩机的电功率 $P_{电}$/W				
压缩机的功率 $P(=0.52P_{电})$/W				
加热器的功率 $P_{加}(\approx Q)$/W				
制冷系数 $\varepsilon=\dfrac{P_{加}}{P}$				

1. 作 $P-T_2$ 关系曲线.
2. 作 $Q-T_2$ 关系曲线.
3. 作 $\varepsilon-T_2$ 关系曲线,试说明其含义.

实验 20 碰撞打靶研究抛体运动

物体间的碰撞是自然界中普遍存在的现象,从宏观的天体碰撞到微观粒子的碰撞都是物理学中极其重要的研究课题.碰撞是物体运动的特殊形式,其特点是在很短的时间间隔内物体的速度发生突然的变化.本实验通过两个球体的碰撞、碰撞前的单摆运动和碰撞后的平抛运动,研究此过程中的能量转化、动量转化与守恒,并分析和讨论此过程中的能量损失情况.

预习题

1. 两个大小相同的铁球发生的碰撞是否为完全弹性碰撞?大小相同、质量不同的铁球和铜球发生的碰撞是否为完全弹性碰撞?
2. 如果两球发生完全弹性碰撞,碰撞过程中遵循哪些物理规律?
3. 碰撞打靶实验过程中,能量损失的主要来源有哪些?
4. 实验过程中,如何确保撞击球与被撞球发生正向对心碰撞?
5. 实验过程中,应如何调整实验装置,使被撞球能够准确击中靶心?

实验目的

1. 研究两球碰撞后的平抛运动的规律.
2. 讨论不同材质的球体碰撞中动量和能量的转化与守恒.
3. 比较实验值和理论值的差异,分析实验现象.

实验仪器

碰撞打靶实验仪、电子天平、游标卡尺、铁球、铝球、铜球.

实验原理

图 20-1 是碰撞打靶示意图,质量为 m_1 的撞击球在距底盘高为 h 时,重力势能 $E_p=m_1gh$(以底盘位置为重力势能零点),当它摆下时与位于升降台上(高为 y)的被撞球 m_2 发生正碰,碰撞前撞击球具有的动能(不计空气阻力)为

$$E_k=m_1g(h-y)=\frac{1}{2}m_1v_0^2 \tag{20-1}$$

若碰撞是弹性碰撞，则两球碰撞过程中系统的机械能守恒：

$$\frac{1}{2}m_1v_0^2=\frac{1}{2}m_1v_1^2+\frac{1}{2}m_2v_2^2 \tag{20-2}$$

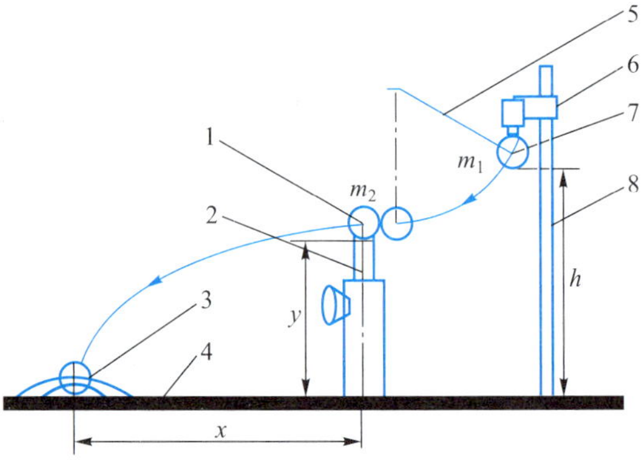

1—被撞球；2—升降台；3—靶心；4—底盘；
5—线绳；6—升降架；7—撞击球；8—移动尺.

图 20-1　碰撞打靶示意图

式中，m_1、m_2 分别为撞击球和被撞球的质量，v_0 为碰撞前撞击球的速度，v_1、v_2 分别为碰撞后撞击球和被撞球的速度.两球在碰撞过程中，水平方向不受外力，系统动量守恒，即

$$m_1v_0=m_1v_1+m_2v_2 \tag{20-3}$$

碰撞后，被撞球 m_2 做平抛运动，其运动学方程为

$$x=v_2t \tag{20-4}$$

$$y=\frac{1}{2}gt^2 \tag{20-5}$$

式中，t 是被撞球从抛出开始计算的时间，x 是被撞球在该时间内水平方向移动的距离，y 是被撞球在该时间内竖直下落的距离，g 是重力加速度.

实际碰撞过程中，物体肯定会产生形变，同时会发生声、光与热等物理现象.所以一般碰撞过程很复杂，在碰撞过程中将有一部分机械能转化为其他形式的能量，机械能不守恒.

实验内容

碰撞打靶实验仪如图 20-2 所示，底盘是一个内凹式的盒体，是整个仪器的基底，它用三只底脚旋钮调节仪器的水平.底盘的中央是一个升降台，它由圆柱形的外套、内柱及固定螺钉三部分组成.内柱可自由升降，选择适当的高度后，再用固定螺钉将其固定.实验时将被撞球放在内柱的顶端，端面光滑，以减少摩擦.底盘的右侧有一条滑槽，可供其上的竖尺在水平方向上移动.竖尺上有一个升降架，可在尺上升降.升降架上有一电磁铁，用细绳挂在杆上的撞击球 m_1（铁球）被吸在磁铁下.实验时，按下装于电磁铁控制盒上的按钮开关，指示灯熄灭，电磁铁释放，即可使撞击球 m_1 自由下摆并撞击到被撞球 m_2.底盘的左侧放一张靶纸，以检验碰撞结果.

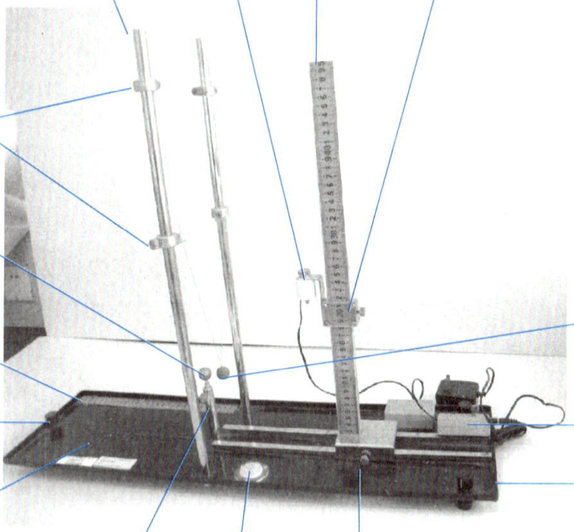

图 20-2　碰撞打靶实验仪

1. 以直径相同、质量相同的若干个铁球作为被撞球进行实验，找出其能量损失的大小和主要来源.

（1）调节底盘水平.用气泡水准仪调节仪器水平，使得升降台上可以稳定放置被撞球，若难以放置可微调水平.

（2）用游标卡尺测量实验用球的直径，每种球测量 5 次，并记录数据.

（3）用电子秤称量上述用球的质量并记录数据.

（4）确定靶心的位置，根据靶心的位置，测出 x，调节升降台的高度 y，并据此计算出撞击球的高度 h_0.

（5）调节绳栓部件，使两根系绳的有效长度相等；系绳点在两立柱上的高度相等，使撞击球能在摆动到最低点时和被撞球进行正碰.

（6）用铁球作为被撞球 m_2，将其放在升降台上，把撞击球 m_1 吸在磁铁下，调节升降架使它的高度为 h_0，左右移动竖尺，使两细绳拉直.

（7）按下按钮，使 m_1 撞击 m_2，记下 m_2 击中靶纸的位置 x'，确定实际击中的位置后，应注意将 m_1 的高度 h 升高才有可能真正击中靶心.

（8）调整 m_1 的高度，再次撞击，测量 m_2 击中的位置，反复多次，直到 m_2 击中靶心，确定实际击中靶心时 m_1 的高度 h 值（为了减小误差，应多次撞击取平均值）.

（9）观察撞击球 m_1 在碰撞前后的运动状态，观察撞击球 m_1 在不碰撞时的运动状态，分析碰撞过程前后各种能量损失的原因和大小.

（10）将实验数据填入表 20-1、表 20-2 中.

2. 以直径相同、质量不同的铜球和铝球作为被撞球进行上述实验，分别找出其能量损失的大小和主要来源，并将数据填入表 20-3、表 20-4 和表 20-5、表 20-6 中.

注意：上述每次实验中，应将被撞球稳定放置在升降台上，并仔细调节撞击球的系绳长度，以确保撞击球与被撞球发生正向对心碰撞.

知识拓展

汽车碰撞特性及安全车身结构设计

随着汽车拥有量的不断增加，汽车的安全性越来越受到人们的关注.

当行进中的汽车发生碰撞时，由于受到外力的作用，其运动状态发生改变，产生加速或减速运动.根据牛顿第二定律，加速度的大小取决于所受外力的大小.根据动量定理，当车速改变量一定时，碰撞过程中所受作用力的大小取决于力的作用时间的长短，作用时间越短，产生的作用力就越大，司乘人员所受伤害的可能性就越大.

一般情况下，汽车发生碰撞时，都会伴随有两个过程，即“一次碰撞”和“二次碰撞”.一次碰撞是指车辆与外部物体之间发生的碰撞，二次碰撞是指司乘人员与车内部件之间发生的碰撞.司乘人员在碰撞过程中受到损伤的主要原因有以下几点：

(1) 一次碰撞过于激烈，传递给司乘人员身上的力和加速度的数值超过了人体的耐受极限，使人体器官受损.

(2) 碰撞过程中刚性外物侵入乘坐室内，造成人员挤压伤亡.

(3) 由于一次碰撞引起的回弹，造成二次碰撞而受伤.

(4) 在碰撞过程中乘坐室变形过大，司乘人员缺乏生存空间而伤亡.

以上几点基本上都与一次碰撞和二次碰撞的剧烈程度有关.车内安全带、安全气囊的使用主要在于避免或减轻二次碰撞的程度，而绝大部分的碰撞能量是由车体结构来吸收的.一次碰撞特性的好坏，决定了车辆最基本的碰撞安全性能.

基于上述分析，可以将车辆分为司乘人员安全区和缓冲吸能区.在对车辆的安全性能进行设计时，为了保证司乘人员有足够的生存空间，司乘人员安全区在碰撞过程中变形越小越好，包括车轮、发动机、变速箱等刚性部件不得侵入驾驶室.而缓冲吸能区的刚性应适当减小，在受到剧烈撞击时变形足够大，以尽可能延缓碰撞作用的时间和吸收碰撞能量，保护司乘人员的安全.图 20-3 是车辆纵向碰撞时理想的变形区域示意图，图中阴影部分为碰撞可变形区域.

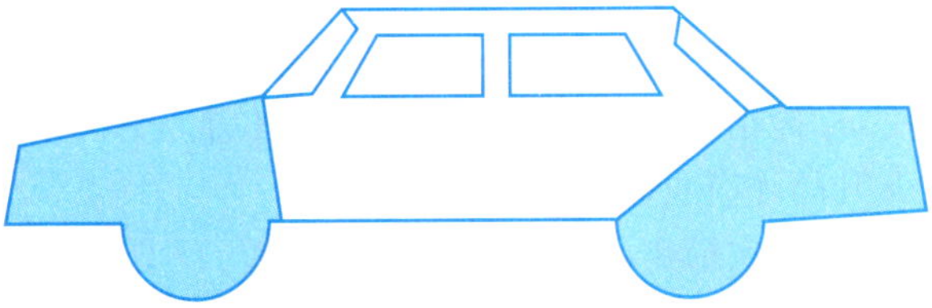

图 20-3　车辆纵向碰撞时理想的变形区域示意图

由此可见，汽车车身结构的设计将直接影响汽车的安全性.当今各大车企的安全车身结构大致可分为以下几种类型：[1-3]

1. 丰田的 GOA 安全车身结构.

丰田的 GOA(global outstanding assessment)车身的核心是平衡了“降低司乘人员受到

的冲击”以及“保护乘员舱安全”两个相对矛盾的目标.在不增加车辆重量和制造成本的基础上,采用高强度钢板着重加固乘员舱部分,同时减弱车身前后端的结构.当汽车发生碰撞时,车身前后端被挤压变形的同时也将吸收碰撞能量,而乘员舱不发生变形以保护司乘人员的安全,并可有效缓解二次撞击.GOA 车身自 1995 年首次应用以来,已在皇冠、锐志、花冠、威驰等多种车型上采用,在同级别车型中具有较高的安全性.

2. 本田的 G-CON 安全车身结构.

本田的 G-CON(G-force control technology)是轻型轿车采用的车身技术.该技术在车身变形量不增加的条件下,通过对车体框架的复合配置,强化对车身冲击力(G)的控制,使司乘人员受到的冲击力降低,保持了乘员舱的完整性,减轻了碰撞对司乘人员的伤害.G-CON 安全车身结构的设计主要体现在前后保险杠横梁采用了高张力钢筒状结构,同时前围板下加强横梁,根据碰撞时的负载对钢板材料和材料厚度作了进一步优化,它们与前纵梁系统构成完整的能量吸收和分散结构,能够将碰撞冲击力均匀地分散并传递到指定的区域,为司乘人员提供最安全的保护.

和其他车身技术相比,G-CON 技术即使在紧凑型轿车上仍能达到优良的碰撞安全性能,同时缩短了发动机的机舱尺寸,增大了乘员舱,提高了空间的使用效率.采用该技术的本田 CIVIC 车型达到了欧洲新车评价规程 NCAP 的安全五星标准.

3. 马自达的 MAGMG 安全车身结构.

马自达的 MAGMG 车身实际就是我们常说的 3H 车身技术,除了其车身前后为缓冲吸收区,以减少撞击力对乘员舱的影响外,其车顶、侧面(车门)和车室底板等部位则采用了由强韧的车架所构成的“3H 构造”.所谓 3H 构造,是指将侧围、顶盖及底板形成三块独立的近似 H 形的材料,而在顶盖及门槛处焊接成为一体.3H 车身结构能够有效地确保在汽车前后端冲击变形后司乘人员的安全空间不被侵袭,最大程度保护司乘人员的安全.3H 车身于 20 世纪 90 年代便开始流行,很多厂家的车型都采用了该种结构.

4. 日产的 Zone Body 安全车身结构.

日产的 Zone Body 就是区域车身技术,该技术的核心设计思想是当汽车发生碰撞时,能够快速将撞击能量进行有效分散.该车身结构将整车分为前、中、后三个相对独立的区域,其中前、后两区为“溃缩区”,其刚度经过精密计算,在受到撞击时会发生溃缩并有效吸收冲击力,而结构又不会太过脆弱使冲击力直接作用于乘员舱.中间部分则为“安全区”.经过加强的车身结构辅助有几条负荷通道,能够有效地抵御并分散未被溃缩区吸收掉的冲击力,从而保证车辆无论在哪个位置发生撞击,均能迅速分散掉冲击力,最大限度减少车体变形,保护司乘人员安全.这项车体技术在由日本汽车事故研究中心进行的撞击实验中获得了最高的 AAA 评价,司乘人员在事故中头部及胸部受到严重伤害的可能性相当低.奇骏、天籁、轩逸等车型都采用了 Zone Body 安全车身结构.

5. 斯巴鲁的环状力骨安全车身结构.

斯巴鲁的环状力骨安全车身结构,就是将车身侧面的 A、B、C 柱与底板下纵梁结合成环状的安全结构,从而强有力地包覆住车室的空间,与其他厂家车身前后吸收撞击而补强中央的方式有所不同,它不但能够实现全方位立体式的防护能力,同时由于车身的刚性是整体性的加强,因此对于整车的操控性也有提升作用.环状力骨安全车身结构可以将其水平对置发动机的优势发挥出来，因为车身降低了发动机搭载的高度，不仅有效降低车身重心，同时在车辆遭受正面撞击时，发动机将会移到地板中央通道的下方，以避免直接挤压乘员舱而伤及乘员舱内的人员.

6. 奇瑞的 3R body 安全车身结构.

3R body 轻量化防撞车身技术就是环状路径车身技术的缩写，它是奇瑞内部技术标准——CHERYSMA 智衡整车精益体系的核心之一，该技术代表着未来车身结构设计的一个方向.3R body 车身的核心思想是快速高效地将撞击能量均匀地分散到整个车身骨架上，降低单件的重量，起到减重的目的.

3R body 安全本身结构使得车身一处受力可迅速分散至全身，达到牵一发而动全身的目的，避免过多依靠局部结构受力导致的局部结构质量增加.同时，依据短板理论，环状路径上刚度较大的部分并不能增加整体结构的性能.因此，采用环状路径车身技术可以降低“长板”上不能发挥出来的冗余结构刚度，从而达到减少车身重量、实现车身轻量化的目的.

以上几种安全车身技术都是相关汽车厂家对其技术的命名.实际上，每种汽车的车身都是各种技术的混合体.对于安全车身结构，归根结底其本质基本上都是采用前后端偏“软”，中部的乘员舱偏“硬”的三段式设计结构，以便车身既能够达到足够的刚度，又有足够缓冲吸能的空间.

参考文献

[1] 房长江，王三琴，王海雷，等.汽车安全车身研发与碰撞试验[J].汽车实用技术，2018(15):45-46.

[2] 徐乔，龚永融.汽车安全车身结构概述[J].汽车与配件，2006(47):40-42.

[3] 石磊军.几种汽车碰撞吸能装置分析[J].中国科技信息，2014(10):120-121.

注意事项

1. 电磁铁吸住撞击球时，摆线应处于直线状态，摆线不得有明显松弛现象.
2. 撞击球运动时，摆臂不得晃动，相关的固定螺丝必须拧紧.

思考题

1. 推导由 x 和 y 计算 h_0 的公式.
2. 推导由 x' 和 y 计算高度差 Δh 的公式.
3. 如果不放被撞球，撞击球在摆动回来时能否达到原来的高度？这说明了什么？
4. 找出本实验中产生 Δh 的各种原因(除计算错误和操作不当原因外).
5. 此实验中绳子的张力对小球是否做功？为什么？
6. 本实验中，球体不用金属，改用石蜡或软木可以吗？为什么？
7. 分析不同情况下的能量损失 ΔE.

8. 分析碰撞过程前后各种能量损失的原因.

实验数据记录及处理

一、铁球作为被撞球(表 20-1 和表 20-2)

撞击球 m_1 = ，d_1 = .

被撞球 m_2 = ，d_2 = .

y = ，x = ，计算出 h_0 = .

表 20-1　数据记录表　　单位:cm

次数	1	2	3	4	5	…	i
x'						…	
$\Delta x=x-x'$						…	0

$\Delta x=x-x'=0$ 时:

表 20-2　数据记录表　　单位:cm

次数	1	2	3	4	5	6	平均值
h							
$\Delta h=\bar{h}-h_0=$							

二、铜球作为被撞球(表 20-3 和表 20-4)

撞击球 m_1 = ，d_1 = .

被撞球 m_2 = ，d_2 = .

y = ，x = ，计算出 h_0 = .

表 20-3　数据记录表　　单位:cm

次数	1	2	3	4	5	…	i
x'						…	
$\Delta x=x-x'$						…	0

$\Delta x=x-x'=0$ 时:

表 20-4　数据记录表　　单位:cm

次数	1	2	3	4	5	6	平均值
h							
$\Delta h=\bar{h}-h_0=$							

三、铝球作为被撞球(表 20-5 和表 20-6)

撞击球 m_1 = ，d_1 = .

被撞球 m_2 = ，d_2 = .

y = ，x = ，计算出 h_0 = .

表 20-5 数据记录表 单位：cm

次数	1	2	3	4	5	…	i
x'						…	
$\Delta x=x-x'$						…	0

$\Delta x=x-x'=0$ 时：

表 20-6 数据记录表 单位：cm

次数	1	2	3	4	5	6	平均值
h							
$\Delta h=\bar{h}-h_0$ =							

实验 21 电子顺磁共振实验

预习题

1. 如何推导轨道磁矩？
2. 什么是玻尔磁子？
3. 自旋角动量在 z 方向上的分量如何求得？
4. 什么是电子顺磁共振？
5. 为什么选择 DPPH 作为测试样品？

实验目的

1. 掌握电子顺磁共振的原理.
2. 通过实验获得 DPPH 样品的朗德 g 因子，以加深对电子顺磁共振实验原理的理解.

实验仪器

DP-EPR 型电子顺磁共振实验仪、DPPH 样品.

实验原理

电子在原子中绕原子核旋转，其轨道角动量记为 $\boldsymbol{L}$，依据经典电磁学理论，电子绕原

子核旋转产生的轨道磁矩为

$$\boldsymbol{\mu}_L=-\frac{e}{2m_e}\boldsymbol{L}=-\gamma\boldsymbol{L} \tag{21-1}$$

式中，m_e 为电子的质量，$\gamma=\frac{e}{2m_e}$ 称为旋磁比. 在量子力学中，电子轨道角动量的大小表达为

$$L=\hbar\sqrt{l(l+1)},\quad l=0,1,2,\cdots \tag{21-2}$$

式中，l 为轨道角量子数，$\hbar$ 为约化普朗克常量. 电子的轨道角动量在 z 方向上的投影大小为

$$L_z=m_l\hbar,\quad m_l=0,\pm1,\cdots,\pm l \tag{21-3}$$

式中，m_l 为磁量子数. 因此电子的轨道磁矩可以表示为

$$\mu_L=-\frac{e\hbar}{2m_e}\sqrt{l(l+1)}=-\mu_B\sqrt{l(l+1)},\quad l=0,1,2,\cdots$$

$$\mu_{L,z}=-\frac{e\hbar}{2m_e}m_l=-m_l\mu_B,\quad m_l=0,\pm1,\cdots,\pm l \tag{21-4}$$

式中，$\mu_B=\frac{e\hbar}{2m_e}$ 称为玻尔磁子，是轨道磁矩的最小单位，它是原子物理学中的一个重要常量.

1925 年，乌伦贝克（G. E. Unlenbeck，1900—1974）和古兹密特（S. Goudsmit，1902—1978）为了说明碱金属原子能级的双层结构，首先提出了“电子自旋”的假设：电子不是点电荷，它除了轨道角动量外，还有自旋运动，即有固有的自旋角动量（$\boldsymbol{S}$），其大小为

$$S=\hbar\sqrt{s(s+1)} \tag{21-5}$$

式中，$s=\frac{1}{2}$，为电子的自旋量子数. 自旋角动量 $\boldsymbol{S}$ 在 z 方向上只有两个取值：

$$S_z=\pm s\hbar=\pm\frac{1}{2}\hbar \tag{21-6}$$

在此基础上，两人进一步提出假设：电子的自旋磁矩在外磁场方向上的分量为 1 个玻尔磁子 μ_B，即

$$\mu_{S,z}=\mp\mu_B=g_s s\mu_B \tag{21-7}$$

式中，g_s 被称为朗德（Lande）g 因子，它的通用定义为

$$g=\frac{\text{测量到的}\mu_{S,z}(\text{以}\mu_B\text{为单位})}{\text{自旋角动量在 }z\text{ 方向上的投影}(\text{以}\hbar\text{为单位})} \tag{21-8}$$

因此，g_s 表示电子自旋运动 g 因子. 该假设直到 1944 年被扎沃伊斯基（Zavoyiskiy，1907—1976）通过电子顺磁共振实验予以证实，并可以从保罗 · 狄拉克（Paul Dirac，1902—1984）的相对论量子力学严格导出. 从上面两式可以看出，由于电子带负电，原子的自旋磁矩、轨道磁矩和各自的角动量方向相反.

电子的总角动量 $\boldsymbol{J}$ 为电子自旋角动量和轨道角动量的矢量和：

$$\boldsymbol{J}=\boldsymbol{L}+\boldsymbol{S} \tag{21-9}$$

同理,电子的总磁矩也是自旋磁矩和轨道磁矩的矢量和,按照朗德 g 因子的定义,电子的总磁矩及其在 z 方向上的投影为

$$\mu_J=-\sqrt{j(j+1)}\,g_j\mu_B$$

$$\mu_{J,z}=-m_j\,g_j\,\mu_B,\ m_j=-j,-j+1,\cdots,j \tag{21-10}$$

注意到,总角动量 $\boldsymbol{J}$、自旋角动量 $\boldsymbol{S}$ 和轨道角动量 $\boldsymbol{L}$ 的空间分布都是量子化的.按照量子力学理论,在原子序数较小的原子中,只考虑电子 L–S 耦合,朗德 g 因子为

$$g_j=1+\frac{J(J+1)-L(L+1)+S(S+1)}{2J(J+1)} \tag{21-11}$$

由此可见,若只考虑电子的轨道磁矩($J=L,S=0$),$g_j=1$;若只考虑电子的自旋磁矩,$g_j=2$.原子中,原子核的磁矩非常小,因此原子的总磁矩主要由电子的总磁矩 μ_J 决定.因此,精确测定原子的 g 因子,可以推断原子内部电子的运动,从而有助于了解原子的结构.

若原子中有未成对电子,当它处于恒定外磁场中时,会发生因电子磁矩与外磁场相互作用而产生的塞曼分裂.即在外磁场中,电子的能量为

$$E=-m_jg_j\cdot\mu_B\cdot B_0 \tag{21-12}$$

因此能级间距为

$$\Delta E=g_j\cdot\mu_B\cdot B_0 \tag{21-13}$$

如果在电子所在的恒定磁场区,再叠加一个同恒定磁场垂直的频率为 ω_0 的交变磁场 B_1,当它的能量($\hbar\omega_0$)与塞曼能级间距相匹配时,即

$$\hbar\omega_0=g_j\cdot\mu_B\cdot B_0 \tag{21-14}$$

就会发生物质从电磁波吸收能量的共振现象,这种现象即为电子顺磁共振(Electron Paramagnetic Resonance,简称 EPR).由于这种顺磁现象的起因主要为电子的自旋,也称之为电子自旋共振(Electron Spin Resonance,简称 ESR).式(21-14)可以改写为

$$\omega_0=g_j\cdot\frac{\mu_B}{\hbar}\cdot B_0 \tag{21-15}$$

或

$$f_0=g_j\cdot\frac{u_B}{h}\cdot B_0 \tag{21-16}$$

在 ESR 中,包含两个过程:

(1) 受激跃迁过程.受激跃迁过程从整个系统来说是电子自旋磁矩吸收 B_1 的能量占优势,使高低能级上粒子差数减少而趋于饱和.

(2) 弛豫过程.① 自旋–晶格相互作用.这是自旋电子与周围其他质点交换能量,使电子自旋磁矩在磁场中从高能级状态返回低能级状态,以恢复玻耳兹曼分布,这种作用的特征时间用 T_1 来表示,称为自旋–晶格弛豫时间.② 自旋–自旋相互作用.它发生在自旋电子之间,使得各个自旋电子所处的局部场不同,其共振频率也相应有所差别,从而电子自旋磁矩在横向平面上的投影趋于完全的无规分布,这种作用特征时间用 T_2 表示,称为自旋–自旋弛豫时间.

1944 年开始,电子自旋共振(ESR)逐渐发展成为一项新技术,其研究对象是具有原子固有磁矩的顺磁性物质,如 3d 壳层未满的铁族与 3d 壳层未满的稀土族元素所组成的

化合物以及含有自旋不配对的自由基有机化合物.通过 ESR,我们可以了解复杂原子的电子结构、晶体结构、偶极矩及分子结构、有机化合物中的化学键、电子密度分布以及相关反应机理,因此电子自旋共振是一种重要的近代物理实验技术,在物理、化学、生物、医学等领域有广泛的应用.

本实验要求观察电子自旋共振现象和顺磁离子对共振信号的影响,利用 DP-EPR 电子顺磁共振实验仪来测量 DPPH 样品中电子的朗德 g 因子.

实验内容

一、测定恒定磁场 B_0 与扫场磁场 B_1

ESR 实验中的恒定磁场 B_0 与扫场磁场 B_1 由两个同轴螺线管线圈通电后产生.

磁感应强度为

$$B_0 = 4\pi nI\times10^{-7}\cos\theta_1 = 4\pi nI\frac{1}{\sqrt{1+\left(\frac{d}{l}\right)^2}}\times10^{-7} \tag{21-17}$$

式中,n 为单位长度上的线圈匝数,单位为匝每米;I 为电流,单位为 A;B_0 的单位为 T;d、l 见图 21-1. 50 Hz 交流电流经扫场线圈时产生 B_1,$B_1 = B_m\cos\omega t$.螺线管中心处的磁感应强度为

$$B = B_0 + B_m\cos\omega t \tag{21-18}$$

B_0 和 B_1 的方向垂直于水平面.

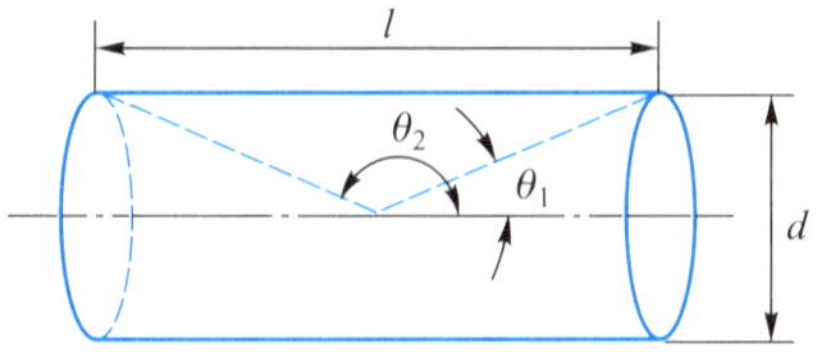

图 21-1 螺线管

二、测试样品

本实验采用含有自由基的有机物“DPPH”,其分子式为$(C_6H_5)_2N—NC_6H_2(NO_2)_3$,被称为“二苯基苦酸基联氨”,其结构式如图 21-2 所示,在第二个氮原子上存在一个未偶电子——自由基,该实验中的 ESR 技术就是观测该电子的自旋共振现象.这种“自由电子”没有轨道磁矩,只有自旋磁矩.这里需要指出的是,这种“自由电子”也并不是完全自由的,DPPH 的 ESR 信号很强,其常被用作测量 g 因子值接近 2.00 的样品的一个标准信号.

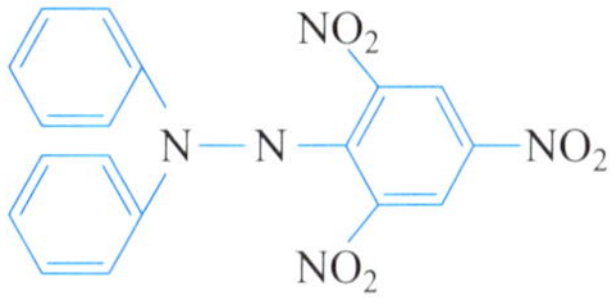

图 21-2 二苯基苦酸基联氨结构式

根据式(21-16),如果实验中测得共振频率 f_0 和相应的恒定磁场 B_0,便可计算出原子的 g 因子.

$$g = 0.714\,5\cdot\frac{f_0}{B_0} \tag{21-19}$$

式中,f_0 的单位为 MHz,B_0 的单位为 Gs.

三、连接线路

1. 根据图 21-3 所示检查仪器线路，熟悉有关器件的使用方法，通电预热，观察其是否正常工作，在此前提下：

（1）调节振荡器的频率调节，使频率计示值为 25～33 MHz.

（2）使螺线管恒定磁场的工作电源电压为 8～12 V.

（3）扫场调节输出.

（4）调节 SBR-1 示波器，使“x 轴作用”的扩展扫描为某一示位，使“y 轴作用”灵敏度为某一示位，最终应在示波器上观察到位置、幅值适当的共振信号.

（5）在得到共振信号后，在确定 f_0 不变的情况下调节 B_0，以求获得等间距共振信号，如图 21-4 所示.

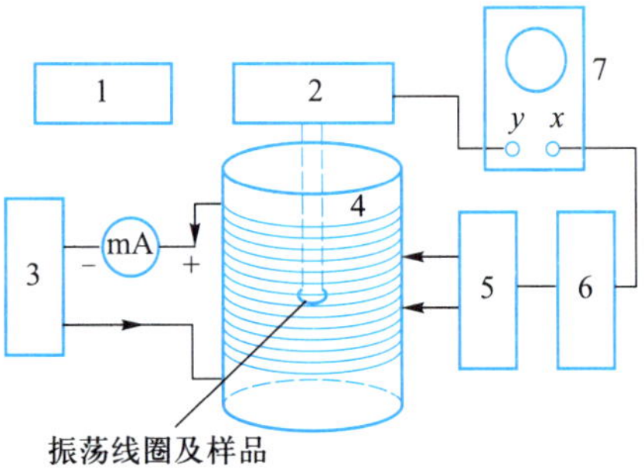

1—频率计；2—边限振荡器；3—稳流电源；4—螺线管；5—50 Hz扫场电源；6—移相器；7—示波器.

图 21-3　仪器线路

（6）在得到等间距共振信号后，分别依次改变磁感应强度 B_0、射频频率 f_0、扫场幅度来观察信号的位置和形状变化.

（7）重新调好等间距共振信号，将“x 轴作用”转至“外接”某一示位，即可在屏上观察到如图 21-5 所示的两个形状近似对称的信号波形.

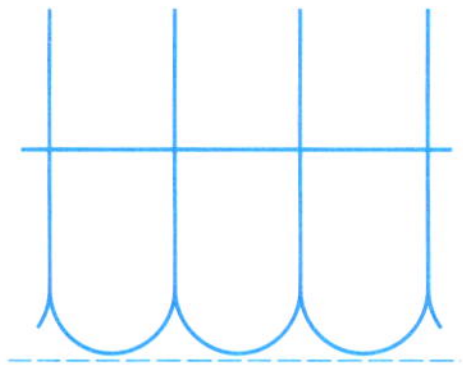

图 21-4　共振信号

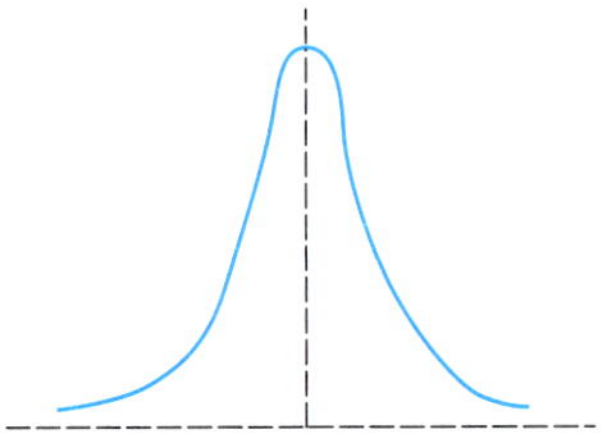

图 21-5　信号波形

（8）调节移相，使之初步得到左右对称、高度适中、尖峰重合的波形.

（9）计算 B_0 值. 根据式(21-17)，可得

$$B_0=4\pi\cdot\frac{N}{l}\cdot\frac{U}{R}\cos\theta_1\times10^{-3}\ \text{Gs} \tag{21-20}$$

式中，N 为线圈匝数，本实验参考值约为 346 匝；l 为线圈绕制长度，本实验约为 182 mm，即 0.182 m；U 为螺线管磁场电压；R 为螺线管电阻，本实验中螺线管电阻参考值为 15.1 Ω，精确值可以自行测量；如图 21-1 所示，根据本实验产生恒定磁场 B_0 的螺线管尺寸(绕线部分：l 为 182 mm，d 为 148 mm)、线径(0.47 mm)，可得 $\theta_1=39.2°$.

2. 消除地磁场的影响.

地磁场的存在必然影响 B_0 的计算，无论螺线管如何放置，地磁场的水平分量或垂直分量必然叠加在 B_0 之上，因此应予以消除，其方法就是采取螺线管通电电流倒向法.

先设定按图 21-4 调定的共振信号地磁场垂直分量与螺线管产生的磁场方向相同，根据式（21-16），有

$$f_0=g\frac{\gamma}{2\pi}(B_0+B_{地}) \tag{21-21}$$

而当螺线管通电电流倒向后地磁场垂直分量与螺线管产生的磁场方向相反，合成磁场使共振信号偏移，如欲恢复到原先位置，就需要重新调整螺线管的通电电流，此时螺线管产生的磁场为 B_0'，故

$$f_0=g\frac{\gamma}{2\pi}(B_0'-B_{地}) \tag{21-22}$$

两式相减，有

$$B_{地}=\frac{1}{2}(B_0'-B_0) \tag{21-23}$$

通过这个方法可以求出地磁场的垂直分量 $B_{地}$.

3. 测 DPPH 样品的朗德 g 因子.

根据公式 $g=0.714\ 5\times\frac{f_0}{B_0}$（MHz/Gs），给定一个 f_0 的情况下采用上述消除地磁场的方法求得 B_0 值，计算 g 值（表 21-1）.

表 21-1 数据记录表

次数	f_0	U	B_0 根据式（21-20）计算	$\overline{B}_0=\frac{B_0+B_0'}{2}$	$g=0.714\ 5\frac{f_0}{\overline{B}_0}$
1		$U=$	$B_0=$		
		$U'=$	$B_0'=$		
2		$U=$	$B_0=$		
		$U'=$	$B_0'=$		

$\overline{g}=$

表中，U 为正向磁场电压，U' 为反向磁场电压.

4. 测共振线宽，并估算 T_2 值.

实际的 ESR 不只是发生在单一频率上，而是发生在一定频率范围内，即谱线有一定的宽度. 共振吸收信号的谱线宽度（简称线宽）通常用半高宽表示，如图 21-6 所示.

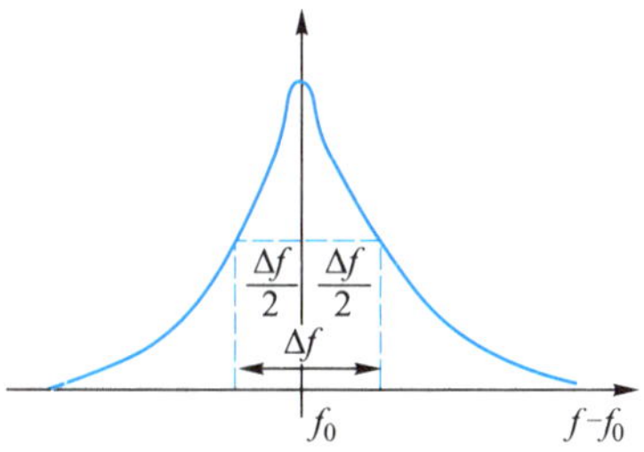

图 21-6 谱线宽度

当 B_0 不是很强时：

$$f-f_0=\Delta f=\frac{1}{T_2} \tag{21-24}$$

若采用样品吸收磁感应强度信号来表征 T_2，因 $\Delta f=g_j\cdot\frac{\mu_B}{h}\cdot\Delta B$，则可测得 T_2 值：

$$T_2=\frac{h}{g_j\mu_B\Delta B} \tag{21-25}$$

知识拓展

核磁共振

原子中,除了电子有自旋磁矩外,原子核也有自旋磁矩.原子核的自旋量子数与原子序数和原子的质量数相关联.当原子的原子序数和原子的质量数都为偶数时,原子核的自旋量子数为零,即没有自旋磁矩.

原子核的自旋量子数为 I,与电子自旋磁矩的推导过程相似,产生的自旋磁矩为 $\mu_I=-\gamma P_I$,γ 为旋磁比,$P_I=\hbar\sqrt{I(I+1)}$.当有自旋磁矩的原子处于外加磁场 B_0 中时,核能级发生 $2I+1$ 重劈裂,称为原子核的塞曼分裂.在该外加磁场中,核能级能隙为 $\Delta E=\gamma\Delta m\,\hbar B_0$($\Delta m=\pm1$),当再加入一个交变磁场,使得交变磁场的能量子满足核能级能隙,从而发生核能级跃迁.因此可以通过外加磁场和交变磁场的参数,解析原子核的核能级,进而了解分子的化学结构和分子动力学的信息.因此核磁共振技术已成为分子结构解析以及物质理化性质表征的常规技术,在物理、化学、生物、医药、食品等领域得到广泛应用,在化学中更是常规分析不可缺少的手段.20 世纪 70 年代,在磁共振频谱学和计算机断层技术等基础上,发展了医学核磁共振成像技术,对脑、甲状腺、肝、胆、脾、肾、胰、肾上腺、子宫、卵巢、前列腺等实质器官以及心脏和大血管有绝佳的诊断功能.人体内含有非常丰富的水,不同组织的水的含量也各不相同,医用核磁共振成像技术就是通过识别水分子中氢原子信号的分布来推测水分子在人体内的分布,从而绘制出一幅比较完整的人体内部结构图像,进行疾病诊断.

与磁共振相关的诺贝尔奖如下:

1943 年,美籍德国人奥托·斯特恩(Otto Stern,1888—1969)因发展分子束的方法和发现质子磁矩获得诺贝尔物理学奖.

1944 年,美籍奥地利人伊西多·艾萨克·拉比(Isidor Isaac Rabi,1898—1988),因应用共振方法测定了原子核的磁矩和光谱的超精细结构获得诺贝尔物理学奖.

1952 年,美籍科学家布洛赫(Bloch,1905—1983)和珀塞尔(Edward Mills Purcell,1912—1997)因首次观察到宏观物质核磁共振信号获得诺贝尔物理学奖.

1991 年,瑞士科学家理查德(Richard R Ernst,1933—2021)因发明了傅里叶变换核磁共振分光法和二维及多维的核磁共振技术获得诺贝尔化学奖.

2002 年,瑞士波谱学家库尔特·维特里希(Kurt Wüthrich,1938—)因发明了利用核磁共振技术测定生物大分子三维结构的方法获得诺贝尔化学奖.

2003 年,美国科学家保罗·特布尔(Paul C. Lauterbur,1929—2007)和英国科学家彼得·曼斯菲尔德(Peter Mansfield,1933—)因发明磁共振成像技术无损地从微观到宏观来系统地探测生物活体的结构和功能获得诺贝尔生理或医学奖.

实验 22 扫描 Fabry-perot 干涉仪及其在塞曼效应等高分辨率光谱检测中的应用

预习题

1. F-P 干涉仪的原理是什么?
2. F-P 干涉仪的主要参数有哪些?
3. 干涉光谱的观测和记录方法有哪些?
4. 如何测定空气折射率?
5. 做好"塞曼效应"实验的关键是什么?

实验目的

1. 了解 F-P 干涉仪的原理.
2. 掌握 F-P 干涉仪的调整、使用方法.
3. 利用气压扫描法测定标准具的主要技术指标.
4. 应用 F-P 干涉仪测定塞曼效应等.

实验仪器

气压扫描 Fabry-Perot 干涉仪(简称 F-P 干涉仪)、单频 He-Ne 激光器及其电源、硅光电池探测器、函数记录仪或计算机、扩束平行光管、电磁铁及其电源、特斯拉计、笔形汞灯及其电源、聚光透镜.

实验原理

一、F-P 干涉仪的简要描述

F-P 干涉仪的核心是两个平面性和平行性极好的高反射光学镜面,它可以是一块玻璃或石英平行平板的两个面上镀制的镜面,也可以是两块相对平行放置的镜片,中间为空气间隔,如图 22-1 所示.前一种形式结构简单,使用时无需调整,比较方便,体积也小,但由于材料的均匀性和两面加工平行度往往达不到很高水平,故性能不如后者优良.用固定间隔来定位的 F-P 干涉仪又常被称为 F-P 标准具.间隔圈常用热膨胀系数小的石英材料(或零膨胀微晶玻璃).它在三个点上与平镜接触,用三个螺丝调节接触点的压力,可以在小范围内改变两镜面的平行度,使之达到满意的程度.使用时常在干涉仪的前方加聚光透镜,后方则用成像透镜把干涉图成像于焦平面上,如图 22-2 所示.

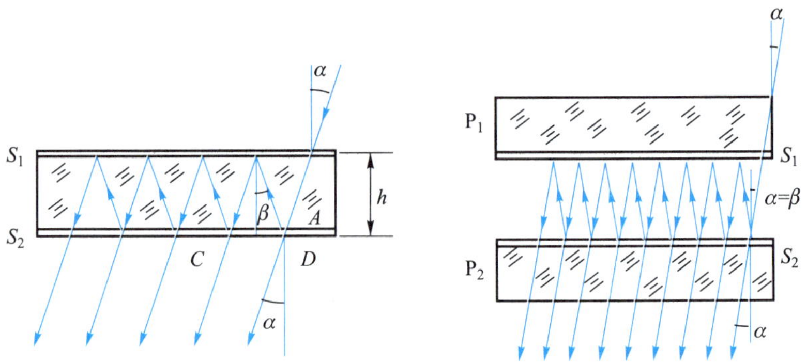

图 22-1　两种形式 F-P 干涉仪的多光束干涉

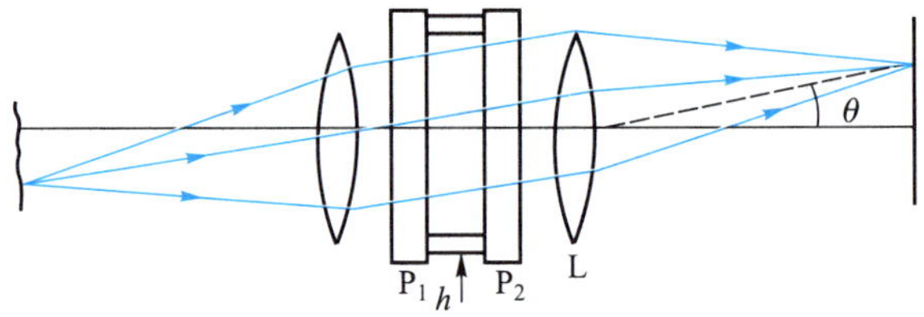

图 22-2　F-P 干涉仪的使用

F-P 干涉仪采用多光束干涉原理,关于多光束干涉的详细理论可参阅有关专著,我们在此就直接利用一些关系式.

设每一镜面的反射率都为 R,透过率为 T,吸收、散射等引起的损耗率为 τ,则有

$$R+T+\tau=1 \tag{22-1}$$

图 22-1 中相邻两光束的光程差为

$$\Delta=2nh\cos\beta=2h\sqrt{n^2-\sin^2\alpha} \tag{22-2}$$

式中,h 为镜面间隔距离,n 为镜间介质折射率,α 为入射光束投射角,β 为光束在镜面间的投射角.干涉条纹定域在无穷远,在反射中光强分布由下式决定:

$$I^{\mathrm{R}}=I_0R\frac{[1-(1-\tau)(R+T)]^2+4(1-\tau)(R+T)\sin^2\dfrac{\Phi}{2}}{[1-(1-\tau)R]^2+4(1-\tau)R\sin^2\dfrac{\Phi}{2}} \tag{22-3}$$

在透射光中光强分布为

$$I^{\mathrm{T}}=I_0\frac{(1-\tau)T^2}{[1-(1-\tau)R]^2+4(1-\tau)R\sin^2\dfrac{\Phi}{2}} \tag{22-4}$$

式中,I_0 为入射角为 α 的入射光强;而 Φ 为相邻光束的相位差,来自式(22-2)表示的光程差 Δ 和两次反射时的相位差变化 δ_1、δ_2:

$$\Phi=\frac{2\pi\Delta}{\lambda}+\delta_1+\delta_2 \tag{22-5}$$

其中 δ_1、δ_2 对金属膜可认为是常量,对介质膜来说是零,下面我们不予考虑.所以对一定波长的单色光,Φ 因入射角 α 而变.可见干涉极大的角分布是以镜面法线为轴对称分布

的.在图 22-1 所示的成像透镜焦平面上得到一套同心环.干涉环的圆心位置在通过透镜光心的 F-P 镜面法线上.

当镜面的吸收率可忽略时,式(22-3)、式(22-4)可简化为

$$I^{\mathrm{R}}=I_0\frac{4R\sin^2\frac{\Phi}{2}}{(1-R)^2+4R\sin^2\frac{\Phi}{2}} \tag{22-6}$$

$$I^{\mathrm{T}}=I_0\frac{(1-R)^2}{(1-R)^2+4R\sin^2\frac{\Phi}{2}} \tag{22-7}$$

透射光和反射光的分布图如图 22-3 所示,可见反射光是亮背景上的暗环,透射光是暗背景上的亮环,两者是互补的,其和等于入射光强 $I_0(\alpha)$.

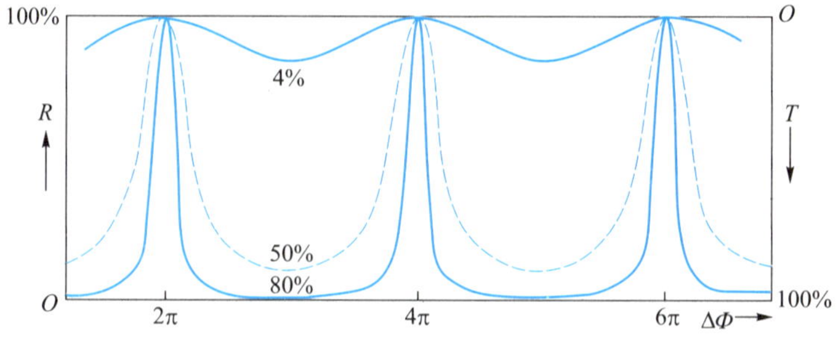

图 22-3　透射光和反射光

根据式(22-4)或式(22-7)知,透射光强在光程差满足以下条件的角方位上有极大值:

$$m\lambda=\Delta=2nh\cos\beta=2h\sqrt{n^2-\sin^2\alpha} \tag{22-8}$$

式中,m 为干涉级次,是正整数.

二、F-P 干涉仪的技术参数

F-P 干涉仪作为光谱仪器,其主要参数有:① 角色散和线色散;② 不重叠光谱范围;③ 峰值透过率;④ 衬比因子;⑤ 分辨率、仪器宽度和细度.其中③、④、⑤三项是衡量 F-P 干涉仪质量的主要指标,而尤以⑤最为重要.

将式(22-8)对 λ 微分,可得角色散为

$$\begin{aligned}\frac{\mathrm{d}\alpha}{\mathrm{d}\lambda}&=\frac{-1}{\lambda\cos\alpha\sin\alpha}\left[n^2-\sin^2\alpha-\lambda n\frac{\mathrm{d}n}{\mathrm{d}\lambda}\right]\\&\approx-\frac{n}{\lambda\alpha}\left(\text{当 }\alpha\text{ 和}\frac{\mathrm{d}n}{\mathrm{d}\lambda}\text{小时}\right)\end{aligned} \tag{22-9}$$

可见角色散与镜间距离和反射膜性质无关,当入射角 $\alpha\to0$ 时,有

$$\left|\frac{\mathrm{d}\alpha}{\mathrm{d}\lambda}\right|\to\infty$$

负号表示 λ 增大时，相应的透射光束 α 变小.玻璃平行平板（$n\approx1.5$）F-P 标准具的角色散比空气板标准具的约大 n^2 倍.

在成像透镜焦平面上所得干涉圈的线色散显然为

$$\frac{\mathrm{d}r}{\mathrm{d}\lambda}=f\cdot\frac{\mathrm{d}\alpha}{\mathrm{d}\lambda}\approx-\frac{f}{\lambda\alpha}\approx-\frac{f^2}{\lambda r} \tag{22-10}$$

式中，f 为透镜的焦距，r 为干涉环的半径.

将式(22-8)对 m 微分，将 λ 作为常量，再令 $\Delta m=1$，可得相邻干涉级次间的角间隔为

$$\Delta\alpha\bigg|_{\Delta m=1}=-\frac{\lambda\sqrt{n^2-\sin^2\alpha}}{2h\sin\alpha\cos\alpha}\xrightarrow{n=1\text{ 时}}-\frac{\lambda}{2h\sin\alpha} \tag{22-11}$$

焦平面上单色光相邻干涉环的间距为

$$\Delta r\bigg|_{\Delta m=1}=f\cdot\Delta\alpha=-\frac{\lambda f}{2h\sin\alpha}\xrightarrow{\alpha\text{ 小时}}-\frac{\lambda f^2}{2hr} \tag{22-12}$$

可见镜间距离增大时，干涉环的间隔距离缩小；成像透镜焦距 f 增大时，干涉环间隔迅速增大.为了得到便于观察的干涉图，需选用焦距适当的成像透镜.当采用有限空间分辨率的探测器探测时，应采用适当焦距的透镜来获得必要的线色散，可以看出，把探测器置于干涉环中心（$\alpha\to0$，$r\to0$）是有利的.

不重叠光谱范围也称自由光谱区，当一个波长为 λ 的第 m 级次干涉极大与另一波长为（$\lambda+\Delta\lambda_{\mathrm{FSR}}$）的第（$m-1$）级次重叠时，关于两者的波长差 $\Delta\lambda_{\mathrm{FSR}}$，由上面的讨论应有

$$\frac{\mathrm{d}\alpha}{\mathrm{d}\lambda}\Delta\lambda_{\mathrm{FSR}}=\Delta\alpha\bigg|_{\Delta m=1} \tag{22-13}$$

根据式(22-9)和式(22-11)，有

$$\Delta\lambda_{\mathrm{FSR}}=\frac{\lambda^2\sqrt{n^2-\sin^2\alpha}}{2h\left(n^2-\sin^2\alpha-\lambda n\dfrac{\mathrm{d}n}{\mathrm{d}\lambda}\right)} \tag{22-14}$$

分母中第三项不大，可忽略不计，当 α 为小角度时 $\sin^2\alpha$ 也很小.这时有

$$\Delta\lambda_{\mathrm{FSR}}\approx\frac{\lambda^2}{2nh}\xrightarrow{n=1\text{ 时}}\frac{\lambda^2}{2h} \tag{22-15}$$

若用频率表示，则为

$$\Delta\nu_{\mathrm{FSR}}=\frac{c}{2nh}\xrightarrow{n=1\text{ 时}}\frac{c}{2h}$$

若用波数表示，则为

$$\Delta\bar{\nu}_{\mathrm{FSR}}=\frac{1}{2nh}\xrightarrow{n=1\text{ 时}}\frac{1}{2h} \tag{22-16}$$

它与波长无关，只取决于镜间光程.如果入射光中各谱线成分的间隔大于不重叠区时，就会发生干涉图重叠，不能确定它们干涉级次的相对高低，从而不能确定其波长差.相反，如果入射光中的谱线间隔比自由光谱区小得多，就不易被分辨开.所以镜间距应根据研究对象的光谱范围来选择.例如，塞曼效应中，汞的 546.1 nm 谱线的塞曼分裂可达

0.075 nm，故选用 2 mm 的镜间隔.

由式(22−4)和式(22−8)可见，干涉仪的峰值透过率为

$$T_{max}=\frac{I_{max}^{T}}{I_0}=\frac{(1-\tau)T^2}{[1-(1-\tau)R]^2}\xrightarrow{\tau=0}1 \tag{22-17}$$

可见，随着 $\tau\to0$，$T_{max}\to1$；而当 τ 一定时，随着反射率 R 的增大，T_{max} 减小，如图 22-4 所示. 为了不过分损失透射强度，反射率不能取太高. 透射光极小值则为

$$I_{min}^{T}=\frac{(1-\tau)T^2}{[1+(1-\tau)R]^2}\cdot I_0 \tag{22-18}$$

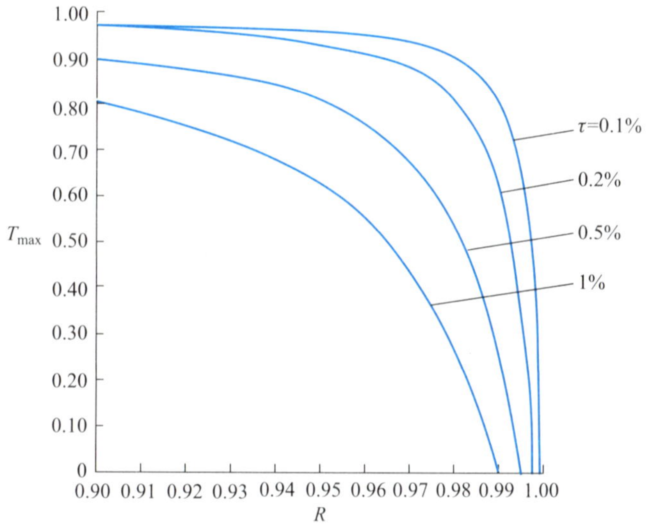

图 22-4　T_{min} 与 τ 和 R 的关系

当 $\tau=0$ 时，

$$I_{min}^{T}=\frac{T^2}{(1+R)^2}\cdot I_0$$

干涉仪的重要指标之一——衬比因子 C(也称对比度)为

$$C=\frac{I_{max}^{T}}{I_{min}^{T}}=\frac{[1+(1-\tau)R]^2}{[1-(1-\tau)R]^2}\xrightarrow{\tau\to0}\left(\frac{1+R}{1-R}\right)^2 \tag{22-19}$$

可见对比度主要取决于反射率 R，随 R 增大而急剧增大. 由于最小透射光强 I_{min}^{T} 并不是零，所以强谱线的背景透射可能淹没弱谱线的透射峰，对比度反映了谱线之间可能的最大隔离程度.

一般 F−P 干涉仪对于理想单色光透射光强减到峰值一半所对应的相位宽度 $\Delta\Phi=2\delta\Phi$ 是不大的，式(22−7)分母中两项相等时就是求得 $\delta\Phi$ 的条件，其中取

$$\sin\frac{\Phi}{2}=\sin\left(m\pi+\frac{\delta\Phi}{2}\right)\approx\pm\frac{\delta\Phi}{2}$$

可得

$$\Delta\Phi=2\delta\Phi=\frac{2(1-R)}{\sqrt{R}} \tag{22-20}$$

透射峰半高处宽度除以相邻峰间距就是细度.相邻级次的干涉峰对应 2π 相位差,所以 F-P 干涉仪的细度为

$$F_R=\frac{2\pi}{\Delta\Phi}=\frac{\pi\sqrt{R}}{(1-R)} \tag{22-21}$$

可见细度由反射率决定,而与 h 无关.这里假定两镜面是理想的平行平面,故 F_R 称为反射率细度.图 22-5 曲线 1 表示式(22-21)所示的 F_R-R 关系.细度越大,分辨紧邻谱线的能力越强,但不能靠无限制地提高 R 来提高细度.细度严重地受限于镜面的平面度和平行度.平行度往往可以调整,尽量调到最佳,但平面度却受限于工艺技术,不可能达到理想状态,这往往是限制细度的主要原因.

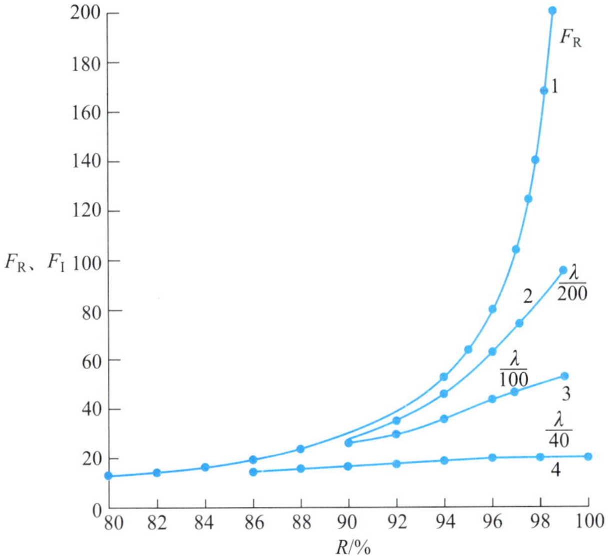

图 22-5 F 和 R 的关系

由于有平面误差和平行误差,所以在全孔径范围内,h 是坐标(x,y)的函数.镜面的平面平整度通常用全孔径范围内以波长 λ 表示的最大起伏$\frac{\lambda}{M}$来表示,如$\frac{\lambda}{30}$、$\frac{\lambda}{100}$、$\frac{\lambda}{200}$等.用单色平行光束垂直镜面投射时,由于各处 h 略有差别,就不能同时满足干涉透射峰的条件.如果 h 的起伏较大,扫描过程中透射光只以等厚条纹的形式出现,扫过全孔径;如果 h 的起伏较小,可能全孔径同时有透射光,但各处达到峰值的时刻会不同.

由于各处峰值叉开,就必然使全孔径的透射峰加宽和畸变,使峰值和细度都减小.平整度误差为$\frac{\lambda}{M}$的一对镜片,对应的干涉光束有$\frac{4\pi}{M}$的光程差起伏,会引入附加"平整度细度":

$$F_F=\frac{M}{2} \tag{22-22}$$

另外,探测器的有限空间分辨率也会影响到实际的细度.例如,在 F-P 干涉仪成像透镜焦平面上的干涉环的中心设置一个直径为 d 的小孔光阑,探测通过小孔的光,大小有

限的小孔光阑会引入附加的“小孔细度”(pinhole fineness):

$$F_P=\frac{4\lambda f^2}{hd^2} \tag{22-23}$$

考虑到反射率细度 F_R、平整度细度 F_F、小孔细度 F_P,仪器的综合细度 F_I 满足:

$$\frac{1}{F_I^2}=\frac{1}{F_R^2}+\frac{1}{F_F^2}+\frac{1}{F_P^2} \tag{22-24}$$

为了使小孔细度不明显影响综合细度,可选用 d 足够小的小孔光阑和焦距 f 较大的成像透镜.通常对 F_I 的主要限制来自 F_F.图 22-5 中曲线 2、3、4 表示了这种限制.可见镜面平面度对 F-P 干涉仪的细度有着决定性影响.缩小标准具的使用面积,可以减小平面误差的影响,提高 F_F.当光束截面很小时,可忽略 F_F 的影响,使 $F_I\approx F_R$,达到很高的值.缩小使用面积带来的不良影响是减少了标准具的集光本领,同时使不垂直入射的光束在多次反射时,很快偏到孔径以外,减少了干涉光束数,从而使分辨率随入射角 α 的增大而迅速减小.

如果两个单色光 λ 和($\lambda+\delta\lambda$)的峰值间隔正好为式(22-20)所示的 $\Delta\Phi$,则 $\delta\lambda$ 称为干涉仪本身的仪器宽度.取式(22-5)对 λ 的微分,再利用式(22-20),即可得

$$\delta\lambda=\frac{\lambda^2(1-R)}{2nh\cos\beta\cdot\pi\sqrt{R}}=\frac{\lambda^2}{2nh\cos\beta}\cdot\frac{1}{F}\approx\frac{\lambda^2}{2nh}\cdot\frac{1}{F} \tag{22-25}$$

仪器宽度就等于自由光谱区除以细度.用波数表示仪器宽度为

$$\delta\nu=\frac{1}{2nh\cos\beta}\cdot\frac{1}{F}\approx\frac{1}{2nhF} \tag{22-26}$$

可见,仪器宽度的波数值与细度、镜间距离 h 成反比.

仪器的分辨本领为

$$\frac{\lambda}{\delta\lambda}=\frac{2nh\cos\beta}{\lambda}\cdot F \tag{22-27}$$

可见分辨本领与细度 F 成比例,与镜间介质折射率 n 或镜间距离 h 成正比.当 h 增大时,干涉环直径及环间隔都减小,不重叠光谱范围减小,干涉仪的调整变得困难.

综上所述,对于镜间介质折射率确定的 F-P 干涉仪的角色散是一致的;线色散取决于成像透镜的焦距;不重叠光谱范围反比于镜间距离;峰值透过率和衬比因子取决于镜面反射膜的反射率和损耗率;仪器宽度和分辨本领取决于镜间距离和细度的乘积;对于理想的平行平面 F-P 干涉仪,细度 F_R 仅取决于反射率,在实际情况下,仪器能达到的细度 F_I 受限于镜面的平面平整度和平行度以及小孔光阑的直径.在应用 F-P 标准具时,应根据具体要求选择镜间间隔、镜面反射率、细度及成像透镜焦距.反映 F-P 干涉仪质量的指标主要是峰值透过率 T_{max}、衬比因子 C 和综合细度 F_I,而以细度尤为重要,其他的还有温度稳定性、抗震性能等.

在 F-P 干涉仪中,使镜面具有高反射率和低损耗率是很关键的.金属膜制备简单,高反射率的光谱范围大,但光的损耗率也大,银膜在红光和黄光区域的反射率可达 95%,但

在紫光区域就比较差，到 310 nm 左右反射率降到接近零. 铝膜在红光和黄光区域反射率接近银膜，对于波长较短的光，铝膜优于银膜，可一直用到 200 nm. 现在利用多层介质膜技术可以容易制得 R 在 99%以上的高反射膜，而损耗 $\tau \leqslant 0.2\%$. 高反射率的光谱带宽通常约为 100 nm，采用特殊宽带膜系可得更宽的高反射带宽. 究竟采用多大的 R，取决于要求有多大的 F_R 和由 τ 及 R 决定的 T_{max}. 采用多层介质膜时还应注意膜层应力对镜面平面平整度的不良影响.

三、干涉光谱的观测和记录方法

可采用目视法或照相法观测干涉光谱. 目视法一般用目视测量显微镜进行，方便直观，但易引入主观测量误差，不能用于干涉光谱的强度测量，不能得到原始可保存资料；采用照相法时应注意选用焦距适当的照相镜头. 也可以用摄像机摄下干涉图，在显示屏幕上对干涉图进行数据处理，这样可免除拍照的烦琐. 目前流行的摄像机具有小巧方便和附加畸变小的优点，但其像素有限，同时，干涉图越向外圈，色散越小，分辨本领和光强也都越小. 下面着重介绍扫描光电记录法.

由 F-P 干涉仪的光程差表示式 $\Delta = 2nh\cos\beta$ 可知，改变镜间距离 h、改变镜间气体压强从而改变折射率 n、改变角度 β，都可以改变光程差 Δ，从而实现干涉光谱的扫描.

改变倾角法通常是转动标准具本身，在成像透镜焦平面上设置一段短狭缝光阑，随着标准具法线取向的变化，使整套干涉环在垂直狭缝光阑的方向过中心地扫过狭缝光阑，光电探测器接收通过光阑的光强. 这种方法的优点是容易实施，容易扫过多个干涉级次，适用于 h 和 n 不易改变的实心介质标准具. 其缺点是标准具的角色散的非线性，使得扫描也是非线性的；不能利用干涉圈中心色散最大处；倾角大时，干涉光束数目减少，从而分辨率下降.

较好的办法是扫描 h 或 n，这时干涉环的圆心位置不变，而干涉环从中心冒出（h 或 n 增大）或湮灭（h 或 n 减小），同时探测通过中心小孔光阑的光强，得到如图 22-3 所示的信号. 这样能利用中心色散最大处，扫描是线性的，分辨率是一致的.

改变 h 可用精密丝杆匀速移动一面镜子来实现，但这种方法稳定性差，一般不采用. 通常把干涉仪的一面镜子固定在可以伸缩的支承材料上. 这种伸缩可以是压电伸缩或磁致伸缩，也可以热胀冷缩（这时需把干涉仪置于温度可均匀且线性变化的温室内），这类方法操作方便，其中压电伸缩用得最多. 其主要缺点是在改变 h 时，不易保持两镜严格的平行，同时必须有一面镜子是可动支撑结构，使其机械稳定性和温度稳定性降低. 但采取严格措施，还是能达到满意的程度.

改变镜间气压来扫描干涉光谱是广泛采用的简单而可靠的方法，它不会破坏两镜的平行性，采用固定间隔环的 F-P 标准具，其稳定性好，对振动干扰不太敏感，容易做到较好的线性慢扫描. 这种方法的局限性在于气压不能很快改变，故不适合研究波长和光强较快改变的光源；还必须有足够的镜间间隔，才能方便地扫描几个干涉级次. 让我们来估算一下，改变气压时，标准具光学厚度的相应改变有多大. 理论和实验都表明，在相当大的气压范围内，气体折射率 n 与气体密度 ρ 有很好的线性关系，在温度 T 不变时气体折射率 n 与气压 P 也有线性关系：

$$n-1=A'P=A''\cdot\frac{p}{T}=Ap \tag{22-28}$$

式中,A'、A''和 A 为常数.当光束入射角接近 0°时,干涉级次为 $m=\frac{2nh}{\lambda}$;当气压改变 Δp 时,干涉级次的改变为

$$\Delta m=\frac{2h}{\lambda}\cdot A\cdot\Delta P \tag{22-29}$$

如果采用空气,在标准条件下,$A=2.93\times10^{-4}$/大气压,当 $\lambda=5\ 500$ Å、$h=2$ mm、$\Delta P=2$ 大气压时,能扫过干涉级次 $\Delta m=4.262$.

气压扫描的具体做法是把 F-P 标准具置于两端有通光窗口的密闭容器中.一般常用机械真空泵抽空容器内的气体,从气源通过毛细管对容器充气.这时随着 nh 的增大,干涉环从中心冒出、扩大.如果气源的压强比扫描时气压的改变量大得多,可近似地认为充气流量是恒定的,则 n 随时间的变化也是线性的:

$$n=1+Ap=1+kt \tag{22-30}$$

但要得到较好的线性,对系统进行抽气、充气并不方便,同时毛细管易被尘埃等堵积而改变流量,要想改变扫描速度也不方便.

在实验所用的仪器中,用步进电机驱动的封闭压缩泵来改变容器内的气压.容器上装有半导体压力传感器,直接输出与气压呈线性关系的电压信号,作为记录仪的 x 坐标信号.由 $2nh=m\lambda$ 可知,对于 λ 确定的单色光,就得到干涉级次的线性扫描,而在同一级次中就得到对不同波长的线性扫描.记录仪 y 轴的信号来自小孔光阑后的光电探测器.图 22-6 就是记录得到的光谱.如果采用谱线宽度很窄的单色光,如单纵模激光,则其透射峰就能反映仪器宽度,以半峰值处的宽度除以峰-峰距离就得到细度.但一般光谱灯的谱线本身有吉赫量级的频宽,其透射峰是仪器线形与谱线线形的卷积.

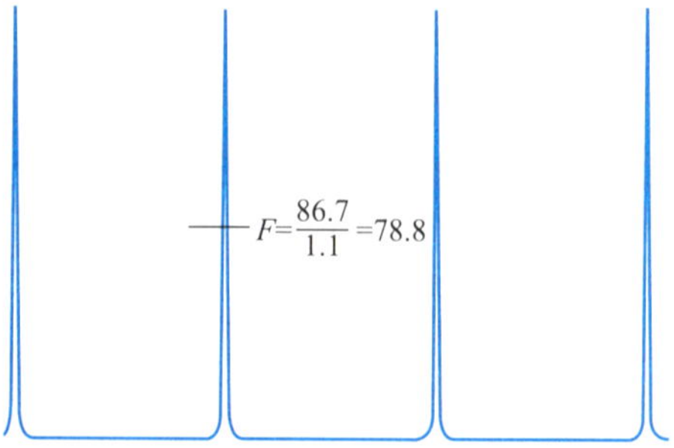

图 22-6 单色光的光电扫描光谱

作为封闭压缩系统驱动器的步进电机的步速可方便地改变,从而改变气压扫描速度,同时仪器中采用了反馈控制,使气压扫描速度接近恒定,避免封闭压缩系统的空间缩小时,恒定的步速使气压上升速度越来越快,导致信号探测和处理中时间响应不一致.

用气压传感器的气压信号作为正比于气体折射率的信号,其前提是系统的温度应保持不变.在仪器结构上已尽量使温度变化微小,同时在使用中,扫描速度慢能使温度变化更小.另外,在进行气压扫描时,气室外壳会发生微小形变,已采取措施有效地隔离了这种形变对镜片的影响;否则,气压扫描 F-P 干涉仪将不能正常工作.

应根据光信号的强度和波长合理选择相应光强信号的探测器.强光时,如用 He-Ne 激光,可采用硅光电池,工作波长范围为 0.4~1.1 μm,不需要供给其他工作电压.但应注意,光电池的短路光电流与光信号强度有线性关系,所以采用的信号放大器输入阻抗必

须是极小的，实验所用仪器是满足此要求的.弱光时，如各种光谱灯，可采用光电倍增管，应选灵敏波长范围合适、无光时暗电流小的器件.光电倍增管的倍增率与所供给的负高压关系很大，调节负高压可在相当大的范围内改变输出光电信号的大小，同时要求负高压足够稳定，否则光电信号将会产生明显的漂移或抖动.

数据记录可以采用 x-y 记录仪，也可通过 A/D 转换接口输入 PC，用专用软件来显示扫描曲线和进行数据处理.

实验内容

一、仪器系统的调整

把仪器调整到最佳状态是实验取得优良效果的基础，同时能加深对仪器工作原理和功能的认识.学会正确而巧妙地使用仪器，这对提高实验能力十分重要.在 F-P 干涉仪的实验中，应注意如何调节两镜的平行度，如何求取平面度最好的部位用于实验，如何正确地把小孔光阑设置到干涉图的中心，如何正确照明来获取最强信号.在扫描型的 F-P 干涉仪中，可利用其扫描特点，把调整工作巧妙地做好.

通常调节 F-P 镜的平行度方法如图 22-7 所示.采用单色光照明干涉仪，眼睛一边观察干涉仪，一边向某一方向移动，如果移动时发现环从中心冒出并扩大，说明沿此方向镜间距在增大，应调节相应螺旋并纠正.实践证明，这样的调节效果往往还不尽如人意.在本实验中，利用成像透镜一焦平面小孔光阑组件，可选出一束通过 F-P 干涉仪的平行光束来观察.这样观察到的是等厚干涉条纹.当增加气压时，条纹将向镜间距小的方向移动，这样我们可以很明确地知道该调哪个螺旋，如何调.随着平行度的改善，等厚条纹会变宽、变弯曲，变成宽大的亮斑，如图 22-8 中(a)、(b)、(c)所示.设想一对理想的平行平镜，其镜间距处处相等，等厚干涉条件各处一样，在扫描气压时，整个孔径内亮暗应均匀分布，在透射峰时呈现的干涉图是一均匀亮场.若平镜不平行，则会导致扫描时等厚干涉图的定向

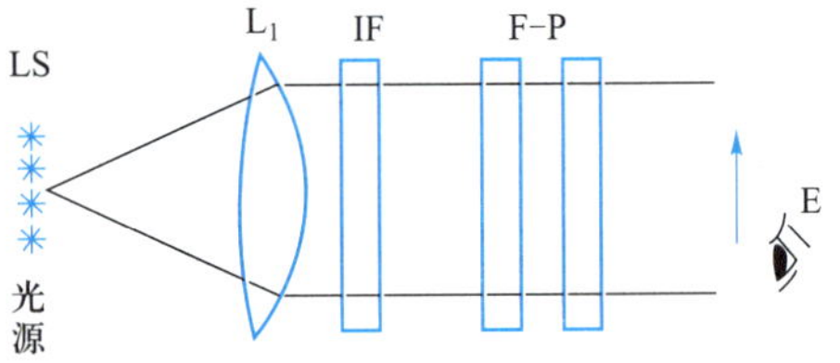

LS—线光谱光源；L_1—聚光透镜；
IF—干涉滤光片；F-P—气压扫描标准具；E—眼睛.

图 22-7 通常观测平行度方法

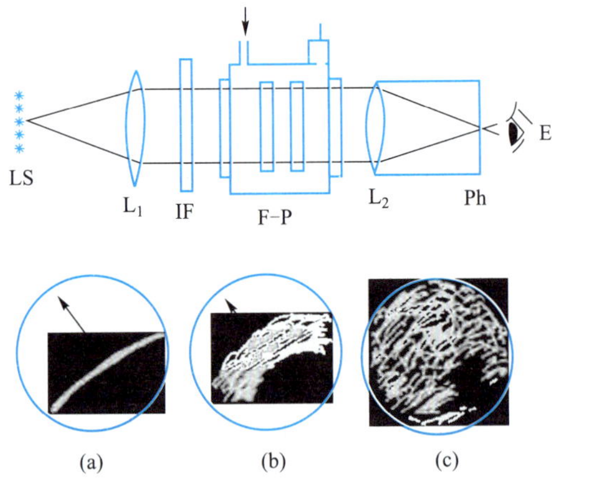

LS—线光谱光源；L_1—聚光透镜；IF—干涉滤光片；L_2—成像透镜；
F-P—气压扫描标准具；Ph—焦平面小孔光阑；E—眼睛.

图 22-8 扫描法观测平行度

横向移动，这就提供了极其敏感的平行度指示. 平行度调到最佳后，由于镜面必定存在平面度误差，所以透射峰时呈现的干涉图仍不是均匀亮场. 通过以上的观察和调节，可以直观地领会到平镜平行度和平面度对仪器细度和峰值透过率的决定性影响.

焦平面上小孔光阑设置于干涉环的中心是最有利的，但有时所研究的光源亮度较低，难以清晰地看清干涉环，为此，我们的仪器在小孔光阑后方设置了一个可移动的发光二极管，可把它移到正对小孔，使光向前经成像透镜投射到 F-P 镜上，再反射回来，又在焦面上成一亮点，如图 22-9 所示. 调整 F-P 干涉仪的方位，使该亮点与小孔重叠，就保证了小孔光阑位于干涉环的正中心. 调毕，把发光二极管关闭并移开，从而不妨碍光电探测器接收信号.

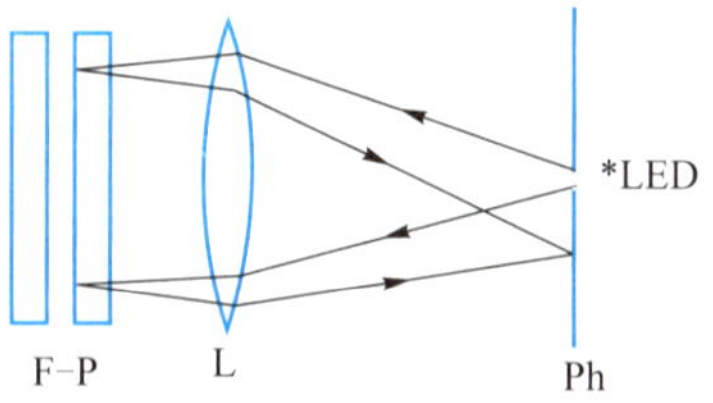

图 22-9 调整干涉环中心

为了在记录仪或计算机屏幕上显示大小适中的信号曲线，除了在记录仪或计算机上选择设置合适的灵敏度以外，对 x 轴的气压（波长）信号，还可在“扫描控制器”上连续调节气压模拟信号的“输出调节”；对 y 轴光强信号，还可调节光源的光强、光电倍增管电压、光电流放大器倍率或“输出调节”来得到合适的信号强度.

二、F-P 干涉仪主要参数的测定

1. 两镜相对平面度的估测.

在扫描干涉仪中，真正起作用的是干涉图中心的光强，而这部分光能量来自垂直镜面的光束干涉叠加. 由于两镜面不是理想的平行平面，镜面不同位置 (x,y) 的镜间距 $h(x,y)$ 不尽一致，所以满足干涉极大的条件不一致. 设 (x_1,y_1) 处在气压 p_1 时达到极大，(x_2,y_2) 处在 p_2 时达到同一级次的极大，这意味着 $n_1h_1=n_2h_2$，根据式(22-28)、式(22-29)，可得这两处的镜间距差为

$$\Delta h=\frac{\lambda}{2}\cdot\frac{p_2-p_1}{\delta p} \tag{22-31}$$

其中 δp 是对应于相邻两个干涉级次峰的气压差，它等价于 h 与 $\frac{\lambda}{2}$ 相除.

利用图 22-8 所示的观察方法，扫描气压时，可测得通光孔径中不同位置在同一干涉级次达到干涉极大的相应气压，从而可估测出镜间距的最大偏差 Δh_{max}. 在平行度调到最佳的情况下，Δh_{max} 就表示两平镜的“相对平面度”.

如采用扩束平行 He-Ne 激光束照明，因其谱线宽度窄，估测效果会更好. 但应注意，这时眼睛不能直接对着小孔观察，可在干涉仪前加一毛玻璃来散射光束，或在小孔后设置一白屏，观察透射光斑. 这时往往还可看到相应于不同纵模的条纹.

2. 细度的测定.

用扩束平行单频 He-Ne 激光垂直照明干涉仪，用硅光电池探测通过焦平面上小孔光阑的光强，当进行气压扫描时用记录仪或计算机记录扫描曲线，测定两相邻峰之间的距离，峰半高处宽度即为细度 F_1. 实验系统如图 22-10 所示.

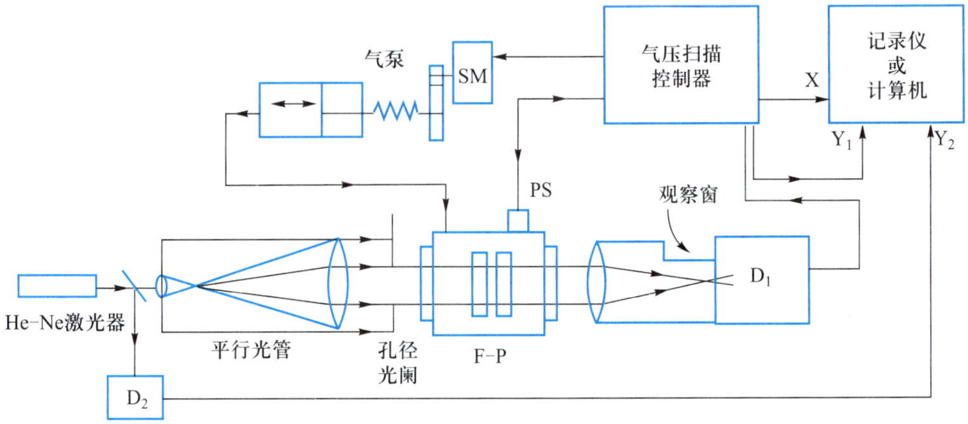

图 22-10　测定参数实验系统

在光路中用不同直径的光阑截取或大或小的光束截面，可测得不同的细度，这是由于所利用镜面面积小时，一般说来"相对平面度"也好（Δh_{max}小），细度增加. 如果在干涉仪前方置一用黑纸片制成的特异形状的光阑，挡住透射峰时不亮的镜面部分，会明显提高仪器的细度，而并不降低透射峰值. 这能显著改善光谱测量时的分辨本领.

3. 峰值透过率的测定.

用扩束平行单频 He-Ne 激光垂直照明干涉仪，用小于或等于干涉仪通光孔径的光阑截取一束光，使之落入干涉仪的通光孔径，用硅光电池探测通过焦平面上小孔光阑的光强，扫描气压，测得透射峰 I_{max}^{T}，移去干涉仪，再测得照明光束的强度 I_0，则峰值透过率 $T_{max}=\dfrac{I_{max}^{T}}{I_0}$. 移去干涉仪时，光束方向会有所改变，需调整探测组件的方位才能测得 I_0. 由于激光强度会漂移起伏，因此用探测器 D_2 监测其相对变化. 由于平镜非理想平行平面，故在不同位置、用不同截面的光束所测得的 T_{max} 会有所不同.

4. 对比度的测定.

用扩束平行单频 He-Ne 激光垂直照明干涉仪，把干涉仪扫描到透射极小状态，停止扫描. 把面积为 S_1 的较大孔径光阑置于光路中，测定透射极小时的光通量 $I_{min}^{T}\cdot S_1$ 的相对值 I_1，这时因为 I_{min}^{T} 很弱，而 S_1 较大，应严格遮蔽杂散光，同时用 6 328 Å 的窄带干涉滤光片挡住激光器的各种其他波长的自发辐射. 再换面积 S_2 较小的孔径光阑，测定透射极大时的光通量 $I_{max}^{T}\cdot S_2$ 的相对值 I_2，即可求得对比度：

$$C=\frac{I_{max}^{T}}{I_{min}^{T}}=\frac{I_2/S_1}{I_1/S_2} \tag{22-32}$$

之所以用孔径光阑 S_1、S_2，是为了使探测器面对的信号强度不要太悬殊.

三、空气折射度的测定

扫描几个干涉级次，从气压表上读出第一和最后干涉极大所对应的气压 p_1 和 p_2，根据已知的干涉仪间隔 h，按式(22-29)求得系数 A. 我们所用的是普通空气，因此 A 即为实验温度下的空气折射度.

四、光谱灯谱线轮廓和超精细结构的测定

用光谱灯和聚光透镜取代激光器和扩束平行光管，用干涉滤光片或单色仪滤出一条谱线，用光电倍增管探测通过干涉图中心小孔光阑的光通量，扫描记录该谱线，可得到谱线的轮廓、宽度和超精细结构的分布.由此可进一步得到发光原子的能态和所处环境的信息.图22-11是汞5 461 Å谱线用2 mm间隔的F-P干涉仪得到的结构.

可比较笔形汞灯、低压汞灯及高压汞灯的谱线轮廓和宽度.

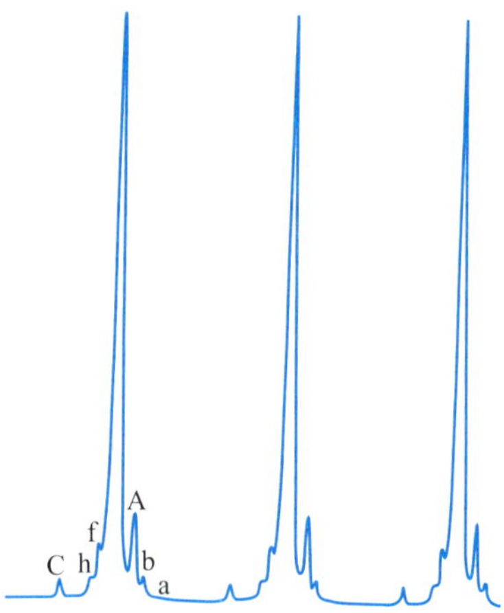

图22-11 汞5 461 Å谱线结构

五、塞曼效应的测定

“塞曼效应”的测定是高校理科“近代物理实验”中的基本实验之一，塞曼和洛伦兹由于这方面的研究获得了1902年的诺贝尔物理学奖.至今它仍是研究原子、分子的重要手段，在应用方面，它被用于准确而灵敏的磁场测量、原子频率标准(原子钟)以及有关激光和微波激射器的多种应用技术中.关于塞曼效应的原理，所有有关原子物理和光学的教科书以及各种近代物理实验教材上都有详细的介绍.做好塞曼效应实验的关键在于要具有分辨率高且工作稳定的分光仪器，利用气压扫描F-P干涉仪能完美地完成该实验.实验者应从完成实验的过程中，深入领会F-P干涉仪的原理，掌握用好这类干涉仪的技巧，并触类旁通地理解这类具有更广泛意义的高分辨光谱和高灵敏光学测量的实验技能.

图22-12是塞曼效应实验装置.在开始调整仪器时，可拿开偏振片，使光强较大；同时取下光电倍增管，直接用眼睛通过焦平面小孔光阑观察.调整好F-P干涉仪后，取下焦平面小孔光阑，可目视观察无磁场和有磁场时气压扫描的等倾干涉图；装上带小孔光阑的光电倍增管组件即可进行光电记录，必要时可采用前面介绍的方法，保证光阑小孔位于干涉环的正中心.记录时，把气压信号(对应于波长扫描)接记录仪或计算机屏幕的x轴；

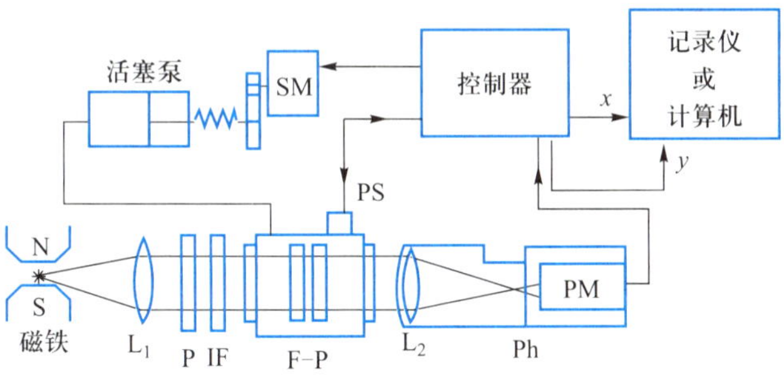

L_1—聚光透镜；P—偏振片；IF—干涉滤光片；F-P—气压扫描标准具；
L_2—成像透镜；Ph—焦平面小孔光阑；PM—光电倍增管；
SM—步进电机；PS—气压传感器.

图22-12 塞曼效应实验装置

把光强信号接 y 轴,调节各环节信号强度,使显示幅度恰当.

通常采用干涉滤光片从汞灯光源中滤出很强的 5 461 Å 绿线来进行实验,得到分裂为 9 条塞曼分量的反常塞曼效应.塞曼分裂的扫描谱图中,相邻级次的峰间距 S_0 所对应的波长为自由光谱范围 λ_{FSR},从分裂峰的裂距 S 即可得知相应的波长 $\Delta\lambda=\lambda_{FSR}\cdot\frac{S}{S_0}$.用特斯拉计测定塞曼分裂时的相应磁场 B,而从原子物理得知:

$$\Delta\lambda=(M_2g_2-M_1g_1)\cdot\frac{\lambda^2B}{4\pi C}\cdot\frac{e}{m_e} \tag{22-33}$$

其中 M_2、M_1 和 g_2、g_1 分别为跃迁上、下能级的磁量子数和朗德因子 g.相应数值标在图 22-13中,根据测得的 $\Delta\lambda$ 和 B,利用式(22-33)可算得电子的荷质比$\frac{e}{m_e}$.

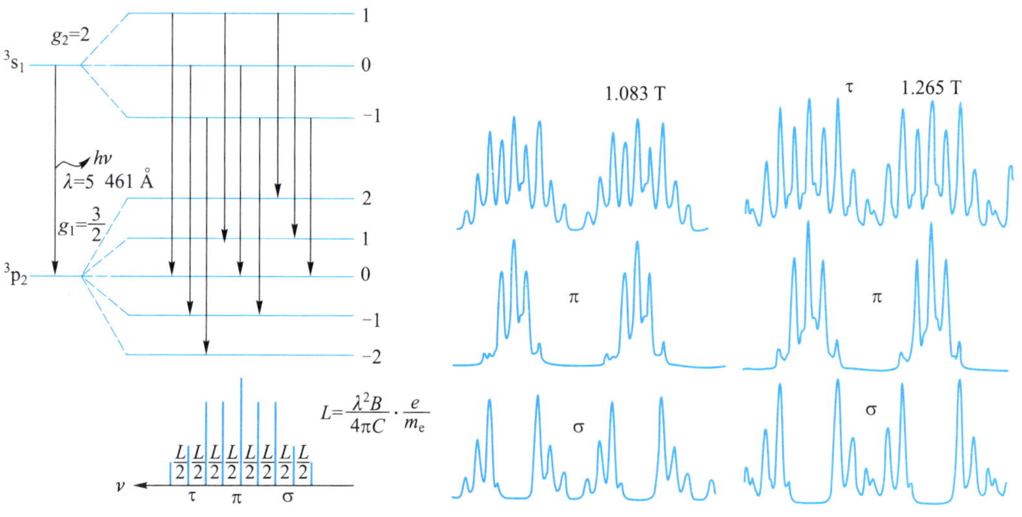

图 22-13 HgI 5 461 Å 塞曼分裂

可测量不同磁场下的塞曼分裂,以及各塞曼分量的相对强度,并与理论值进行比较.

利用其他波长的滤光片或用一台单色仪作为谱线选择,还可方便地测得汞灯其他几条谱线的塞曼分裂,所测谱线的波长范围受限于 F-P 干涉仪的镜面高反射波长区域.其中 5 790.7 Å 分裂成 3 条,为正常塞曼效应;5 769.6 Å 分裂成紧靠成三组的 9 条,一般只能分辨为三个峰;4 358.3 Å 分裂成 6 条,中间为两条 π 分量,不存在原位不变的分量;4 046.6 Å也分裂为 3 条,但朗德因子 g 为 2,裂距较大.

思考题

1. 缩小 F-P 干涉仪的利用面积有利于提高细度和分辨率,与此同时会带来什么不利的影响?对于亮度高、束径小的激光束,这种不利的影响的程度如何?

2. 采用准直性优良的激光光束时,成像透镜焦平面上的小孔光阑主要起什么作用?它是否引入针孔细度 F_P?测定光谱灯的扫描光谱时,在本实验所用装置上采用 $f=$

180 mm 的成像透镜，为保证仪器综合细度达到 50，小孔光阑最大可取多大？

3. 干涉仪的干涉环中心位置取决于什么？如何调整光源、透镜和 F-P 干涉仪的方位，使干涉图中心有最大光强？

4. 如何根据研究对象的参数选择 F-P 干涉仪的间隔 h 和反射率 R？若可获 1.2 T 的磁场，为观测 5 461 Å 谱线的塞曼效应，该选多大的 h？若观察频率间隔范围为 1.5 GHz 的 He-Ne 纵模激光，h 该选多大？

5. 你认为本实验中各测定量（可着重深入讨论一个量）的误差可能来自什么原因？误差大约为多少？

6. 对本实验有何改进意见？

知识拓展

塞曼效应

塞曼效应是物理学史上一个著名的实验. 1896 年，荷兰物理学家塞曼（P. Zeeman，1865—1943，图 22-14）发现把产生光谱的光源置于足够强的磁场中，磁场作用于发光体使光谱发生变化，一条谱线即会分裂成几条偏振化的谱线，这种现象称为塞曼效应.

图 22-14　塞曼

塞曼效应是继法拉第磁致旋光效应之后被发现的又一个磁光效应. 这个现象的发现是对光的电磁理论的有力支持，证实了原子具有磁矩和空间取向量子化，使人们对物质光谱、原子、分子有了更多了解. 由于及时得到洛伦兹（H. A. Lorentz，1853—1928）的理论解释，塞曼效应更加受到人们的重视，被誉为继 X 射线之后物理学最重要的发现之一.

1896 年，荷兰物理学家塞曼使用半径 10 英尺的凹形罗兰光栅观察磁场中的钠火焰的光谱，他发现钠的 D 谱线似乎出现了加宽的现象. 这种加宽现象实际上是谱线发生了分裂. 随后不久，塞曼的老师、荷兰物理学家洛伦兹应用经典电磁理论对这种现象进行了解释. 他认为，由于电子存在轨道磁矩，并且磁矩方向在空间的取向是量子化的，因此在磁场作用下能级发生分裂，谱线分裂成间隔相等的 3 条谱线. 塞曼和洛伦兹因为这一发现共同获得了 1902 年的诺贝尔物理学奖.

应用正常塞曼效应测量谱线分裂的频率间隔可以测出电子的荷质比. 由此计算得到的荷质比数值与汤姆生（J. J. Thomson，1856—1940）在阴极射线偏转实验中测得电子的荷质比的数量级是相同的，二者互相印证，进一步证实了电子的存在.

塞曼效应也可以用来测量天体的磁场. 1908 年，在威尔逊山天文台，美国天文学家海尔（G. E. Hale，1868—1938）等人利用塞曼效应首次测量到了太阳黑子的磁场.

1897 年 12 月，普雷斯顿（T. Preston，1860—1900）报告称，在很多实验中观察到光谱线有时并非分裂成 3 条，间隔也不尽相同，人们把这种现象叫作反常塞曼效应，将塞曼原来发现的现象叫作正常塞曼效应. 反常塞曼效应的机制在其后二十余年时间里一直没能得到很好的解释，困扰了一大批物理学家.

1912 年，帕邢(F. Paschen，1865—1947)和巴克(E. Back，1881—1959)发现在极强磁场中，反常塞曼效应又表现为三重分裂，被称为帕邢-巴克效应.这些现象都无法从理论上进行解释，此后二十多年一直是物理学界的一件“疑案”.正如不相容原理的发现者泡利(W.Pauli，1900—1958)后来回忆的那样：“这不正常的分裂，一方面有漂亮而简单的规律，显得富有成果；另一方面又是那样难于理解，使我感觉简直无从下手.”

1921 年，德国杜宾根大学教授朗德(A.Landé，1888—1975)发表题为《论反常塞曼效应》的论文，他引进一因子 g 代表原子能级在磁场作用下的能量改变比值，这一因子只与能级的量子数有关.

1925 年，乌伦贝克与古兹密特为了解释塞曼效应和复杂谱线提出了电子自旋的概念.1926 年，海森堡(W. K. Heisenberg，1901—1976)和约旦(E. P. Jordan，1902—1980)引进自旋 S，从量子力学角度对反常塞曼效应做出正确的计算.由此可见，塞曼效应的研究推动了量子理论的发展，在物理学发展史中占有重要地位.

第 5 章

虚拟仿真实验

实验 23　单摆测重力加速度

实验简介

单摆实验是个经典实验,许多著名的物理学家都对单摆实验进行过细致的研究.本实验的目的是进行简单设计性实验基本方法的训练,根据已知条件和测量精度的要求,学会应用误差均分原则选用适当的仪器和测量方法,学习累积放大法的原理和应用,分析基本误差的来源,提出进行修正和估算的方法.

实验仪器

1. 单摆仪的实物图和在程序中的显示图见图 23-1 和图 23-2.

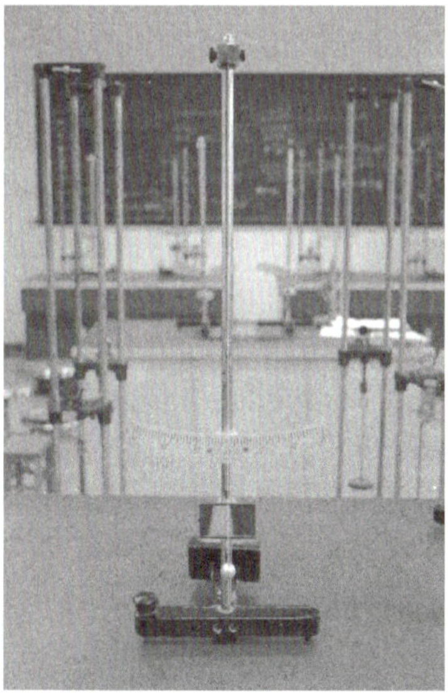

图 23-1　单摆仪的实物图

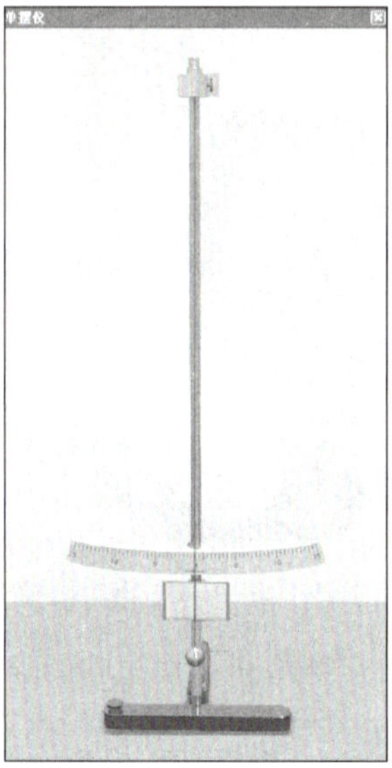

图 23-2　虚拟仿真实验中的单摆仪

2. 游标卡尺的实物图和在程序中的显示图见图 23-3 和图 23-4.

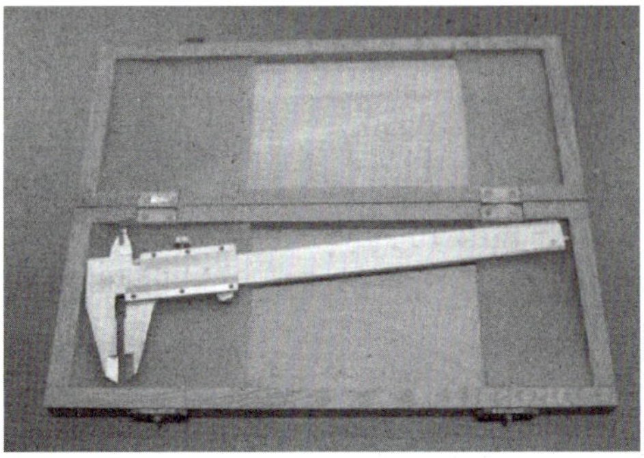

图 23-3 游标卡尺的实物图

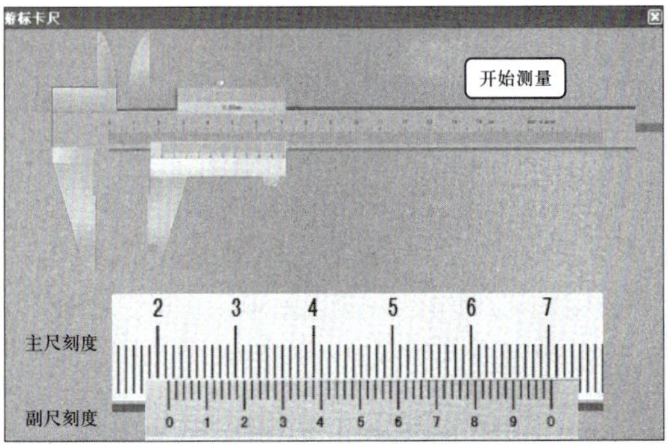

图 23-4 虚拟仿真实验中的游标卡尺

3. 螺旋测微器的实物图和在程序中的显示图见图 23-5 和图 23-6.

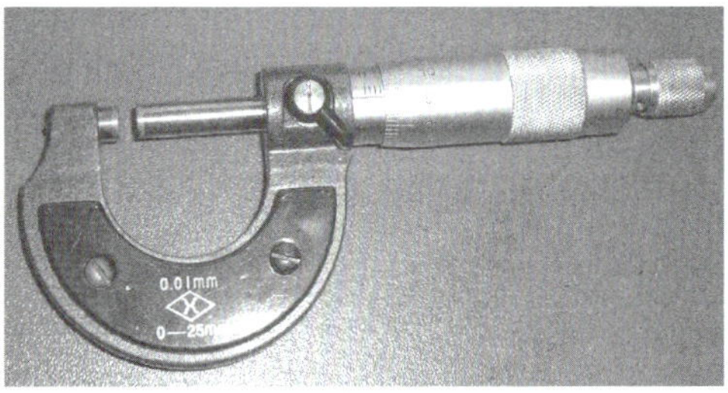

图 23-5 螺旋测微器的实物图

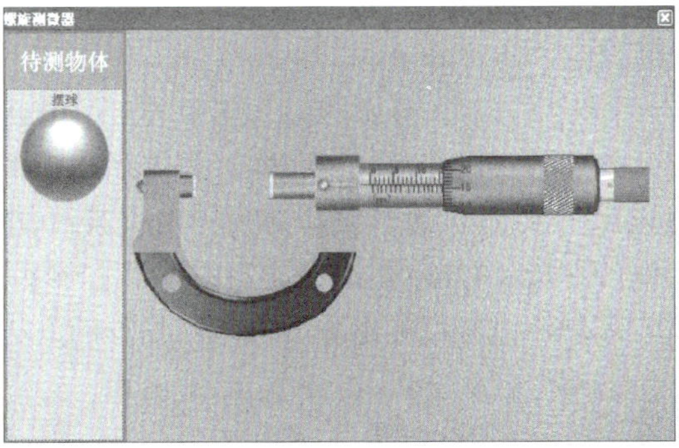

图 23-6 虚拟仿真实验中的螺旋测微器

4. 电子秒表的实物图和在程序中的显示图见图 23-7 和图 23-8.

图 23-7 电子秒表的实物图

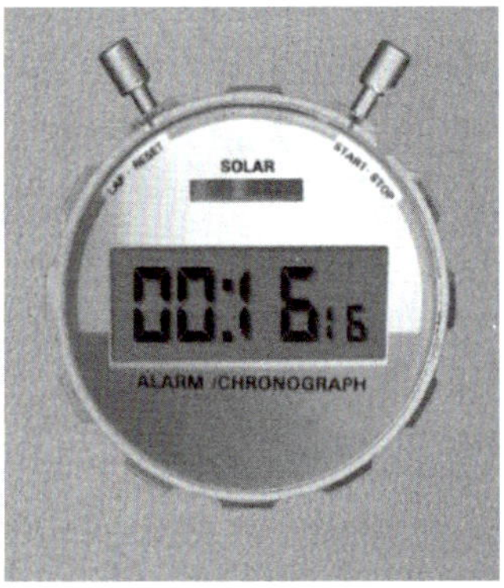

图 23-8 虚拟仿真实验中的电子秒表

5. 米尺的实物图和在程序中的显示图见图 23-9 和图 23-10.

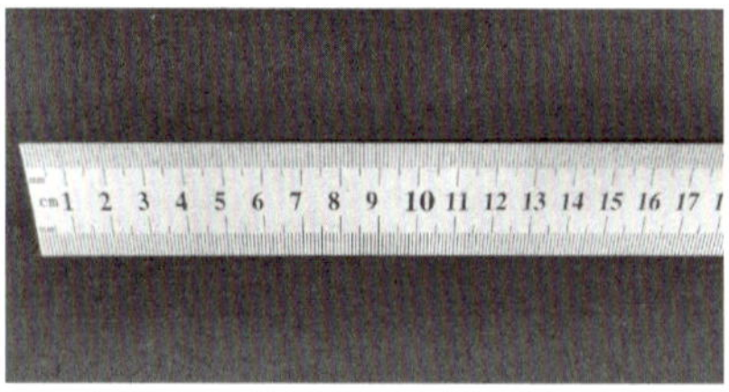

图 23-9　米尺的实物图

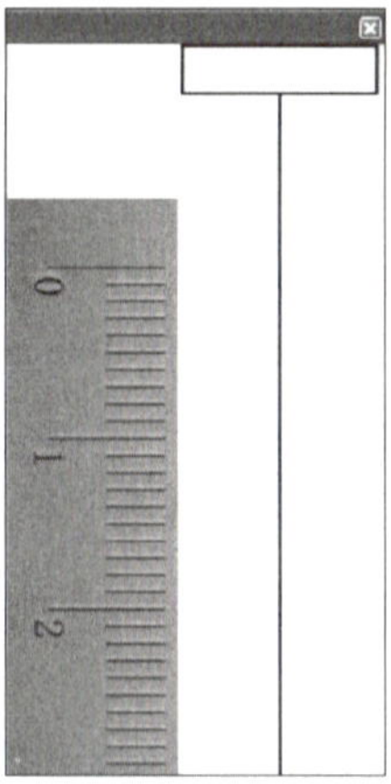

图 23-10　虚拟仿真实验中的米尺

实验原理

1. 单摆测重力加速度的一级近似的周期公式为

$$T=2\pi\sqrt{\frac{l}{g}} \tag{23-1}$$

由此通过测量周期 T 和摆长 l，求重力加速度.

2. 不确定度均分原理.

在间接测量中，每个独立测量的量的不确定度都会对最终结果的不确定度产生影响.如果已知各测量量之间的函数关系，可写出不确定度传递公式，并按均分原理，将测量结果的总不确定度均匀分配到各个分量中，由此分析各物理量的测量方法和使用的仪器，并用于指导实验.一般而言，这样做比较经济合理.对测量结果影响较大的物理量，应采用精度较高的仪器；而对测量结果影响不大的物理量，就不必追求使用高精度仪器.

实验内容

1. 用误差均分原理设计单摆装置，测量重力加速度 g.

设计要求：

(1) 根据误差均分原理，自行设计实验方案，合理选择测量仪器和方法.

(2) 写出详细的推导过程和实验步骤.

(3) 用自制的单摆装置测量重力加速度 g，测量精度要求 $\frac{\Delta g}{g}<1\%$.

可提供的器材及参数：游标卡尺、米尺、螺旋测微器、电子秒表、支架、细线(尼龙线)、钢球、摆幅测量标尺(硬白纸板自制)、天平(公用).

假设摆长 $l\approx70.00$ cm，摆球的直径 $D\approx2.00$ cm，摆动周期 $T\approx1.700$ s，米尺精度 $\Delta_{米}\approx0.05$ cm，游标卡尺精度 $\Delta_{卡}\approx0.002$ cm，螺旋测微器精度 $\Delta_{螺}\approx0.001$ mm，秒表精度

$\Delta_{秒} \approx 0.01$ s.根据统计分析,实验人员开或停秒表反应时间为 0.1 s 左右,所以实验人员开、停秒表总的反应时间近似为 $\Delta\lambda \approx 0.2$ s.

2. 对重力加速度 g 的测量结果进行误差分析和数据处理,检验实验结果是否达到设计要求.

3. 自拟实验步骤,研究单摆周期与摆长、摆角、悬线的质量和弹性系数、空气阻力等因素的关系,试分析各项误差的大小.

4. 自拟实验步骤,用单摆实验验证机械能守恒定律.

实验操作

一、了解实验名称及实验内容

进入“用单摆测量重力加速度”的操作界面,点击“实验内容”,可显示实验内容(图 23-11).

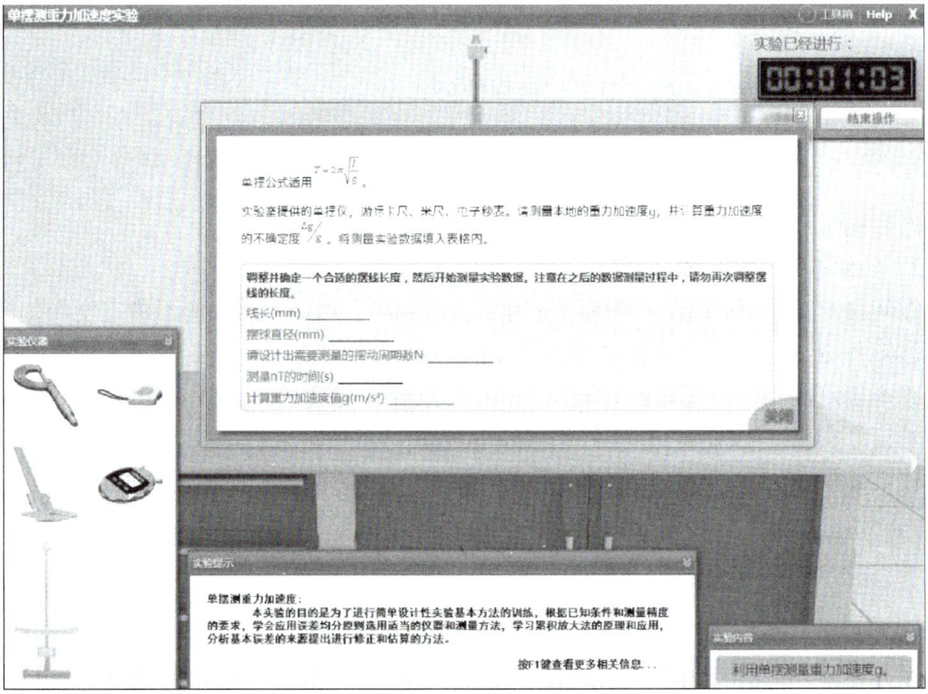

图 23-11　实验内容

二、打开实验提示及相关仪器介绍页面

1. 移动鼠标到界面空白位置,界面下方对话框给出实验提示(图 23-12).

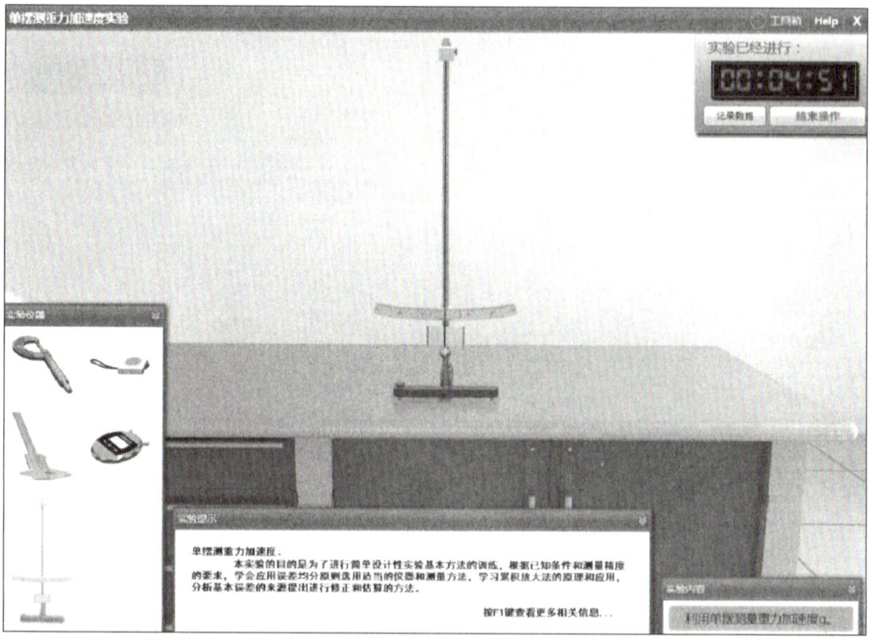

图 23-12　实验提示

2. 移动鼠标至屏幕左下角仪器图片上，“实验提示”窗口会给出各类仪器介绍(图 23-13).

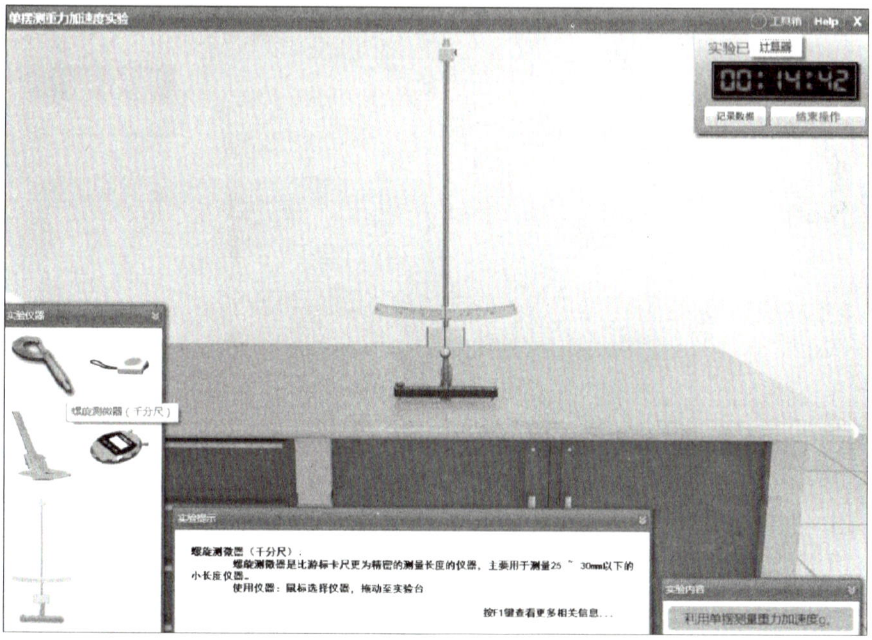

图 23-13　实验提示

三、打开工具箱及帮助文档

1. 点击界面右上角的“工具箱”，出现“计算器”窗口，用于计算结果(图 23-14).

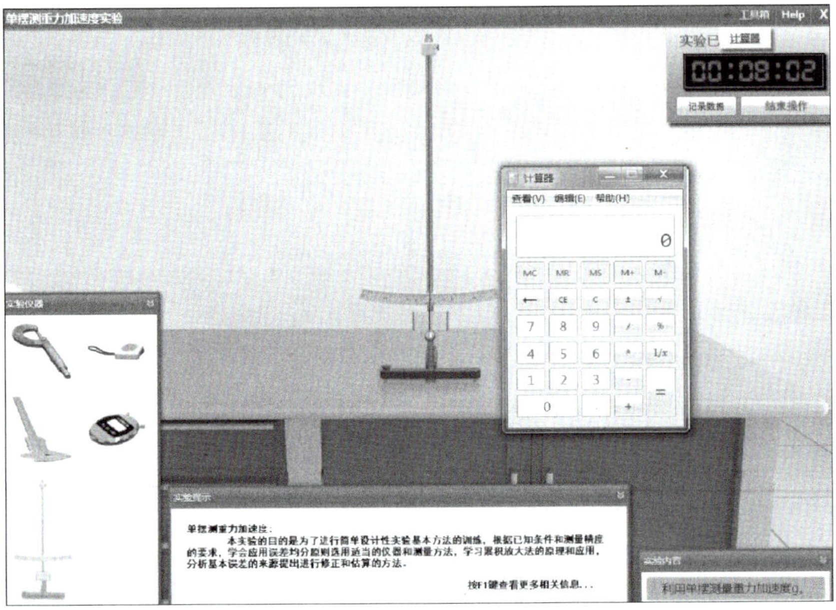

图 23-14 “计算器”窗口

2. 点击界面右上角的“Help”，出现“帮助文档”，里面包括“实验简介”“实验原理”“实验仪器”“实验内容”“实验指导”部分(图 23-15).

图 23-15 帮助文档

四、按实验步骤进行实验

1. 用鼠标拖动左侧工具图标，将所需实验工具放置在实验台面上(图 23-16).

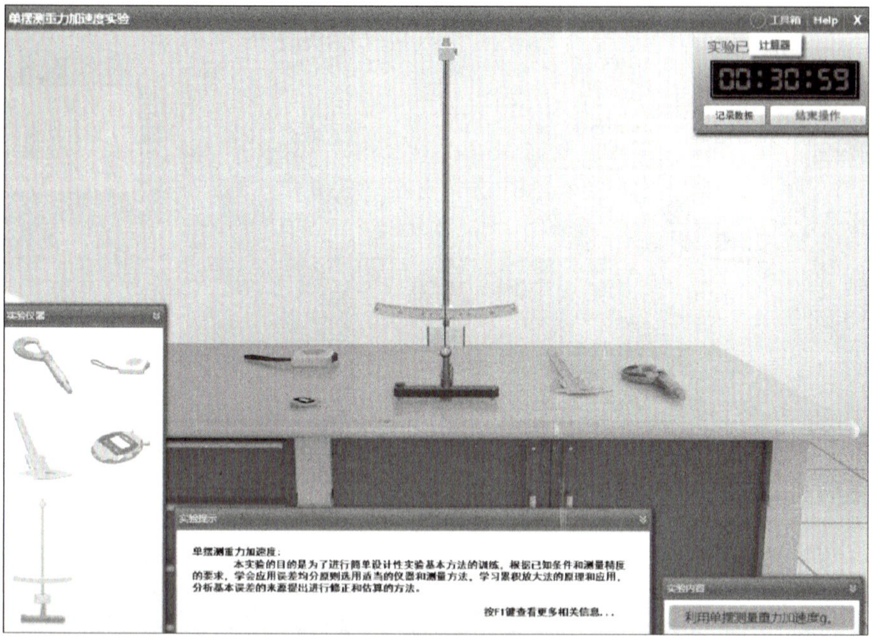

图 23-16　实验工具

2. 使用游标卡尺测量摆球的直径.

用鼠标左键或者右键点击“锁定/解锁”旋钮，锁定或者解锁副尺(图 23-17).

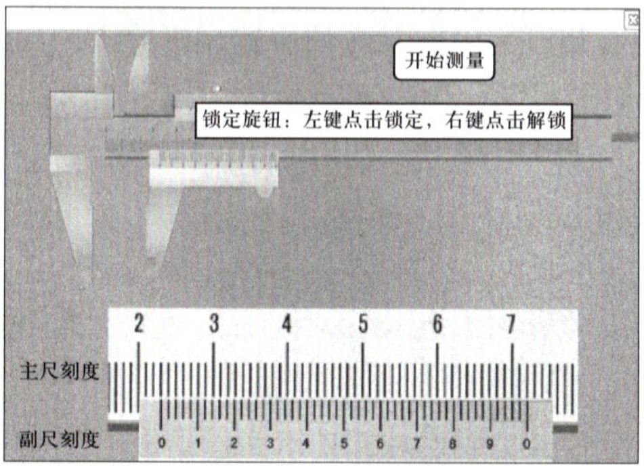

图 23-17　锁定副尺

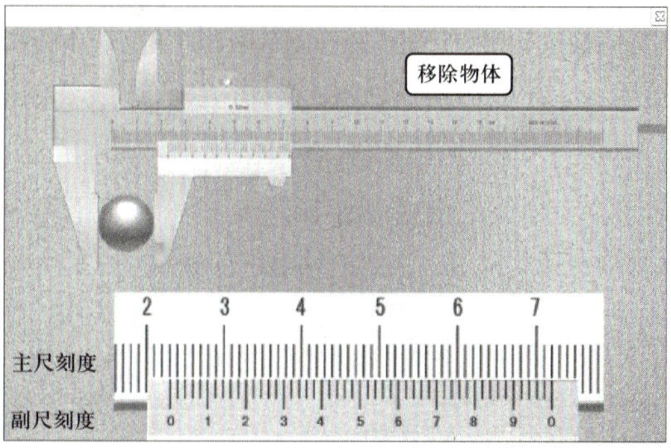

图 23-18　记录数据

拖动副尺部分，改变测量卡口张开的大小，对摆球进行测量，并记录数据(图 23-18).

3. 使用螺旋测微器测量摆球的直径.

用鼠标左键或者右键点击转轴，可以向上或者向下旋转转轴；用鼠标左键或者右键点击“锁定/解锁”旋钮，可以锁定或者解锁转轴(图 23-19)，测量之前需检查零点误差.

放入摆球，进行测量，如果摆球放不进去，请继续调整螺旋测微器的间距，如图 23-20 所示.

4. 用米尺测量摆线的长度.

用鼠标左键或者右键点击摆线末端的旋钮来增大或者减小摆线长(图 23-21).

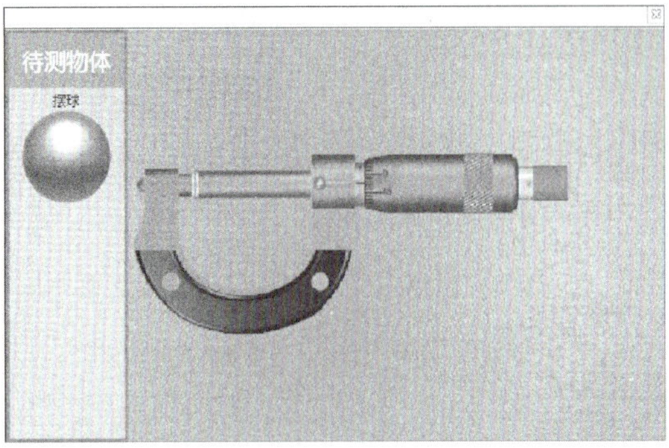

图 23-19　螺旋测微器

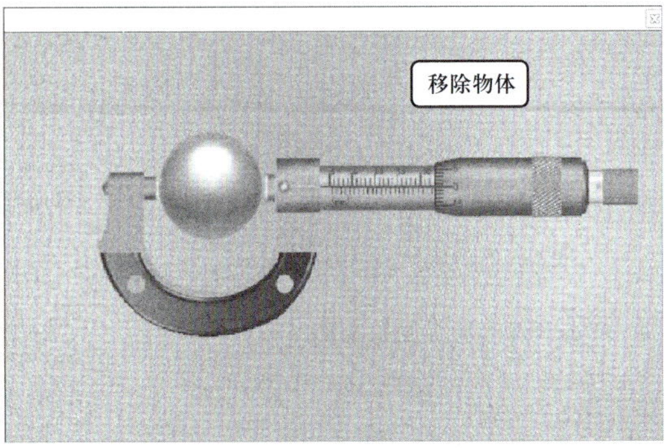

图 23-20　测量

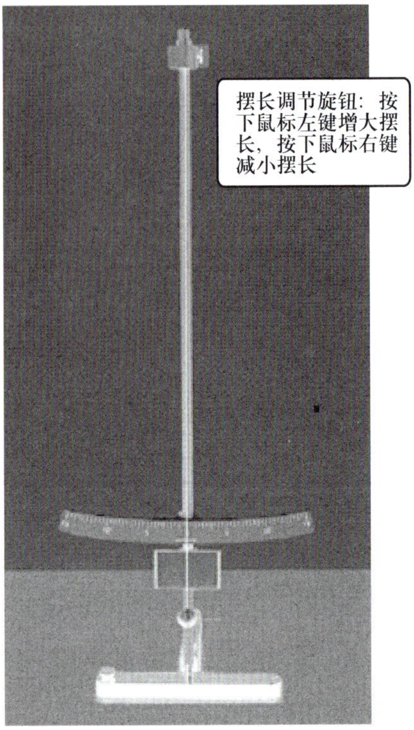

图 23-21　调节摆长

用鼠标拖动左侧全景图中的白色区域，改变右侧放大区域对应的位置.在右侧图中拖动米尺，可以改变米尺位置，并记录摆线的长度(图 23-22).

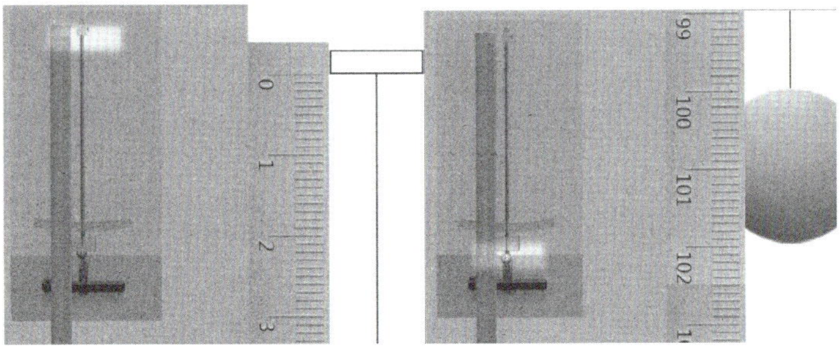

图 23-22　记录摆线长度

5. 用秒表测量摆动周期.

拖动摆球让摆球摆动(图 23-23).点击“开始/暂停”按钮可以开始或者暂停计时(图 23-24).

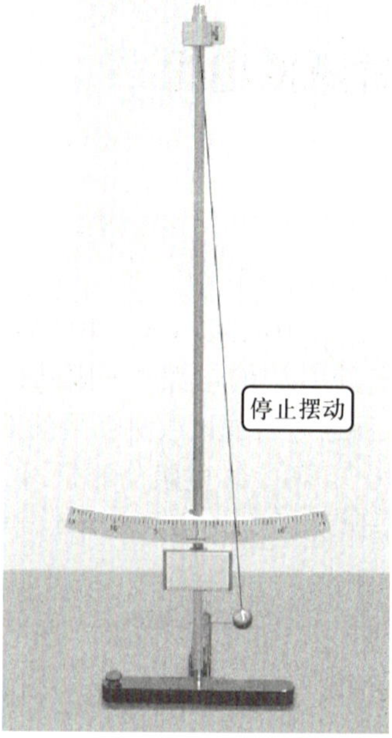

图 23-23 拖动摆球

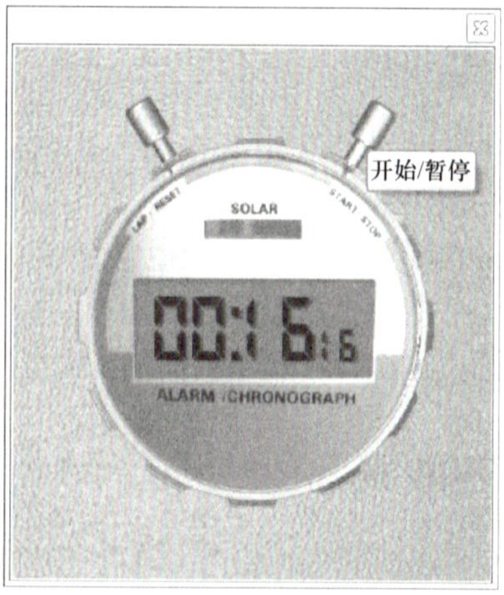

图 23-24 秒表

6. 结束操作,记录相关数据(图 23-25).

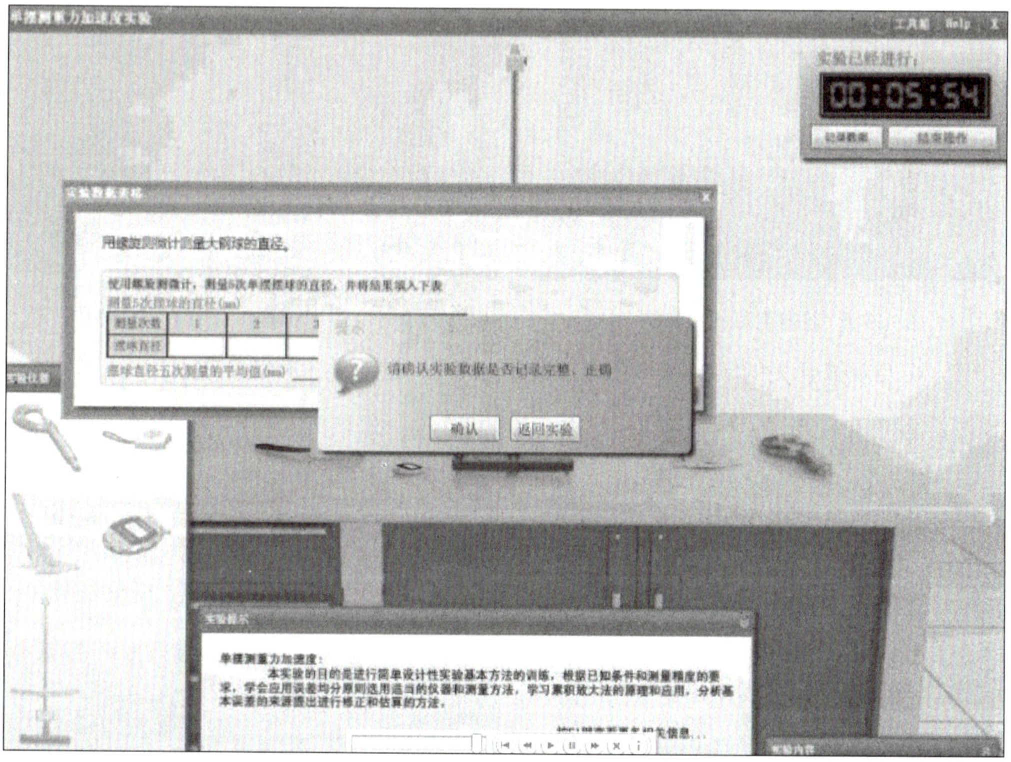

图 23-25 结束实验

实验 24　双臂电桥测低电阻

实验简介

电阻按照阻值大小可分为高电阻(100 kΩ 以上)、中电阻(1 Ω ~ 100 kΩ)和低电阻(1 Ω以下)三种. 一般来说, 导线本身以及和接点处引起的电路中的附加电阻约大于 0.1 Ω, 这样在测低电阻时就不能把它忽略掉. 对惠斯通电桥加以改进而成的双臂电桥(又称开尔文电桥)消除了附加电阻的影响, 适用于 $10^{-5} \sim 10^{-2}$ Ω 电阻的测量. 本实验要求在掌握双臂电桥工作原理的基础上, 用双臂电桥测金属材料的电阻率.

实验仪器

1. QJ36 型双臂电桥的实物图和在程序中的显示图见图 24-1 和图 24-2.

图 24-1　双臂电桥的实物图

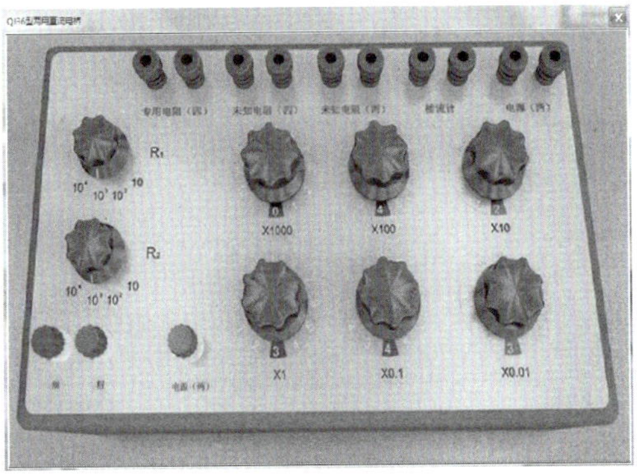

图 24-2　虚拟仿真实验中的双臂电桥

2. 双刀双掷开关的实物图和在程序中的显示图见图 24-3 和图 24-4.

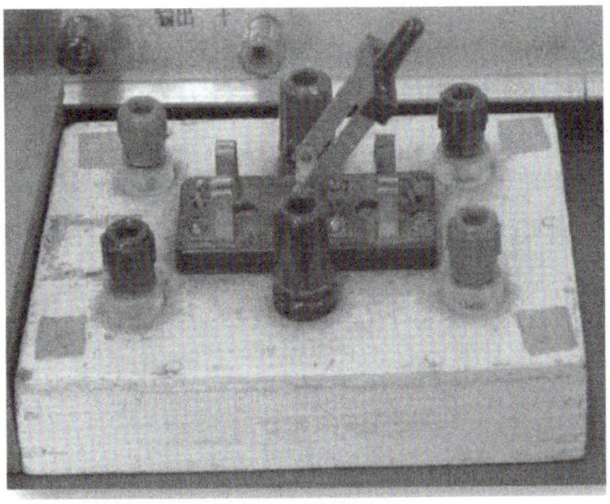

图 24-3　双刀双掷开关的实物图

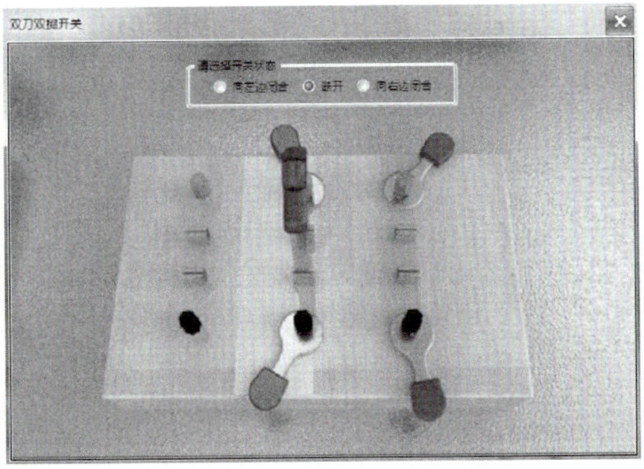

图 24-4　虚拟仿真实验中的双刀双掷开关

3. 直流复射式检流计的实物图和在程序中的显示图见图 24-5 和图 24-6.

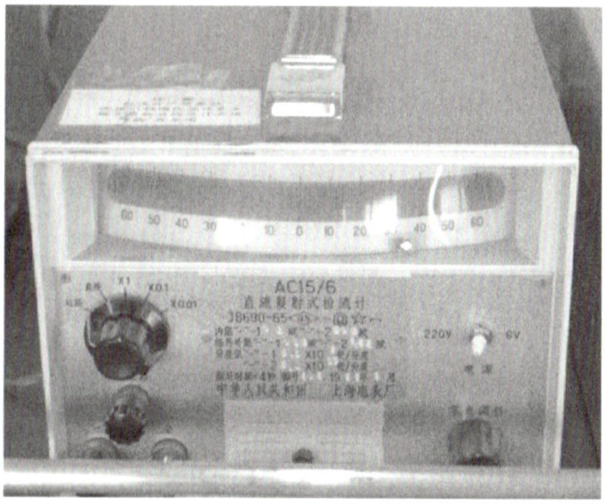

图 24-5　直流复射式检流计的实物图

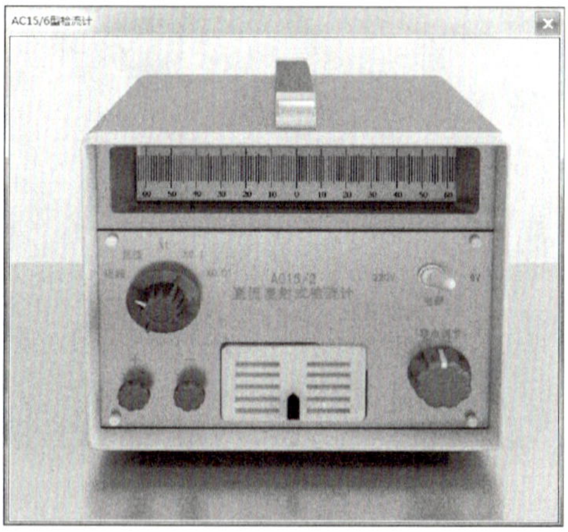

图 24-6　虚拟仿真实验中的直流复射式检流计

4. 电流表的实物图和在程序中的显示图见图 24-7 和图 24-8.

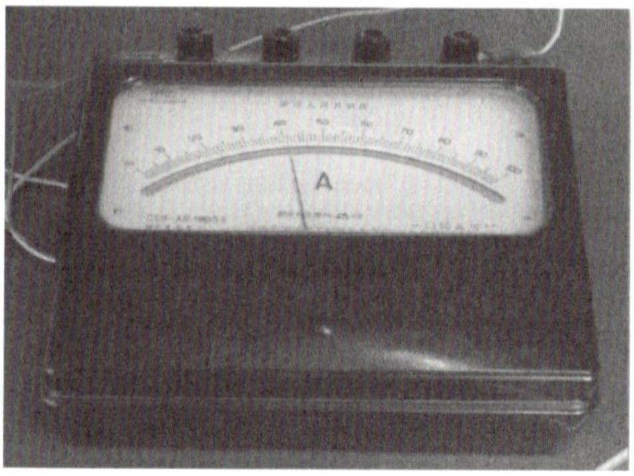

图 24-7　电流表的实物图

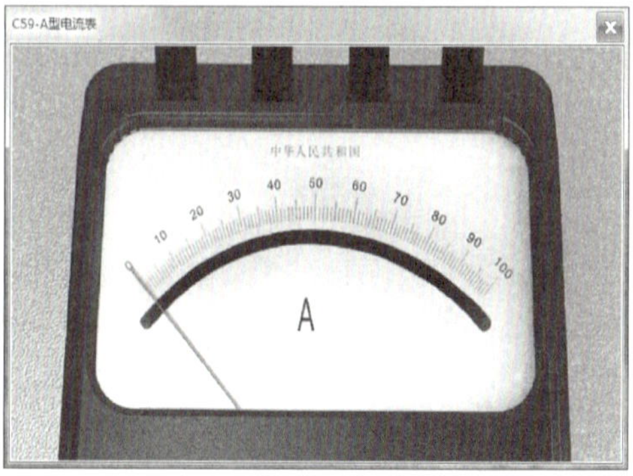

图 24-8　虚拟仿真实验中的电流表

5. 直流稳压电源的实物图和在程序中的显示图见图 24-9 和图 24-10.

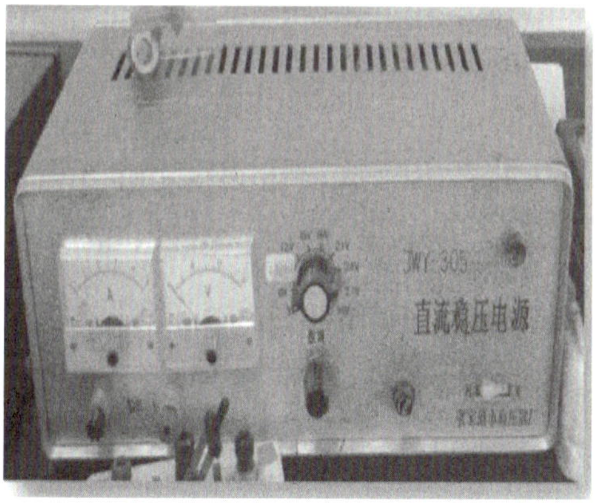

图 24-9　直流稳压电源的实物图

图 24-10　虚拟仿真实验中的直流稳压电源

6. 待测电阻架的实物图和在程序中的显示图见图 24-11 和图 24-12.

图 24-11　电阻架的实物图

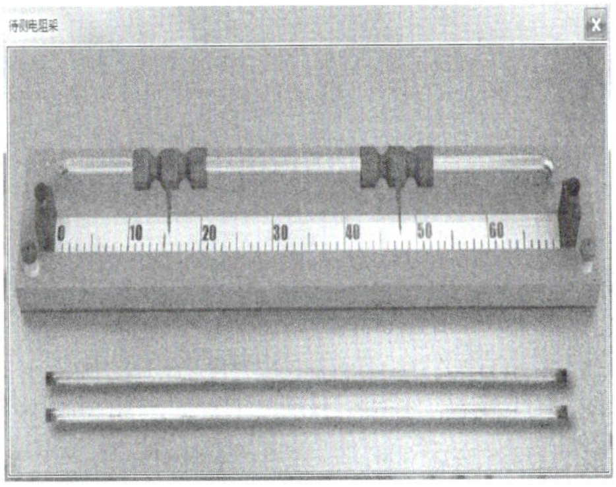

图 24-12　虚拟仿真实验中的电阻架

实验原理

为了消除接触电阻对于测量结果的影响,需要将接线方式改成图 24-13 方式,将低电阻 R_x 以四端接法方式连接,等效电路如图 24-14 所示.

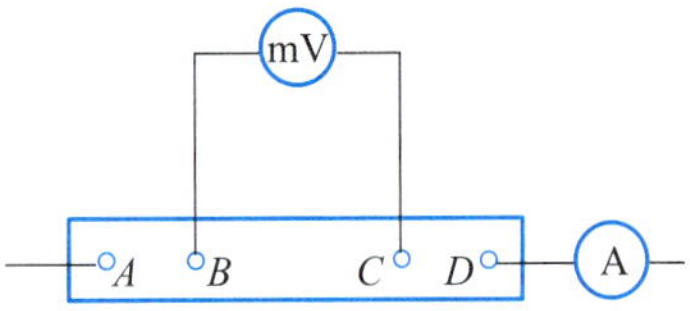

图 24-13　接线图

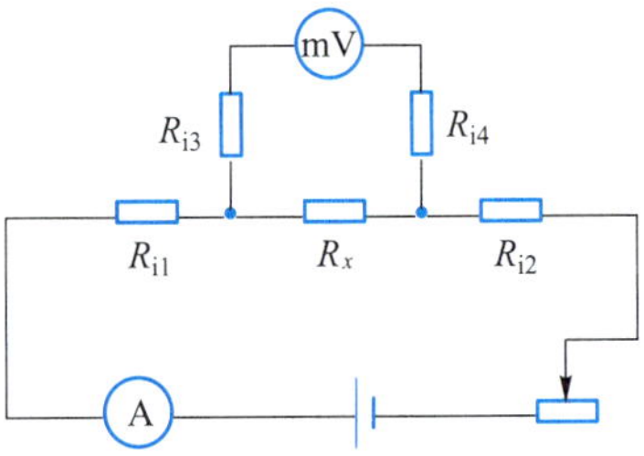

图 24-14　等效电路

此时毫伏表上测得电阻为 R_x 的电压降,由 $R_x=V/I$ 即可准确计算出 R_x.接于电流测量回路中即电流接头的两端(A、D)与接于电压测量回路中即电压接头的两端(B、C)是各自分开的,许多低电阻的标准电阻都做成四端钮方式.

根据这个结论,就发展成双臂电桥,其线路图和等效电路图分别如图 24-15 和图

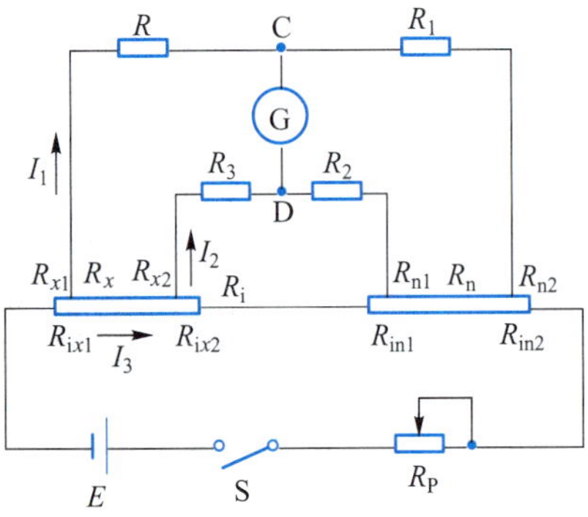

图 24-15　线路图

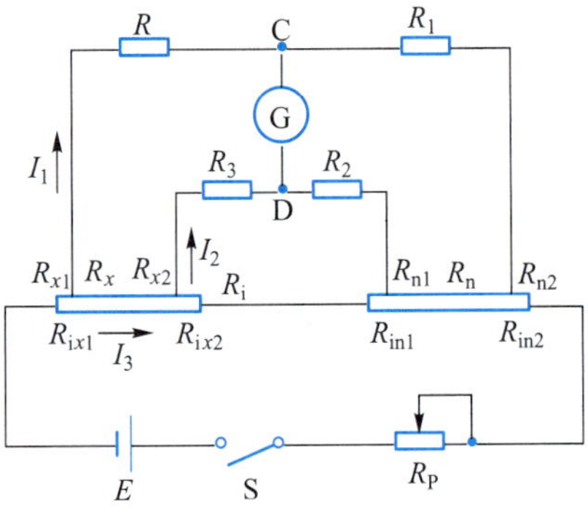

图 24-16　等效电路图

24-16 所示.标准电阻 R_n 电流接头接触电阻为 R_{in1}、R_{in2},待测电阻 R_x 的电流接头接触电阻为 R_{ix1}、R_{ix2},都连接到双臂电桥测量回路的电路回路内.标准电阻电压接头接触电阻为 R_{n1}、R_{n2},待测电阻 R_x 电压接头接触电阻为 R_{x1}、R_{x2},连接到双臂电桥电压测量回路中,因为它们与较大电阻 R_1、R_2、R_3、R 相串联,故其影响可忽略.

如图 24-15 和图 24-16 所示,当电桥平衡时,通过检流计 G 的电流 $I_g=0$,C 和 D 两点电位相等,根据基尔霍夫定律,可得方程组:

$$\begin{cases} I_1R=I_3R_x+I_2R_3 \\ I_1R_1=I_3R_n+I_2R_2 \\ (I_3-I_2)R_i=I_2(R_3+R_2) \end{cases} \tag{24-1}$$

解方程组得

$$R_x=\frac{R}{R_1}R_n+\frac{RR_1}{R_3+R_2+R_1}\left(\frac{R_2}{R_1}-\frac{R_3}{R}\right) \tag{24-2}$$

通过联动转换开关,同时调节 R_1、R_2、R_3、R,使得 $\frac{R_2}{R_1}-\frac{R_3}{R}=0$ 成立,则式(24-2)中第二项为零,待测电阻 R_x 和标准电阻 R_n 的接触电阻 R_{in1}、R_{ix2} 均包括在低电阻导线 R_i 内,则有

$$R_x=\frac{R}{R_1}R_n \tag{24-3}$$

实验内容

用双臂电桥测量金属材料(铜棒、铝棒)的电阻率 ρ,先用式(24-3)测量 R_x,再用 $\rho=R_xS/L$ 求出电阻率 ρ.

1. 将铜棒安装在测试架上,按实验电路图接线.选择长度为 50 cm 的铜棒,调节 R_1,R_2 为 1 000 Ω,调节 R 使得检流计指示为 0,读出此时 R 的电阻值.利用双刀双掷开关换向,正反方向各测量 3 组数据.
2. 选取长度为 40 cm 的铜棒,重复步骤 1.
3. 在 6 个不同的位置测量铜棒的直径并求 D 的平均值.
4. 计算上述两个长度铜棒的平均值 $\overline{R_x}$ 和电阻率 ρ,再求 $\bar{\rho}$ 的平均值.
5. 取 40 cm 长度的铜棒,计算测量值电阻率 ρ 的标准偏差.
6. 将铜棒换成铝棒,重复步骤 1 至 5.

实验操作

1. 根据双臂电桥测量低电阻的电路图,左击连线(连续左击清除错误连线)将电路连接好,如图 24-17 所示,然后点击“确认状态”按钮保存.

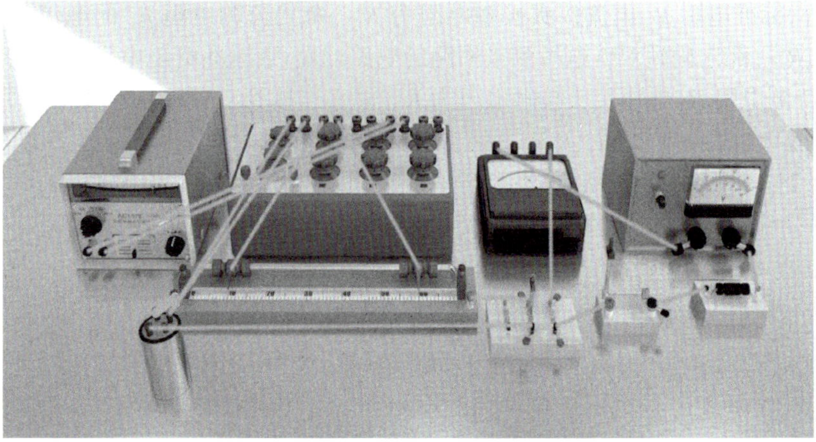

图 24-17　电路图

2. 左击选中左下角“实验仪器”中的螺旋测微器，并将其拖至实验桌上，双击螺旋测微器进入调节页面，点击“开始测量”，显示要测量的物体，通过旋钮调节测量宽度，将待测物体铜棒拖入测量口，然后调节左键按钮直至显示“螺旋测微器已经到头”，开始记录铜棒的直径数据并填入表 24-1.然后点击“移除物体”，再次选中铜棒，重复上述步骤，总共测量三次.按照相同的步骤记录铝棒数据，如图 24-18 所示(注：按住调节旋钮左键向下转动，右键相反).

表 24-1　数据记录表

测量编号	1	2	3	平均值
铜棒的直径/mm				
铝棒的直径/mm				

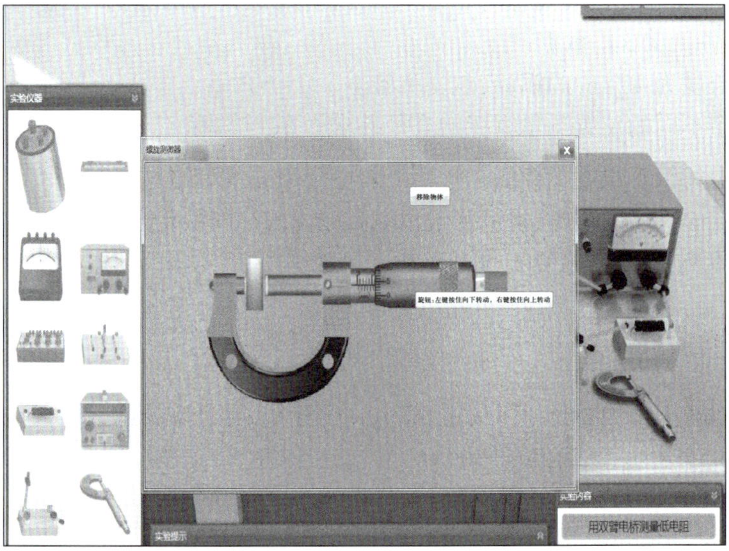

图 24-18　实验过程图

3. 双击打开待测电阻架的界面，将铜棒拖入测试架上并设置其测量距离（如50 cm），如图 24-19 所示.

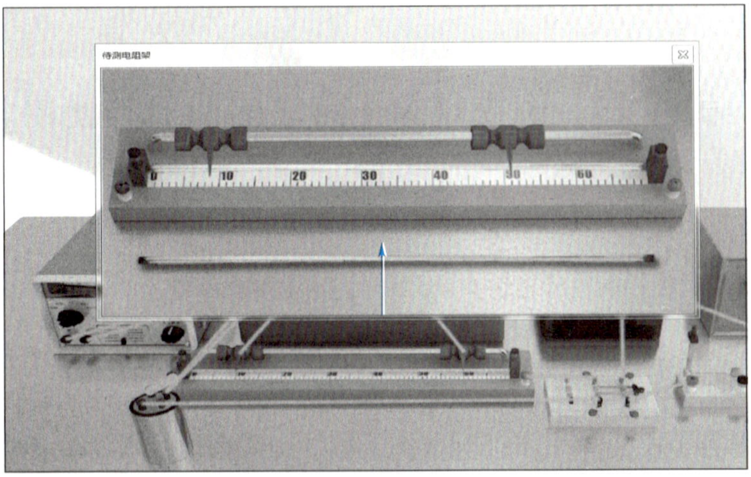

图 24-19　设置测量距离

4. 双击检流计，确认检流计在测量挡（×1，×0.1，×0.01），接通电源，利用“零点调节”旋钮对检流计调零，不允许在短路挡调零，如图 24-20 所示.

图 24-20　检流计调零

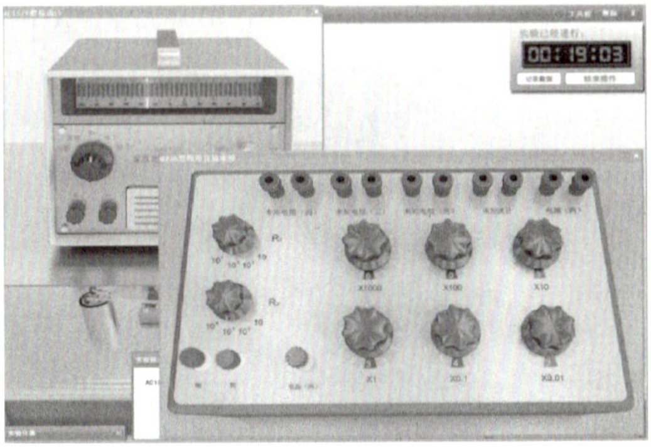

图 24-21　调节双臂电桥

5. 双击电压源，闭合开关，并打开双刀双掷开关，点击“向右边闭合”，双击打开直流电桥，按下双臂电桥的“粗”按钮，这时检流计示数发生偏转，调节双臂电桥的 R，使电桥平衡，记录 R 的值，如图 24-21 所示.

6. 双击打开双刀双掷开关换向，正反方向共测 3 组数据，将其填入表 24-2 中，然后求出平均值.

表 24-2　数据记录表

测量编号	1	2	3
$k_{x向左}/\Omega$			
$k_{x向右}/\Omega$			

7. 将铜棒换成铝棒，重复上述步骤.

8. 根据上述步骤测量的金属棒的电阻、半径和长度，通过公式$\rho=\frac{RS}{L}$计算出电阻率ρ.

实验 25　迈克耳孙干涉仪的调节与使用

实验简介

迈克耳孙干涉仪是近代物理和近代计量技术中有着重要地位的一种光学仪器.迈克耳孙与他的合作者曾经用这种干涉仪完成了著名的迈克耳孙-莫雷实验，为否定“以太”的存在提供了重要依据.本实验的目的是了解迈克耳孙干涉仪的原理、结构和调节方法，观察非定域干涉条纹，测量 He-Ne 激光的波长，并加强对条纹可见度和时间相干性的认识.

实验仪器

1. 迈克耳孙干涉仪和钠光源的实物图和在程序中的显示图见图 25-1 和图 25-2.

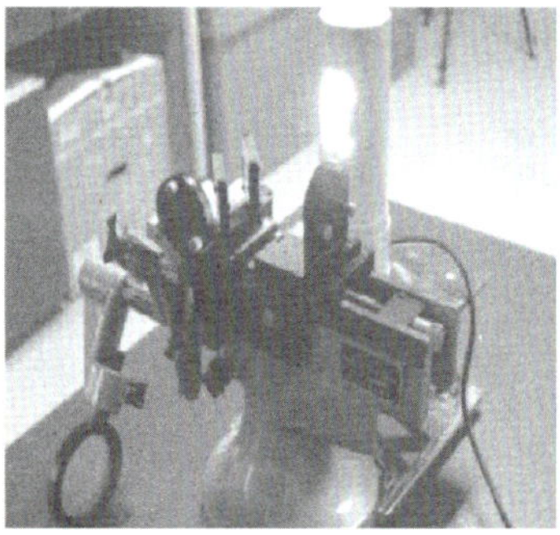

图 25-1　迈克耳孙干涉仪和钠光源的实物图

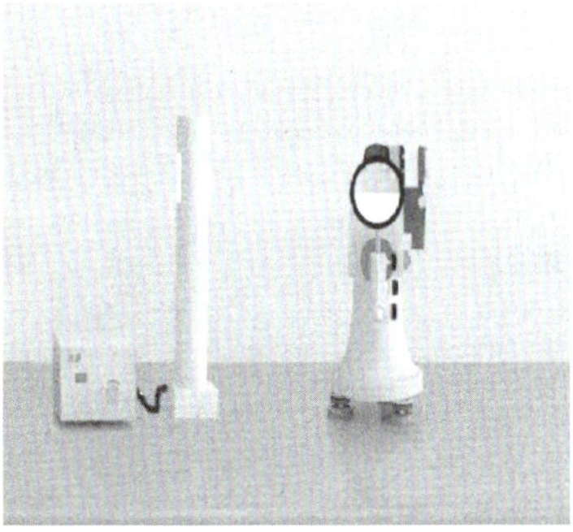

图 25-2　虚拟仿真实验中的迈克耳孙干涉仪和钠光源

2. 分光板、补偿板、反射镜 M_1、反射镜 M_2 的实物图和在程序中的显示图见图 25-3 和图 25-4.

图 25-3　分光板等的实物图

图 25-4　虚拟仿真实验中的分光板等

3. 毫米刻度尺的实物图和在程序中的显示图见图 25-5 和图 25-6.

图 25-5　刻度尺的实物图

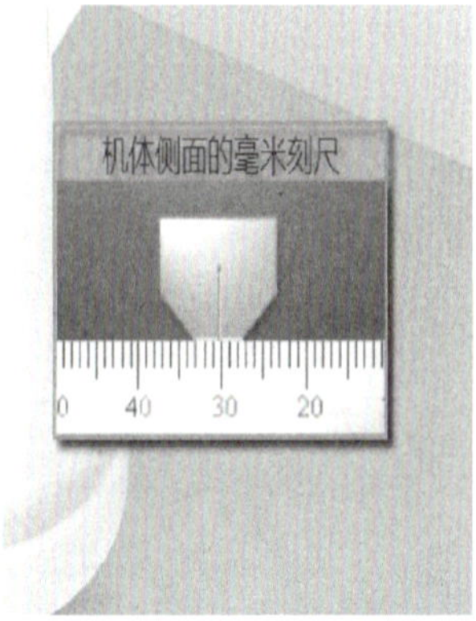

图 25-6　虚拟仿真实验中的刻度尺

4. He-Ne 激光器和短焦透镜的实物图和在程序中的显示图见图 25-7 和图 25-8.

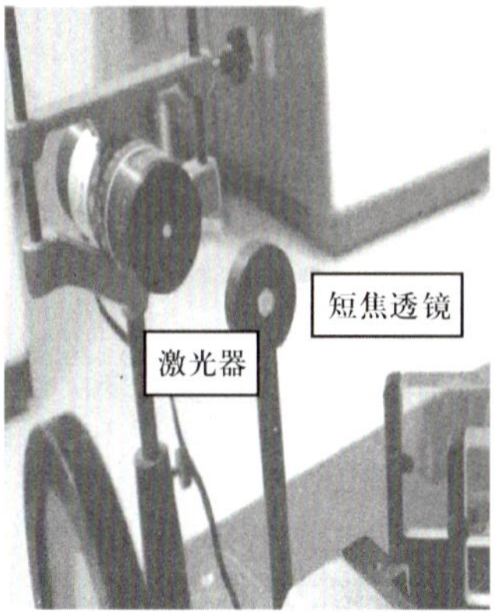

图 25-7　激光器和短焦透镜的实物图

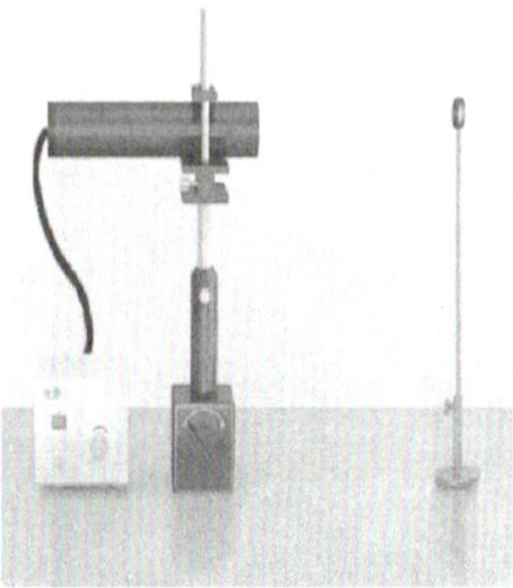

图 25-8　虚拟仿真实验中的激光器和短焦透镜

5. 观察屏的实际物图和在程序中的显示图见图 25-9 和图 25-10.

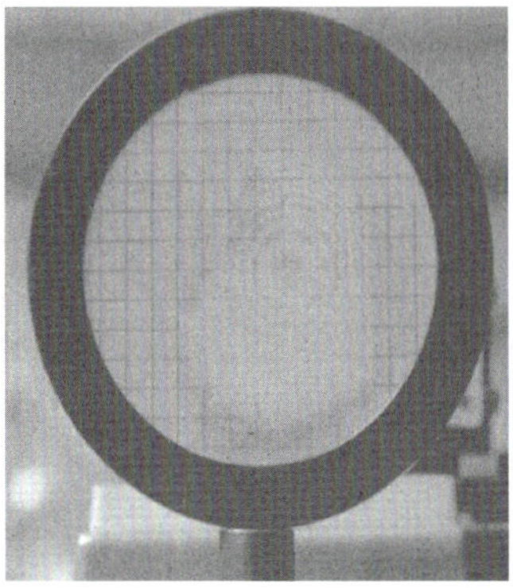

图 25-9　观察屏的实物图

图 25-10　虚拟仿真实验中的观察屏

6. 白光光源的实物图和在程序中的显示图见图 25-11 和图 25-12.

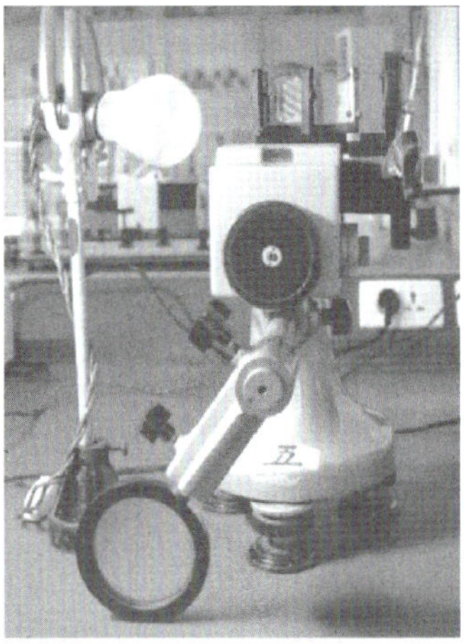

图 25-11　光源的实物图

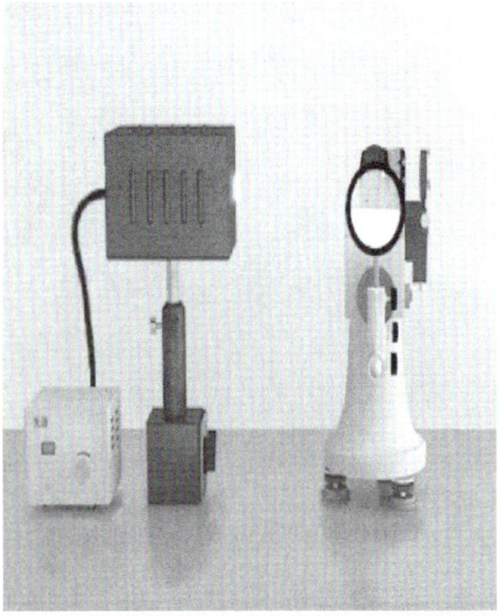

图 25-12　虚拟仿真实验中的光源

7. 干涉条纹的照片和在程序中的显示图见图 25-13 和图 25-14.

图 25-13　干涉条纹的照片

图 25-14　虚拟仿真实验中的干涉条纹

实验原理

其实验原理如图 25-15 所示.

一、迈克耳孙干涉仪测量钠光的波长及双线波长差

钠黄光中包含波长 $\lambda_1=589.6\ \text{nm}$ 和 $\lambda_2=589.0\ \text{nm}$ 的两条黄谱线，当用它作为光源时，两条谱线形成各自的干涉条纹，在视场中的两套干涉条纹相互叠加.由于波长不同，同级条纹之间会产生错位，当两束光的光程差变化时，干涉条纹的清晰度发生周期性变化.当 M_1 与 M_2' 平行时，记 M_1、M_2' 间距离为 d，则两束光在视场 E 中心处的光程差为 $\delta=2d$.对波长 λ 的入射光，由光的干涉条件可知：当 $\delta=2d=k\lambda$ 时，在视场 E 中心处干涉加强；当 $\delta=2d=\left(k+\frac{1}{2}\right)\lambda$ 时，在视场 E 中心处干涉减弱.

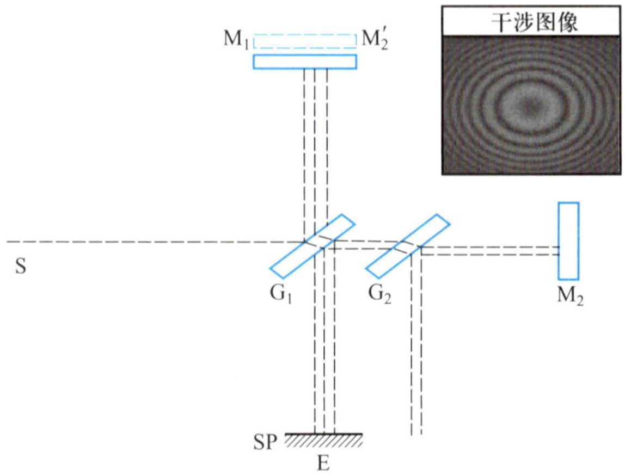

图 25-15　迈克耳孙干涉仪原理图

逐渐增大 M_1 和 M_2' 的间距 d，当 λ_1 的第 k_1 级亮纹和 λ_2 的第 k_2 级暗纹相重合时，叠加而成的干涉条纹清晰度最低，此时

$$\delta=2d_1=k_1\lambda_1=\left(k_2+\frac{1}{2}\right)\lambda_2 \tag{25-1}$$

增大 d，条纹逐渐清晰，直到光程差 δ 的改变达到

$$\delta=2d_2=(k_1+m)\lambda_1=\left(k_2+m+1+\frac{1}{2}\right)\lambda_2 \tag{25-2}$$

时，叠加而成的干涉条纹再次模糊，式(25-2)减去式(25-1)可得

$$2(d_2-d_1)=m\lambda_1=(m+1)\lambda_2 \tag{25-3}$$

则 λ_1 和 λ_2 的波长差为

$$\Delta\lambda=\lambda_1-\lambda_2=\frac{\lambda_1\lambda_2}{2\Delta d} \tag{25-4}$$

因为 $\Delta d=d_2-d_1$，当 λ_1 和 λ_2 的波长相差很小时，$\sqrt{\lambda_1\lambda_2}=\frac{\lambda_1+\lambda_2}{2}=\bar{\lambda}$（$\bar{\lambda}=589.3\ \mathrm{nm}$），则由式（25-4）得

$$\Delta\lambda=\lambda_1-\lambda_2=\frac{\bar{\lambda}^2}{2\Delta d} \tag{25-5}$$

二、迈克耳孙干涉仪测量透明薄片的折射率

干涉条纹的明暗取决于光程差与波长的关系，用白光光源，只有在 $d=0$ 的附近才能在 M_1、M_2' 交线处看到 $\frac{\lambda}{2}$ 干涉条纹，这时对各种波的光长来说，其光程差均为 $\frac{\lambda}{2}$ $\left(\text{反射时附加}\frac{\lambda}{2}\right)$，故产生直线黑纹. 当视场中出现中央条纹之后，在 M_1 与 G_1 之间放入折射率为 n、厚度为 l 的透明物体，则此时光程差要比原来增大

$$\Delta L=2l(n-1) \tag{25-6}$$

因而中央条纹移出视场范围，如果将 M_1 向 G_1 前移 d，使 $d=\frac{\Delta L}{2}$，则中央条纹会重新出现，测出 d 及 l，可由

$$d=l(n-1) \tag{25-7}$$

求出折射率 n.

三、迈克耳孙干涉仪测量 He-Ne 激光的波长

光路调节完毕，移动平面镜 M_1，观察屏上会出现干涉圆环吞吐的现象，即 d 每改变 $\frac{\lambda}{2}$ 的距离，就会在观察屏上看到有一个圆环条纹从中心"缩进去"或"冒出来"，也就是说，每当"缩进去"或"冒出来"一个圆环条纹，M_1 就移动了半个波长，所以根据干涉圆环的吞吐就可以测量光源的波长. 只要数出圆环"缩进去"或"冒出来"的数目 N，并且记录下 M_1 移动的距离 Δd，就可以计算出光源的波长，即 $\Delta d=N\cdot\frac{\lambda}{2}$，转换得到

$$\lambda=\frac{2\Delta d}{N} \tag{25-8}$$

实验内容

一、基本内容

（一）观察非定域干涉条纹

1. 调整光路，使 M_1 和 M_2 垂直（$M_1\perp M_2$）.

打开 He-Ne 激光器，使激光束基本垂直 M_2 面. 在光源前放一小孔光阑，调节 M_2 上的三个螺钉（有时还需调节 M_1 后面的三个螺钉），使从小孔出射的激光束经 M_1 与 M_2 反射

后在毛玻璃上重合，这时能在毛玻璃上看到两排光点一一重合.

2. 去掉小孔光阑，换上短焦透镜而使光源成为发散光束，在两光束光程差不太大时，在毛玻璃屏上可观察到干涉条纹.轻轻调节 M_2 后的螺钉，应出现圆心基本在毛玻璃屏中心的圆条纹.

3. 转动微动鼓轮，观察干涉条纹的形状、疏密及中心“缩”“冒”条纹随光程差的变化而变化的情况.

（二）测量 He-Ne 激光的波长

采用非定域的干涉条纹测波长：缓慢转动微动鼓轮，移动 M_1 以改变 h，中心每“冒出来”或“缩进去”50 个条纹，记下对应的 h 值.N 的值要不小于 500，利用式 $\Delta h=\frac{n\lambda}{2}$，选择适当的数据处理方法求出 λ 值.

二、设计性内容

1. 测钠黄光的波长及钠黄光双线的波长差，观察条纹的可见度的变化.

2. 测量钠黄光的相干长度，观察 He-Ne 激光的相干情况.

3. 调节观察白光干涉条纹，测定透明薄片的折射率.以白光为光源，调节 M_1，观察白光干涉条纹，直到视场中出现中央条纹（直线黑纹）.请你设计方案，测量透明固体薄片的折射率或厚度.

实验操作

一、使用迈克耳孙干涉仪测量钠光的波长及双线波长差

1. 用鼠标左击并滑动左下角实验仪器中的 He-Ne 激光器，将其放置在实验桌并将电源打开，如图 25-16 所示.（注：双击仪器，即可操作仪器按钮.）

2. 用鼠标左击并滑动添加小孔光阑，通过上下调节小孔光阑高度使毛玻璃成像.调节 M_2 镜上的三个螺钉，使光点重合，如图 25-17 和图 25-18 所示.（注：调节螺钉时，按下鼠标左键往右转动旋钮，按下鼠标右键往左转动旋钮.）

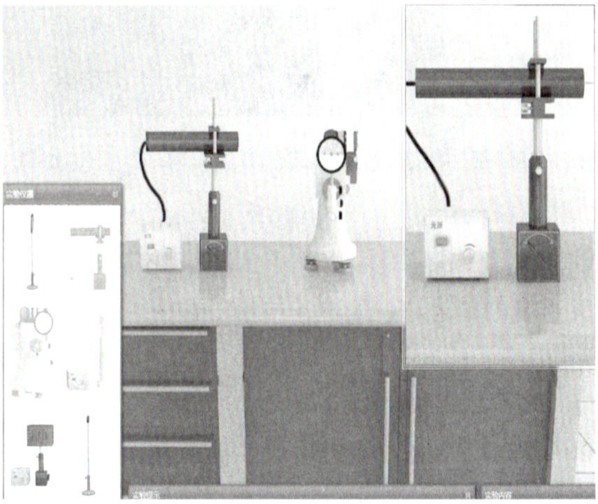

图 25-16　放置好 He-Ne 激光器并打开电源

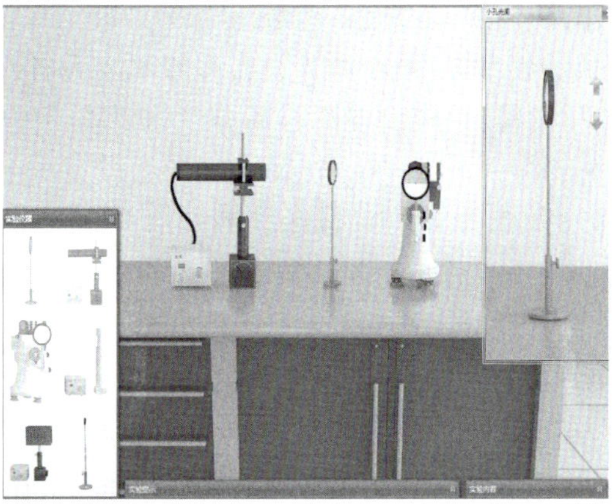

图 25-17 添加小孔光阑并调节其高度

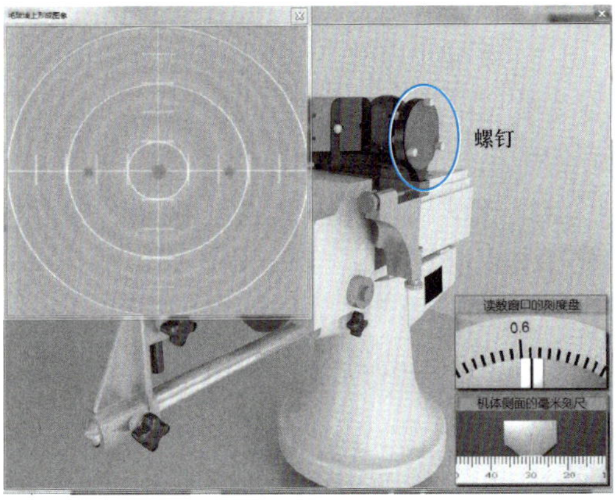

图 25-18 调节螺钉

3. 右击小孔光阑,按【Delete】键将其移除,按下鼠标左键并滑动添加短焦透镜,通过上下滑动调节短焦透镜高度,使毛玻璃上出现明亮的干涉条纹.小心调节 M_2 上的螺钉,使圆心位于毛玻璃中间,如图 25-19 和图 25-20 所示.

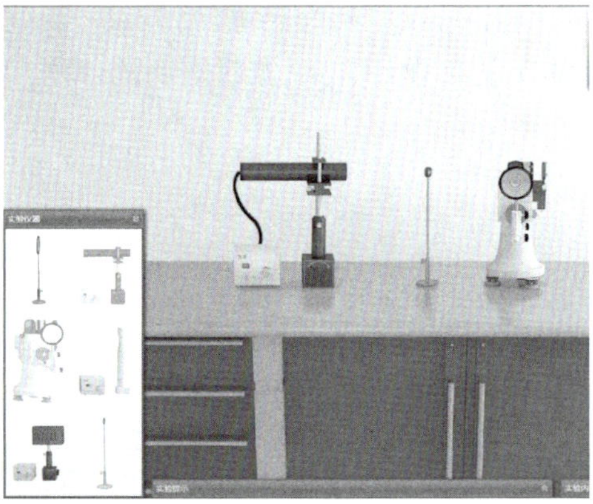

图 25-19 添加短焦透镜并调节其高度和 M_2 上的螺钉

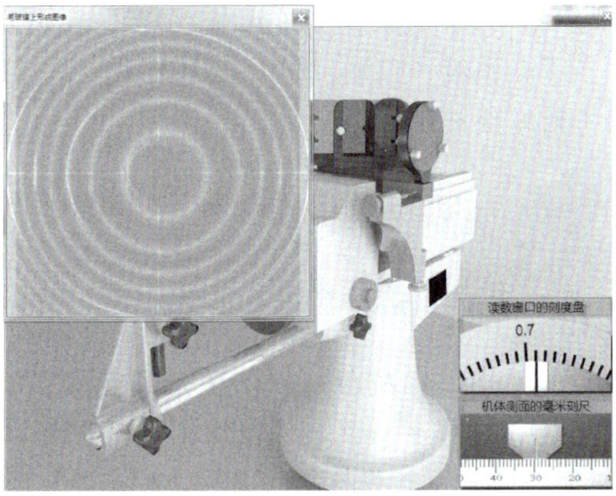

图 25-20 干涉条纹

4. 按步骤 3 的方式移除 He-Ne 激光器和小孔光阑,添加钠光光源,打开开关,调整鼓轮,观察到条纹状况,中心每"冒出来"或"缩进去"30 个干涉条纹,记录一次数据,如图 25-21 所示,连续记录 6 次.选择 M_1 镜的一个初始位置,作为第一列数据填入表 25-1,然后将中心每"冒出来"或"缩进去"30 个条纹时 M_1 镜的位置填入表 25-1 其他列中.(注:移除激光器要先关掉电源;右击毛玻璃,可以切换观察方式;左击毛玻璃,可放大观察图像.)

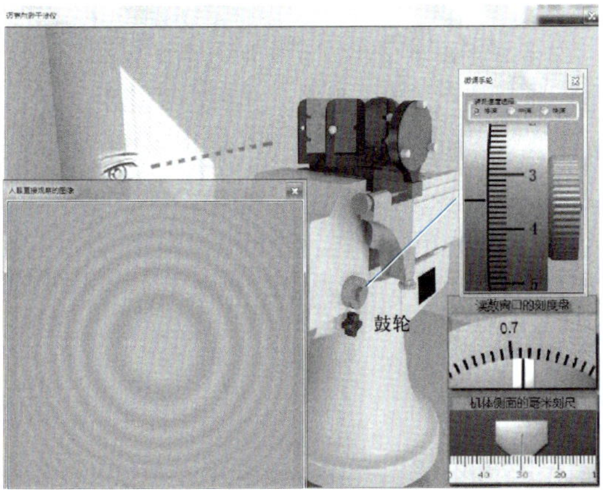

图 25-21 调整鼓轮

表 25-1　数据记录表(一)

测量编号	1	2	3	4	5	6
D/mm						

利用逐差法,根据表 25-1 的数据计算出三组差值,并填入表 25-2 中.

表 25-2　数据记录表(二)

测量编号	1	2	3
ΔD/mm			

5. 再移动 M_1,观察到条纹的可见度发生周期性变化,记录条纹从不可见到次不可见时 M_1 的位置读数,连续记录 4 次,并填入表 25-3 中.

表 25-3　数据记录表(三)

测量编号	1	2	3	4
D/mm				

利用逐差法,根据上面的数据计算出两组差值,并填入表 25-4 中.

表 25-4　数据记录表(四)

测量编号	1	2
ΔD/mm		

用逐差法处理数据,根据式(25-5)计算出钠光双线的波长差(nm).

二、使用迈克耳孙干涉仪测量透明薄片的折射率

1、2、3 步骤与实验一前 3 个步骤相同.

4. 单击鼠标左键并滑动添加白光源,移动 M_1,找到 $d=0$ 的位置.切换到人眼观察模式,以快速挡旋转鼓轮,直到观察到中央是直线黑纹、两边对称分布彩色花纹的干涉条纹,再以慢速挡调节出相对清晰的图像,然后通过螺钉调节将其中央黑纹移到中间,如图 25-22 所示.记录 M_1 的位置(mm),最后点击"确定"按钮,放置玻璃薄片,再将中央黑纹移动至中心,记录此时 M_1 的位置(mm).

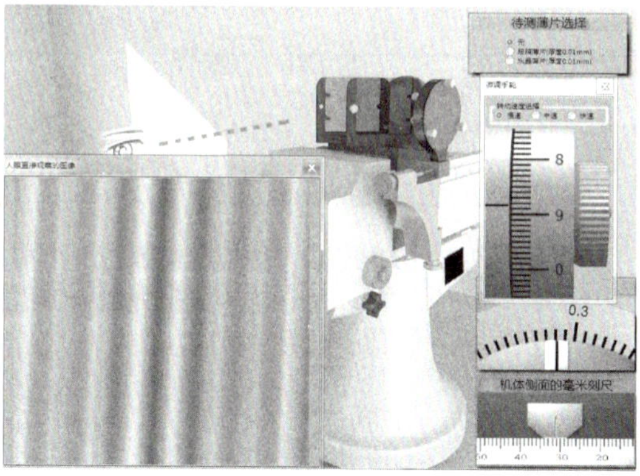

图 25-22　实验示意图

5. 移除玻璃薄片，移动 M_1，找到 $d=0$ 的位置. 以步骤 4 同样的方式记录 M_1 的位置(mm)，然后放置水晶薄片，再将中央黑纹移动至中心，记录此时 M_1 的位置(mm).

6. 根据以上步骤测出的数据和薄片的厚度(0.01 mm)，计算出两种薄片的折射率，将结果填入表 25-5 中.

表 25-5　数据记录表(五)

透明薄片	玻璃	水晶
折射率		

三、使用迈克耳孙干涉仪测量 He-Ne 激光的波长

1、2、3 步骤与实验一前 3 个步骤相同.

4. 旋转鼓轮，观察到干涉条纹的变化(图 25-23). 中心每"冒出来"或"缩进去"30 个干涉条纹，记录一次数据，连续记录 6 次. 选择 M_1 镜的一个初始位置，作为第一列填入表 25-6，然后将中心每"冒出来"或"缩进去"30 个条纹时 M_1 镜的位置填入表 25-6 其他列中.

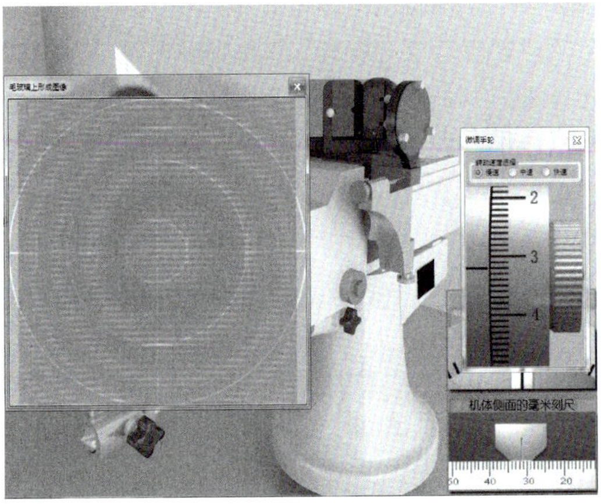

图 25-23　干涉条纹

表 25-6　数据记录表(六)

测量编号	1	2	3	4	5	6
D/mm						

利用逐差法，根据上面的数据计算出三组差值，并填入表 25-7.

表 25-7　数据记录表(七)

测量编号	1	2	3
ΔD/mm			

用逐差法处理数据，根据式(25-8)计算出 He-Ne 激光的波长(nm).

实验 26　劈尖干涉

实验简介

光的干涉现象表明了光的波动的性质,干涉现象在科学研究与计量技术中有着广泛的应用.在干涉现象中,不论何种干涉,相邻干涉条纹(亮纹或暗纹)的光程差的改变量都等于相干光的波长,可见光的波长虽然很小,但干涉条纹间的距离或干涉条纹的数目是可以计量的.因此,通过对干涉条纹数目或条纹移动数目的计量,可以得到以光的波长为单位的光程差.

利用光的等厚干涉可以测量光的波长,检验物体表面的平面度、球面度、光洁度,以及精确测量长度、角度和微小形变等,相关实验有牛顿环实验、劈尖干涉实验等.本虚拟仿真实验以劈尖干涉测金属丝的直径为例,学习光的等厚干涉.

实验仪器

读数显微镜、钠光源、劈尖.

1. 读数显微镜的实物图和在程序中的显示图分别如图 26-1 和图 26-2 所示.

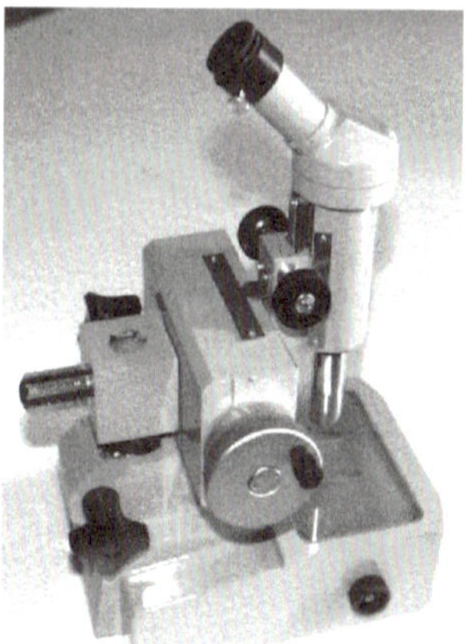

图 26-1　读数显微镜的实物图

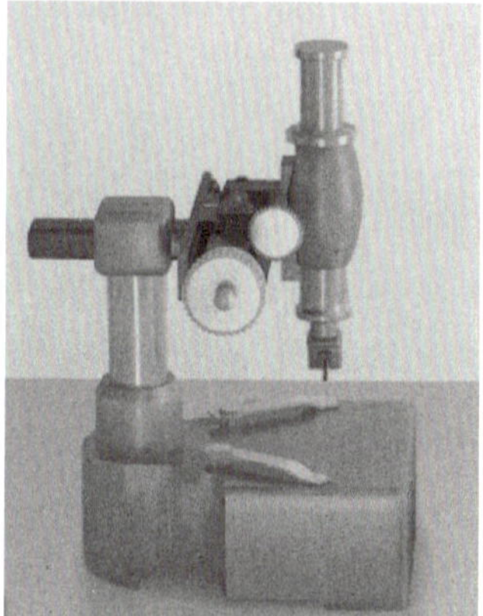

图 26-2　虚拟仿真实验中的读数显微镜

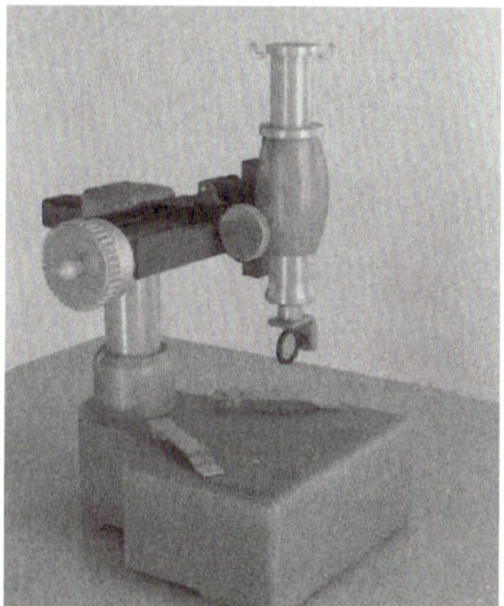

图 26-3　虚拟仿真实验中的放大的读数显微镜

双击实验桌上读数显微镜的小图标,可弹出读数显微镜的大窗体,从而调节读数显微镜(图 26-3).

点击读数显微镜的目镜区域,弹出显微镜的观察窗口(图 26-4),观察到干涉图像(图 26-5).

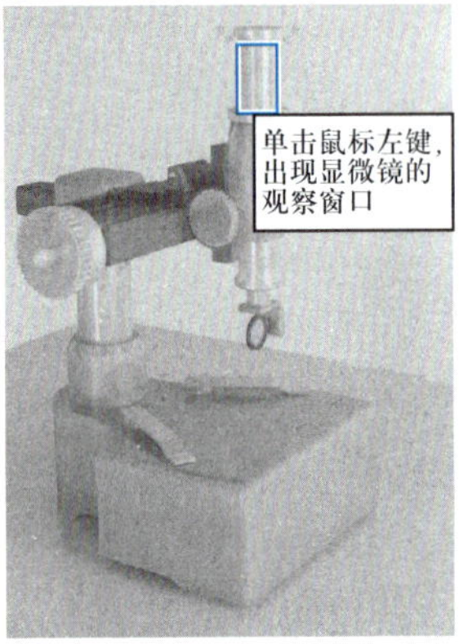

图 26-4　目镜

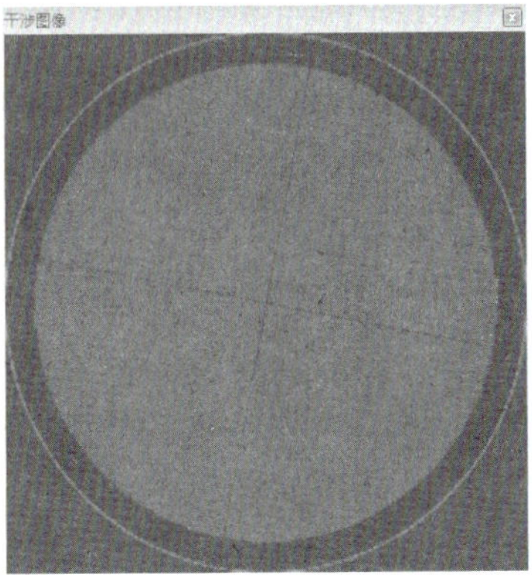

图 26-5　干涉图像

点击目镜旁边的两个箭头图标，可调节（顺时针或逆时针）目镜窗口中十字叉丝的方向（图 26-6 和图 26-7）.

点击放大的显微镜中的调焦手轮，可调节镜筒的高度（图 26-8）.

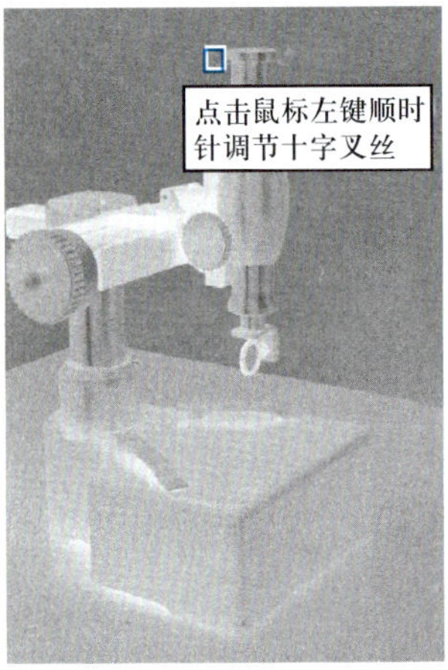

图 26-6　十字叉丝

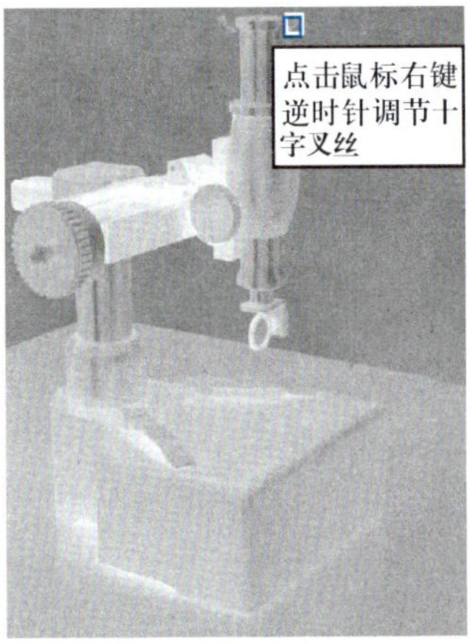

图 26-7　调节方向

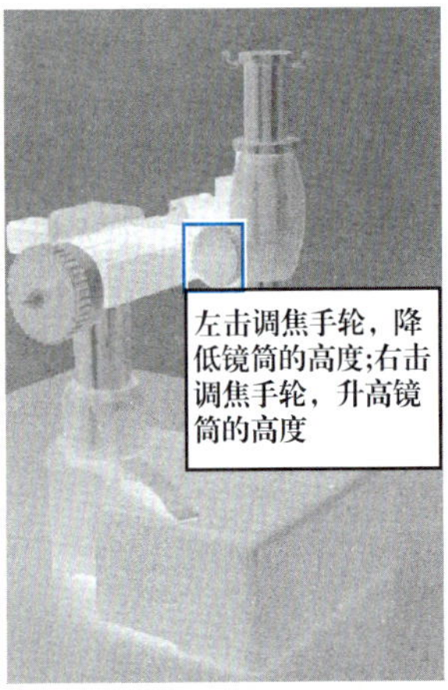

图 26-8　调节高度

点击放大显微镜分束板，可调节分束板的角度（图 26-9）.

点击放大显微镜微调鼓轮（图 26-10），可弹出“调节和读数”窗口（图 26-11）.

在标尺窗口，可通过选择“慢”或“快”来调节转轮的旋转速度.

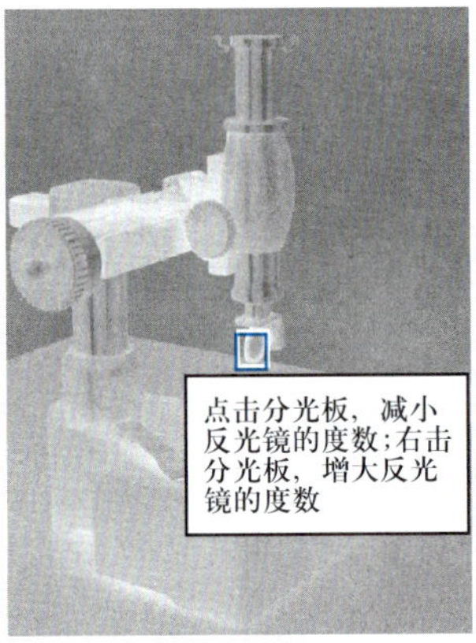

图 26-9　调节分光板的角度

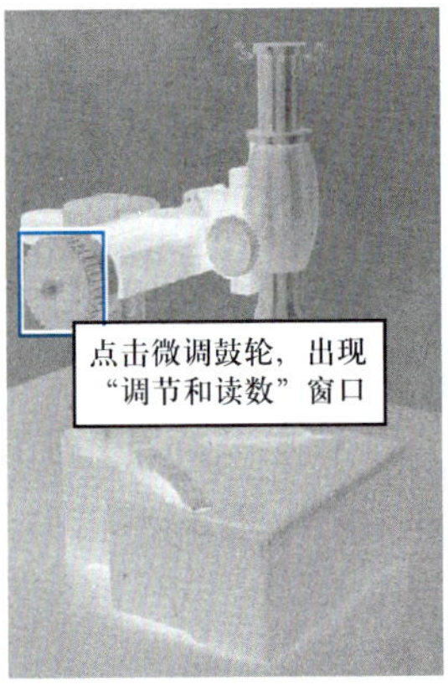

图 26-10　标尺窗口

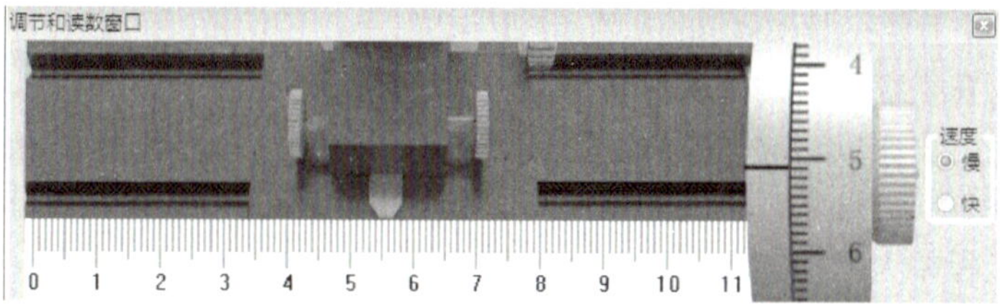

图 26-11　“调节和读数”窗口

2. 钠光灯的实物图和在程序中的显示图分别如图 26-12 和图 26-13 所示.

图 26-12　钠光灯的实物图

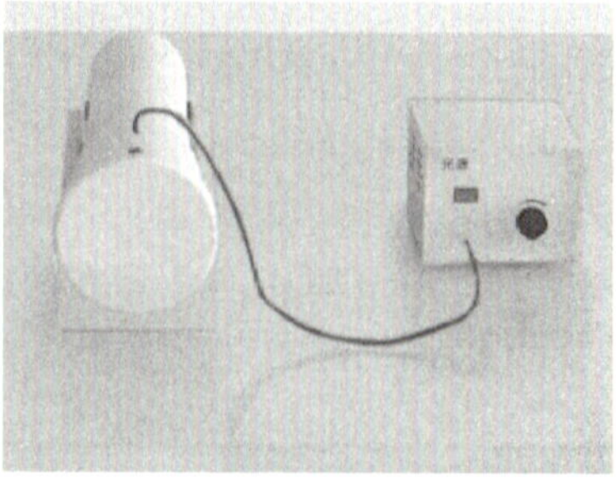

图 26-13　虚拟仿真实验中的钠光灯

点击钠光灯的电源按钮,可打开或关闭钠光灯.

3. 劈尖的实物图和在程序中的显示图分别如图 26-14 和图 26-15 所示.

图 26-14　劈尖的实物图

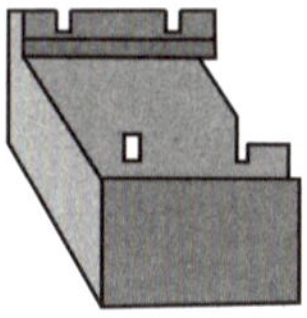

图 26-15　虚拟仿真实验中的劈尖

实验原理

如图 26-16 所示,两叠在一起的玻璃片,在它们的一端夹一直径待测的细丝,于是在两玻璃片之间形成一层厚度不均匀的空气劈尖.单色光从上方垂直入射到玻璃片上,透过玻璃片,近似垂直地入射于空气劈尖时,会产生干涉现象.因为光程差相等的地方是平行于两玻璃片交线的直线,所以等厚干涉条纹是一组明暗相间、平行于交线的直线.

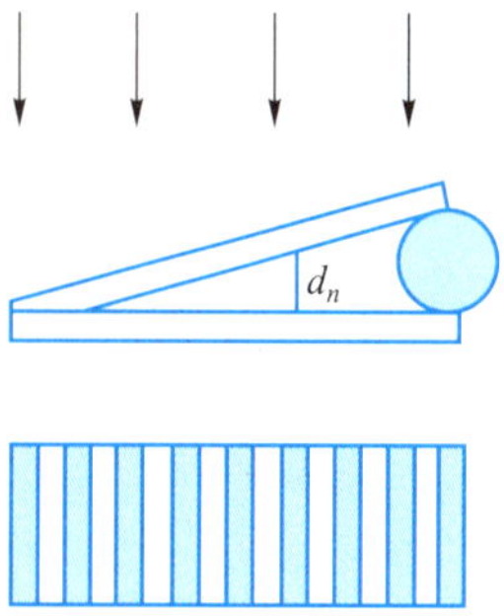

图 26-16　实验原理图

由于从劈尖的上下表面反射的两条光线来自同一条入射光线,它们满足相干条件并在劈尖的上表面相遇而产生干涉,干涉后的强度由相遇的两条光线的光程差决定,由图 26-16 可见,二

者的光程差 Δ' 等于劈尖厚度 d_n 的两倍，即 $\Delta'=2d_n$.

此外，当光在空气劈尖的上表面反射时，是从光密介质射向光疏介质，反射光不发生相位突变，而在下表面反射时，则会发生相位突变，即在反射点处，反射光的相位与入射光的相位之间相差 π，与之对应的光程差为 $\lambda/2$，所以相干的两条光线还具有 $\lambda/2$ 的附加光程差，总的光程差为

$$\Delta=\Delta'+\lambda/2=2d_n+\lambda/2 \tag{26-1}$$

当光程差 Δ 为半波长的奇数倍时为暗纹，若第 n 级暗纹处空气劈尖的厚度为 d_n，则有

$$\Delta=2d_n+\lambda/2=(2n+1)\frac{\lambda}{2},\ n=1,2,3,\cdots$$

$$d_n=n\frac{\lambda}{2} \tag{26-2}$$

由式(26-2)可知，$n=0$ 时，$d_0=0$，即在两玻璃片交线处为零级暗条纹. 如果在细丝处呈现 $n=N$ 级条纹，则待测细丝的直径为

$$d_n=\frac{N\lambda}{2} \tag{26-3}$$

在入射光波长已知的情况下，可求得细丝的直径. 但是，由于玻璃接触处所受到的压力引起了局部的弹性形变，同时因玻璃表面的不洁净所引入的附加光程差，使实验中看到的干涉级数并不代表真正的干涉级数 n. 为此，我们将式(26-3)作一些变化，由于干涉条纹是均匀分布的，测量 m 个条纹的长度为 Δl，$k=\frac{m}{\Delta l}$为单位长度的干涉条纹数，L 为劈尖两玻璃片交线处到夹细丝处的总长度，则总条纹数 $N=kL$，有

$$d=L\frac{m}{\Delta l}\frac{\lambda}{2} \tag{26-4}$$

可见测得单位长度的干涉条纹数 k 和总长度 L，就可用式(26-4)计算细丝的直径.

在实验中，在劈尖玻璃面上选择三个不同的部分，测出 $m=20$ 条暗纹的总长度 Δl_1、Δl_2、Δl_3，求其平均值 Δl 及单位长度的干涉条纹数 $k=\frac{20}{\Delta l}$.

测 3 次两玻璃片交线处到夹细丝处的总长度 L_1、L_2、L_3，并求其平均值$\bar{L}$. 由式(26-4)，求得细丝的直径

$$d=N\frac{\lambda}{2}=\bar{L}k\frac{\lambda}{2}=\bar{L}\frac{m}{\Delta l}\frac{\lambda}{2}$$

实验内容

本实验的主要内容为利用干涉法测量细丝的直径.

一、观察干涉条纹

1. 将劈尖按图 26-17 所示放置在读数显微镜镜筒和分光板下方，调节分光板的角度，

使通过显微镜目镜观察时视场最亮.

2. 调节目镜,待看清目镜视场的十字叉丝后,使显微镜镜筒下降到接近劈尖,然后缓慢上升,直到观察到干涉条纹,再微调分光板的角度和显微镜,使条纹清晰.

二、测量

1. 使显微镜的十字叉丝的竖直丝与劈尖玻璃交线重合,并使水平叉丝与显微镜镜筒移动方向平行.

2. 在劈尖玻璃面的三个不同部分,测出 20 条暗纹的总长度,测 3 组求平均值.重复测量两玻璃片交线到细丝的长度 3 次,并求平均值.

3. 按公式计算细丝的直径.

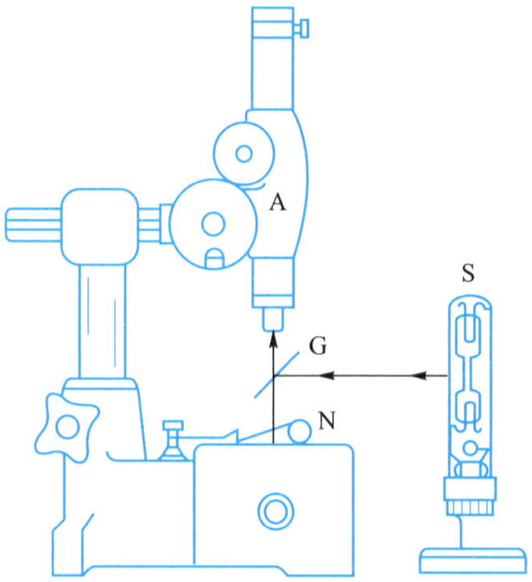

A—读数显微镜;G—分光板;
N—劈尖;S—钠光灯.

图 26-17　实验装置

实验操作

学生通过自己的学号和密码登录虚拟仿真实验平台,平台包含两部分:一部分为预习系统,一部分为虚拟实验操作平台.在预习系统中,学生需要完成教师的预习试卷,并直接点击提交.预习试卷分为两部分:客观题和操作题.客观题包括填空题、选择题等.操作题为该实验具体操作内容,其得分点主要在于学生在网上操作时,是否触及了操作项目,以及动作是否到位,除此之外,操作精确度和结果准确度都作为考核的要点进行打分处理.在虚拟仿真操作平台上,学生可以对实验进行多次反复练习,直到全部掌握各个要点,再进入预习系统进行答题。

下面介绍虚拟仿真实验操作平台界面.

界面右上角的功能显示框:当在普通实验状态下,显示实验实际用时、记录数据按钮、结束操作按钮;在考试状态下,显示考试所剩时间的倒计时、记录数据按钮、结束操作按钮、显示试卷按钮(考试状态下显示).

界面右上角的工具箱:各种使用工具,如计算器等.

右上角"Help"和"关闭"按钮:单击"Help"按钮,可打开帮助文件;单击"关闭"按钮,可关闭实验.

实验仪器栏:存放实验所需的仪器,可以点击其中的仪器,将之拖放至桌面;当鼠标触及仪器上时,实验信息提示栏会显示仪器的相关信息.仪器使用完后,则不允许拖动仪器栏中的仪器了.

提示信息栏:显示实验过程中的仪器信息、实验内容信息、仪器功能按钮信息等相关信息,按【F1】键,可获得更多帮助信息.

实验内容栏:显示实验名称和实验内容信息(多个实验内容依次列出),当前实验内容显示为黄色,其他实验内容为蓝色;可以通过单击实验内容在各实验内容间进行切换.

当切换至新的实验内容后，实验桌上的仪器会重新按照当前实验内容进行初始化.

在用虚拟仿真干涉法测细丝直径实验中，操作步骤如下.

1. 打开主窗口，如图 26-18 所示.

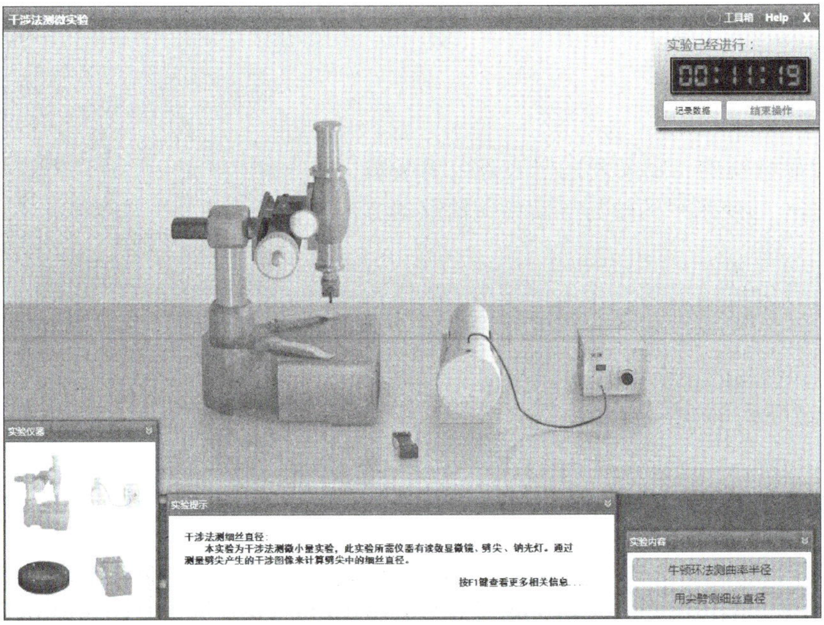

图 26-18　主窗口

2. 开始实验后，从实验台上将劈尖拖至显微镜的载物台上(图 26-19).

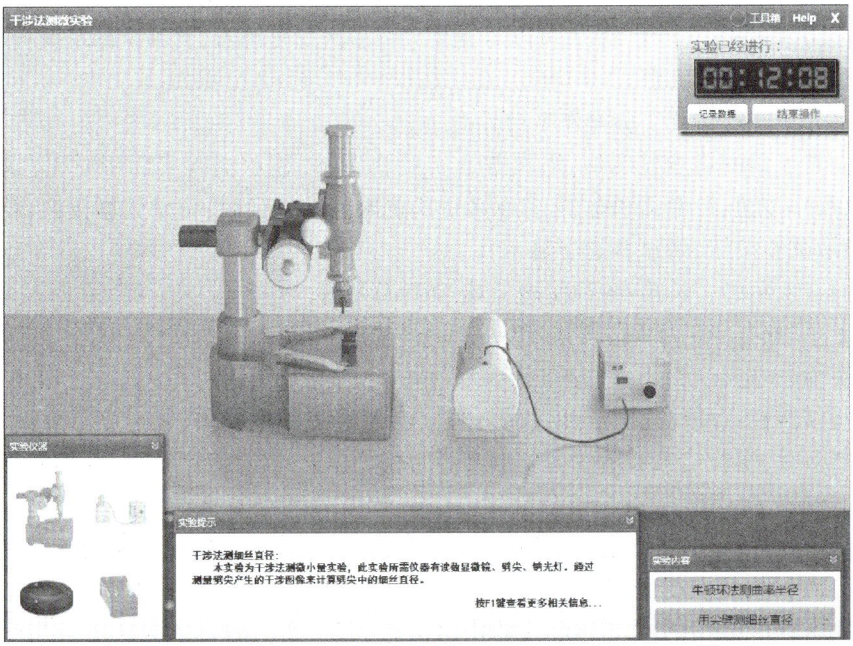

图 26-19　拖动劈尖

3. 打开钠光灯(图 26-20).

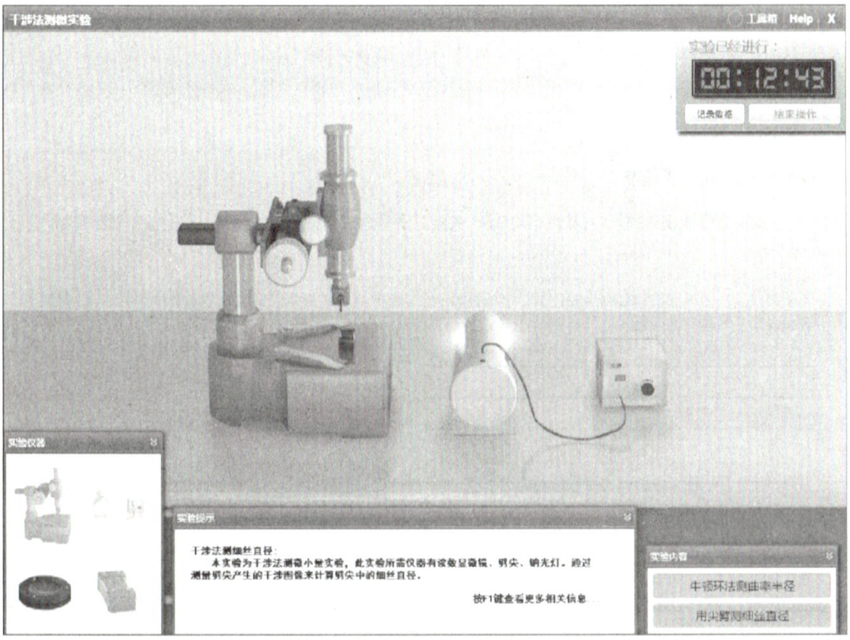

图 26-20 打开钠光灯

4. 调节读数显微镜.双击桌面上读数显微镜小图标，弹出读数显微镜的调节窗体，可以单击“调焦”旋钮来调节镜筒的高度，单击分光板来调节分光板的度数，单击目镜旁边的箭头调节十字叉丝的方向，单击显微镜的微调鼓轮可弹出标尺窗口，单击载物台上的劈尖，可调节劈尖在载物台上的位置(图 26-21).

5. 调节完成后，如图 26-22 所示，此时可看到干涉条纹，如图 26-23 所示.

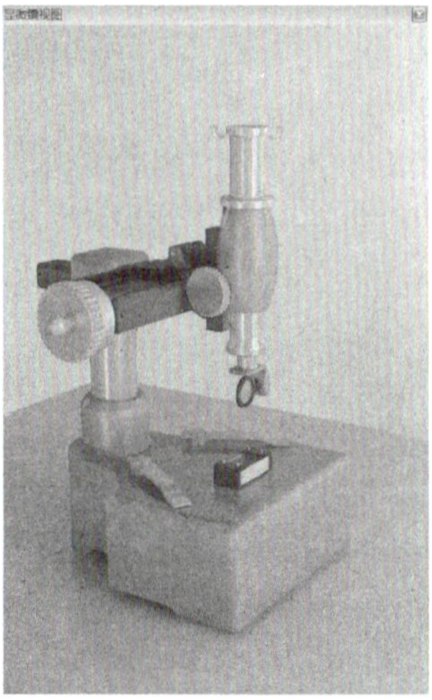

图 26-21 调节显微镜

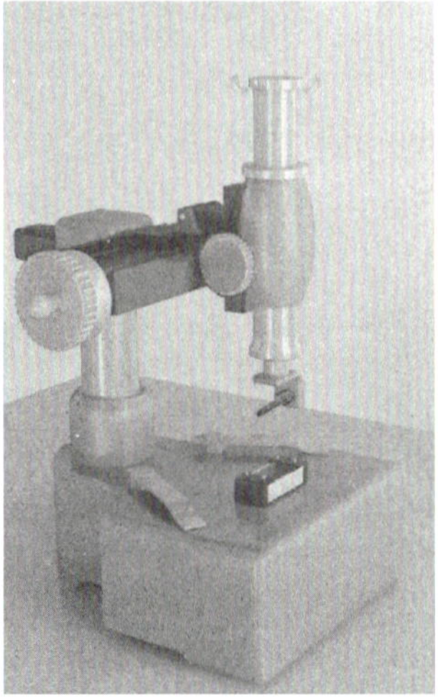

图 26-22 调节完成后的显微镜

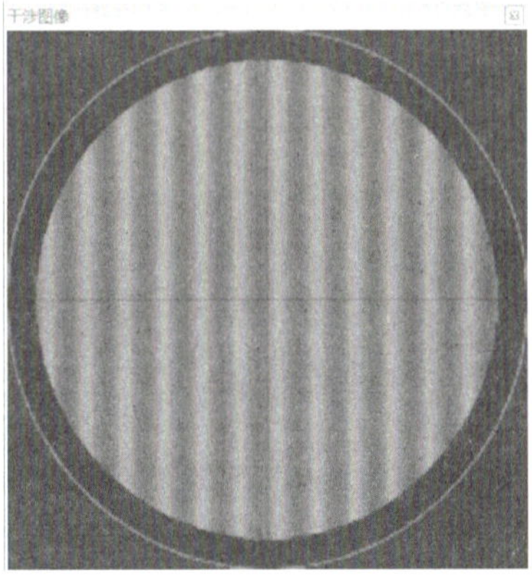

图 26-23 调节完成后的干涉条纹

6. 单击“记录数据”按钮，弹出记录数据页面（图 26-24），记录数据后，根据公式计算出细丝的直径及不确定度.

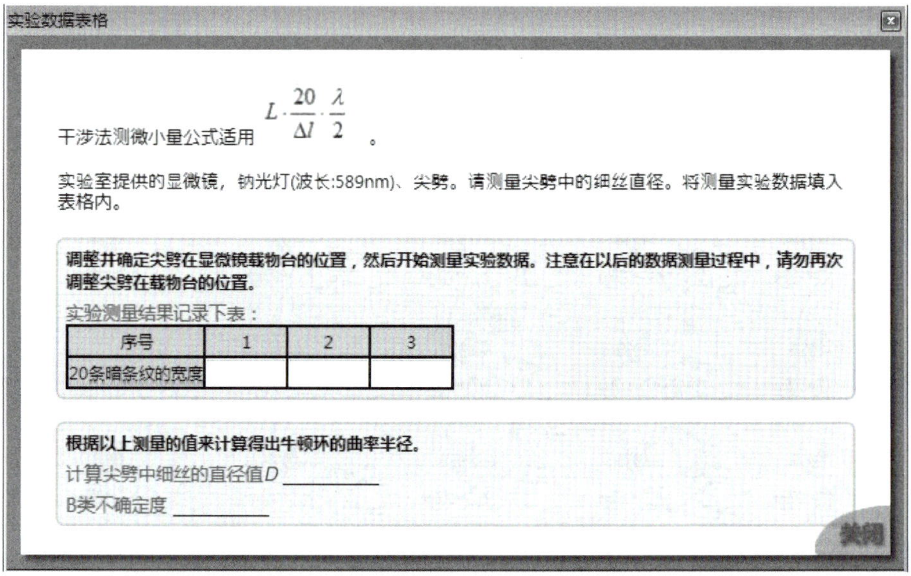

图 26-24　记录数据页面

第 6 章

研究实验

实验 27　半导体光催化研究及实验

自工业革命以来，人类在享受着工业变革和科技进步带来的物质上极大改善的同时，也逐渐体会到了盲目发展和急功近利地对大自然进行索取所引起的人类生存环境逐渐恶化和资源趋于枯竭的苦果. 尤其是进入 21 世纪后，能源危机与环境恶化已经成为人类可持续发展所面临的两个重大难题. 为了实现人类的可持续发展，科技工作者一直努力地寻找解决人类能源危机和环境污染的方法. 其中半导体光催化技术由于具有光催化分解水制备清洁氢能源和降解有机污染物的能力，作为一种潜在的解决能源和环境问题的手段，成为目前科学和技术领域研究的热点之一. 半导体光催化技术能直接利用太阳能降解有机污染物或者分解水获取氢气，有望成为解决环境和能源问题的有效方法. 半导体光催化受到了各国研究者的关注，其中半导体光催化技术的核心是获取高活性的可见光响应的半导体光催化材料. 可见光响应是充分利用太阳能的前提，高催化活性是半导体光催化技术应用于实际的基础.

多相光催化的研究源于 1972 年日本东京大学的藤岛昭和本多健一发现了在 N 型半导体 TiO_2 单晶光电极上分解水制得氢气的现象，这意味着人们可以直接利用太阳能和光催化材料来分解水制备清洁的氢能源. 光催化分解水制氢过程从能量转化的角度看，是将可再生的太阳能转化为清洁的化学能（氢能），实现太阳能的储存. 氢作为清洁能源，其能量释放后最终的产物是水，此过程中没有污染物和温室气体 CO_2 产生，可见水在太阳能转化成氢能过程中起了载体的作用. 因此，它也被认为是“人类的梦想技术之一”. 此外，随着环境污染越来越受到人们的重视，特别是近年来室内空气污染的问题，研究者将光催化技术应用到环境净化领域上，其研究始于 20 世纪 70 年代后期，有科学家利用 TiO_2 光催化材料，在紫外线照射下降解多氯联苯和氰化物等有机物获得了成功. 与传统的处理方法相比，光催化氧化降解有机污染物技术具有能耗低、操作简便、反应条件温和及二次污染减少等优点. 此外，该技术还具有强氧化性、污染物矿化完全、无选择性等优点. 可见研制高效去除室内的环境污染物的光催化材料对于改善人们的生存环境具有重要的现实意义.

光催化反应是以半导体粒子吸收光子产生电子-空穴对引发的，在光和催化剂同时作用下所进行的化学反应.光催化作用包括下列三个基本过程:① 半导体吸收能量大于禁带宽度的光子激发产生电子-空穴对;② 激发的电子和空穴迁移到半导体催化剂的表面;③ 适合的光生电子和空穴与水或有机物发生氧化还原反应,从而产生光催化作用.半导体的能带结构由充满电子的低能价带和空的高能导带构成,价带和导带间为禁带.禁带的宽度称为带隙,带隙直接关系到半导体的光催化吸收波段.此外,半导体的能带位置及吸附物的氧化还原电位也决定了半导体光催化反应的能力.一般来说,半导体的价带顶位置代表半导体空穴的氧化电位的极限,当物质的氧化电位在半导体价带顶上方的物质,原则上都可被光生空穴氧化;而还原电位的半导体导带底下方的物质则可被光生电子还原.

无论是从开发清洁的可再生能源的角度,还是从环境净化的角度来看,光催化都是一个非常重要的课题.因此,近年来在学术界和产业界都引起了人们广泛的研究兴趣和关注.光催化分解水制备清洁的氢能源和光催化降解有机污染物,其关键技术都是开发具有高量子转换效率的光催化材料.各国科学家始终热衷于寻找高效的光催化材料.迄今,研究最为广泛的 TiO_2 光催化材料只能吸收太阳能谱中不足 5%的紫外线,导致太阳能利用率较低.因此,寻找具有可见光响应型高量子转换效率的光催化材料,成为目前光催化领域的研究热点和重点.

目前,针对上述领域进行的半导体催化剂改性研究主要有:利用 X 射线衍射分析材料的成分以及内部原子或分子的结构或形态,利用 BET 比表面分析材料的表面吸附性,利用紫外-可见吸收光谱、扫描电子显微镜、X 射线能谱、透射电子显微镜等手段分析半导体光催化材料的物理性质和显微结构.[1-3]

一、提高半导体光催化剂活性的主要途径

(一) 离子掺杂

离子掺杂是利用物理或化学方法,将离子引入半导体光催化剂的晶格结构内部,从而在其晶格中引入新电荷、形成缺陷或改变晶格类型,影响光生电子和空穴的运动状况,调整其分布状态或者改变半导体光催化剂的能带结构,引入杂质能级,减小禁带宽度,最终导致其光催化活性发生改变.

离子掺杂目前包括金属离子掺杂和非金属离子掺杂.半导体金属离子掺杂是提高半导体光催化活性的一个重要途径,金属离子是电子的有效接受体,可以捕获导带中的电子,由于金属离子对电子的争夺,减少了半导体表面光生电子与光生空穴的复合,从而使半导体表面产生更多的 OH^- 和 O^{2-},提高了催化剂的反应活性.而对于非金属离子掺杂,根据半导体能带理论,半导体的导带能级主要取决于半导体中金属离子的 d 轨道能级,而价带则主要是非金属离子的 p 轨道能级的贡献.与 O 的 2p 轨道能级相比,其他非金属(N、C、S、F 等)具有能量相对较高的 p 轨道能级,因此,用这些非金属元素部分取代 O 元素,能够在不影响导带电位的情况下提高光催化剂的价带电位,进而缩小禁带宽度,使光催化剂对可见光响应.

(二) 担载助催化剂

担载其他组分,如 NiO_x、Pt、RuO_2 等,能够降低光激发电子和空穴位于同一种催化剂

表面复合的概率,也会降低氢、氧合成水逆反应的速率,是提高催化剂活性的有效手段之一.其中担载 Pt 等贵金属相当于在半导体的表面构成一个以半导体及惰性金属为电极的短路微电池,半导体电极中产生的空穴将液相中的有机物氧化,而光生电子则流向金属电极,将液相中的氧化态组分还原,因此降低了空穴和光生电子的复合率,提高了催化剂的反应活性.

(三) 半导体复合型光催化剂

导体间由于具有不同的禁带宽度和载流子电势,在光照过程中,一种半导体内被激发的光生电子或空穴能迁移到另一种半导体的导带或价带上,使光生电子和空穴得到有效的分离.半导体复合的本质是通过改性离子的表面,从而增加其光生电子和空穴的稳定性,即降低复合概率,这是提高光催化效率的有效手段.半导体复合型光催化剂有以下优点:① 通过改变粒子的大小,可以容易地调节半导体的带隙和光谱吸收范围;② 半导体微粒的光吸收呈带边型,有利于太阳光的有效采集;③ 通过粒子的表面改性可增加其光稳定性.

(四) 电化学辅助光催化和表面复合及衍生作用

电化学辅助光催化也是一种减少电子和空穴复合的有效方法,对半导体系统内通过电化学加压使电荷分离,这种方法是将半导体薄膜覆盖在光化学电池的阳极上,在受光源照射的同时在电极上加压,由光照激发产生的电子很快转移到电极上,减少了空穴和电子的复合,提高了催化效率.

二、几种相关的实验设备的介绍

(一) X 射线衍射仪

X 射线衍射仪通过对材料进行 X 射线衍射,分析其衍射图谱,获得材料的成分、材料内部原子或分子的结构或形态等信息.

X 射线衍射仪的形式多种多样,用途各异,但其基本构成很相似,图 27-1 为 X 射线衍射仪的基本构造原理图,主要包括 4 部分.

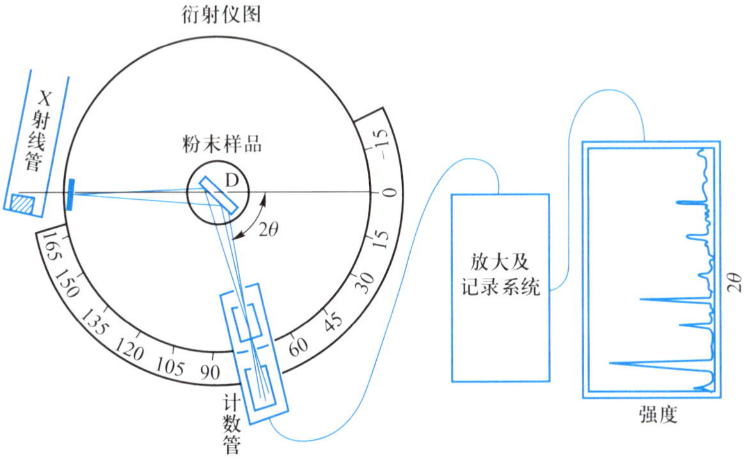

图 27-1　X 射线衍射仪的基本构造图

(1) 高稳定度及 X 射线源.提供测量所需的 X 射线,改变 X 射线管阳极靶材质可改变 X 射线的波长,调节阳极电压可控制 X 射线源的强度.

(2) 样品及样品位置取向的调整机构系统.样品须是单晶、粉末、多晶或微晶的固体块.

(3) 射线检测器.检测衍射强度或同时检测衍射方向,通过仪器测量记录系统或计算机处理系统可以得到多晶衍射图谱数据.

(4) 衍射图的处理分析系统.X 射线衍射仪都附带安装有专用衍射图处理分析系统.

X 射线是原子内层电子在高速运动电子的轰击下跃迁而产生的光辐射,主要有连续 X 射线和特征 X 射线两种.晶体可被用作 X 射线的光栅,这些很大数目的粒子(原子、离子或分子)所产生的相干散射将会发生光的干涉作用,从而使得散射的 X 射线的强度增强或减弱.由于大量粒子散射波的叠加、互相干涉而产生最大强度的光束称为 X 射线的衍射线.

其满足衍射条件,可应用布拉格公式:$2d\sin\theta=n\lambda$,如图 27-2 所示.一个应用是用已知波长的 X 射线来测量 θ 角,从而计算出晶面间距 d,这可用于 X 射线结构分析;另一个应用是用已知晶面间距 d 的晶体来测量 θ 角,从而计算出特征 X 射线的波长,进而可在已有资料中查出试样中所含的元素.

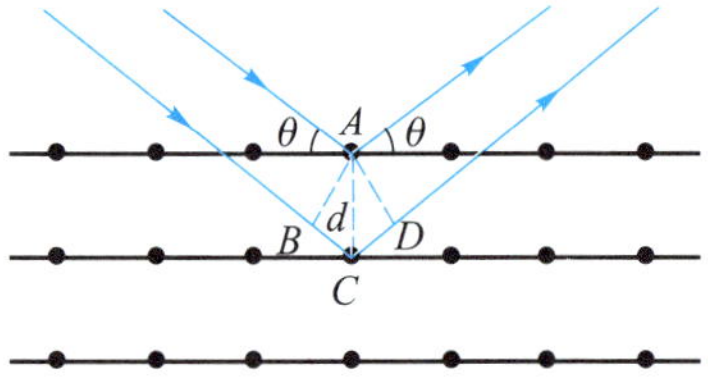

图 27-2　布拉格衍射示意图

(二) 紫外分光光度计

如图 27-3 所示,紫外分光光度计根据物质的吸收光谱研究物质的成分、结构和物质间相互作用.紫外分光光度计可以在紫外可见光区任意选择不同波长的光.物质的吸收光谱就是物质中的分子和原子吸收了入射光中的某些特定波长的光能量,相应地发生了分子振动能级跃迁和电子能级跃迁的结果.由于各种物质具有各自不同的分子、原子和不同的分子空间结构,其吸收光能量的情况也就不会相同,因此,每种物质就有其特有的、固定的吸收光谱曲线,可根据吸收光谱上的某些特征波长处的吸光度的高低判别或测定该物质的含量.

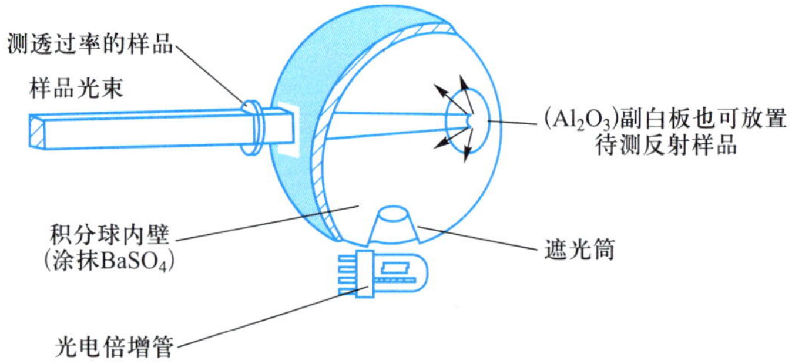

图 27-3　紫外分光光度计的结构示意图

(三) 比表面积分析仪

气体吸附法依据气体在固体表面的吸附特性:在一定压力下,被测样品(吸附剂)表面在超低温下对气体分子(吸附质)的可逆物理吸附作用,并对应一定压力存在确定的平衡吸附量.通过测定平衡吸附量,利用理论模型等效求出被测样品的比表面积.氮气因其易获得性和良好的可逆吸附特性,成为最常用的吸附质.通过这种方法测定的比表面积被称为"等效"比表面积.所谓"等效",是指样品的比表面积是通过其表面密排包覆(吸附)的氮气分子数量和分子最大横截面积来表征的.实际测定出氮气分子在样品表面平衡饱和吸附量,通过不同理论模型计算出单层饱和吸附量,进而得出分子个数,采用表面密排六方模型计算出氮气分子等效最大横截面积,即可求出被测样品的比表面积.

三、半导体光催化材料的应用

(一)光催化降解污染物

污水中含有大量的有机污染物,对环境的危害极大.传统的污水处理方法并不能去除污水中的微量有机物和细菌,而且氯化过程中还会产生有害的有机氯化物.而光催化材料可以将有机污染物转化为水和二氧化碳,具有不会产生二次污染、可反复使用等优点.目前,半导体光催化材料主要用于水中染料的降解,包括罗丹明B、甲基蓝、甲基橙等.此外,光催化技术也应用于气相有机污染物的降解,包括甲醛、苯、乙醛等.

(二)光催化分解水制氢

氢能作为二次能源,具有可再生、无污染、密度小、热量大的特点.水在电子-空穴对的作用下发生电离,生成 O_2 和 H_2:$H_2O+光催化剂\xrightarrow{2h\nu}\frac{1}{2}O_2+H_2$.但要注意的是,并非所有能被光激发的半导体都可以作为分解水的催化材料.半导体的导带底电势必须比 H^+/H_2 的还原电位低,价带顶电势必须比 O_2/H_2O 的氧化电位高.理论上,发生水分解的禁带宽度为1.23 eV.实际上,禁带宽度应为2.0~2.3 eV.

(三)光催化还原 CO_2

CO_2 排放是引起全球气候变暖的主要原因之一,这一问题一直困扰着人们.1979年,日本科学家井上将竹等首次用 TiO_2、ZnO、CdS、SiC 等光催化材料将光还原成 CO_2,并提出了反应机理,开启了光催化还原 CO_2 的探索.最近,我们课题组进行了关于 $Pt-g-C_3N_4/NaNbO_3$ 复合光催化材料对 CO_2 转换成新能源的研究.通过 $g-C_3N_4$ 和 $NaNbO_3$ 之间的异质结构有效分离光生载流子,从而提高 CO_2 光的还原性能.与光分解水制氢类似,光催化还原 CO_2 利用光生电子的还原反应,生成 HCHO、CH_3OH、CH_4 等混合产物.

(四)光催化固氮

固氮生成氨被认为是化学界的"圣杯"反应.工业上主要采用"哈伯-博施"固氮法,由于苛刻的反应条件,其对全球能源产生巨大的消耗.1977年,格哈德·施多德(Gerhard Schrauzer,1932—2014)等首次发现在UV下氮气在Fe掺杂的 TiO_2 粉末上能发生还原反应生成 NH_3.该反应以水为氢源,大大降低了原料成本,直接将太阳能转化为 NH_3 的化学能,为合成氨提供了一种非常具有前景的方法.然而,$N\equiv N$ 高键能(~941 kJ/mol)使得 N_2 的化学特性稳定,光催化材料活化氮分子较为困难,光催化材料表面也缺少反应活性中心来活化氮气分子.因此,目前催化体系的固氮能力仍然较低,依然需要继续深入的研究.

参考文献

[1] 刘守新,刘鸿.光催化及光电催化基础与应用[M].北京:化学工业出版社,2006:10-41.

[2] 藤岛昭.光催化创造未来:环境和能源的绿色革命[M].上官文峰,译.上海:上海交通大学出版社,2015:8-33.

[3] 张金龙,陈锋,田宝柱,等.光催化[M].上海:华东理工大学出版社,2012:20-52.

实验 28　低维纳米材料器件中的电子输运

一、介观纳米系统

众所周知,矩形二维导体的电导与其宽度(W)成正比,而与其长度(L)成反比,即 $G=\frac{\sigma W}{L}$.其中,电导率 σ 与样本材料的特性相关,而与尺寸大小无关.在不违背客观规律的情况下,我们能够把尺寸大小(W 和 L)做得多小呢?曾经在很长的一段时间内,科学家们对这个问题一直很感兴趣.20 世纪 80 年代,人们已经可以制造出尺度很小的导体,同时开始在实验上探索这个问题,从而在微观水平上来理解电阻的意义.这些尺度介于微观与宏观之间的体系被称为介观体系."介观(mesoscopic)"这个词由范坎彭(Van Kampen)于 1981 年所创.介观物理学研究的体系尺度和纳米科技的研究尺度有很大的重合,因此这一领域的研究常被称为"介观物理和纳米科技".

随着微电子技术的迅速发展和计算机芯片集成度的日益提升,电子元器件的尺寸变得越来越小.当尺寸接近纳米尺度时,元器件中电子的运动往往表现出量子特性,即所谓的小尺寸效应.相对传统的微电子器件,小尺寸的纳米电子器件是否具备更加优越的性能,这取决于纳米电子器件中的量子特性如何被有效利用的问题.具体来说,在电子元器件中,如何理解、描述并有效地调控电子的输运行为是发展纳米电子器件的关键.在以硅为电子元器件主要原材料时期(硅时代),硅片上晶体管的数量每 18 个月就可以翻一倍(摩尔定律).但是随着时间的推移,这些晶体管不可能无限制地靠近,因为它们互相离得越近,电荷之间的排斥会越强,从而会严重影响到存储器的性能.硅材料晶体管所存在的技术瓶颈,严重限制了电子元器件的发展.而在后硅时代,传统的硅材料正逐步被新型材料(如碳纳米管、石墨烯、二硫化钼等)所替代.人们通过研究新型纳米材料中丰富的物理机制,并将之应用到纳米电子器件中来调控电子的输运行为,从而达到在高集成度条件下提升器件各方面性能的目的.

二、单层二硫化钼纳米器件中的电子输运

自从单层石墨烯材料被发现以来,其独特的物理性质在凝聚态物理学和纳米科学领

域引发巨大的关注.近年来,人们把更多的目光聚集到这类原子数量级厚度的二维层状材料上,以期构建全新一代的纳米电子器件并推广应用.在此背景下,层状的过渡族金属硫化物——二硫化钼(MoS_2),由于具有与石墨烯相似的稳定结构和电子高迁移率等性质而受到越来越多的关注.相比于原生石墨烯的金属性质,单层二硫化钼是存在能隙的半导体材料,且能隙能量范围处于可见光对应的频谱带宽之内,这使单层二硫化钼材料在光电子晶体管器件应用方面具有得天独厚的优势(图 28-1 和图 28-2).[1,2]

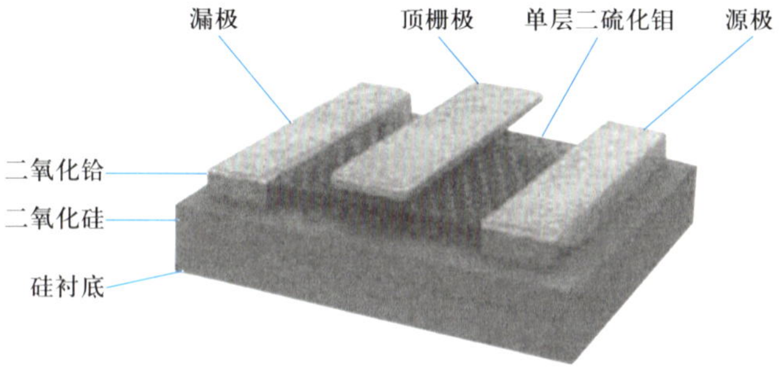

图 28-1　单层二硫化钼(MoS_2)晶体管器件

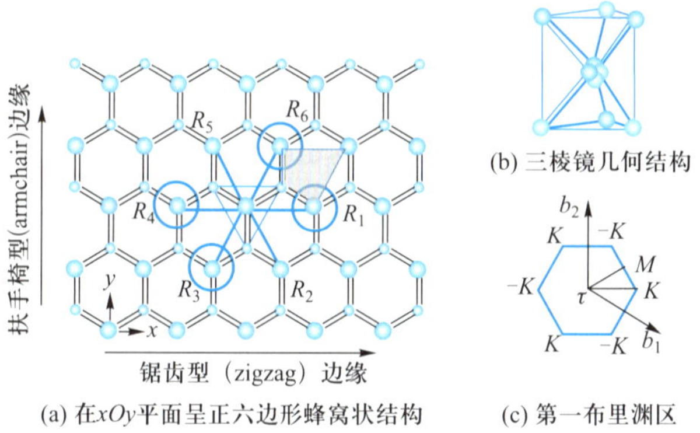

图 28-2　单层二硫化钼(MoS_2)材料晶体结构

本项目研究对象为单层二硫化钼纳米器件开放系统(图 28-1).将开放系统分为中心散射区域和左右两个端口电极区域,并分别进行处理.利用二硫化钼纳米材料中电子的物理特性,计算器件的电导和电流,从而对电子的输运过程进行调控.

参考文献

[1] Radisavljevie B, Radenovic A, Brivio J, et al. Single-layer MoS_2 transistors[J]. Nature nanotechnology, 2011, 6(3): 147-150.

[2] Liu G B, Shan W Y, Yao Y G, et al. Three-band tight-binding model for monolayers of group-VIB transition metal dichalcogenides[J]. Physical Review B, 2013, 88(8): 085433.

实验 29 合金催化选区光电子能谱研究

人类获取能源的方式导致全球性环境污染问题不断加重,严重威胁着人类的生存和发展.燃料电池技术是继火力、水力和核能发电技术后的第四类发电技术,其清洁、绿色、污染少.其中,质子交换膜燃料(PEMFC)电池因工作温度低、启动时间快、能量密度高,具有较高的商业应用潜力.目前 PEMFC 中,贵金属材料因具有较高的电催化活性,同时应用在阳极和阴极上.铂(Pt)系列纳米材料因具有较高的电催化活性,得到了重点关注.铂纳米颗粒活性低且稳定性差,其中活性低是由于含氧中间产物强吸附所导致的,而稳定性差则来源于在电化学循环过程中铂纳米颗粒的粗化,使得表面电化学活性损失.此外,铂昂贵的价格也是目前燃料电池无法大规模商业化的主要原因.开发价格较低,并同时具有较好电催化活性的替代材料是将燃料电池商业化的关键.

钯(Pd)基金属在质子交换膜燃料电池和直接甲醇燃料电池(DMFC)上也得到了广泛应用.[1] 而 Pd-M(其他金属)合金催化剂,其相对于单相 Pd 金属在电催化活性和稳定性上都有较大的提高.Pd 合金的电催化活性的提升,主要归结为结构效应(ensemble and geometric effect)和配体效应(ligand effect):结构效应是形成合金后异质原子独特的排布结构所导致的独特活性点位效应;配体效应则是异质原子间的电荷转移的结果.事实上,两种效应作用的结果都表明 Pd 合金本征电子结构与对应的单相 Pd 金属有很大不同.这种改变广泛存在于合金催化剂中.Hammer 和 Norskov[2] 发现在合金中由于异质原子的引入会导致本体原子的价带"d 电子能带中心"发生偏移,并因此导致合金与吸附原子/分子之间的相互作用发生改变.

不同的理论模型被用来解释合金原子的电子能级移动."电荷转移"理论认为合金中成分原子间发生了电荷转移,从而导致异质原子电子能级发生相反移动,分别展现"氧化态"和"还原态"."杂化理论"则认为合金中 Pd 原子发生价带 d-sp 杂化重构."应力效应"将合金电子能级偏移归结为异质原子间的应力使得晶格出现应变的结果.

由于合金中各单相原子的价带往往发生重叠并展宽,因此实验上很难分辨成分原子各自价带电子(外层电子)结构的改变并得到定性和定量的信息.基于此,合金原子的内层电子能级因为互相分立并且能够通过介电屏蔽效应来反应原子间相互作用,其成为人们关注的重点.

独具特色的 X 射线光电子能谱选区分辨技术表征可以实现微观尺度下测量合金电子能级的变化,从而精确分析不同参量如合金结构、成分、化学计量比、尺寸、构型和配位结构等对合金电子能级的影响,从而可以调控合金电子结构,实现对其电催化特性的优化.

X 射线光电子能谱选区分辨技术是指在 XPS 测试过程中,利用角分辨技术过滤不同成分、深度以及配位的合金原子的光电子信息,并采用差谱的方法来获得能级移动趋势和幅度,从而得到合金原子电子能级与孤立单原子电子能级,以及合金中不同电子能级之间(如芯能级和价带)的相对偏移.

本项目中用到的仪器主要是 X 射线光电子能谱仪(XPS).

主要实验仪器介绍

1954 年,瑞典皇家科学院院士、乌普萨拉大学(Uppsala University)物理研究所所长凯·西格班(K. Siegbahn)教授研制出世界上第一台 X 射线光电子能谱仪,此后,精确测定了元素周期表中各种原子的内层电子结合能.对于固体材料,电子的结合能定义为把电子从所在的能级转移到费米能级(0 K 时固体能带中充满电子的最高能级)所需要的能量.另外,固体中电子从费米能级跃迁到自由电子能级(真空能级)所需要的能量称为逸出功,即功函数.

如图 29-1 所示,原子中不同能级上的电子具有不同的结合能.当一束能量为 $h\nu$ 的入射光子与样品中的原子相互作用时,单个光子把全部能量交给原子中某壳层(能级)上一个受束缚的电子.如果光子的能量大于电子的结合能 E_b,电子将脱离原来受束缚的能级,剩余的能量转化为该电子的动能.这个电子最后以一定的动能从原子中发射出去,成为自由电子;原子本身则成为激发态的离子.如果样品室和能谱仪制作材料的影响可以忽略,那么电子的结合能 E_b 可以从光子的入射能量 $h\nu$ 以及测得的电子的动能 E_k 求出,公式为

$$E_b = h\nu - E_k \tag{29-1}$$

通过精确测定出射线光电子的动能,就可以获得该电子所处能级的变化情况.测试过程如图 29-2 所示.该实验系统需要超高真空环境,一般气压要小于 10^{-6} Pa,这样才能避免出射的光电子受到残留气体分子的散射,从而影响测量精度.

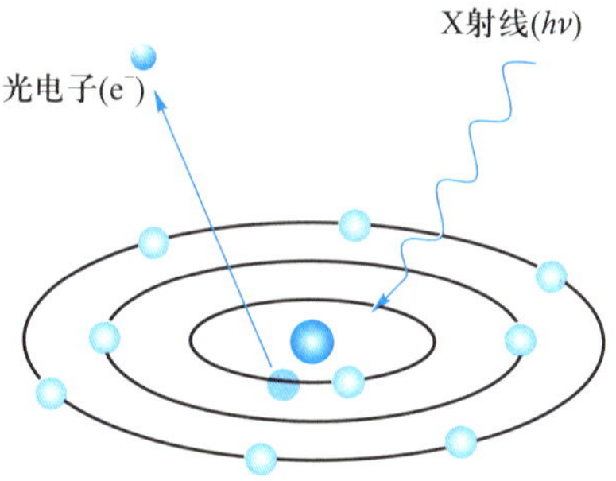

图 29-1　光电子激发示意图

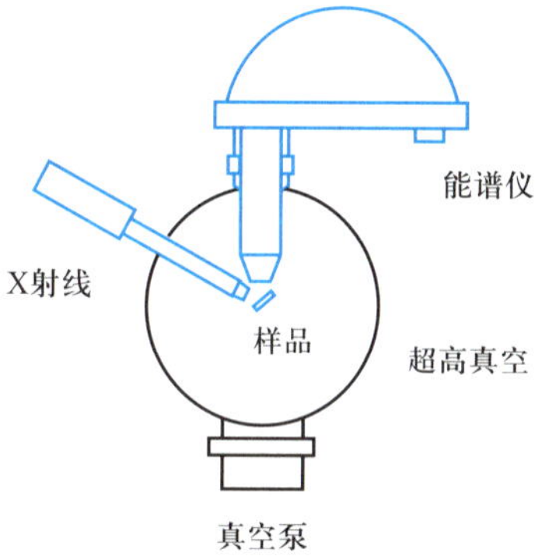

图 29-2　X 射线光电子能谱仪结构

参考文献

[1] Meng H, Zong D R, Xie F Y. Recent Development of Pd-Based Electrocatalysts for Proton Exchange Membrane Fuel Cells[J]. Catalysts, 2015, 5(3): 1221-1274.

[2] Hammer B, Norskov J K. Electronic factors determining the reactivity of metal surface[J]. Surface Science, 1995, 343(3): 211-220.

实验 30　光致发光量子点的研究及应用

实验背景

量子点,即“人造原子”、“超晶格”或“超原子”,是一种重要的低维纳米半导体发光粒子,为纳米尺度上的原子和分子的聚集体,尺寸通常小于 100 nm.常见的量子点材料主要为硅锗类、硫(硒)化物等半导体量子点材料.近些年,涌现出多种性能优异的新型量子点材料,如碳量子点(包括碳点和石墨烯量子点)、钙钛矿量子点等.大多数量子点材料已经实现了“绿色合成路线”,能够进行工业化生产及产品供应,主要应用领域如下:① 荧光探针(针对重金属离子、食品添加剂、有机染料等的痕量检测);② 生物细胞标记和药物载体(用于肿瘤细胞标记及靶向药物载体);③ 光致发光器件(LED 照明及显示领域);④ 光电器件(太阳能电池和 LED).

量子点材料具有特殊的光致发光性能.与体材料相比,由于其量子尺寸、量子限域和量子表面效应,会表现出不同于体材料的光学特性.当加一定的光外场(紫外线、可见光、红外线或激光)时会发出特定频率的光,发光的频率与量子点的组分、尺寸、掺杂异质原子、表面缺陷态和表面配体均有密切关系.此外,量子点材料具有良好的线性光学性质,发射峰窄、吸收峰宽,多次激发下具有较为稳定的发光效率,荧光发射波长可覆盖整个可见光区.目前的研究热点主要集中在多色、荧光量子产率高、物理化学稳定性好、毒性低、生物相容性好等研究方向.

针对荧光探针在生物标记和纳米药物载体的应用背景,结合光致发光和本征物理化学特性,可进行量子点材料个性化设计,并研究光致发光机理及其作为探针的应用前景.

具体实施

量子点制备:采用绿色化学合成方法,优选前驱体、配体及合成路径,针对不同的检测、标记和载药应用领域,制备量子产率高、颜色可控、稳定性高的量子点材料.

量子点表征的主要手段有:电子显微镜(高分辨透射电镜 TEM、原子力显微镜 AFM)、X 射线衍射分析(XRD)、X 射线光电子能谱分析(XPS)、热分析(DSC 和 TG)、红外光谱(IR)、激光共聚焦显微镜等.

量子点光致发光性质:吸收光谱、激发发射光谱、荧光量子产率和荧光寿命.

量子点应用:检测水污染中重金属离子和有机染料(荧光检测和颜色识别)、转化含氮类水污染物、标记肿瘤细胞及作为纳米药物载体.

实验效果

通过简单的绿色合成方法,可以得到多种量子点材料并应用于上述领域.

下面通过几个例子说明该类实验.

如图 30-1 所示,碳量子点材料的典型代表——石墨烯量子点,可通过简单的化学切割合成方法获得尺寸小于 5 nm 的球形量子点材料,其被成功应用于水溶液中抗生素的检测.通过荧光光谱测量,发现随着抗生素含量的增加,其荧光强度逐渐提高.

如图 30-2 所示,碳量子点材料尺寸较小,能够穿透细胞壁进入肿瘤细胞,对细胞进行荧光标记,标记后的肿瘤细胞发出蓝色荧光.此外,通过细胞存活率实验,可以看出碳量子点有较好的生物相容性.

通过对碳点的表面修饰,能够获得针对某种重金属离子具有选择性的量子点材料,如图 30-3 所示,通过荧光光谱测量,发现该类碳点对重金属三价铁离子有明显的荧光猝灭.

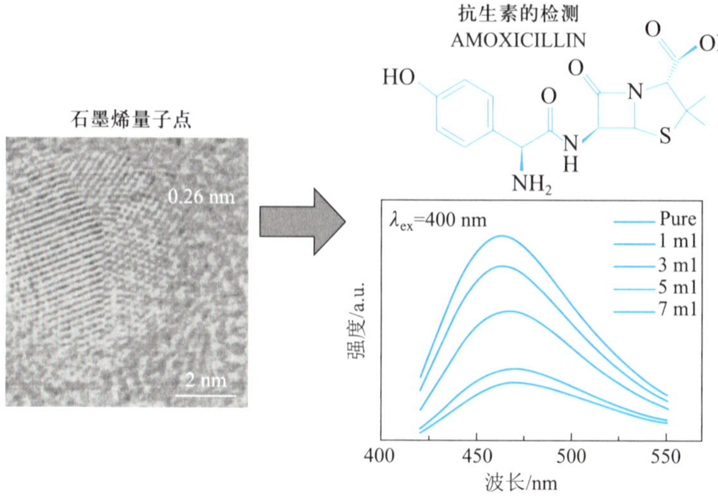

图 30-1　石墨烯量子点对抗生素的荧光检测性能

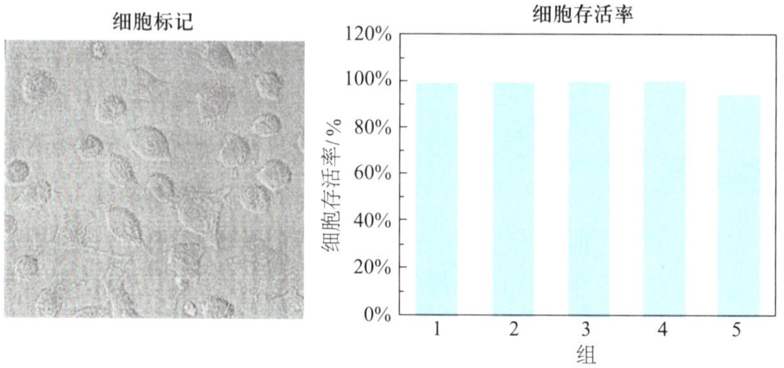

图 30-2　碳量子点用于肿瘤细胞标记和存活率实验

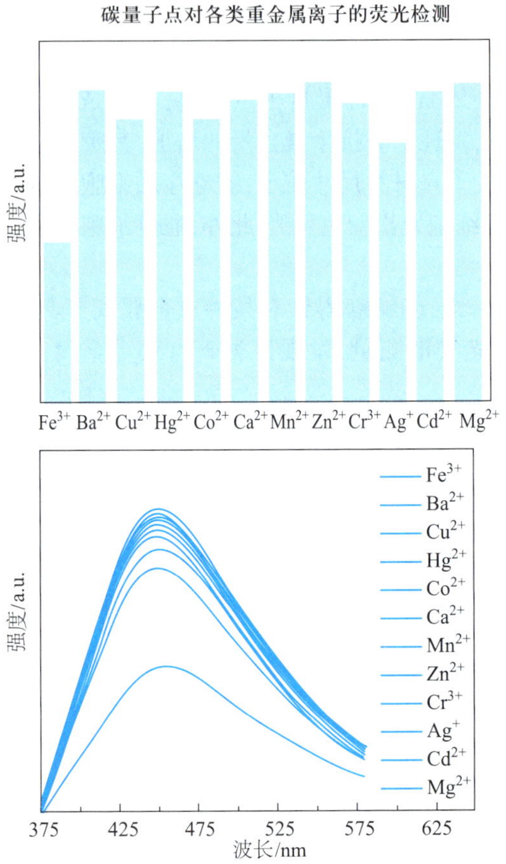

图 30-3　加入重金属离子后碳量子点的荧光光谱

实验 31　基于荧光光谱分析的食品安全检测

实验背景

前些年,食品安全事件时有发生,食品安全的分析检测工作引起了人们广泛的关注.目前,食品安全主要存在三个方面的问题:食品添加剂的违规添加、食品掺杂和食品掺假.

荧光光谱分析法由于具有灵敏度高、选择性好、快速准确等优点而得到广泛应用.食品添加剂以及掺杂、掺假的物质多为有机物,是荧光物质,能够应用荧光光谱进行检测.本实验中心以陈国庆教授为核心组建了一支有较高水平的荧光光谱分析研究团队,在白酒、食品色素、农药、中药等领域均开展了荧光光谱分析的工作.

通过该实验的设计及实施,可以解决液态食品安全检测的问题,尤其对解决日益复杂的违规添加和掺杂、掺假问题有很大帮助,它不仅可以减小实验的危险性,还可以降低实验成本.

具体实施

常规的荧光光谱分析主要是对二维荧光光谱的测定分析，包括激发谱、发射谱，应用的仪器为英国 Edinburgh Instruments Incorporation 生产的 FLS920 型稳态和时间分辨荧光光谱仪，除了原有的常规荧光分析法之外，还可以实现同步荧光光谱分析法、三维荧光光谱分析法、时间分辨荧光光谱分析法等，这些新的荧光分析法可以更多、更好地利用光谱参量.

目前，实验中心团队采用三维荧光光谱和同步荧光光谱相结合的实验方式，不仅能够使光谱简化，光谱谱带窄化，减小光谱重叠现象，还可以减小散射光的影响，能够进一步提高荧光光谱技术的灵敏度和选择性，在多组分复杂混合物如果汁等饮料的荧光光谱分析中有明显的优势.

实验效果

通过简便的实验步骤，可以得到试样的基本荧光光谱信息，包括最佳激发波长、峰值波长、相对荧光强度等，将这些特征参数提取出来，经过数据处理，可以实现对复杂液态食品的质量检测.

下面以混合色素溶液为例.

图 31-1 为诱惑红、日落黄、亮蓝三种色素混合溶液的三维荧光光谱，左边的为等角三维投影图，右边的为等高图，从图上可以得到最佳激发波长、峰值波长和相对荧光强度等基本信息.

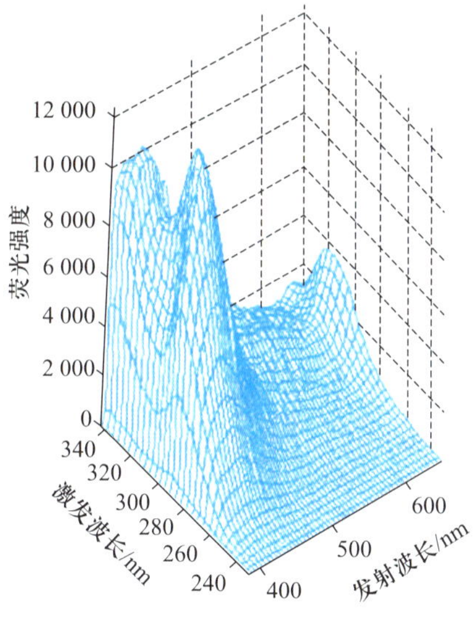

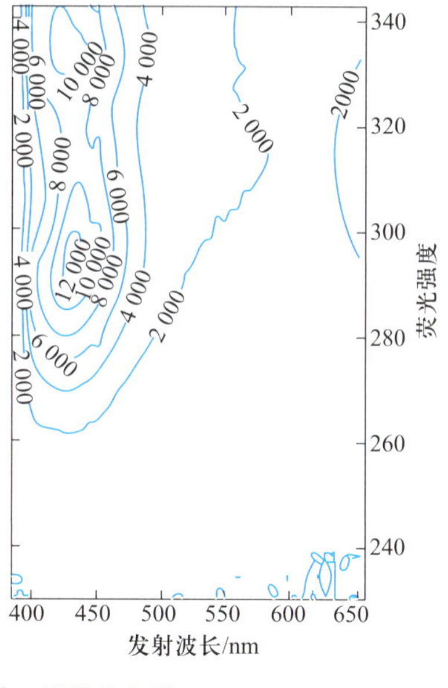

图 31-1　混合色素溶液的三维荧光光谱

将多组混合溶液的三维荧光光谱数据代入 PARAFAC 算法和 ATLD 算法，可以分别解析出三种色素的发射光谱，如图 31-2 所示.

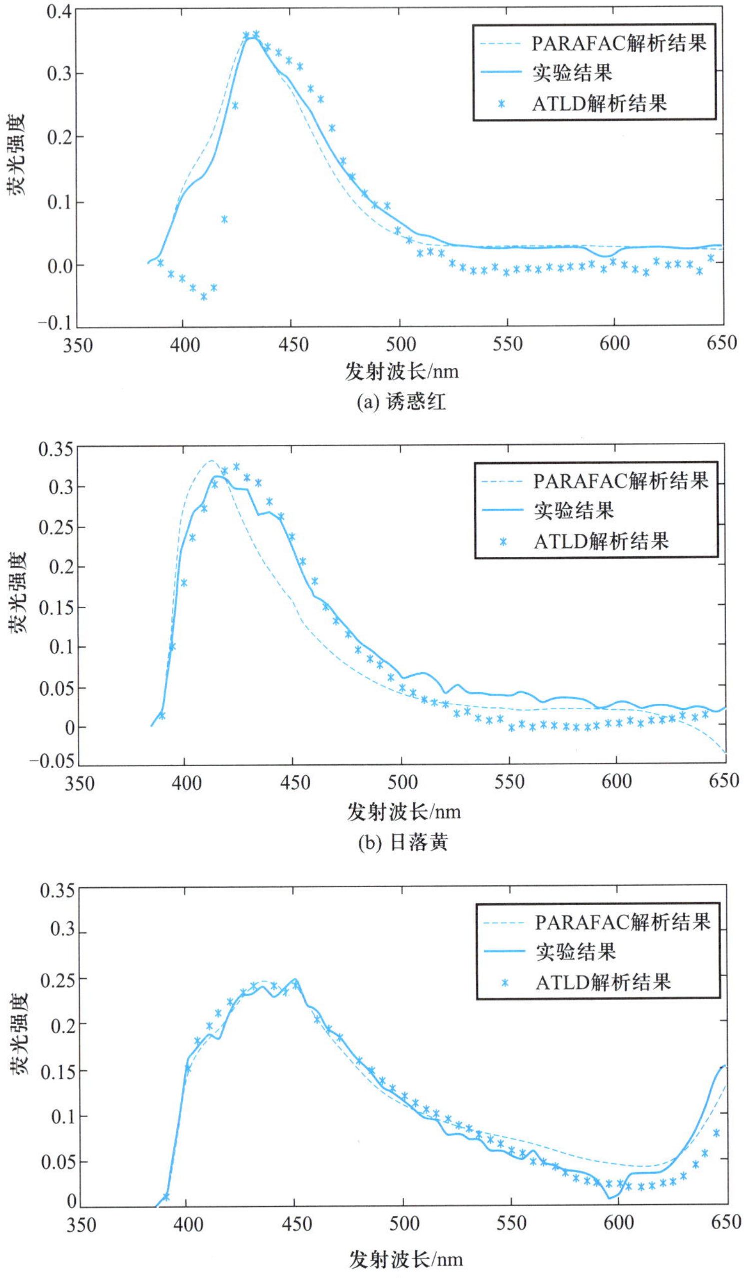

(a) 诱惑红

(b) 日落黄

(c) 亮蓝

图 31-2　三种色素的发射谱

通过进一步计算可以得到溶液中三种色素各自的浓度.至此,我们实现了对混合溶液各个组分的定性和定量的鉴别.

附录 1

第一章练习题参考答案

1. 略.

2.（1）76.1 （2）7.9×10^2 （3）2.5×10^3 （4）2.98 （5）−93 （6）7.330 （7）7.393×10^{-7}

3. $u(a)=\Delta_a=0.5\ \text{mm}=0.05\ \text{cm}$, $u(b)=\Delta_b=0.05\ \text{cm}$, $S=ab=98.32\times26.47\ \text{cm}^2=2.602\times10^3\ \text{cm}^2$

$u(S)=\sqrt{[au(b)]^2+[bu(a)]^2}=0.05\sqrt{98.32^2+26.47^2}\ \text{cm}^2=6\ \text{cm}^2$

$S\pm u(S)=(2.602\pm0.006)\times10^3\ \text{cm}^2$, $E_S=0.20\%$

4.（1）$\bar{d}=19.04\ \text{mm}$, $\bar{m}=9.77\ \text{g}$, $\bar{\rho}=\dfrac{6\bar{m}}{\pi\bar{d}^3}=0.002\ 703\ \text{g/mm}^3$

（2）$u_A(d)=1.9\times10^{-2}\ \text{mm}$, $\Delta d=0.02\ \text{mm}$, $u_B(d)=\dfrac{\Delta d}{\sqrt{3}}=0.012\ \text{mm}$, $u(d)=\sqrt{u_A^2(d)+u_B^2(d)}=0.03\ \text{g}$

（3）$u_A(m)=1.1\times10^{-2}\ \text{g}$, $\Delta_m=0.01\ \text{g}$, $u_B(m)=\dfrac{\Delta_m}{\sqrt{3}}=0.005\ 8\ \text{g}$, $u(m)=\sqrt{u_A^2(m)+u_B^2(m)}=0.02\ \text{g}$

（4）$E_d=\dfrac{u(d)}{\bar{d}}=\dfrac{0.022}{19.04}=0.12\%$, $E_m=\dfrac{u(m)}{\bar{m}}=\dfrac{0.012}{9.77}=0.12\%$, $E_\rho=\sqrt{E_m^2+3^2E_d^2}=0.38\%$, $u(\rho)=\bar{\rho}\times E_\rho=0.01\times10^{-3}\ \text{g/mm}^3$

（5）$\bar{\rho}\pm u(\rho)=(2.70\pm0.01)\times10^3\ \text{kg/m}^3$, $E_\rho=0.37\%$

附录 2

物理实验常用数据

表 1　海平面上不同纬度处的重力加速度

纬度 $\varphi/(°)$	$g/(\mathrm{m\cdot s^{-2}})$	纬度 $\varphi/(°)$	$g/(\mathrm{m\cdot s^{-2}})$
0	9.780 49	60	9.819 24
5	9.780 88	65	9.822 94
10	9.782 04	70	9.826 14
15	9.783 94	75	9.828 73
20	9.786 52	80	9.830 65
25	9.786 69	85	9.831 82
30	9.793 38	90	9.832 21
35	9.797 46	39°56′(北京)	9.801 22
40	9.801 80	34°16′(西安)	9.796 84
45	9.806 29	31°12′(上海)	9.794 36
50	9.810 79	30°16′(杭州)	9.793 60
55	9.815 15	31°07′~32°02′(无锡)	9.794 26~9.794 99

注:上述数值根据公式 $g=9.780\ 49(1+0.005\ 288\sin^2\varphi)\ \mathrm{m\cdot s^{-2}}$ 计算(式中,φ 为纬度).

表 2　20 ℃时一些物质的密度

物质	密度 $\rho/(\mathrm{kg\cdot m^{-3}})$	物质	密度 $\rho/(\mathrm{kg\cdot m^{-3}})$
铝	2 698.9	冰 0 ℃	917
锌	7 140	汽车用汽油	710~720
铬	7 140	乙醚	714
锡(白)	7 298	无水乙醇	789.4
铁	7 874	丙酮	791
钢	7 600~7 900	甲醇	791.3
镍	8 850	煤油	800
铜	8 960	变压器油	840~890

续表

物质	密度 ρ/(kg·m^{-3})	物质	密度 ρ/(kg·m^{-3})
银	10 492	松节油	855~870
铅	11 342	苯	879
钨	19 300	蓖麻油 15 ℃	969
金	19 320	蓖麻油 20 ℃	957
铂	21 450	钟表油	981
硬铝	2 790	纯水 0℃	999.84
不锈钢	7 910	纯水 3.98℃	1 000.00
黄铜	8 500~8 700	纯水 4℃	999.97
青铜	8 780	海水	1 010~1 050
康铜	8 880	牛乳	1 030~1 040
软木	220~260	无水甘油	1 260
纸	700~1 000	氟利昂-12	1 329
石蜡	870~940	蜂蜜	1 435
橡胶	910~960	硫酸	1 840
硬橡胶	1 100~1 400	水银 0 ℃	13 595.5
有机玻璃	1 200~1 500	水银 20℃	13 546.2
煤	1 200~1 700	干燥空气 0℃	1.293
食盐	2 140	干燥空气 20℃	1.205
冕玻璃	2 200~2 600	氢	0.089 9
普通玻璃	2 400~2 700	氦	0.178 5
火石玻璃	2 800~4 500	氮	1.251
石英玻璃	2 900~3 000	氧	1.429
石英	2 500~2 800	氩	1.783

表 3　20 ℃时某些金属的杨氏模量

金属	E/(×10^{10} N·m^{-2})	金属	E/(×10^{10} N·m^{-2})
铝	7.0~7.1	灰铸铁	6~17
银	6.9~8.2	硬铝合金	7.1
金	7.7~8.1	可锻铸铁	15~18
锌	7.8~8.0	球墨铸铁	15~18
铜	10.3~12.7	康铜	16.0~16.6
铁	18.6~20.6	铸钢	17.2

续表

金属	$E/(\times10^{10}\ N\cdot m^{-2})$	金属	$E/(\times10^{10}\ N\cdot m^{-2})$
镍	20.3~21.4	碳钢	19.6~20.6
铬	23.5~24.5	合金钢	20.6~22.0
钨	40.7~41.5		

注:E 的值与材料的结构、化学成分及加工制造方法有关,因此,在某些情况下,E 的值可能与表中所列的平均值不同.

表 4 某些物质中的声速

物质	$v/(m\cdot s^{-1})$	物质	$v/(m\cdot s^{-1})$
空气(0 ℃)	331.45	水(20 ℃)	1 482.9
一氧化碳	337.1	乙醇(20 ℃)	1 168
二氧化碳	259.0	铝	5 000
氧	317.2	铜	3 750
氩	319	不锈钢	5 000
氢	1 279.5	金	2 030
氮	337	银	2 680

表 5 常用光源的谱线波长

元素	波长/nm	颜色	元素	波长/nm	颜色	元素	波长/nm	颜色
氢(H)	656.28	红	氖(Ne)	650.65	红	汞(Hg)	690.75	红
	486.13	绿蓝		640.23	红		623.44	红
	434.05	蓝		638.30	红		579.07	黄
	410.17	蓝紫		626.65	红		576.96	黄
	397.01	蓝紫		621.73	橙		546.07	绿
氦(He)	706.52	红		614.31	橙		491.60	绿蓝
	667.82	红		588.19	黄		435.83	蓝
	587.56	黄		585.25	黄		407.78	蓝紫
	501.57	绿	镉(Cd)	643.85	红		404.66	蓝紫
	492.19	绿蓝		609.92	红	激光	632.80	红
	471.31	蓝		508.58	绿		514.53	绿
	447.15	蓝		479.99	蓝		487.99	绿紫
	402.62	蓝紫	钠(Na)	589.592	黄		693.40	红
	388.87	蓝紫		588.995	黄			

表 6 物质的折射率(相对空气)

(a) 某些气体的折射率

气体	折射率 n	气体	折射率 n
氦	1.000 035	氮	1.000 298
氖	1.000 067	一氧化碳	1.000 334
甲烷	1.000 144	氨	1.000 379
氢	1.000 232	二氧化碳	1.000 451
水蒸气	1.000 255	硫化碳	1.000 641
氧	1.000 271	二氧化硫	1.000 686
氩	1.000 281	乙烯	1.000 719
空气	1.000 292	氯	1.000 768

注：表中给出的数据是在标准状况下，气体对波长 $\lambda_D = 589.3$ nm 的钠黄光的折射率.

(b) 某些液体的折射率

液体	t/℃	折射率 n	液体	t/℃	折射率 n
二氧化碳	15	1.195	硝酸(+2%H_2O)	23	1.429
盐酸	10.5	1.254	三氯甲烷	20	1.446
氨水	16.5	1.325	四氯化碳	15	1.463 05
甲醇	20	1.329 2	甘油	20	1.474
水	20	1.333 0	甲苯	20	1.495
乙醚	20	1.351 0	苯	20	1.501 1
丙酮	20	1.359 1	加拿大橡胶	20	1.530
乙醇	20	1.360 5	二硫化碳	18	1.625 5
硝酸(99.94%)	16.4	1.397	溴	20	1.654

注：表中给出的数据是在标准状况下，液体对波长 $\lambda_D = 589.3$ nm 的钠黄光的折射率.

(c) 某些固体的折射率

固体	折射率 n	固体	折射率 n
氯化钾	1.490 44	火石玻璃 F8	1.605 5
冕玻璃 K6	1.511 1	重冕玻璃 ZK6	1.612 6
冕玻璃 K8	1.515 9	重冕玻璃 ZK8	1.614 0
冕玻璃 K9	1.516 3	钡火石玻璃	1.625 90
钡冕玻璃	1.539 90	重火石玻璃 ZF1	1.647 5
氯化钠	1.544 27	重火石玻璃 ZF6	1.755 0

注：表中给出的数据为固体对波长 $\lambda_D = 589.3$ nm 的钠黄光的折射率.

表 7　固体的线膨胀系数

物质	温度或温度范围/℃	线膨胀系数 $\alpha/(\times10^{-6}\cdot℃^{-1})$
铝	0~100	23.8
铜	0~100	17.1
铁	0~100	12.2
金	0~100	14.3
银	0~100	19.6
钢(0.05%碳)	0~100	12.0
康铜	0~100	15.2
铅	0~100	29.2
锌	0~100	32
铂	0~100	9.1
钨	0~100	4.5
石英玻璃	20~200	0.53
窗玻璃	20~200	9.5
花岗石	20	6~9
瓷器	20~700	3.4~4.1

表 8　液体的表面张力系数

（a）在不同温度下与空气接触的水的表面张力系数

温度/℃	$\sigma/(\times10^{-3}\ N\cdot m^{-1})$	温度/℃	$\sigma/(\times10^{-3}\ N\cdot m^{-1})$	温度/℃	$\sigma/(\times10^{-3}\ N\cdot m^{-1})$
0	75.62	16	73.34	30	71.15
5	74.90	17	73.20	40	69.55
6	74.76	18	73.05	50	67.90
8	74.48	19	72.80	60	66.17
10	74.36	20	72.80	70	66.17
11	74.07	21	72.60	80	62.60
12	73.92	22	72.44	90	60.74
13	73.78	23	72.28	100	58.84
14	73.64	24	72.12		
15	73.48	25	71.96		

（b）在 20 ℃时与空气接触的液体的表面张力系数

液体	$\sigma/(\times10^{-3}\ N\cdot m^{-1})$	液体	$\sigma/(\times10^{-3}\ N\cdot m^{-1})$
石油	30	甘油	63
煤油	24	水银	513
松节油	28.8	蓖麻油	36.4
肥皂溶液	40	乙醇	22.0
氟利昂-12	90		

表 9　液体的黏度

液体	温度/℃	$\eta/(\mu Pa\cdot s)$	液体	温度/℃	$\eta/(\mu Pa\cdot s)$
汽油	0	1 788	葵花子油	20	50 000
	18	530	甘油	−20	134×10^6
甲醇	0	817		0	120×10^6
	20	584		20	$1\ 499\times10^6$
乙醇	−20	2 780		100	12 945
	0	1 780	蜂蜜	20	650×10^4
	20	1 190		80	100×10^3
乙醚	0	296	鱼肝油	20	45 600
	20	243		80	4 600
水	0	1 787.8	水银	−20	1 855
	20	1 004.2		0	1 685
	100	282.5		20	1 554
变压器油	20	19 800		100	1 224
蓖麻油	10	242×10^4			

表 10　几种常见电介质材料的相对电容率与击穿场强

电介质材料	相对电容率 ε_r	击穿场强/$(\times10^6\ V\cdot m^{-1})$（室温）
真空	1	
空气（20 ℃）	1.000 59	3
水（20 ℃）	80.2	
变压器油	2.2~2.5	12
纸	2.5	5~14
玻璃	5~10	5~13
聚苯乙烯	2.56	24

续表

电介质材料	相对电容率 ε_r	击穿场强/($\times 10^6$ V · m^{-1})(室温)
聚乙烯	2.2~2.4	50
氯丁橡胶	6.6	10~20
陶瓷	8.0~11.0	4~25
云母	3.0~8.0	80~200
钛酸锶	约 250	8

参考文献

[1] 马文蔚,周雨青. 物理学:上册[M]. 6 版. 北京:高等教育出版社,2014.
[2] 钱锋,潘人培. 大学物理实验[M]. 北京:高等教育出版社,2005.
[3] 兆青书. 大学物理实验[M]. 合肥:安徽大学出版社,1999.
[4] 周殿清. 大学物理实验[M]. 武汉:武汉大学出版社,2002.
[5] 沈元华,陆申龙. 基础物理实验[M]. 北京:高等教育出版社,2003.
[6] 李寿松. 物理实验[M]. 2 版. 南京:江苏教育出版社,2000.
[7] 吴泳华,霍剑青,熊永红. 大学物理实验:第 1 册[M]. 北京:高等教育出版社,2001.
[8] 吴泉英,姚庆香,施积兵,等. 物理实验[M]. 苏州:苏州大学出版社,2007.
[9] 方建兴,江美福. 大学物理实验教程[M]. 2 版. 北京:高等教育出版社,2013.
[10] 杨广武. 大学物理实验[M]. 天津:天津大学出版社,2009.
[11] 崔益和,殷长荣. 物理实验[M]. 苏州:苏州大学出版社,2003.
[12] 董正超,方靖淮,朱兆青,等. 大学物理实验[M]. 苏州:苏州大学出版社,2018.
[13] 吴锋,王若田. 大学物理实验[M]. 北京:化学工业出版社,2003.
[14] 周岚. 大学物理实验[M]. 2 版. 苏州:苏州大学出版社,2010.

七、实验数据处理

（一）铜杯体积的平均值

$$\overline{V}=\frac{\pi}{4}(\overline{D}^2\,\overline{H}-\overline{d}^2\,\overline{h})=$$

$\Delta_D=\Delta_d=\Delta_H=\Delta_h=$__________，$u_B(D)=u_B(d)=u_B(H)=u_B(h)=$

$$u_A(D)=\left[\frac{(D_1-\overline{D})^2+(D_2-\overline{D})^2+\cdots+(D_5-\overline{D})^2}{5\times4}\right]^{\frac{1}{2}}=$$

$$u(D)=\sqrt{u_A^2(D)+u_B^2(D)}=$$

$$u_A(d)=\left[\frac{(d_1-\overline{d})^2+(d_2-\overline{d})^2+\cdots+(d_5-\overline{d})^2}{5\times4}\right]^{\frac{1}{2}}=$$

$$u(d)=\sqrt{u_A^2(d)+u_B^2(d)}=$$

$$u_A(H)=\left[\frac{(H_1-\overline{H})^2+(H_2-\overline{H})^2+\cdots+(H_5-\overline{H})^2}{5\times4}\right]^{\frac{1}{2}}=$$

$$u(H)=\sqrt{u_A^2(H)+u_B^2(H)}=$$

$$u_A(h)=\left[\frac{(h_1-\overline{h})^2+(h_2-\overline{h})^2+\cdots+(h_5-\overline{h})^2}{5\times4}\right]^{\frac{1}{2}}=$$

$$u(h)=\sqrt{u_A^2(h)+u_B^2(h)}=$$

$$u(V)=\sqrt{\left(\frac{\partial V}{\partial D}\right)^2u^2(D)+\left(\frac{\partial V}{\partial H}\right)^2u^2(H)+\left(\frac{\partial V}{\partial d}\right)^2u^2(d)+\left(\frac{\partial V}{\partial h}\right)^2u^2(h)}=$$

结果表示：　$\overline{V}\pm u(V)=$

$$E_V=\frac{u(V)}{\overline{V}}\times100\%=$$

（二）钢球体积的平均值

$$\overline{V}=\frac{\pi}{6}(\overline{d}-d_0)^3=$$

$$u_A(d)=\left[\frac{(d_1-\overline{d})^2+(d_2-\overline{d})^2+\cdots+(d_6-\overline{d})^2}{6\times5}\right]^{\frac{1}{2}}$$

$\Delta_d=$　　　　　　　　，$u_B(d)=$

$$u(d)=\sqrt{u_A^2(d)+u_B^2(d)}=$$

$$E_V=\sqrt{3^2E_d^2}=3E_d=\frac{3u(d)}{\overline{d}-d_0}\times100\%=$$

$$u(V)=E_V\cdot\overline{V}=$$

结果表示：　$\overline{V}\pm u(V)=$

$$E_V=\frac{u(V)}{\overline{V}}\times100\%=$$

* 八、实验讨论(自主)

表 2-3　示波器观察李萨如图形数据记录表

f_x/Hz	50	75	100	150
李萨如图形				
n_x				
n_y				
$f_y:f_x$				
f_y/Hz				

教师签字：____________　日期：____________

＊七、实验讨论（自主）

* 七、实验讨论（自主）

七、实验数据处理

作出二极管伏安特性曲线图.

* 八、实验讨论（自主）

七、实验数据处理

1. 以 x 为横坐标，B 为纵坐标，作出 B-x 图，并读出中央处及端点处的磁感应强度的实验值.

$B_{\text{中测}}=$

$B_{\text{端测}}=$

2. 利用式(5-7)、式(5-8)计算出载流螺线管中央处及端点处的磁感应强度的理论值，给出中央处测量值的百分误差 E.

$B_{\text{中理}}=$

$B_{\text{端理}}=$

$$E_{\text{中}}=\frac{|B_{\text{中测}}-B_{\text{中理}}|}{B_{\text{中理}}}\times 100\%=$$

$$E_{\text{端}}=\frac{|B_{\text{端测}}-B_{\text{端理}}|}{B_{\text{端理}}}\times 100\%=$$

提示：

1. 探测线圈和螺线管的接线不要接反.

2. 为避免电磁干扰，互感器、冲击电流计和直流稳压电源三者不能靠得太近.

* 八、实验讨论(自主)

七、实验数据处理

根据公式 $R=\frac{D_{n+5}^2-D_n^2}{20\lambda}$，已知钠光灯发出的光波波长 $\lambda=589.3\ \text{nm}$. 利用逐差法处理数据：

$D_{15}^2-D_{10}^2=$　　　　　　，$D_{16}^2-D_{11}^2=$　　　　　　，$D_{17}^2-D_{12}^2=$

$D_{18}^2-D_{13}^2=$　　　　　　，$D_{19}^2-D_{14}^2=$　　　　　　，$\overline{D_{n+5}^2-D_n^2}=$

$$R=\frac{\overline{D_{n+5}^2-D_n^2}}{20\lambda}=$$

*八、实验讨论(自主)

七、实验数据处理

1. 根据作图法要求，作 $E-\Delta t$ 图.

2. 用图解法求直线的斜率，即温差电系数$\left(a=\dfrac{E_A-E_B}{\Delta t_A-\Delta t_B}\right)$(mV/℃).

* 八、实验讨论(自主)

七、实验数据处理

（一）用逐差法处理数据

拉力 $F=mg$，$\Delta F_1=\Delta F_2=\Delta F_3=\Delta F_4=4mg=4\times9.79\ \mathrm{N}$

$\overline{\Delta F}=4\times9.79\ \mathrm{N}$ （无锡地区 $g=9.79\ \mathrm{m/s^2}$）

F 的误差忽略不计.

$N_1=n_4-n_0=$

$N_2=n_5-n_1=$

$N_3=n_6-n_2=$

$N_4=n_7-n_3=$

$\overline{N}=\dfrac{N_1+N_2+N_3+N_4}{4}=$

$\Delta N=$

$u_B(N)=$

$u_A(N)=\sqrt{\dfrac{(N_1-\overline{N})^2+(N_2-\overline{N})^2+(N_3-\overline{N})^2+(N_4-\overline{N})^2}{4\times3}}$

$u(N)=\sqrt{u_A^2(N)+u_B^2(N)}=$

$\overline{N}\pm u(N)=$

（二）多次测量

$\overline{d'}=\dfrac{d_1+d_2+d_3+d_4+d_5+d_6}{6}=$

$\overline{d}=\overline{d'}-d_0=$

$$u_A(d)=\sqrt{\frac{(d_1-\overline{d'})^2+(d_2-\overline{d'})^2+(d_3-\overline{d'})^2+(d_4-\overline{d'})^2+(d_5-\overline{d'})^2+(d_6-\overline{d'})^2}{5\times6}}=$$

$\Delta d=$ ，$u_B(d)=$

$u(d)=\sqrt{u_A^2(d)+u_B^2(d)}=$

$\overline{d}\pm u(d)=$

(三) 计算 Y(注意应先将各长度化成以 m 为单位)

$$\overline{Y}=\frac{8LD}{\pi\,\overline{d}^2K}\cdot\frac{\overline{\Delta F}}{\overline{N}}=$$

$$E_Y=\frac{u(Y)}{\overline{Y}}=\sqrt{\left[\frac{u(L)}{L}\right]^2+\left[\frac{u(D)}{D}\right]^2+\left[\frac{u(K)}{K}\right]^2+\left[\frac{2u(d)}{\overline{d}}\right]^2+\left[\frac{u(N)}{\overline{N}}\right]^2}=$$

$$=$$

$$u(Y)=E_Y\cdot\overline{Y}=$$

$\overline{Y}\pm u(Y)=$, $E_Y=$

* 八、实验讨论(自主)

七、实验数据处理

（一）驻波法

$$\lambda=\left(\frac{2}{5}\right)\overline{\Delta L}=$$

$$v=f\lambda=\left(\frac{2}{5}\right)f\,\overline{\Delta L}=$$

计算实验值与理论值之间的百分误差：

$$v_{理}=v_0\sqrt{\frac{T}{T_0}}=331.30\sqrt{\frac{273.15+t}{273.15}}\,(\mathrm{m/s})=$$

$$E=\left|\frac{v_{实}-v_{理}}{v_{理}}\right|\times100\%=$$

（二）行波法

$$\lambda=\left(\frac{2}{5}\right)\overline{\Delta L}=\_\_\_\_\_\_\_\_$$

$$v=f\lambda=\left(\frac{2}{5}\right)f\,\overline{\Delta L}=$$

计算实验值与理论值之间的百分误差：

$$E=\left|\frac{v_{实}-v_{理}}{v_{理}}\right|\times100\%=$$

* 八、实验讨论（自主）

七、实验数据处理

（一）测光栅常量 d

已知汞绿谱线的波长 $\lambda=546.1\ \text{nm}$，则

$$d=\frac{\lambda}{\sin|\overline{\varphi_1}|}=$$

（二）测紫谱线、汞黄$_1$谱线、汞黄$_2$谱线的波长

由上面测出的光栅常量 d 和测出的各色谱线的衍（绕）射角 $|\overline{\varphi_1}|$，分别计算三种光谱线的波长，计算公式为

$$\lambda=d\sin|\varphi_1|$$

$$\lambda_{紫}=$$

$$\lambda_{黄_1}=$$

$$\lambda_{黄_2}=$$

各谱线的标准波长值为 $\lambda_{紫}=435.8\ \text{nm}$，$\lambda_{黄_1}=577.0\ \text{nm}$，$\lambda_{黄_2}=579.1\ \text{nm}$，计算测量值与标准值之间的相对不确定度，计算公式为

$$E=\frac{|\lambda_{测}-\lambda_{标}|}{\lambda_{标}}\times 100\%$$

$$E_{紫}=$$

$$E_{黄_1}=$$

$$E_{黄_2}=$$

*八、实验讨论(自主)

七、实验数据处理

(一) 求出 U_0-ν 直线的斜率 k

可用以下三种方法处理 U_0-ν 关系表中的实验数据,得出 U_0-ν 直线的斜率 k.

(1) 根据 $k=\dfrac{\Delta U_0}{\Delta \nu}=\dfrac{U_{0m}-U_{0n}}{\nu_m-\nu_n}$,可用逐差法从 U_0-ν 的关系表中取四组数据,求出两个 k,将其平均值作为所要求 k 的值.

(2) 可用 U_0-ν 关系表中的数据在坐标纸上作 U_0-ν 直线,由图求出直线的斜率 k.

求出直线的斜率 k 后,可用 $h=ek$ 求出普朗克常量,并与 h 的公认值 h_0 比较,求出百分误差 $E=\left|\dfrac{h-h_0}{h_0}\right|\times 100\%$,式中 $e=1.602\times 10^{-19}$ C,$h_0=6.626\times 10^{-34}$ J · s.

(3) 用微机计算普朗克常量.

用鼠标激活桌面上的"计算机辅助实验系统",系统会弹出一个登录窗口,输入用户名和密码后登录,在出现的窗口中点击"数据通信"下拉菜单中的"手动实验计算",弹出数据计算窗口,依次输入截止电压值,然后点击"计算"按钮,即可计算出普朗克常量和相对误差;最后点击"打印"按钮,出现"线性回归计算 h 实验报告",点击 🖨,即可打印出实验报告.

本实验选用第(2)种方法,即图解法,计算普朗克常数.

(二) 作出伏安特性曲线

教师签字:____________ 日期:____________

*八、实验讨论(自主)

七、实验数据处理

1. 根据双臂电桥测电阻计算公式 $R_x=\frac{R_s}{R_1}R_{3b}$，计算出不同温度下相应的 R_t.

2. 在直角坐标纸上作 R_t-t 图线.

3. 在作出的直线上取两个较远的非实验点，写出它们的坐标 (t_1, R_{t_1})、(t_2, R_{t_2}). 用计算公式

$$\alpha=\frac{R_{t_2}-R_{t_1}}{R_{t_1}t_2-R_{t_2}t_1}$$

算出 α(注意单位及有效数字).

*八、实验讨论(自主)

七、实验数据处理

（一）下圆盘转动惯量

$$J_0=\frac{MgRr}{4\pi^2H}T_0^2=$$

（二）圆环的转动惯量

（1）下圆盘加圆环后的转动惯量

$$J_1=\frac{(M+m_1)gRr}{4\pi^2H}T^2=$$

（2）圆环的转动惯量实验值：

$$J_{环}=J_1-J_0=$$

（3）圆环转动惯量理论值：

$$R_1=\frac{1}{2}D_1= \qquad ,R_2=\frac{1}{2}D_2=$$

$$J_{环理}=\frac{1}{2}m_1(R_1^2+R_2^2)=$$

（4）相对误差：

$$E_{环}=\frac{|J_{环}-J_{环理}|}{J_{环理}}\times100\%=$$

（三）验证平行轴定理

（1）下圆盘加对称圆柱体后总转动惯量：

$$J_2=2J_{柱}+J_0=\frac{(m+2m_2)gRr}{4\pi^2H}T_d^2=$$

（2）一个圆柱体的转动惯量实验值：

$$J_{柱}=\frac{1}{2}(J_2-J_0)=$$

（3）圆柱体转动惯量理论值：

$$J_{柱理}=m_2d^2+\frac{1}{2}m_2r_d^2=$$

（4）相对误差：

$$E_{环}=\frac{|J_{柱}-J_{柱理}|}{J_{柱理}}\times100\%=$$

* 八、实验讨论(自主)

（四）物距像距法测凹透镜的焦距（表 17-5）

凹透镜 L_2 的位置 S_2 =

表 17-5　数据记录表

次数	1	2	3	4	5	6	平均值
像屏的位置 S_0'/cm							
像屏的位置 S_0''/cm							

$$v=\left|\overline{S_0'}-S_2\right|=$$

$$u=-\left|\overline{S_0''}-S_2\right|=$$

$$f=\frac{uv}{v+u}=$$

$$E=\left|\frac{f-f_{理}}{f_{理}}\right|\times100\%=$$

教师签字：____________　日期：____________

* 七、实验讨论(自主)

班级：________ 姓名：________ 学号：________ 分数：________

实验报告

一、实验名称

二、实验目的

三、实验原理

四、实验仪器

五、实验步骤

六、实验数据记录

表 18-1　数据记录表

序号	1	2	3	4	5	6
d/mm						
k	0	50	100	150	200	250

教师签字：__________　日期：__________

七、实验数据处理

逐差法：

$\Delta d_1 = |d_4 - d_1| =$　　　　，$\Delta k_1 = |k_4 - k_1| =$

$\Delta d_2 = |d_5 - d_2| =$　　　　，$\Delta k_2 = |k_5 - k_2| =$

$\Delta d_3 = |d_6 - d_3| =$　　　　，$\Delta k_3 = |k_6 - k_3| =$

$\overline{\Delta d} = \dfrac{\Delta d_1 + \Delta d_2 + \Delta d_3}{3} =$　　　　，$\overline{\Delta k} =$

$$\lambda = \frac{2\overline{\Delta d}}{\overline{\Delta k}} =$$

已知 He-Ne 激光的标准波长为 632.8 nm，则

$$E = \frac{|\lambda_{测} - \lambda_{标}|}{\lambda_{标}} \times 100\% =$$

*八、实验讨论（自主）